中国数学史大系编委会

本卷主编：沈康身

执 笔 人：（以姓氏笔画为序）

沈康身　李　迪　刘洁民

张加敏　陈　艳

国家“八五”重点图书规划项目

吴文俊 主编

本卷主编 沈康身

第二卷

北京师范大学出版集团
BEIJING NORMAL UNIVERSITY PUBLISHING GROUP
北京师范大学出版社

图书在版编目（CIP）数据

中国数学史大系　第2卷/吴文俊主编；沈康身分主编.
—北京：北京师范大学出版社，1998.8（2021.7重印）
ISBN 978-7-303-04556-3

Ⅰ.①中…　Ⅱ.①吴…　②沈…　Ⅲ.①数学史—中国
Ⅳ.①O112

中国版本图书馆CIP数据核字（1997）第23319号

营销中心电话　010—58807651
北师大出版社高等教育分社微信公众号　新外大街拾玖号

ZHONGGUO SHUXUESHI DAXI
出版发行：北京师范大学出版社 www.bnup.com
北京市西城区新街口外大街12-3号
邮政编码：100088
印　　刷：北京虎彩文化传播有限公司
经　　销：全国新华书店
开　　本：890 mm ×1 240 mm　1/32
印　　张：17.125
插　　页：2
字　　数：418千字
版　　次：1998年8月第1版
印　　次：2021年7月第2次印刷
定　　价：60.00元

策划编辑：张其友　　责任编辑：张其友
美术编辑：李葆芬　　装帧设计：李葆芬
责任校对：陈　民　　责任印制：马　洁

本卷编著者合影

左起
后排 李兆华 罗见今 林水平
前排 沈康身 白尚恕 吴文俊 李迪

1992年1月于北京吴宅（黄邦本摄）

本卷主编与国际同行合影，左起鲁桂珍 韩德力（J.J.Heyndrickx）李约瑟（J.Needham） 沈康身

1982年8月于比京布鲁塞尔（李文林摄）

英文译本《九章算术》合作者合影，左起郭树理（J.N.Crossley）伦华祥（A.W.C.Lun） 沈康身

1992年3月于澳洲墨尔本（A.M.Vandenberg摄）

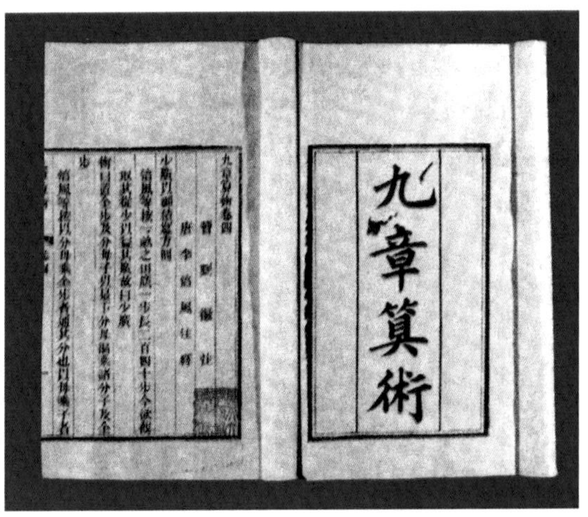

九章算術

（清）武英殿聚珍版丛书《九章算术》书影

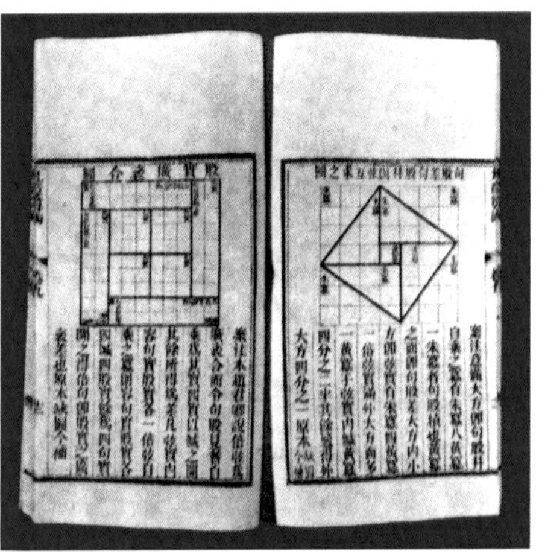

（清）武英殿聚珍版丛书《九章算术》弦图书影

九章算經卷第一

魏 劉徽 注

方田 以御田疇界域

今有田廣十五步從十六步問爲田幾何

荅曰一畝

又有田廣十二步從十四步問爲田幾何

荅曰一百六十八步

宋刊本《九章算术》书影

序

1984年间，四位中国数学史的专家教授，倡议缮写一部全面论述中国传统数学历史发展的巨大著作，取名为《中国数学史大系》，这四位教授(以年事为序)是：

北京师范大学的白尚恕教授；

杭州大学的沈康身教授；

内蒙古师范大学的李迪教授；

西北大学的李继闵教授。

中国传统数学源远流长，有其自身特有的思想体系与发展途径，从远古以至宋元，在很长一段时间内成为世界数学发展的主流，但自明代以来，由于政治社会等种种原因，特别如明末徐光启所指出的那样，一方面“名理之儒，土苴天下之实事”，另方面“妖妄之术，谬言数有神理”，致使中国传统数学濒于灭绝，以后全为西方欧几里得传统所凌替以至垄断，虽然康乾之世曾有一度重视，但仅止于发掘阐释古籍而已，循至20世纪中叶，李俨、钱宝琮先生撰写中国数学史专门著作进行介绍，使中国古算得以不绝如缕。到70年代特别是改革开放以来，全国兴起了研习中国传统数学的高潮，论著迭出，仅就对《九章算术》与注者刘徽的各种形式的专著，就在10种以上，其它方面论著之多，更难以统计，这些研究使中国传统数学的固有特色，如构造性、机械化、以及离散型的算法形式等,与西方欧几里得传统迥然异趣,得以贻然在目,甚至国外数学史家,也表示了对中国古算的浓厚兴趣,李约瑟的中国科技史巨著固不待论,此外还酝酿了《九章算术》与刘徽注的英文与法文编译,尤其值得一提的是:《九章算术》刘徽注中关于阳马术的一段术文,过去认为有脱漏舛误而难以理解。丹麦的Wagner先生却给予了正确的解释,使中国古算中一段辉煌成就,得以大白于世。虽然如此,目前国内大部分群众对中国数学的成就和发展情况了解仍嫌不足,已有的同类书籍却偏于某一侧面,不能满足现在教学、科研或其他方面的需求。已有的工作与我国的发展形势还不太相称,国际学术界也有较强烈的要求,希望有大型的中国数学史著作问世。《大系》的倡议,可谓来自这些对客观形势的分析,有鉴于客观上有此必要而来。《大系》全书是编年史,自上古以迄清末,共分八卷,各卷自成断代史,除复原古代算法的形式,并对照以近代算法外,将尽量收入各家最新研究成果,以期能对中国古代数学的发展情况与辉煌成就作一次较彻底的清理与研究,借以达到发扬成绩,总结规律,预见未来并服务于我国四化建设的目的。

《大系》在白、沈与二李等四位倡议与领导之下,有不少中算史的专家学者参与了写作,规模之宏,在国内外还从未见过,可谓首创。不幸的是:在写作过程中,李继闵教授于1993年因病逝世,白尚恕教授也于1995年因肺癌逝世。这影响了编写进程,使《大系》的写作不得不一再延期,原来的计划也作了某些局部修改,所幸赖写作者的积极工作，以及北师大出版社的高度热情，第一部分一、二、三卷自上古以迄以刘徽为中心的三国时代，终于问世。在《大系》全书不久即可全部出齐之际，聊志数语，以示庆贺。

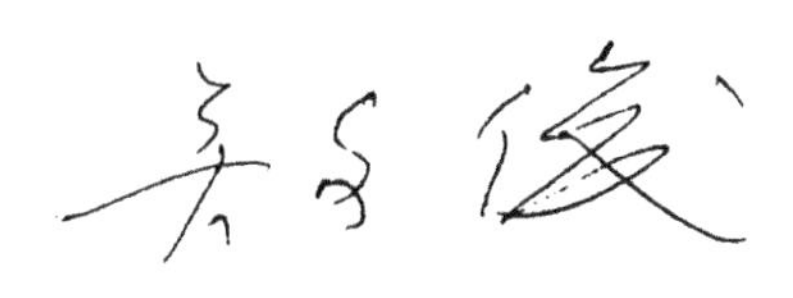

1997.12.25

目　录

第二卷 前言

《九章算术》博大精深，美誉四方，是我国古代最重要的数学经典。在《中国数学史大系》正卷八卷中，我们专列一卷——第二卷论《九章算术》。从它的形成、流传、内涵、成就和影响等，全面介绍这部专著。

在第一编我们畅所欲言地阐述《九章算术》的形成过程以及经过多次艰辛的岁月完整无缺地传递到今天的历史。感到非常遗憾的是湖北省荆州地区江陵张家山出土的西汉"算数书"，因某些原因，在它出土（1985年）后11年，虽经努力，我们仍没有看到全文，所见仅仅是一鳞半爪而已。"算数书"无疑是《九章算术》的母本，理应列专章作出评述。这段空白只好在本《大系》再版时补足了。《九章算术》原本已不易获得，为让读者能够看到完整的原著，我们就目前校勘最精的传世版本中，择善而从地再次校读，使之最接近宋刊本原貌。并作为第一编第四章刊载了白文本《九章算术》全文。用标点符号断句，对所有用字按照20世纪50年代国务院颁布的《简化字总表》、《异体字整理表》以及中国数学史同行约定俗成的习惯，把繁体字和异体字一律改为简体字。例如從（纵或从），邪、衺（斜），通分内子（通分纳子），徧（遍）隄（堤），塹（堑），箠（棰），直（值），句（勾），参相直（三相直）等。这样做既能保存原义，又能使《九章算术》中佶屈聱牙的古汉语进一步平易近人。

《九章算术》接触领域很广，古称"算术"，并不局限于今之算术，当代科学技术史泰斗英国李约瑟博士就译《九章算术》为 Nine Chapters on the Mathematical Art。一个世纪以来，特别是

20世纪80年代以来,国内外学者从许多角度去探索这部名著,都取得了丰硕成果,至今方兴未艾。在20世纪即将结束之际,作为世纪总结,应该把这些最新研究成果载入本卷。提纲挈领的各章提要、典型问题(算题、应用题)、全文术文(法则、解法)、难词解释都集中在第二编第一章。我们又从算术、几何、代数三方面论述《九章算术》的创造发明和今日我们的认识。例如某些术语的率、其率术、命、面等的含义直到20世纪80年代经过争辩才弄清楚,且已有共识。《九章算术》中已有单假设法、还原法、归一法等也是最近才肯定的。此外,针对数学教育问题来探讨《九章算术》也是必要的。《九章算术》也是一部古典数学教科书,但就其取材、结构、解法等方面来说,至今仍有可以古为今用的地方,具有旺盛的生命力。格于历史条件,当然《九章算术》的编写有许多不足之处,我们在第二编适当的章节已给交代。

关于《九章算术》的成就和重要历史意义,我们在第三编从纵向论述——二千年来在我国传统数学发展长河中世世代代所起的重要奠基作用;从横向比较——东西方数学文化,从西方埃及、巴比伦、希腊、中世纪欧洲到东方印度、阿拉伯国家、朝鲜、越南、日本数学发展,并讨论了影响;再阐述在20世纪中遍布四大洲的近现代专家学者研究《九章算术》动态和收获。第三编之末指出已成书的四种《九章算术》外国文字译本。和其他科学技术名著一样,《九章算术》已成为世界各国共有的学术名著和文化财富。

为叙述方便,在前三编我们一般只从大的方面作介绍,如:某某领域(算术、代数或几何)、某某命题、某某法则(线性方程组解法、勾股定理等),没有深入到具体问题(算题、应用题)。在下第四编我们安排和组织了"《九章算术》与历史著名算题及其解法的比较"的内容。《九章算术》以算题为中心,全书有246个问题。应用题题材多样,引人入胜,深受域外人士赞叹。两卷本

《数学史》作者美国人D. E. 斯密思说："米特洛道斯《希腊箴言》中所收算题，看来东方色彩较希腊风味为重。应用题的创作，东方胜于西方。在印度与中国，比在地中海沿岸国家有更多较高层次的作品。"①《算术史》作者美国人L. C. 卡尔宾斯基说："1202年斐波那契的巨著中所出现的许多算术问题，其东方源泉不容否认。不只是问题的类型与早期中国及印度者相同，有时甚至所用数据也一样，因此其东方根源是显然的。这些算题后来为意大利算家选用。后来又为欧洲其他国家人选用。从这条渠道，后来使中国和印度的算题也流进美国教科书中②。"《九章算术》德文本译者德国人K. 福格在自序中说："《九章算术》所含246道算题，就其丰富内容来说，其他任何传世的古代数学教科书，埃及也好，巴比伦也好，都是无与伦比的。这种以算题形式出现的数学专著就我们所知，只有亚历山大时期希腊的海伦有一本，限于几何领域；另一部是拜占庭时代（东罗马）的《希腊箴言》。印度数学文化有系统文献传世者始自阿耶波多，其《文集》第二卷论数学，共33节，也未录应用题。""好多欧洲中世纪的算术教科书中的算题都可以在《九章算术》中找到③。"

1903年德国人J. 特洛夫凯编写三卷本《初等数学史》，1980年出版第四版。其第一卷第四章150多页的世界著名算题介绍中，正如K. 福格所说："好多欧洲中世纪……的算题都可以在《九章算术》中找到。"在所介绍的几十类算题中都以显著的、令人瞩目的地位写出对应的《九章算术》算题题文、答数以至术文，还作

① D. E. Smith. History of Mathemdtics. vol. 2, New York: 1923～1925. 534

② L. C. Karpinski. The History of Arithmetic. New York: 1923. 1965 (2nd Edition). 30

③ K. Vogel. Neun Biicher Arithmetischer Technik. Miinchen: 1968. 1～2

了插图和评论。[1] 外国人士如此推崇《九章算术》的算题，真有“墙内开花墙外俏”之感。为使鲜花仍在我国芬芳满园，在第四编中我们从埃及纸草、巴比伦泥版文书、阿拉伯、印度、中世纪欧洲、日本等地历史上数学原始文献中的著名算题和有选择地选取《九章算术》算题汇为一起，然后把算题分成十类：四则运算、定和问题、余数问题、盈亏问题、互给问题、合作问题、行程问题、比例问题、数列问题和几何计算问题。每类问题又分为若干子目，按历史年代排序。我们发现，在这十类问题中，《九章算术》各有涉及，而且不少算题在题材丰富多样上、在数学内容深度、广度上、在发生年代上都居领先地位。在比较工作中，我们特别注意彼此解法的异同、简繁和对初学者可接受难易程度，力图使读者能从数学教学方法、数学思想方法等方面得到教益。

为便利读者了解自 20 世纪初以来国内外学者对《九章算术》(含历代注释) 的研究成果实况，我们整理“《九章算术》研究论著分类文献目录”(至 1995 年底止) 附在第四编之后。

在本卷编写过程中，对中国科学院吴文俊院士的热心指导，对北京师范大学出版社的大力支持表示衷心感谢。

本卷编写合作同事：沈康身　李迪　刘洁民　张加敏　陈艳。

本卷主编：沈康身

1996 年 12 月 1 日

① J. Tropfke. Geschichte der Elementar－mathematik. 4thed. vol. 1, Berlin: 1980

第一编

《九章算术》的形成与流传

第一章 资料来源

本章讨论《九章算术》中的资料来源。

第一节 先秦历史资料

《九章算术》的内容极为丰富，主要表现为两个方面：第一，包括了当时所有数学分支的内容;第二涉及到的社会问题相当多。如此广泛而丰富的内容，肯定是长期积累而成，既有历史资料，又有成书时当代的新成果和新社会的事项，绝不是一时完成的作品。本节主要讲历史积累下的资料，时代划在战国末以前，秦统一中国以后算做成书时代了。还有一点要声明，本节所讲的数学内容基本上是第一卷某些内容的压缩，但不是机械的重复。为叙述方便起见，以下将基本上按这两种内容分开进行。

数学资料。现在所能知道的早期数学资料主要有两个来源，一是春秋战国时代的文献，一是文物上所反映的数学内容。

在春秋战国时期，保存和反映出来的数学知识，主要有整数四则运算、九九表（残句）、分数以及一些与几何有关的内容。这些资料大多与经济生活结合在一起，有的是属于分配问题，有的是收支计算问题，有的是工程技术方面的问题，等等，内容并不多，主要是由于没有专门数学著作，只是在《墨子》、《管子》、《考工记》、《商君书》以及汉代某些著作中所记载的零星数学知识。但是，实际上当时的数学内容比这要丰富得多，水平也要高得多。例如春秋末期，在公元前548年芳掩（？～公元前543）向楚国提出建议，即“芳掩书土田，度山林，鸠薮泽，辨京陵，表淳卤，数疆潦，规偃猪，町原防，牧隰皋，井衍沃，量入修赋。”[①] 30年以后的公元前510年，晋国率各诸侯国为周王筑城，筑城之前，“士弥牟营成周：计丈数，揣高卑，度厚薄，仞沟洫，物土方，议远迩，量事期，计徒庸，虑财用，书糇粮，以令役于诸侯，属役赋丈，书以授帅，而效诸刘子。韩简子临之，以为成命。”[②] 所有这些事的完成都需要数学进行计算，而且其内容之多，水平之高都远远超过记载。在《周礼》中有关于测量日影、封疆、封沟、贡赋、绘制地图等事的规划、规定的记载[③]，虽未明确提出数学计算，但离开数学显然不行。

在《管子》中有大量属于经济数学的内容，管子提出不同田地产量的问题，他说：“高田十石，间田五石，庸田三石，其余皆属诸荒田。地量百亩，一夫之力也。粟价一，粟价十，粟贾三十，粟贾百。其在流筴者，百亩从中千亩之筴也。然百乘从千乘也，千乘从万乘也。故地量。”[④] 又载：“齐之北泽烧火，光照堂下。管子入贺桓公曰：‘吾田野辟，农夫必有百倍之利矣。是岁租税九月而具，粟又美。”[⑤] 这里讲到土地的等级、产量、粟价、租税等问题，其中的租税就是地亩的税赋。

---

① 《左传》襄公二十五年.

② 《左传》昭公三十二年.

③ 《周礼》卷10“大司徒”.

④ 《管子》卷22“山权数第七十五”.

⑤ 《管子》卷23“轻重甲第八十”.

《管子》有九九口诀之应用，如“五七三十五尺，……四七二十八尺，……三七二十一尺，……二七十四尺，……六七四十二尺，……七七四十九尺，……七八五十六尺，……七九六十三尺，……。”还有在讲到乐律的“三分损益”法时不仅用到了分数，而且有了指数概念的萌芽，“先主一，而三之四开，以合九九”，[①] 即相当于$1\times 3^4=9\times 9=81$。管子在回答齐桓公关于盐政问题时说：“十人之家，十人食盐，百口之家，百人食盐：终月大男食盐五升少半，大女食盐三升少半，吾子食盐二升少半。此其大历也。盐百升釜，食盐之重升加分彊，釜五十七。升加一彊，釜百也。升加二彊，釜二百也。锺二千，十锺二万，百锺二十万，千锺二百万。禺筴之商，日二百万，十日二千万，一月六千万，万乘之国，正九百万也。月人三十钱之籍，为钱三千万。”[②] 包括了多种算法。

商鞅主张国家应合理使用或规划所管辖的土地：“故国任地者，山林居什一，薮泽居什一，溪谷流水居什一，都邑蹊道居什一，恶田居什二，良田居什四。”[③] 又说：“地方百里者，山陵处什一，薮泽处什一，溪谷、流水处什一，都邑、蹊道处什一，恶田处什二，良田处什四，此食作夫五万。”[④] 什就是十，什一即十分之一。这里是说土地合理占用情况应为山林∶薮泽∶溪谷流水∶都邑蹊道∶恶田∶良田＝1∶1∶1∶1∶2∶4，合起来为十。

但是，实际情况怎样呢？商鞅说：“今秦之地方千里者五，而谷土不能处二，田数不满百万，其薮泽、溪谷、名山、大川之材物货宝，又不尽为用，此人不称土也。”[⑤]就是秦所辖地方很大，有5个方千里之地，耕地不到十分之二，面积还不到100万方里，那

① 《管子》“地员第五十八”.

② 《管子》“海王第七十二”.

③ 《商君书》“算地第六”.

④ ⑤《商君书》“来民第十五”.

些“材物货宝”也没有被利用，即地上的资源开发、垦辟耕地还差得很远。地方百里的小地区，也应当这样考虑，使土地得到充分利用。

这类问题在春秋战国时期相当多,从理论上看大多很简单,如果真正实施、操作起来就要复杂得多。把各种具体的实际问题写到竹简或木牍上就成了数学简牍或称数学题简。

现在再从《九章算术》的某些用词和内容来考察其所用资料的早期来源。要想把《九章算术》中这类资料来源全部弄清楚极其困难，只能查明一部分。

属于物品的有粺、粝、糳、蘖、缑、缣等，《诗·大雅·召旻》：“彼疏斯粺，胡不自替，职兄斯引”。粺为精米。

《韩非子·五蠹》：“粝粢之食，藜藿之羹。”粝就是粗米。

《书·说命下》：“若作酒醴，尔惟粬蘖”。蘖是酿造时引起发醇作用的物质。

《楚辞》载屈原《九章惜诵》：“捣木兰以矫蕙兮，糳申椒以为粮。”糳为精米。

《管子·山国轨》：“春缣衣，夏单衣”。缣为一种绢，由双丝织成。

属于计量单位的有秉、石、钧、铢、斛、顷等。《诗·小雅·大田》：“彼有遗秉，此有滞穗。”秉为小捆，或把。

《吕氏春秋·过理》：“作为璇室，筑为顷宫”，顷宫即占一顷那么大的宫室。顷为面积单位，百亩为顷。春秋战国时已普遍采用亩制，但是怎样计算不见明确记载。240 平方步为1 亩的算法，有人认为可见起于商鞅[1]，也有人认为始于秦、汉[2]，但都没有提出根据。《九章算术·方田章》系首次明确记载。由于大量的地亩

---

① 曾昭安. 中外数学史. 第一编上册. 武汉大学印，1956. 165

② 吴承洛. 中国度量衡史. 上海书店影印本，1984. 75

计算，起于商鞅的可能性较大，秦统一全国后到西汉前期均未有改革亩制计算的文献，应沿旧制。

至于其他计量单位（包括某些未列出者）则不予讨论。

属于社会及算题专名的有五等爵、衰、程、羡（除）、箕（田）、（圆）囷等。

在《九章算术》的“衰分”章中多次讲到以五等爵的爵次高低进行分配的题目。这五等爵是：大夫、不更、簪裛、上造、公士。公士仅高于平民，是五等爵位中最低者。商鞅规定：“故爵公士也，就为上造也；故上造，就为簪裛；就为不更。故爵为大夫，爵吏而为县尉，则赐虏六，加五千六百。”[①] 这是说公士可以升迁为上造，依次升迁，一直到大夫，可以当县尉。由最低级往高排次，叫一级、二级、三级、四级、五级。一直到秦代，增加到 20 级，汉代沿袭[②]。

“衰分”的“衰”早在春秋时就有按等级分配的数学涵义：“故天子建国，诸侯立家，卿置侧室，大夫有贰宗，士有隶子弟，庶人工商各有分亲，皆有等衰。”[③] 就是说天子、诸侯、卿、大夫、士、庶人是按等衰分。

程，在《九章算术》中多处出现，且有不同涵义。《荀子·致仕》中有一解释很重要：“程者，物之准也”，可以用到不同地方。

羡除，是《九章算术·商功》一种立体的名称。古代的“羡”是指墓道，《史记》上记载一条与羡有关的事件：“（厘侯）四十二年（前 813），厘侯卒，太子共伯余立为君。共伯弟和有宠于厘侯，多予之赂；和以其赂赂士，以袭攻共伯于墓上，共伯入

---

① 《商君书》：“境内第十九”.

② 《汉书》卷“百官公卿表”.

③ 《左传》“桓公二年”（公元前 710 年）.

厘侯羡自杀。”[①] 这是说共伯进入厘侯的墓道，自杀在里边。

箕（田），在《九章算术》中是指平面的等腰梯形，战国时宋玉在《高唐赋》中有“箕踵，前阔后狭，似箕衍平貌”[②]。《九章算术》的“箕田”恰有“舌广”和“踵广”两词，可见其渊源有自。

（圆）囷，是一种圆柱形的粮仓，其历史很久。《诗·魏风·阀檀》：“胡取禾三百囷兮”。《韩非子·初见秦》：“囷仓空虚”。其中的“囷”都是指仓。

有人对《九章算术》中价格资料进行统计，36 道算题保留了 28 种物品的 59 个价格资料，但大都用汉代的有关事项进行分析，因此认为是“汉代物价研究的宝贵财富。”[③] 这个看法大体上是正确的，我们将在下节论述。

第二节 秦和西汉的资料

《九章算术》中除了上节所述历史上的数学资料外，大量的来源于秦和西汉，也就是随时录为题简，充实原来的题简。以下仅就书中几项重要的、有据可查的资料予以论述。

均输，为《九章算术》的第六章，其大意已如前述。其起源可能追溯到西汉初，在湖北江陵张家山西汉早期墓葬出土的竹简中包括律简五百余支，有 15 种律名，均输律即在其中[④]，整理者认为该墓墓主死于公元前 2 世纪初。可见均输法在西汉初即已存在。汉武帝时桑弘羊（前 152～前 80）“为大农丞，莞诸会计事，

---

① 《史记》卷 37“卫康叔世家”.

② 《文选》卷 2.

③ 李振宏.《九章算术》的史学价值.《文献》21. 北京：书目文献出版社，1984. 57～73

④ 张家山汉墓竹简整理小组. 江陵张家山汉简概述.《文物》，1985（1）：9～15

稍稍置均输以通货物矣。"[1]桓宽讨论了均输法的优越性,"边用度不足,故兴盐铁,设酒榷,置均输,蕃货长财,以佐助边费。故郡国置均输官以相给运,而便远方之贡,故曰均输。……均输则民齐劳逸",且有"盖古之均输,所以齐劳逸而便贡输,非以为利而贾万物也。"[2] 这个"古"字证明均输法不起于汉武帝,但在汉武帝时得到大力推行。

长安,做为地名起于汉初,高帝刘邦建汉五年(前200)在原秦杜县之东北设长安县[3],七年(前198)"二月,至长安","自栎阳徙都长安。"[4] 定长安为首都。惠帝刘盈(前207～前118)元年(前194)正式建城,三年春又发男女十四万六千人,大肆扩建,施工30日[5]。《九章算术》中凡涉及到长安的算题,显然都出于西汉。

算赋,是汉代施行的人丁税,高帝四年(前201)"八月,初为算赋。"注"如淳曰:《汉仪注》民年十五以上至五十六出赋钱,人百二十为一算,为治库兵车马。"[6] 汉武帝时,由于"商贾以币之变,多积货逐利",于是公卿建议实行算缗:"诸贾人末作贳贷买卖,居邑稽诸物,及商以取利者,虽无市籍,各以其物自占,率缗钱二千而一算。诸作有租及铸,率缗钱四千一算。非吏比者三老,北边骑士,轺车以一算;商贾人轺车二算;船五丈以上一算。"[7] 至于是否被政府采纳,当时无下文。但是在元光六年(前129)开始实行这种税法,"初算商车",元狩四年(前119)又颁布算缗令[8]。

---

① 《史记》卷30"平准书".
② 桓宽:《盐铁论》卷一"本议第一".
③ 《汉书》卷28上"地理志第八上".
④ 《汉书》卷1下"高帝纪第一下".
⑤ 《汉书》卷2"惠帝纪".
⑥ 《汉书》卷1上"高帝纪上".
⑦ 《史记》卷30"平准书".
⑧ 刘翊刚主编. 简明中国财政史. 北京:中国财政经济出版社,1988. 42～43

算赋也好，算缗也好，都是以“算”为单位。《九章算术》中有好几道题以算为内容或涉及到算。

关税，就是过关的货物要抽税。这种制度有很长的历史，汉代从武帝开始对通过内地关卡的货物，由关吏收税：太初四年（前101），“冬，徙弘农都尉治武关，税出入者以给关吏卒食。”①但抽多少税，即税率有多大没有明确记载。《九章算术》中与关税有关的题目不少，而且过一关抽一次，相当重，都是反应汉代的情况。

假田，假田制是汉代才有的一种制度，把官府掌握的土地临时租给或拨给贫民耕种，同时贷给种、食。武帝元狩三年（前120）曾有“遣使者劝有水灾郡种宿麦，举吏民能假贷贫民者以名闻。”②这是要由下面进行假贷，只是限于麦种，未提假田。宣帝地节元年（前69）“三月，假郡国贫民田。”③这是假田首次见诸记载。三年三月，宣帝又下诏：“鳏寡孤独高年贫困之民，朕所怜也。前下诏假公田，贷种、食。…”④十月又诏：“池籞未御幸者，假与贫民。郡国宫馆，勿复修治。流民还归者，假公田，贷种、食，且勿算事。”⑤《九章算术》有一题云：“今有假田，初假之岁三亩一钱，明年四亩一钱，后年五亩一钱。凡三岁得一百，问田几何？”⑥税收很轻，与诏书一致，反映的是宣帝以后事。

太仓，也叫大仓，是建在首都的国家粮仓。《九章算术》有一题云：“今载太仓粟输上林，五日三返。”⑦刘邦即位七年（前198）定都长安，根据肖何（？～前193）的意见，在长安建武库、

① ②《汉书》卷6“武帝纪”.

③ ④⑤《汉书》卷8“宣帝纪”.

⑥ 《九章算术》卷6第24题.

⑦ 同上，第9题.

大仓及某些宫室①。到武帝时，“一岁之中，太仓、甘泉仓满。”②“太仓之粟，陈陈相因，充溢露积于外，至腐败不可食。”③太仓的地址在长安城外东南④。上林为皇家的苑囿，秦时“诸庙及章台、上林皆在谓南。”三十五年(前212)“乃营作朝官渭南上林苑中”⑤。汉初尚未重修，至武帝建元三年（前138）大力扩建，有离宫70所，方300多里⑥。位于由兰田至渭水一带，在太仓之南。“五日三返”的说法，符合实际。

此外，如僦（运费）、瓴甓（砖）等也都在汉代通用，西汉有记载，不再详述。

《九章算术》中还有不少问题值得探讨，但由于年代不好确定，也不讨论了。

① 《汉书》卷1下“高帝下”.

② ③《史记》卷30“平准书”.

④ 陈直．三辅黄图校证．西安：陕西人民出版社，1980．135

⑤ 《史记》卷6“秦始皇本纪”.

⑥ 陈直．三辅黄图校证．西安：陕西人民出版社，1980．83～88

第二章 《九章算术》的成书与结构

本章讨论《九章算术》的成书和由成书的方式而必然形成的结构和模式问题。

第一节 从“算数书”到《杜忠算术》

“算数书”是20世纪80年代出土于湖北荆州地区江陵张家山西汉早期墓葬中，发掘报告没有指出墓主为谁。最近经研究，认为墓主可能是西汉初著名数学家张苍①，他原来在秦代主要从事与数学统计相关的工作，数学题简归他管理。进入西汉，他官至丞相，而数学统计仍是他的职责之一。是否确是如此，尚待进一步研究。但“算数书”肯定与张苍有关。

秦统治中国只有短短的15年，而后几年又处于战乱之中，不太可能对数学题简进行全面整理，但可能增加了许多新简，或把原来不太整齐或字迹不清的稍加改换而已。虽然秦始皇未焚烧数学题简，但是在“楚汉之争”时可能受到损失。

原是秦臣的张苍归汉以后，受到重用，曾任“计相”之职②，就是负责数学统计之类工作的最高行政长官。这样，秦代的数学

① 李迪．江陵张家山西汉墓墓主是谁?《数学史研究文集》．1993．5～9

② 《史记》卷96“张丞相列传”．

题简便又转入张苍手中。据记载，刘邦曾命“张苍定章程”①，而“章程”有人解释说：“章，历数之章术也。程者，权衡丈尺斗斛之平法也。”② 可见，张苍的一项重要任务就是处理与数学相关的制度。这也许是计相的具体工作。实际上，不论如何，张苍必须对所有的数学题简进行全面清理和分类，他还要尽可能建立算法，只有这样才能推行，别人才能利用。“算数书”中有60多个小标题，有可能是张苍所加。因此，张苍是整理官简的第一人，这次整理工作也是《九章算术》形成史的第一个里程碑。整理好的成套官简当然要保留在西汉政府的有关部门。

本编第一章指出：均输法起于西汉早期，也可能有此类数学题简。不过到汉武帝时更进一步推行，因而可以有较多的均输题简加入原来的题简中。做这一工作的大约是桑弘羊（前152～前80）。他于武帝时在政府里“为大司农中丞，管诸会计事，稍稍置均输以通货物。”③ 主管农业，同时还全面负责会计工作，特别是由他实施均输法。这种工作显然都是直接同数学打交道的。由桑弘羊本人执行的均输法或其他与农业有关的数学计算问题，必然要亲自编算和处理，写成题简，加入原有的题简中。桑弘羊也有可能对全部数学题简进行过整理，而且可能还利用过前人遗留下的官简。实际上，因工作的关系，桑弘羊不能离开已有官简而完全另搞一套。桑弘羊的数学工作是《九章算术》形成史上的第二个里程碑。

汉昭帝时（前86～前74年）由于生产发展，已“颇有蓄积”。宣帝于公元前73年即位，“用吏多选贤良，百姓安土，岁数丰穰，

---

① 《汉书》卷1下“高帝纪第一下”.

② 《汉书》卷1下“高帝纪第一下”，其中如淳对“章程”的注释.

③ 《汉书》卷24下“食货志下”.

谷至石五钱，农人少利。”[①] 也就是因连年丰收，剩余粮食很多，于是出现了“谷贱伤农”问题。数学家耿寿昌当时任大司农中丞，管理农业，并“能商功利”，对此问题提出了解决办法。他当时很得汉宣帝信任，便上奏说：“故事，岁漕关东谷四百万斛以给京师，用卒六万人。宜籴三辅、弘农、河东、上党、太原郡谷足供京师，可以省关东漕卒过半，又白增海租三倍”，宣帝“皆从其计”[②]。御史大夫肖望之（？～前47）提出反对意见，但是承认“寿昌习于商功分铢之事，其深计远虑…”，宣帝仍采纳耿寿昌的主张。“漕事果便，寿昌遂白令边郡皆筑仓，以谷贱时增其贾而籴，以利农，谷贵时减贾而粜，名常平仓。民便之。”

上面的引文包括两项内容，第一是改变以前京师用粮全通过水路从关东（一般指潼关以东广大地区）运进的办法，而把京师长安附近各郡的粮食调运京师，这就可以减少运粮士兵大半，而且能“白增海租三倍”。由此，京师附近七个郡粮食过剩的现象就会减少。第二是令边郡修筑粮仓，当粮价低时提高价钱收购入仓，保证农民利益不受损失；当粮价很高时则以较低价格出售仓粮。这就可以起到使粮价处于一种较为稳定的状态，农民生产粮食的积极性不致受挫。

这些经济工作都需要计算，包括运输（里程和运费）、粮仓的形状与容积、粮食（单价、数量和总钱数）等与数学有关的问题。耿寿昌“习于商功分铢之事”，用运筹思想处理各种大范围、多因素问题，取得了很好的效果。在解决这些问题时，根据耿寿昌的职务和身份肯定要利用桑弘羊等整理过的官简，从中找出能用的算题进行套用，或修改后使用；有些问题可能没有现成的题目做为范例，这就需要编制新的数学题简，充实到原来的官简中。刘

---

① 《汉书》卷24上“食货上”.

② 《汉书》卷24上“食货上”.

徽所说的耿寿昌对《九章算术》曾进行删补一事，显然是正确的。

西汉政府保存的数学题简，经过耿寿昌的删补，内容更加全面和丰富，已大体接近成熟的程度。因此，耿寿昌是《九章算术》形成史上的第三个里程碑。

在西汉末出现了两本数学著作，即《许商算术》26卷和《杜忠算术》16卷。汉成帝时（前32～前7）“使谒者陈农求遗书于天下”，由刘向等编校书目，后在此基础上成《汉书·艺文志》，上述两书即著录其中[①]。这一工作开始于河平三年（前26年）[②]，说明两部算术著作当时已存在。杜忠其人在历史上未见事迹记载，因此不详。而许商则是有名的科学家，成帝初讨论屯氏河（黄河的一个支流，位于河北东南部）的淤塞问题，有人主张疏浚。当时有人推荐许商，“博士许商治《尚书》，善为算，能度功用”，派他前往视察，结果“以为屯氏河盈溢所为，方用度不足，可且勿浚。”[③]即由于国家财力不足，无法进行疏浚工程。后来他又升为河隄都尉、大司农中丞等官[④]，都与数学有直接关系。由于职务的关系和他本人的研究方向，对于官简肯定相当熟悉，很可能套用其中某些算题，也可能增补一批新的题简。因此不排除许商整理过官简的可能性。

许商的数学著作《许商算术》的写成似在他任大司农等职务之前，也许是他自己独立搜集到的数学题简，再加上新编成的，经整理、分类而成书。如果是在政府官简的基础上写成的书，不应当写上自己的名字。《杜忠算术》同样如此。两部书既然进入政府，其中某些题目被转录入官简乃自然之事。但是，认为《九章算

① 《汉书》卷30“艺文志”.

② 《汉书》卷10“成帝纪”.

③ 《汉书》卷29“沟洫志”.

④ 李俨. 中国古代数学史料. 北京：中国科学图书仪器公司，1954. 45～47

术》是在这两书的基础上完成的著作，是不可能的。不过有一点是事实，即数学题简在全国到处都有，就连边疆地区也不例外[①]。到西汉末期，编写数学著作的条件已经具备，时机已经成熟，两书的出现就是明显的标志。当时还不存在以“九章”命名的数学著作。后来有记载说：“九章术：汉，许商、杜忠；吴，陈炽；魏，王粲并善之。”[②] 在清代沈钦韩（1775～1831）和王先谦（1843～1917）都认为《汉书·艺文志》所载《许商算术》和《杜忠算术》就是《九章算术》[③]，这是没有根据的，如果说在形成《九章算术》过程中参考、甚至是吸收了其中某些算题则有可能，而绝不是《九章算术》的直接祖先。

经过长达200多年的积累和充实，使官简逐渐完善，到西汉末年已经达到成书的前夕。

第二节 对成书年代与作者的推测

《九章算术》是什么时候成书的，成于何人之手等问题，长期以来众说纷纭，迄无公认的主张。1982年曾有人对此进行过整理，共有七种说法，即：①西汉中期齐人作品说；②西汉宣帝时，即公元前一世纪前半期成书说；③原始的《九章算术》至少和《周髀算经》同时成书说；④莽新时刘歆完成说；⑤东汉初期或公元一世纪成书说；⑥公元一百年左右或东汉中期成书说；⑦秦、汉五百年陆续完成说[④]。这些说法差距较大，而最后一种则包括了前

① 郭世荣. 汉简屯戍记录中的实用数学.《内蒙古师大学报》(自) 科学史增刊，1989 (1)：50～57

② 《广韵》卷4.

③ 转引自李俨. 中国古代数学史料. 1954. 47

④ 李迪.《九章算术》争鸣问题的概述.《〈九章算术〉与刘徽》. 1982. 28～50

6说，当然也就不确切了。还有其他一些说法，如“它的成书当在公元一世纪前半期，即东汉初年。”[①]与上引第五说相近，而在时间上更精确些。至于《九章算术》成于何人之手，只有李迪一人指出了人头，那就是刘歆[②]，近来再一次重申了这一主张[③]。他的观点可供我们参考。他说：“为了避免分歧，必须规定一个成书标准，即最后定本。现在人们所说的《九章算术》都是刘徽的注本，因此有理由认为刘徽做注时所用的本子已经定型，即成书后的标准本[④]。问题是定型的标准本《九章算术》是什么时候由谁整理成的？最可能的人仍然是刘歆。

通过第一节的讨论可知，由秦搜集起来的数学题简，经张苍、桑弘羊、耿寿昌和许商等人的不断补充、整理，逐渐成为比较完善的官书。但是直到西汉快亡的时候还没有写成定本，也没有称为《九章算术》的数学著作。

刘歆之父刘向（前77～前6）为汉楚元王刘交（？～前179）之后代，他“不交接世俗，专积思经术，昼诵书传，夜观星宿，或不寐达旦”[⑤]，非常勤奋好学。刘向于河平三年（前26年）受诏领校秘书，刘歆也同时参加了这一工作。据记载：“河平中，受诏与父向领校秘书，讲六艺传记，诸子、诗赋、数术、方技，无所不究。”哀帝时（前6～公元元年）刘歆“复领《五经》，卒父前业。歆乃集六艺群书，种别《七略》。”[⑥]刘向父子在汉政府共同领校秘书，后由刘歆单独完成书目的编制。

刘歆长期在政府编书籍，得窥中秘，对数学题简不仅熟知，而

---

① 李振宏.《九章算术》的历史价值.《文献》，1984（21）：57～73

② ④李迪. 中国古代数学家对面积的研究.《数学通报》，1956（7）：23～25

③ 李迪.《九章算术》研究史纲.《刘徽研究》. 西安：陕西人民教育出版社，1993. 23～42

⑤ 《汉书》卷36“楚元王传第六·刘向”.

⑥ 《汉书》卷36“楚元王传第六·刘歆”.

且不能轻易放过。他本人对数学等自然科学都有一定研究，自然会利用这个机会进行整理、分类。哀帝死后，“王莽持政，莽少与歆俱为黄门郎，重之。”于是获得很多头衔，“迁中垒校尉，羲和，京兆尹，使治明堂辟雍，封红休侯。”此时，刘歆“考定律历，著《三统历谱》。”[①] 王莽于初始元年十二月篡位，以十二月朔为始建国元年（公元9年）正月，刘歆被封为国师，嘉新公[②]，位置极高。

刘歆研究历法，显然要用到大量数学知识。王莽时曾制造标准量器斛、斗、升、合、龠五种合于一身。器上有总铭81个字，其中“龙集巳己，……初颁天下”之语相当于公元9年，即王莽改元始建国元年把量器颁行于全国[③]。此事在中国度量衡史上很有名，且实物亦有流传至今的。王莽量器一般都认为出于刘歆之手。

据《晋书》所载：“刘徽注《九章》云：王莽时刘歆斛尺……”[④]，《隋书》也有同样文字[⑤]。现传本《九章算术》刘徽注中没有“刘歆”字样，应为唐代李淳风所加。可是根据刘歆在当时的地位和数学水平，他负责制造量器完全可能。在制造量器过程中，刘歆必定要参考现成的官简。

刘歆在他年轻时就接触到这批官简，后来也一直有机会对其进行研究和整理。这一工作大概不是一下子进行到底，很可能是断断续续，最后完成。按照当时的情况，刘歆整理成的数学著作应当称为《刘歆算术》。但这是不可能的，因为这是长期流传下来的官书，又经多次补充，不能署上自己的名字。实际上，当时连书名都没有。刘歆的工作，主要的应是分类，即官简按数学内容

① 《汉书》卷36“楚元王传第六·刘歆”.

② 《汉书》卷99中“王莽传中”.

③ 刘复. 新嘉量之校量及推算.《辅仁学志》. 1928（1. 1）. 1～30

④ 《晋书》卷16“律历志上·审度”.

⑤ 《隋书》卷16“律历志上·审度”.

分为若干类。

中国历史上有"九数"之说，即九类数学内容或问题。九数的名称直到东汉才出现，在此之前不见记载。最初的"九数"可能是指的"九九之数"，即九九口诀，不会有高深的算法。东汉所记九数名称：方田、粟米、差分、少广、商功、均输、方程、赢不足、旁要[①]，不能出现很早，少数的出于春秋战国时代，多数应在秦汉，而且是逐渐增加的。但无论如何，到西汉末期已经齐全。此外还有重差、夕桀[②] 和钩股（即勾股）三个名称，郑众说是"今有"[③]，即是距他较近时才有的。可是，直到唐宋时期的许多著述家仍说是"今有"，离郑众都已数百年甚至1 000多年，早已不是"今有"了。由此可以推知：郑众的"今有"也可能是转引他人的说法。实际上，"今有"的三个名称在西汉时都已存在。公元前二世纪成书的《周髀算经》中就有"勾股"一词，而且大量使用，"重差"的内容也在该书中出现，虽不见"重差"之名，但不能说当时或稍后一定没有。至于所谓"夕桀"，本身有何意义至今不明，有些研究者认为是"互乘"之误，若是这样，西汉更是早已熟知。

刘歆在整理时必是要按照一定的说法分类，那么"九数"就是现成的说法，把数学题简分为九大类乃自然之事。还有一个事实，应当特别注意，那就是王莽尚九，他把好多事物定为九个。下面举几个例子。

地皇二年（21）王莽听有人说"黄帝时建华盖以登仙"，于是"乃造华盖九重，高八丈一尺"[④]，而这高度也是取九九八十一之

---

① 《周礼·保氏》郑玄注"九数"引郑众说.

② "夕桀"一般认为是"互乘"之误.

③ 《周礼·保氏》郑玄注"九数"引郑众说.

④ 《汉书》卷99下"王莽传下".

义。

地皇元年（20）把长安城西苑的10余所破旧建筑物拆毁，“取其材瓦，以起九庙”。九庙各有名称，“殿皆重屋”，到三年（22）“九庙盖构成，纳神主”[①]。

地皇四年（23），王莽已临垮台，他还“拜将军九人，皆以虎为号，号曰‘九虎’”[②]。

这些事实说明，王莽对“九”特别感兴趣。

既有九数之名，又有尚九的统治者，把数学题简分为九类，每一类叫一章，乃是情理中事。在取章名时，刘歆保留了九数中的前八数，而以勾股替换了旁要，这就成了方田、粟米、差分、少广、商功、均输、方程、盈不足、勾股。这里是按郑众的说法排列的，与现传本《九章算术》有两点不同，第一是“差分”在《九章算术》中为“衰分”；第二是“方程”与“盈不足”的次序，在《九章算术》中调换了位置。这两个问题的出现，是郑众或引者郑玄弄错的，还是《九章算术》出世后有人改的呢？不好再进行过多的推测了。有一点则可以肯定，即不是刘徽改的。

刘徽曾经说过：“九数之流，则九章是矣。”过去很少有人对这句话进行正面解释，现在按照我们上面的论述，有一半是正确的，即《九章算术》是官简与九数相结合的结果，如果说《九章算术》就是由九数演变来的，就不正确了。

前面曾几次提到“旁要”一词，是什么意思？多数学者认为与勾股有关，但具体说法却有不同。清孔继涵认为“旁要云者，不必实有是形，可自旁假设，以要取之。”[③] 钱宝琮在论文中引用了这句话后，接着说：“当即刘徽本勾股章相似比例之术”，又说：到

---

① 《汉书》卷99下“王莽传下”.

② 《汉书》卷99下“王莽传下”.

③ （清）孔继函.“九章算术跋”.

汉末由于赵君卿的工作，使勾股术“始稍完备”，“时人采其术入九章，以替旁要。刘徽谓‘校其目与古或异’当即指此。”[1] 赵君卿只稍早于刘徽，恐来不及替代就到刘徽的时候了。刘徽所说的“与古或异”明指张苍、耿寿昌等人的工作，而不是晚到赵君卿或更晚的时候。旁要应是一些几何问题的总称，其中主要的可能是勾股问题，甚至全是勾股问题，用勾股代替旁要也许仅是名词的改变，内容没有变化。这就是为什么没有一道旁要题流传下来的根本原因。

刘歆对数学题简的整理、分类工作，使得长期积累下来的官简进一步条理化，而达到定型的程度。但是当时未必取了书名。这部书是数学，叫“算术”是通称，就如现在人们所说那是一本数学书一样。它被分为九章，这就可以叫它“九章算术”，不是书名，而是俗称，后来就约定俗称成为书名《九章算术》。

刘歆认为：“数者，一、十、百、千、万也，所以算数事物，顺性命之理也，…纪于一，协于十，长于百，大于千，衍于万，其法在算术。宣于天下，小学是则。”[2] 这里的“算术”可能就是指的“九章算术”，由于完型了可以“宣于天下”。由此可证明，刘歆是《九章算术》的整理者。

现在可以做这样的初步结论：《九章算术》的成书经过 200 多年，由多人充实、整理，到刘歆时定型。虽然历史上没有记载刘歆的这一工作，但是早于他晚于他都不可能，而与他同时代既精通数学又能随便接触官简的只有刘歆一人。

---

① 钱玉琮. 九章问题分类考. 《钱宝琮科学史论文选集》. 北京：科学出版社，1983. 1～9

② 《汉书》卷 21 “律历志上”.

第三节 《九章算术》的结构

根据上述成书过程即可基本上看出《九章算术》的结构，或者说它的结构已被确定。现在我们从数学史的角度，对《九章算术》的结构问题进行探讨。

首先要探讨的是九章的排列次序问题，排列者是根据什么原则排成方田、粟米、衰分、少广、商功、均输、盈不足、方程和勾股的呢？历史上没有任何记载。按照一般的做法，可以有三种考虑：其一是以难易程度为序，先易后难；其二是以逻辑推理结构为序，后面的命题依次建立在前边命题的基础上；其三是以问题出现先后为序，先出现的在前，后出现的在后。

《九章算术》的排列次序，主要是不采取第二种做法，而是以第一种为主，又辅以第三种。第一章“方田”是全书中最容易的部分，从计算平面型面积出发，算法只需加减乘除，乘法用的最多。为了分数计算上的需要，给出了全部分数运算法则，实际上也为以后各章做了准备。接下去，大体上是难度越来越大，内容也越丰富。

按数学发展来说，也是先易后难，先简单后复杂。与《九章算术》的排列次序基本上符合。就是说，《九章算术》不是一次由一人或几人搜集资料完成的，如前所述乃是逐渐增加新内容，经过长时期慢慢形成的。毫无疑问，最初形成的主要是“方田”部分，其次是“粟米”和“衰分”两部分。其余六部分中的绝大多数，有些部分的全部都是西汉到王莽时陆续加入的。“少广”部分大约是西汉初期的内容，“商功”、“均输”、“盈不足”和“方程”都是由汉武帝到汉成帝（前140～前7）的100多年里所增加的，但有少数的题目早已有之，而未形成大类。至于“勾股”部分是最后才被吸收进《九章算术》的。勾股的内容最初明确记载见于

《周髀算经》，此书约成于公元前2世纪，与《九章算术》没有关系。刘歆是历法家，应当熟悉《周髀算经》及其中的勾股定理，在他整理数学题简时便增加了“勾股”一章。当然，也不排除在题简中已有少量的勾股题。

关于“勾股”章还有两点需要说明。第一点是《九章算术》原文，除“勾股”章外没有一道题涉及到勾股定理，这就说明“勾股”章的特殊性，放到全书的最后并不与逻辑次序发生矛盾。第二点是“勾股”章在全书中是最脱离实际的部分，带有使书内容完整而加入的用意，并不是直接来于生活实际。

根据上面的讨论可知，《九章算术》的编排次序主要是按先易后难，而这样安排又是大体依某类问题出现的先后次序自然形成的。

其次是每章的题目的编排顺序问题。每章的一开始都是最简单的题目或典型题目，有的还具有基础的性质。下面举些例子予以说明。

方田章：长方形面积→三角形面积→梯形面积→磬折形面积→圆面积。其他面积问题。

盈不足章：盈、不足→盈、盈→不足、不足→盈、适足→不足、适足。其他较复杂的问题。

勾股章：典型的勾股问题→变形的勾股问题→勾股数→勾股容方与勾股容圆问题→其他问题。

另外六章题目的排列次序也是如此。

这种排法显然是经过认真考虑的结果，绝不是偶然的巧合。排列者的目的是什么？值得进一步探讨。每章开头的题目都很容易掌握，有的章开头有同一类型的题目两道，仅改变一下数据，如“方田”第一题为“今有田广十五步，从十六步。问为田几何？”第二题为“今有田广二十步，从十四步。问为田几何？”又如“少广”章，第一题为“今有田广一步半。求田一亩，问从几何？”第二题为“今有田广一步半、三分之一步。求田一亩，问从几何?”以下直到第十一题都是此种类型，只是各数据的分数部分越来越复杂。同章第十二题为“今有积五万五千二百二十五步。问为方几何?”以下到第十六题都是这样，只是改变数据。再如“盈不足”章第一题为“今有共买物，人出八，盈三；人出七，不足四。问人数、物价各几何?”第二、第三题也都是盈与不足，只是把“物”换为“鸡”和“琎”，数据有变更。

《九章算术》某些章开头给出了一些规定，如“粟米”章的“粟米之法”为20种粮米和少数其他农产品之间的比率关系，如粟为50，粝米为30，粺米为27，豉为63等等，未说单位，但具体的题目都用单位斗。在题目中都是先给出什么粮米的斗数换成另一种粮米应是多少，直接利用现成的比率。如第一题“今有粟一斗，欲为粝米。问得几何?”因两者的比率30：50＝3：5，粝米为0．6斗（＝六升）。还有的章在开头对章名给出简短说明或解题法则，如“衰分”章在题目之前有“衰分术”；“各置列衰，副并为法，以所分乘未并者各自为实，实如法而一。不满法者，以法命之。”成为以下各题计算时所用的基本法则。

再次是题目的来源问题需要探讨。《九章算术》中的246道题的来源是一个相当复杂的问题。前面在第一章中曾经讲过题简和内容的来源，这里所说的来源是指书中的题目，是建立在题简的基础上的，是把长期积累起来的题简进行加工和扩充而形成。因此，246道题的来源大体可以分为三大类：

第一类，基本上是原来的题简，在书中仍占有较大比重，特别是前六章。在叙述上进行了修饰，使之规范化。

第二类，对原有题简进行适当的修改和加工，使之具有典型性和便于参照利用，但大体上还保持原型，即此类题目不是完全人为的。在书中所占比重最大。

第三类，完全是人造的题目，目的无疑是为了使全书和各章题目的类型全面、完整，例如前面讲过的“勾股”章是为了全书的完整而补进的。在各章中都有人造题，有的很明显，一眼即可看出，如“衰分”章第四题“今有女子善织，日自倍，五日织五尺。问日织几何？”恐怕世界上不存在这样的织布能手，只是为了补上这类题目而编造出来的。

在后两类题目中，因为系人为加工或完全人为编造，所以自然就规范化了。所谓规范化不单是叙述方面，而且还有专门用词问题，这一点将在下一节讨论。

由上面的讨论可知，《九章算术》中几乎所有的题目都经过不同程度的加工，未经过加工的题目很难找到。加工工作也是长期过程，最后由一个人定稿。

还有一个问题是《九章算术》原书是否有插图？这个问题从来无人提出来讨论。当时的科学技术著作有的已有图形，如《周髀算经》就是一例。查《九章算术》中可能出现图形的有四章，即“方田”、“少广”、“商功”和“勾股”。可是在这四章中没有发现任何有插图的痕迹与线索，但有两处刘徽注文值得推敲。一处是“方田”章第二题答案下的注为“图从十四，广十二”。另一处是“勾股”章第十一题术下注中有“按图为位”之语。多少都有点像是指原书之图，可是不明确，无法由此断定原书有图形，也不能说一定没有。刘徽注《九章算术》时确实画了不少图形，在注文的字里行间有所显露 。刘徽的插图在唐宋间全部失传了①，难道《九章算术》的插图（如果有的话）不会散佚吗？从文字来看，有插图的可能性极小。

最后需要探讨的是“造术”问题。在《九章算术》中的每一个小类问题都有一个明确给出的一般解题步骤，叫做“术”。有的

---

① 李迪.《九章算术》研究史纲.《刘徽研究》. 西安：陕西人民教育出版社，1993. 23～42

一类小问题有好几个“术”，不过用现代的观点来看都是等价的。这些“术”有的相当于定理，有的可以写成公式（实际上也是定理），除极少数的不太准确外，绝大多数都是正确的，可是没有证明。现在要问的问题是这些“术”是怎么造出来的？只能用推测性的语言回答。

由于中国古代形式逻辑没有得到充分的发展，注重逻辑的墨家学派在当时不受重视①，因此《九章算术》中的“术”不大可能是通过逻辑方法建立的，应是以经验归纳为主，辅以逻辑推理。对于一些较复杂的问题，可能是先进行分解，得到各部分的计算步骤，再合并为整体，最后进行整理，而成为一条完整的“术”。也有可能对已有的“术”进行较多次试验和验证，使之达到认为正确的程度而止。对于少数不太容易通过直观归纳或验证的问题，如“开立圆术”等只好放下不管了。真正完全以逻辑推理方法建立起来的“术”，难以找到。再进一步考虑，当时人们用何种具体方式方法进行归纳和验证，可能不会有统一方法，应是因题而异，至少应有几种方式方法。

《九章算术》的造术问题和其成书大体差不多，也是经过一个相当长的过程，绝不是由某一人或某几人一次完成。早期的造术工作要推到张苍或更早，以后应当有桑弘羊、耿寿昌、许商等人，最后由刘歆集大成并进行全面加工而成为一种定型。

《九章算术》的所有题目几乎都经过修饰或加工，可是大多数还保留有实际来源的原型。这部数学著作在本质上是服务于经济的数学专著，一方面有应用型例题，另一方面又有一般解题步骤，对应用者的要求不太高，只要会套用“术”便可应付实际需要了。从全书的结构看，便于学习、掌握，具有教科书的性质。

---

① 李迪. 中国传统思想与传统科技特点的形成.《中国科学思想史论》. 杭州：浙江教育出版社，1992. 27～33

由成书的过程和结构，就可以明确知道，《九章算术》中为什么未包括与音律、天文历法等有关内容，因为这是一部服务于经济的数学，即使是吸收某些非经济数学性质的题目也必都改造成适合于经济数学的要求，或去掉原来的具体事务内容。当时流行的筹算算法在《九章算术》内也没有涉及，可能有两个原因：第一是从资料来源看，本身都是些与经济有关的算题，根本不考虑用何种工具进行计算和怎样计算。第二是从需要看，写筹算没有必要，那是一开始学习数学的少年儿童就要学习的内容，尽管有教科书性质，但绝不是给那些连筹算都不懂的人学习的。

第四节 《九章算术》的模式

《九章算术》由于其官书性质，内容丰富和算法较为齐备而适用，自然成为后来数学研究和写作的模式。

首先是结构性的模式，这里是指全书的编排体例。《九章算术》246道题，分在9卷，都是一道一道地平等、独立安排，题与题之间基本上不存在何种实质性的联系，有些仅有由浅入深、由简到繁的顺序关系。实质上是一部经过认真编排的问题集，从题目的主要来源和目的来看也必然是这种形式。所有的问题都是以具体数目给出，就此点来说不具一般性。下面列举几个例子：

例一，“粟米”章第41题：“今有出钱一万三千九百七十。买丝一石二钧二十八斤三两五铢。欲其贵贱钧率之，问各几何？”

例二，“方程”章第14题：“今有白禾二步、青禾三步、黄禾四步、黑禾五步，实各不满斗。白取青、黄，青取黄、黑，黄取黑、白，黑取白、青，各一步，而实满斗。问白、青、黄、黑禾实一步各几何？”

例三，“勾股”章第18题：“今有邑，东西七里，南北九里，各中开门。出东门十五里有木。问出南门几何步而见木？”

所有的题目都是如此，无一例外。为什么都是这样?《九章算术》没有给出丝毫说明，因此只能推测。这种题目便于对照，容易找到相应的解题方法。古代全用文字叙述，且无任何符号，如不用具体数字，有时不易表达清楚，此点也是一个可能的原因。

题目的叙述分为两段，第一段为已知条件，或说是题设，第二段为所求，但不能称为“题断”，因为不是逻辑性的命题。每题的开头总是“今有”，只有少数的稍有变化，如果两题仅是已知数有异，其他全同，则用“又”，如“方田”章第2、第4、第6、第8、第9、第11、第13、第14、第16、第18、第20、第21、第23、第24、第26、第28、第30、第32、第34、第36、第38题，“少广”章第13～16、第22、第24题，都是指与前一题属同一类型的题。如果独立出来就不能用“又”，而必须用“今有”。题目的叙述，可模式化为：“今有……。问……几何?”

由于题目的不同，有时所求部分的叙述略有不同，上举的例三就是个例子。也有一题多问的情况，如“方田”章第12～14题都是“问孰多，多几何?”为二问，但未见有三问之例。

其次，一道完整的题目，除题目本身外还有“答”和“术”两部分，合起来为“题”、“答”和“术”。“答”就是答案，有几问就有几答。这很简单。“术”稍复杂一些，可分为两类，其一是根据已给的条件所进行的计算步骤。例如“均输”章第10题，全题如下：

今有络丝一斤为练丝一十二两，练丝一斤为青丝一斤十二铢。今有青丝一斤，问本络丝几何?

答曰：一斤四两十六铢、三十三分铢之十六。

术曰：以练丝十二两乘青丝一斤一十二铢为法。以练丝一斤铢数乘络丝一斤两数，又以青丝一斤乘之，为实。实如法得一斤。

这里的“术”就是专讲本题的计算过程。

其二是某一类题目解法的一般性叙述，其中不包括已知数，而是已知条件，本质上是定理（或命题）或计算公式或法则。这类“术”颇为重要，前面所说的造术问题就是指此。叙述的语言都很简练、恰当，几乎是找不出任何废话，可是没有任何解释。现举几例如下：

例一，“方田”章“约分术”：“可半者半之，不可半者，副置分母子之数，以少减多，更相减损，求其等也。”

例二，“少广”章“开方术”：“置积为实。借一算步之，超一等。议所得，以一乘所借一算为法，而以除。除已，倍法为定法。其复除。折法而下。复置借算，步之如初。以复议一乘之，所得，副以加定法，以除。以所得，副从定法。复除折下如前。若开之不尽者为不可开，当以面命之。若实有分者，通分纳子为定实。乃开之。讫，开其母，报除。其母不可开者，又以母乘定实。乃开之，讫，令如母而一。”①

例三，“勾股”章“勾股术”：“勾股各自乘，并而开方除之，即弦。”

例一、例二是两条计算法则，例三既是定理又是公式。

在例二中所讲之开方术是指开平方的法则，字数不多（132个），但包括了所有的情形，（正）整数可开的、不可开的，带分数（又有母不可开的情形）。

有些术不好区分是第一类还是第二类，这要看是否含有已知数，如果不含便归入第二类，否则为第一类。

《九章算术》中的“术”不都正确无误，完全错误的也未发现。“少广”章“开立圆术”是已知球的体积求其直径，用相当于下面的公式

$$d=\sqrt[3]{\frac{16}{9}V}$$

① 有些版本存在少量差异，此处据钱宝琮校点本.

反过来有

$$V=\frac{3}{2}\pi r^3$$

(π≈3，d=2r)，比正确公式大1/6①。

有少数的题目的解法为一题多术，如“方田”章“圆田术”多达4条，用现代的观点看全是等价的。但经观察可见，主要是根据已知条件的不同而形成的。这样可以省去中间的计算而化为标准形式，便直接算出结果。

“术”的叙述，多数在开头第一个字常用“置”，这是由当时使用算筹所决定的，就是把某已知数用算筹摆放到案子上，接下去是按一定次序进行计算的安排，最后的结语则明确说“即…”或“得…”，就是得到了答案，但在多数情况下不给出答数，意思是算出的最后结果即为答案，不必说出。还有些“术”的结尾没有这几个字，只说“某某而一”，即除得的结果。

再次是《九章算术》的算法过程具有程序性，经过稍加改造即变成现代计算机语言。对于这个问题，已有人进行不少研究。中国传统数学一直具有程序性，其源头是《九章算术》。详细内容可在有关论文中找到②③④，这里不赘。

最后，是名词术语的问题。中国传统数学中的名词术语，绝大多数已出现在《九章算术》中，可以说《九章算术》奠定了中国传统数学名词术语的基础。从模式来看，需要讲述两个问题。第一个是沿用，即《九章算术》中的名词术语在后来的中国数学中

---

① 李迪．《中国数学史简编》．沈阳：辽宁人民出版社，1984．79

② 李文林．On Chinese Algorithme in Aneient and Medival Times．1982，第一届中国科学史国际会议论文，中译文载于《数学史研究文集》(2)．1991．1～5．

③李迪．中国传统数学的程序性．1983．第二届中国科学史国际会议论文．收入《香港大学中文系集刊》．1987（1，2）：219～232

④K．Chemla．Should They Read Foutran as if It were English? Ibid．301～316．

一直在使用，没有被淘汰，有些如“开方”、“通分”、“约分”、“乘”、“除”、“加”、“减”、“圆”、“方锥”、“圆锥”、“开立方”、“积”、“分数”、“正”、“负”等等一直沿用到现在，今后还要继续下去。第二个是造词法，书中没有任何说明性的文字。如果认真研究一下就会发现，绝大多数的名词术语是借用来的，或借用时又加改造，还有一部分是从习惯用语演变成的。如“阳马”、“均输”、“堑堵”等为借用词，“方田”、“少广”、“立圆”、“弧田”、“圭田”等为改造词，“加”、“减”、“乘”等为演变词。以后新出来的名词术语基本上都是采用这些方式造成的，如《梦溪笔谈》中的“会圆”、“隙积”等便是典型的例子。

有关术语的其他问题，请参见第二编第一章第三节。

《九章算术》的“九章”两字在中国数学史上有深远的影响，甚至成了数学的代名词。有些人精通数学，被称为“通九章”或“精九章”。例如北朝的殷绍“达九章、七曜”[1]，其中之“九章”既有指《九章算术》的含义，又有泛指数学的意思。另外一种情况是，常有些数学著作用“九章”做书名，特别是在明代尤多。

通过上面的讨论可知，《九章算术》在结构、叙述格式、算法和名词术语等各方面对后世起模式作用。虽然，随着数学的发展，新内容不断出现，但是，大框框还没离开《九章算术》多远。

① 《北史》卷89“殷绍”.

第三章 《九章算术》的流传

本章主要讲述《九章算术》的流传情况，至于学术内容对后世的影响，将另外安排一章，这里一般不涉及。

第一节 《九章算术》中心地位的确立

《九章算术》定稿以后，由于连年战争，便被束之高阁，没有散佚已是万幸。刘秀于公元25年定都洛阳，恢复了汉朝的统治，220年由曹丕建立魏国，史称由25～220年这个王朝为东汉。《九章算术》的中心地位就是在东汉确立的。

《九章算术》稿应为竹简的形式，东汉初仍藏于长安（西京），后来肯定弄到了洛阳，但是在什么时候现在未查清楚。该书最初的复本可能只有张苍的“算数书”，后来耿寿昌、刘歆等人大约仅是改换一下个别竹简，增加一些竹简，而未抄录副本。张苍的副本随葬于地下，完整的本子在东汉初就是一本——一捆竹简，又分为9小捆。直到公元2世纪也不可能有纸抄本，因为造纸术尚处于刚发明的时期，写字用纸显然要晚一点才出现。是否会有帛书《九章算术》，未见记载，不宜妄论。

东汉建立之后，经过一段整治逐渐趋于稳定，文化重心开始由长安向洛阳转移。实际上，刘秀很注重文化建设，“光武中兴，爱好经术，未及下车，而先访儒雅，采求阙文，补缀漏逸。先是四方学士多怀协图书，遁逃林薮。自是莫不抱负坟策，云会京师”，于是设《五经》14个学科博士，“各以家法教授”，建武五年

(29 年)“乃修起太学，稽式古典”。到中元元年(56 年)“初建三雍”，即辟雍、明堂、灵台。当时，“其经牒秘书载之二千余两(辆)，自此以后，参倍于前。”① 把大批图书运到了洛阳。一小部分图书藏于辟雍，大部分藏于太子居住的东观。因此东观成了东汉时期的国家图书馆。《九章算术》可能也在这时被运到了洛阳。

在这前后已有人熟知《九章算术》的内容，能点出姓名的首推郑众(？～83)。郑玄引称：“郑司农云：……九数：方田、粟米、差分、少广、商功、均输、方程、盈不足、旁要；今有重差、夕桀、勾股也。”② 郑司农就是郑众，他于建初六年(81)为大司农。查郑众为郑兴之子。郑兴在王莽天凤中(14～19)与刘歆在一起工作过，据记载：“歆美兴才，使撰条例、章句、傳诂，及校《三统历》。”“兴好古学，尤明《左氏》、《周官》，长于历数”③。刘歆研究、整理算术竹简一事，郑兴必定十分清楚，甚至参与整理。郑众“年十二，从父受《左氏》、《春秋》，精力于学，明《三统历》，作《春秋难记条例》，兼通《易》、《诗》，知名于世。建武中，…”④。他从父学习大约是在王莽末，同时了解到《九章算术》的内容也是理所当然的。郑众既然能“明《三统历》”，也就能理解《九章算术》的基本内容，知道其篇目情况乃是自然之事。

郑众所列的篇目是他早年看过记住的，还是后来又看了原书？不好下断语。但从称“九数”而不称“九章”来看，似是前者。在他的晚年，《九章算术》肯定已运到洛阳，藏于东观。这时他虽已在朝为官，不过却与东观没有关系，且简牍堆积如山，《九章算术》简压在何处，恐一时难于说清。

---

① 《后汉书》卷 79 上“儒林列传第六十九上”.

② 《周礼》“保氏”郑玄注引郑众语.

③ 《后汉书》卷 36“郑兴”.

④ 《后汉书》卷 36“郑兴，子众”.

藏于东观的简牍，从什么时候开始清理、校对，没有明确记载，至迟章帝（在位76～88）时确已进行。元和二年（85），章帝诏孔子后代孔僖为郎中，“使校书东观”[①]。和帝即位后（在位89～105）特别关心东观藏书，“亦数幸东观，览阅书林”[②]。这时是否涉及到《九章算术》还不清楚。由于东观藏书特别多，参加整理、校对的人也不会一二个，可能同时有一批人在工作。这些人的官职为郎中，后来又有校书郎、东观郎等称呼。其中有的人可能对数学感兴趣，有的人无意中遇到《九章算术》简。当然也有些官员常去看书，恐怕一般平民是去不了的。最早见于记载与《九章算术》有关的人物是马续。马续是马援（前14～49）之侄孙、马严（17～98）之子。马严有7个儿子，续为老七，老五名融，两人有名。马融（79～166）于永初四年（110）“拜为校书郎中，诣东观典校秘书”[③]。他知道传说的善算（或作算）者隶首，因此对《九章算术》这类书籍必有所注意，或发生兴趣。其弟马续便从马融得知《九章算术》，借出来学习。“（马）续字季则，七岁能通《论语》，十三明《尚书》，十六治《诗》，博观群籍，善《九章算术》。”[④] 后来当了武官。大约是2世纪初的事。马续对《九章算术》“善”到何种程度，不好多作推测。是否抄写了一套，也难下断语。但是有一点也许能成立，就是从此有较多的人知道有《九章算术》这部书，学习和研究的人便多了起来。

与马续同时或稍后，精通数学的有学者张衡（78～139）。“衡善机巧，尤致思于天文、阴阳、历算。……安帝雅闻衡善学术，公车特徵拜郎中，再迁为太史令。遂乃研覈阴阳，妙尽璇机之正，作

---

① 《后汉书》卷79上“孔僖”.

② 《后汉书》卷79上“儒林列传”序.

③ 《后汉书》卷60上“马融列传”.

④ 《后汉书》卷24“马援，兄子严”.

浑天仪，著《灵宪》、《算罔论》，言甚详明。”[①] 张衡对历算很有研究，而《算罔论》肯定与数学有关，但因该书已佚，不得其详。不过他知道《九章算术》的某些内容，并进行了研究，却是事实。《九章算术》卷四“少广”刘徽对“开立圆术”注中引“张衡算”，并批评张衡“欲协其阴阳奇耦之说而不顾疎密矣。虽有文辞，斯乱道破义，病也。”就是用阴阳奇偶的观点研究《九章算术》中的球体积问题，没有得到正确结果。

张衡通过什么途径得见《九章算术》的？不见记载。他和马融、马续可能有关系，通过他们看到了《九章算术》。还有另外的途径进入东观，“永初中，谒者仆射刘珍、校书郎刘驹騊等著作东观，撰集《汉记》，因定汉家礼仪，上言请衡参其事，会并卒，而衡常叹息，欲终成之。”[②] 这说明，张衡在当时与东观有直接关系，并且很想到东观去把《汉记》编完。永初为汉安帝的年号，当107～113年，有人认为《算罔论》写于115～121年[③]，也合乎逻辑。

又有李胜在顺帝（126～144）为东观郎[④]、高彪除郎中，“校书东观”[⑤]，等等。

由上述情况可知，从章帝时起，因去东观校书的人日渐增多，看见或研究《九章算术》的人随之增加。到2世纪前期引起统治者的重视，它既是一部官书，内容又那样丰富，把它定为国家标准就非常合适了。于是颁布法令，到光和二年（179）又予重申，原文如下：

“大司农以戊寅诏书，以秋分之日，同度量、均衡石、桷斗桶、

① 《后汉书》卷59“张衡列传”.

② 《后汉书》卷59“张衡列传”.

③ 孙文青．张衡年谱．上海：商务印书馆，1935.100

④ 《后汉书》卷80上“李尤”.

⑤ 《后汉书》卷80下“高彪”.

正权概，特更为诸州作铜斗、斛、称，依黄钟律历、《九章算术》以均长短、轻重、大小，以齐七政，令海内都同。光和二年闰月廿三日。大司农曹棱亚、淳于宫，右仓曹椽朱音、史韩鸿造。"[①]

其中“戊寅”因未加年号，故需加以考虑。由光和二年上推到王莽时代共有3个戊寅，即王莽天凤五年（18）、汉章帝建初三年（78）和顺帝永和三年（138）。很显然，汉不能用莽新的诏书，只有78和138两年。且大司农提到《九章算术》一事是在戊寅诏中已有，还是大司农在光和二年加上的，文中不明确。如果诏文中有《九章算术》，那应是较早，否则就是光和二年了。但是，这个“戊寅”也有可能是指日子，即“戊寅日”，当时也多有以日为诏书的习惯，实际上却有“戊寅诏”。[②] 其中虽未提到《九章算术》，但该诏却与度量衡有关。

这一事实，充分说明，在1～2世纪，即东汉中后期，《九章算术》的中心地位被确定下来。与此同时，造纸术有了几十年的发展，纸的使用得到推广。纸抄本《九章算术》在东汉后期肯定出现，竹简本只能保存在东观做为标准本罢了。纸抄本代替竹简本是历史的必然，是一个极大的进步。竹简本《九章算术》后来随着东汉的灭亡而理所当然地散佚无存了。

东汉中后期，精通数学或研习《九章算术》的大有人在，如郑玄（127～200）、何休、蔡邕（133～192）、刘洪、王粲（177～217）、赵君卿、徐岳等等。其中赵君卿是著名数学家，可能活到三国，而徐岳在三国初期还很活跃，有《九章算术》等称呼的著作多种[③]。就是说，《九章算术》已是广为流传的标准数学书了，其

① 《筠清馆金石记》卷5.

② 《后汉书》卷4“孝和孝章帝纪，章和二年（88）夏四月”庚寅.

③ 李俨．中国古代数学史料．上海：中国科学图书仪器公司出版，1954.52

中心地位不仅存在于官府的法令，也存在于学者之中，中心地位则益加巩固。

第二节　从刘徽注释到“十部算经”之一

从三国到唐代初年的约500年间，是《九章算术》流传史上的繁荣时期，期间一批杰出数学家可以说都是通过学习、研究《九章算术》而培养出来的。本节仅从流传的角度，讨论一些有关问题。

首先是对《九章算术》的注释，先后有刘徽、祖冲之、李淳风，可能还有甄鸾。刘徽可能是给《九章算术》作注的第一个数学家，他说：“徽幼习《九章》，长再详览。观阴阳之割裂，总算术之根源，探赜之暇，遂悟其意，是以敢竭顽鲁，采其所见，为之作注。”所采用的方法是“析理以辞，解体用图”。就是说是用文辞和图形两种方法给《九章算术》进行注释。现传本《九章算术》有刘徽的详细文字注释，且在文字中多次提到图形，但是没有一幅图形在书中。这些图形在流传中被删去了，或是自然散逸了？是个需要回答的问题。

刘徽的《九章算术注》特别详细，很多地方注文远远超过原文，有些则形同独立的论文。内容可以归纳为五个方面。第一，对名词术语进行了解释或给出了相当于定义的文字；第二，给几乎所有的计算公式或定理性的叙述进行了逻辑论证或说明道理，有许多相当精彩；第三，对原文的个别部分和某些相关的问题进行了有理有据地分析批判，用辞犀利，切中要害，例如对当时流行的“周三径一之率”，他认为是圆内接正六边形的周长与直径之比而非圆周与直径之比，“然世传此法，莫肯精覈。学者踵古，习其谬矣。”又如在“方程”第18问的术注中指出：“其拙于精理徒按本术者，或用算而布毡，方好烦而喜误，曾不知其非，反欲以多为贵。”等等；第四，提出许多新概念、新思想和新方法，如“牟合方盖”、截面原理、十进分数、“不有明据，辩之斯难”、“数而求穷之者，谓以情推，不用筹算”、使用带颜色的图形的模型等等；第五，推广和发展前人的思想方法，有些直接写进了注中，如“齐同术”、“割圆术”、图形的“以盈补虚”等等。另有在前人思想的基础上，发展、扩充为独立的篇章，如“重差”即为一例，他指出：“徽寻九数有重差之名，原其指趣乃所以施于此也。”又说：“徽以为今之史籍且略举天地之物，考论厥数，载之于志，以阐世术之美。辄造重差，并为注解，以究古人之意，缀于勾股之下。”就是刘徽在原书九章之末又加了一章，因而刘徽注本《九章算术》为十章，这是其流传史上的第一次大变化。

现在来讨论一下刘徽《九章算术注》中的图形问题。我们经过研究，认为刘徽给《九章算术》作注时所画的图形不是随注插入文中，而是全部画在另外的纸上，独立于《九章算术》的[①]，但附于十章之后，当时也未必有什么名称。图形的内容，显然包括他新加入的重差的插图。后来，图形部分与文字部分分离。隋唐时期有刘徽撰的《九章重差图》一卷，应是刘徽给《九章算术》作注时所画的图形，那时已经完全脱离了文字部分而独立了。由此可知，《九章算术》现传本刘徽注没有一幅图形是理所当然的事。南宋鲍浣之说：“其图至唐犹存，今则亡矣。”[②]图形亡佚于唐宋之间，则无疑问。

根据历史记载，南北朝的祖冲之（429～500）注释过《九章

① 李迪．《九章算术》研究史纲．见吴文俊．刘徽研究．西安：陕西人民教育出版社，1993．46～61

② 载于杨辉《详解九章算法》前的鲍浣之序．

算术》。《南史》说：祖冲之“注《九章》，造《缀术》数十篇”[①] 这《九章》应是《九章算术》。又，9 世纪成书的《日本国见在书目》书目中记有《九章》九卷“祖中注”，《九章术义》九卷“祖中注”。李俨认为“祖中”为祖冲之[①]，也就是说祖冲之给《九章算术》作注释，与《南史》所记是一致的。他的儿子祖暅可能也参与了注《九章算术》的工作，因为有他关于“开立圆”术研究的文字保留到现在，而且研究过《九章算术》中体积问题。但是他们父子的注文大概是写在了另外的本子上，而不是直接在刘徽注之后加上“冲之案”。那个祖冲之注释本《九章算术》早已不复存在，也有可能是在注文的基础上写成《缀术》一书。《缀术》中包括了《九章算术》的注文。有一点似乎可以完全肯定，即隋唐时代的数学家知道祖冲之《九章算术》注的内容和文字。

稍晚于祖冲之的甄鸾也可能给《九章算术》作过注，《隋书》有《九章算术》二卷，徐岳、甄鸾重述，《九章算经》二十九卷，徐岳、甄鸾等撰。《旧唐书》有《九章算经》九卷，甄鸾撰。《新唐书》也有类似记载。这些记载根据什么无法弄清，但无论如何不至于是凭空捏造的。甄鸾是否撰写过《九章算术》或《九章算经》等名称的数学著作？难于加以可否，认为甄鸾给《九章算术》作过注，倒有可能。现传本《周髀算经》等书中都有甄鸾注，注《九章算术》是意料中事。

有一个事实无可否认，即南北朝时期，《九章算术》流传相当广泛，学习数学的人都和它有关系，实际上已成为必读之书。当时把书名冠以“九章”二字或迳称《九章算术》的数学著作屡有出现。“九章”在某程度上成了数学（当时称为“算术”或“算学”）的代名词。

---

① 李 俨·中算输入日本的经过. 中算史论丛. 北京：科学出版社，1955 (5). 168～186

到了隋唐时期，特别是唐代前期，《九章算术》由于列为主要教科书而形成了第一个流传高峰。

在隋代，国家设置算学博士，为教授数学的国家教师。唐代因之，但教育规模上要比隋代大得多。为了教学的需要，李淳风、梁述、王真儒等“受诏注《五曹》、《孙子》十部算经，书成，唐高祖（实为高宗—引者注）令国学行用”[①] 编选“十部算经”并加注，做为明算科学生的必修教材。在“十部算经”中包括《九章算术》，并且是最重要的教材之一。在宋刻本的每一卷开头都有这样的署衔：“唐朝议大夫行太史令上轻车都尉臣李淳风等奉勅注释”。这次注释是在刘徽的基础上进行的，都以“臣淳风等谨按”、“臣淳风等谨依密率”开头写注，大部分都是写在刘徽未注的地方，有部分为重注，或继续刘徽注阐释同一问题，共有 101 处，有个别地方可能是李淳风等注，但又不明确[②]。在注中除对一些名词等的解释外，还有对刘徽注的改动，最多的是把徽率 157/50 全改为 22/7。22/7 为祖冲之的“约率”，可是李淳风却称之为“密率”，使后世很多人也这样叫起来，钱宝琮认为“这是李注的谬种流传”[③]。注中也包括不少新意和保留了一些有价值的史料，在数学史上有其重要性。

李淳风等在这次工作中，不仅是作注，而且是根据当时数学著作的名称的不同作了一次尽可能统一的叫法。比如以前有些叫“某某算经”，还有些叫“某某算术”或“某某算法”，绝大多数都采用了“算经”。结果是《周髀》变成了《周髀算经》，《缉古算术》变成了《缉古算经》，《九章算术》变成《九章算经》，只《缀

---

① 《旧唐书》卷 79 “李淳风”.

② 郭世荣. 略论李淳风等对《九章》及其刘徽注的注. 见：吴文俊. 刘徽研究. 西安：陕西人民教育出版社，1993. 358～369

③ 钱宝琮. 九章算术提要. 载其校点《算经十书》上册. 北京：中华书局，1963. 83～89

术》未改,《五经算术》不好改而未改。

到隋代,《九章算术》还是十卷,题"刘徽撰",即包括"重差"一章,另有《九章重差图》一卷,亦题"刘徽撰"①。钱宝琮记:到了唐朝初年选定十部算经时,"《重差》一卷和《九章算术》分离,另本单行。因它第一题是一个测望海岛山峰和推算它的高、远的问题,从而被称为《海岛算经》。"② 因此,从唐代起有了刘徽撰《海岛算经》一卷,《九章算经》乃为九卷。《海岛算经》被列为"十部算经"之一,但是它仍经常伴随着《九章算经》而流传。

《九章算术》被列为国家"明算科"的教科书"十部算经"之一,在流传上是有很大好处的。明算科的学生有时多达30人,少则几人,而且不是一二届,断断续续持续了100多年,究竟有多少学数学的学生实无法统计,粗略估计恐不下一二百人。这些人大都要学习《九章算经》,有时把学生分为两组,一组学习《九章算经》,另一组不学,而且人数各占一半③。以此推之,学习《九章算经》的学生也要有半百左右。这些学生都得有书,就要出现数十部纸抄本《九章算经》,毕业后要把这些抄本带到全国各地。《九章算经》在唐代流传之广可以想见。那时候纸抄本书籍都是长卷,而不是像后来那样的线装。很显然,一本《九章算经》要由好几个纸卷构成。遗憾的是,这批纸抄本《九章算经》连一本也未保存下来。

《九章算经》不仅在国内大量流传,而且在唐代也传到了朝鲜、日本等邻国。日本人到中国来有两种方式,一是从朝鲜半岛上陆,

---

① 《隋书》卷34"经籍三".

② 钱宝琮. 海岛算经提要. 载其校点《算经十书》上册. 北京:中华书局,1963. 261~264

③ 《唐六典》卷21;《旧唐书》卷44"职官三".

通过新罗(朝鲜 669～903 的国名，904～934 与高丽王朝并存，935 年亡）进入中国东北，经渤海往西达中国内地，抵长安。一是从海上直接到中国。因此，《九章算经》的东传日本也就有直接和间接两种途径。日本来中国的人中，“遣唐使”对文化的交流起主要作用。中国及属国渤海也都有人不断去朝鲜和日本。《九章算经》何时传入朝、日两国无明确记载，但至迟朝鲜时期就把《九章算经》做为数学教科书之一。717 年设算学博士，同时或稍后在国立学校中“差算学博士若助教 1 人，以《缀经》、《三开》、《九章》、《六章》教授之”[①]。其中《九章》无疑是《九章算经》。朝鲜也分两组学习，不过是把《九章》和《缀术》（《缀经》）放在一组为高级班[②]。实际传入朝鲜的时间，可能要早一些，因为只有掌握和了解了书的内容才能确定选哪几本做教材。也许要早到唐初。

《九章算经》在 8 世纪初的日本文献上就出现了。例如在《令义解》中记载了大宝（701～703）到养老（717～723）间算经的名称，包括《九章》、《海岛》和《重差》。学生学习也是分为二组，在包括《九章》的一组中规定：“若落《九章》者，虽通六犹为不第”[③]。可见《九章算经》的地位之重要。《九章算经》在日本得到了较广的流传，宽平时代（889～897）藤原佐世在所撰《日本国见在书目》中列《九章》之名的数学书竟有 8 种之多，它们是《九章》九卷（刘徽注）、《九章》九卷（祖中注）、《九章》九卷（徐氏撰）、《九章术义》九（祖中注）、《九章十一义》一、《九章图》一、《九章乘除私记》九、《九章私记》九[④]。大概是同一书有不同抄本，书目是按本记录的。目录中还记有《海岛》四部，其

---

① 金富轼. 三国史记卷 38“杂表第七·职官上”.

② 金容云、金容局. 韩国数学史. 东京：槙书店，1978. 86

③《令义解》卷 3. 据《国史资料集》第一卷，第 166 页.

④ 李　俨. 中算输入日本的经过. 中算史论丛. 北京：科学出版社，1955. 168～186

中有一部《海岛图》一卷①。既有《九章图》，又有《海岛图》，是否把刘徽的《九章重差图》分为两部分，一部分叫做《九章图》，另一部分根据《海岛算经》之名而改做《海岛图》？这种可能性是很大的。

有迹象表明，《九章算经》也许传到了印度②。这里不予讨论。

第三节 雕版印刷的《九章算经》

《九章算经》在唐代有许多纸抄本，流传于国内外。虽然在唐代初年已发明了雕版印刷术③，但是这种新技术在很长时期内没有用到印刷数学书上，当然也没有雕版印本《九章算经》。那些抄本《九章算经》经过唐末五代的长期战乱，多所散毁。不过并没有全部毁掉，还有少量抄本传到了北宋。

北宋中期，贾宪、楚衍、沈括（1030～1094）等都学习过《九章算经》，贾宪还进行了深入研究，并取得重要成果。

贾宪是宋代主要研究《九章算经》的数学家，他的工作是给《九章算经》补作细草，撰成《黄帝九章算经细草》九卷，显然是按原来的九卷依卷补作的。这样，从北宋中期起，《九章算经》就有两种本子流传，一是李淳风等的注释本，一是贾宪细草本。

贾宪的细草本是什么样子，因其早已失传无法详知，近来有人认为“未完全失传”④，有一定道理。贾宪细草很可能是仅就《九章算经》的原文而作，且保留了刘徽注和李淳风等注释，因此

---

① 李 俨．中算输入日本的经过．中算史论丛．北京：科学出版社，1955．168～186

② 李 迪．中国数学史简编．沈阳：辽宁人民出版社，1984．144～145

③ 张秀民．中国印刷术的发明及其影响．北京：人民出版社，1978．55～64

④ 郭书春．贾宪黄帝九章算经细草初探．《自然科学史研究》1988（4）：328～334

是一种内容很全面的本子。

由于书籍的装裱方法在宋朝有了成本的线装，贾宪的《黄帝九章算经细草》也应是这种方便携带、阅读和收藏的线装本。李淳风等注释本很可能同样出现了手抄线装本。

北宋的前100年，对数学教育远不如唐代，没有设立“明算科”之类的数学教育机构。直到神宗元丰（1078～1084）时才开始提倡数学教育，1083年在国子监中立“算学”①。为此立即着手采取两项措施，第一是选拔算学博士，第二是编印教科书。第二件工作可能是从1083年起到下年（1084）秋九月完成。

元丰七年秘书省编印成的数学教科书是用雕版的方法印成的，是为我国数学史首批刊刻本。这些刊本数学教科书被称之为“监本”。究竟监本数学教科书包括哪些书，宋代并没有留下明确记载，据后来人们研究认为有9种与唐代“十部算经”相同，只有《缀术》换成了《数术记遗》②。《九章算经》为其中之一。

当时一些地位很高的官员，如赵彦若、司马光、吕公著、韩维、吕大防等都是负责管理刻印工作的。从掌握到的资料看，这些官员似乎分为两组，齐头并进，各自署名。一组为王仲修、叶祖恰、钱长卿、韩宗古、孙觉、赵彦若，另一级为韩治、顾临、刘攽、吕大防、李清臣、张璪、韩维、吕公著、司马光③。在刊刻以前对所选底本都进行了校定，因此应该是一批很好的本子。

《九章算经》是依李淳风等注释本校定、刊印的，但是哪一组官员负责没有记载，而传本宋版又缺后四卷，恰好把书末的署名页失掉了。不管怎样，这是《九章算经》第一次有了刊本，而且印本肯定较多，是流传史上的一次突破。

---

① （宋）孙逢吉·《职官分纪》卷21.

② 王国维.《五代两宋监本考》卷中.

③ 王国维.《五代两宋监本考》卷中.

仅过一二年，到元祐元年（1086）就有人对算学的设置提出异议。以后时废时兴，持续到北宋亡①。崇宁五年（1106）复置算学，学生分上舍、内舍、外舍、各有30、80、150人，共260人。人数之多是空前的。按规定，这些学生都要学习《九章算经》，也是考试的重要内容②。政和三年（1113）再次复置，仍以《九章算经》为重点教科书。

金于1125年灭辽，1126年灭北宋，北宋的藏书遭到严重损坏，散毁殆尽。到南宋初已很难找到监本《九章算经》。绍兴十八年（1148）荣棨说：

“……是以国家尝设算科取士，选《九章》为算经之首。盖犹儒者之六经，医家之难素，兵家之孙子欤。后之学者，有倚其门墙，瞻其步趋，或得一二者，以能自成一家之书，显名于世矣。比尝较其数，譬若大海汲水，人力有尽，而海水无穷。又若盘之走圆，横斜万转，终其能出于盘哉？由是自古迄今，历数千余载，声教所被，舟车所及，凡善数学者，人人服膺而重之。奈何自靖康以来，罕有旧本，间有存者，狃于末习，不循本意，或隐问答以欺众，或添歌彖以炫己，乖万世益人之心，为一时射利之具，以至真术淹废，伪本滋兴。学者泥于见闻，伥伥然入于迷望，可胜计耶？居仁由义之士，每不平之。愚向获善本，不敢私藏。而今而后，圣人之法，暗而复兴，仆而复起。学之者得睹其全经，悟之者必达微旨矣。不亦善乎？谨命镂板，庶广其传。四方君子，得以鉴焉。”③

---

① 李俨．唐宋元明数学教育制度．《中算史论丛》第四集．北京：科学出版社，1955．238～280

② “算学源流”，附于宋本《数术记遗》后．

③ 荣棨序，载于杨辉《详解九章算法》卷前．

这段文字是研究《九章算经》在宋代流传史的重要资料。其中涉及到三个重要问题，首先是在靖康（1126）以前，流传相当广泛；其次是靖康以后，由于遭战乱的毁坏，监本所存甚少，随之而起的是一些改编本，甚至是伪本不断出现；最后是荣棨本人根据所掌握的善本，刊刻传世。荣棨“命工锓板”的《九章算经》是南宋的第一种刊本，年代是绍兴十八（1148）。荣棨刊本《九章算经》可能就是北宋监本的翻刻本，即他所获得的“善本”的照刻，既无注释，也未校对。这批翻刻本，在当时的南方肯定有所流传，可惜的是连一本也没保存下来。

荣棨的头衔是“学算”，可能是北宋末年学习数学的学生。原籍为“临安府汴阳”，北宋覆亡后他回到了南方，从1126到1148仅22年，年龄约在40岁左右。看来，他的家境可能稍富裕，有钱刊书，而且是销量很有限的《九章算经》。因此可以说，荣棨纯为学术而做这件事，对于《九章算经》的流传做过努力。

荣棨之刊印《九章算经》实系民间自发之事，与政府无关。关于南宋政府刊书工作开始较早，从1139到1151的十二三年中，高宗赵构曾几次下诏雕版印书：

“绍兴九年（1139）九月十七日，诏下诏郡索国子监元颁善本，校对锓版。十五年（1145）闰十一月博士王之望请：群义疏，未有版者，令临安府雕造。二十一年（1151）五月令国子监访寻五经三馆旧监本，刻版。上曰：其他阙书亦令次第雕版，重有所费，亦不惜也。”①

虽然下了这样大的决心，不惜开支刊印“其他阙书”，但是对算学书来说并未实行。实际上，政府后来也未刊印算学书，直到南宋

① 〔宋〕王应麟．玉海卷53．

灭亡。

荣棨之后，又过了 60 多年，由鲍浣之在福建汀州学校重新刊印了北宋的监本《算经十书》。前此《黄帝九章算经细草》和监本《九章算经》在社会上都有流传，而且政府也寻找过。鲍浣之在嘉定六年（1213）刊印《九章算经》时写过一篇短序，对靖康以来流传的大概情况有所交待，现摘录于下：

"《九章算经》九卷，……自唐有国，用之以取士。本朝崇宁，亦立于学宫。故前世算数之学，相望有人。自衣冠南渡以来，此学既废，非独好之者寡，而《九章算经》亦几泯没无传矣。近世民间之本，题之曰《黄帝九章》，岂以其为隶首之所作欤？名已不当，虽有细草，类皆简捷残缺，懵于原本，无有刘徽李淳风之旧注者，古今之意不可复见。每为慨叹。庆元庚申（1200）之夏，余在都城，与太史局同知算造杨忠辅德之论历，因从其家得古本《九章》，乃汴都之故书，今秘馆所定者，亦从此本写以送官者也。……意者此书岁久传录，不无错漏，尤幸有此存者，今此乃合刘、李二注为一书云"[①]

这里值得注意的事有两点，第一贾宪细草本没有刘徽和李淳风等注；第二是最后一句话"合刘、李二注，而为一书"，难道北宋监本以前刘、李二注是分开在两个本子吗？也许只是鲍浣之看到的本子是这样，在未见到第三种本子作比较的情况下这样说的。

1213 年鲍浣之刻本《九章算经》特别漂亮，正文大字，刘、李注文为双行小字，夹于正文中。看起来非常畅快。鲍浣之当时印了多少本没有记载，既然能这样下功夫刊刻，那就不会印得太少，流传自然较广。在后来，由于改朝换代的战争或其他原因，陆续

① 鲍浣之序，载《详解九章算法》卷前.

毁掉，清代流传的只有前五卷，后四卷已不复存在。这五卷残本《九章算经》现藏于上海图书馆，由此得窥南宋刻本的原貌。根据藏书章，可知该书多次易主，其中有张敦仁（1754～1834）、潘祖荫（1830～1890）、顾广圻（1770～1839）以及传是楼等十几个，最晚的一个是上海图书馆的。至于如何转手的还不太清楚。顾广圻在嘉定六年刊本《张邱建算经》最末的空白页上写了如下一段话，有参考价值：

“右南宋刊本算经，据《季沧苇书目》云：算经四本者即此也。以图记验之，第一本为《张邱建》，第二本为《孙子》，第三本为《九章》一至三，第四为《九章》四、五。于是知《九章》不全，当日已如此矣。今为阳城张古余（敦仁）先生所藏，嘉庆乙丑（1805）属加审定，因记之，原装改易，观者详焉。元和顾广圻。”

由此可知，《九章算经》的后四卷早已失传，连张敦仁、顾广圻等清代学者所见也仅是前五卷而已。

鲍浣之汀州刊本《九章算经》俱有半官方性质，很可能是根据南宋政府的意思在汀州刊印，从各方面来看完全由个人刊刻包括《九章算经》在内的整套《算经十书》恐难达到这样水平。但不是刻于临安，而是在地方上刊刻的，至少不全是中央政府的事。

到南宋末，贾宪细草和汀州刻本《九章算经》在临安等地都有流传，数学家杨辉研究过这两种本子。他是否见过荣棨印本，没有交待。杨辉可能是首次认识了贾宪《黄帝九章算经细草》水平和价值的人，并以其为蓝本之一写成了《详解九章算法》一书。他在该书自序中说：“《黄帝九章》，备全奥妙，包括群情，谓非圣贤之书不可也。靖康以来，古本浸失，后人补续，不得其真，致有题重法缺，使学者难入其门，好者不得其旨。”这里的《黄帝九章》是否专指贾宪细草本？杨辉无论如何不能把贾宪的书目为

"圣贤之书"，应是包括《九章算经》和贾宪细草本两书的泛称。根据荣棨的说法，贾宪细草本中删去了刘徽和李淳风等注，可是在《详解九章算法》中大量引用了刘、李之注文。同时，书中收录了贾宪所作的细草，保留了一些贾宪的研究成果。可见杨辉的《详解九章算法》是以贾宪细草本和刻本《九章算经》为主要蓝本而写成的数学著作。

《详解九章算法》一书是《九章算术》流传史上第一次大变革，把原来的内容分类、编排全部打乱重来，特作《详解九章算法纂类》，附于《详解九章算法》之后。杨辉为什么这样做？认为原书就有问题，"如粟米章之互换，少广章之求由开方，皆重叠无谓，而作者题问不归章次亦有之"。但是杨辉的纂类，在后来并未产生多大影响，可能是由于《九章算术》已经定型，而且是古代的数学经典，没有必要改变原样。

根据荣棨所说，在宋代改编的《九章算术》之类的著作相当多，他认为是"伪本滋兴"。在他前后，两宋到底出版多少"伪本"，向无统计。流传到现在的有李籍《九章算经音义》一书，是对《九章算经》中的字、词注音和简单解释的著作，不能说是"伪本"，而是一本很严肃的书。许多人都认为李籍为宋代人，近来也有认为是唐代人的①，随之又有人提出不同意见，仍主宋人说，且具体定《九章算术音义》的撰述的年代大约在1080～1120年之间②。本书也将李籍列为宋代人。

名为《九章》的书在宋代并不多见。程大位把"元丰、绍兴、淳熙以来刊刻者多且以见闻者"列一目录，共有18种，只有一种

---

① 郭书春．李籍《九章算术音义》初探．《自然科学史研究》．1989 (3)：197～204

② 纪志刚．李籍《九章算术音义》年代再探．《数学史研究文集》．1995

以“九章”命名的，即“贾宪《九章》。”①

宋代数学家都很熟悉《九章算术》，例如秦九韶在其《数术大略》的自序中说“独大衍法不载《九章》”，只有精通《九章算术》才能下这样的断语。

第四节　《九章算术》的沉寂

宋代在《九章算术》流传史上占有重要地位，先后100多年中雕版印刷3次，又有贾宪、李籍、杨辉等人的研究，总的情况超过隋唐时代。可是此后便走入了下坡路，从元代到清代中期约500年间，《九章算术》的流传简直是不绝如丝，不仅没有印刷过一次，就连传抄也不多见。数学家们亲眼见到此书的同样很少。

可以推想：北宋灭亡之后，由于南北处于分裂状态，南宋刊印的《九章算经》主要在南方流传，传到北方的不会太多，因此北方人对《九章算经》的了解也不会太多。金末的李冶在著作中没有明确提到《九章算术》就是一个旁证。元统一全国之后，情况稍有好转，“周游湖海”又寓居燕山的朱世杰对《九章算术》则有所研究。1299年，赵元镇给《算学启蒙》所写序中说：“燕山松庭朱君笃学《九章》，旁通诸术，于寥寥绝响之余，出意编撰算书三卷，……”。这里的《九章》显然是专指《九章算术》，《算学启蒙》是朱世杰“旁通诸术”的作品，与《九章算术》有别。

朱世杰除著《算学启蒙》外，还有《四元玉鉴》一书，但也不是对《九章算术》的研究成果。可以说，在元一代，《九章算术》虽有少量流传，但像贾宪、杨辉那样的研究者则不见。

入明以后，情况稍有好转，有些研究者见过《九章算术》，同时进入国家书库文渊阁。明朝起初建都南京，1402年朱棣夺取帝

① （明）程大位.《算法统宗》卷17.

位，第二年为永乐元年改北平为北京，并定为首都，开始营建。文渊阁建于南京，从全国搜集到的各种图书收藏于那里。朱棣登极以后不久，就有“侍读解缙、编修黄淮入直文渊阁。寻命侍读胡广，修撰杨荣，编修杨士奇，检讨金幼孜、胡严同入直，并预机务。”① 这些人对文渊阁的藏书自然很熟悉。永乐元年，解缙纂修《文献大成》，后又重修，于永乐六年（1408）成，改名为《永乐大典》，共22 877卷，抄成1 195册。

《永乐大典》收有《九章算术》的内容，包括在16 329～16 364卷内，是把古代的一些数学书拆开，按性质如乘法、因法、方田、粟米、衰分、少广、商功、均输、勾股等23项分属各卷。《永乐大典》同时收录了杨辉的《详解九章算法》等许多书。当时参加编纂的人有2 169名，其中必有专门负责数学的人，刘仕隆就是其中的一位。

程大位说：“夫难题昉于永乐四年（1406），临江刘仕隆公，偕内阁诸君预修《大典》，退公之暇，编成杂法，附于《九章通明》之后。”② 这位刘仕隆肯定是研究过《九章算术》，在公余之时自己“编成杂法”，应是指《九章算术》以外的数学问题。他在永乐二十二年（1424）完成《九章通明算法》③，杂法便附于这书之后。

《九章算术》被分散地收入《永乐大典》的“算法”类之内，保存在政府，一般人恐难见到，可是起了保存的作用。取材无疑是文渊阁的藏书。这些书于永乐十九年（1421）运到北京。曾在文渊阁工作的杨士奇（1365～1444）编有书目，其“算法”类有“《九章算经》，一部四册阙”④。从书名看，有可能是北宋监本或

---

① 《明史》卷5“成祖一”.

② （明）程大位：《算法统宗》卷13序.

③ （明）程大位：《算法统宗》卷17“算经源流”.

④ （明）杨士奇：《文渊阁书目》卷4.

南宋汀州翻刻本，“阙”系指残缺不全，是原来缺损，还是运输中弄残？这就不得而知了。书目中还有“杨辉九章，一部一册阙”，当为杨辉《详解九章算法》。这些书后来都到哪里去了，尚须查考。

《九章算术》在民间有极少量流传，研究者很难找到。吴敬在景泰元年（1450）说：

“……故算数之家，止称《九章算法》为宗，世传其书出于周公，然世既罕传，无习而贯通者。予以草茅末学，留心算数，盖亦有年，历访九章全书，久之未见；一日[①] 幸获写本，其目二百四十有六，内方田、粟米、衰分，不过乘除、互换，人皆易晓。若少广中几多益少，开平方圆、商功之修筑堆积，均输之远近劳费，其法颇杂。至于盈朒、方程、勾股，题问深隐，法理难明，古注混淆，布算简略，初学无所发明，由是通其术者鲜。”[②]

这里重要的内容有两点，其一是吴敬找到一部抄本《九章算术》，说明当时除有刊本流传外，还有抄本存在。其二是吴敬对《九章算术》的认识和看法，他对该书的内容并未完全理解，说后三章“题问深隐，法理难明”，因此他对全书分章详注，增加“歌诗之术”等，自著《九章详注比类大全》十卷。

《九章详注比类大全》前九卷依《九章算术》章目排列，把《九章算术》的题目大部收入其中。第十卷为“各色开方”问题。这部书的水平不算高，但却是研究《九章算术》的专著。

吴敬所获写本《九章算术》大概没有流传下来。他的《九章详注比类大全》刻成后不久家里失火，版被毁十分之六，不得不补刻重印。写本《九章算术》很可能同时被烧掉。在明代只有孤

---

① “日”原刻误作“旦”.

② （明）吴敬.《九章算法比类大全》自序.

本宋版《九章算经》在藏书家手中，研究者见到的机会极少。明末的程大位、徐光启等数学家都未见到《九章算术》，但是知道这部书的章目和基本内容。清初著名数学家梅文鼎曾在黄虞稷处看见“方田”章。他说：“古算书载程大位《算法统宗》者，惟刘徽《九章》，尚有宋版。鼎尝于黄俞邰（虞稷）处，见其方田一章，算书中此为最古。”[①] 查现传宋汀州刊本《九章算经》（前五卷）之末页上有“黄虞稷印”一方，就是梅文鼎所见到的本子。可是梅文鼎真正阅览过的仅是第一卷。不论如何，他并未通读全书。前面我们曾讲到过这部书，它在清前期不到百年的时间多次易主，直到清末，光藏书章就有 15 个，还不算上海图书馆的那一个。

黄俞邰收藏的《九章算经》在 1684 年以前落到汲古阁主人毛晋（1599～1659）第五子毛扆（1640～?）手中，1684 年，他记载说：“后从黄俞邰又得《九章》，皆元丰七年秘书省刊板，字画端楷，雕镂精工，真希世之宝也。每卷后必有秘书省官衔姓名一幅，又一幅宰辅大臣自司马相公而下俱列名于后，用见当时郑重若此。因求善书者刻画影摹，不爽毫末，什袭而藏之。”[②] 实际上，这部《九章算经》并不是宋元丰七年原刻本，而应是汀州翻刻本，署名照样刻上。重要的是这里透露出毛扆“求善书者刻画影摹”一事，即照宋版原样摹抄了包括《九章算经》在内的古算经。

在明清时代，虽多数人见不到《九章算术》，但是向往得到的人却不少，同时还有些人希望通过自己的研究把它复原出来。其中有两个人可以做这方面的代表，一为毛宗旦，一为屠文漪。毛宗旦著《九章蠡测》十卷，屠文漪著《九章录要》十二卷。

《九章蠡测》由第一卷至第九卷的名称为方田、粟米、差分、少广、商功、均输、盈朒、方程和勾股。各卷所录之题目，因

---

① （清）梅文鼎.《勿庵历算书目》“九数存古”条.

② （清）毛扆.“算经跋”. 载于《知不足斋丛书》本等《缉古算经》后.

“未见古本”《九章算术》，便从《周髀算经》、《九章算法比类大全》、《算法统宗》等书中查找。实际上，多数不是《九章算术》的原题。

屠文漪也有过类似的尝试，有《九章录要》一书传世。

稍晚于毛宗旦的有屈曾发，他于乾隆三十七年（1772）完成并出版了《九数通考》一书，也是按《九章算术》章名设卷的。屈曾发是在“未获悉睹全书”的情况下，“举曩时所辑，重加增改”，并参考了《数理精蕴》而成书。可见，屈曾发经过很长一段时间才把《九数通考》定稿，其目的和毛宗旦一样，也是企图复原《九章算术》。

屠、屈二人工作结果的命运比毛宗旦要好得多，两人的著作都有多种版本，特别是《九数通考 》至少有十六七种，版本之多实为少见。毛宗旦著作只有抄本传世。

第五节 《九章算术》的再现

《九章算术》有几百年的沉寂，后来又有人幻想恢复原貌，这种情况到18世纪70年宣告结束。结束的原因有二：其一是有得力人在民间搜集藏书，其二是编辑《四库全书》的推动。

在毛宗旦等冥思苦想之际，在社会上尚有《九章算术》古本存在，可是他们不得其门，没有找到。不久，曲阜孔继涵（1739～1783）从毛氏汲古阁得到七种所谓“宋元丰京监本”（实为南宋重刊本）数学书，其中包括《九章算术》。

清政府于乾隆三十七年向全国搜求书籍，第二年开馆、编纂《四库全书》，除总纂纪昀（1724～1805）等外，还有一批懂数学的人参与工作，其中有戴震（1724～1777）、陈际新、李潢（？～1811）、庄存兴（1719～1788）等。戴震等很快从《永乐大典》查到了《九章算术》和其他古代数学书籍多种。1773年，戴震在给

《九数通考》写的序中提到了这件事："今屈君（曾发）所为书，信以补道艺中一事矣。适朝廷开馆纂《四库全书》，《九章算经》逸而复出。"① 因此，当时就有两种本《九章算术》。

孔继涵是戴震的儿女亲家，因而很快地掌握了情况。于是他决定出版一套古算书，依据的本子是："今得毛氏汲古阁所藏宋元丰京监本七种，又假戴东原先生所辑《永乐大典》本中《海岛算（经）》、《五经算（经）》，而十书备其九，旧附一今附，三而并梓之"②，于1773年出版了《算经十书》，这就是有名的微波榭本。使人们产生疑问的是：孔继涵为什么没有使用《永乐大典》本《九章算术》？大约当时尚未整理好，1774年旧历十月三十日，戴震在给段玉裁（1735～1815）的信中说："数月来纂次《永乐大典》散篇，于算书得《九章》、《海岛》、《孙子》、《五曹》、《夏侯阳》五种"③。在另一封给段玉裁、但无年代的信上说："《割圆记》、《考工记图》皆未有，其《九章算经》俟令人抄出并俟后寄"，写于"正月十四日"④。又一封写于四月廿四日的信上说："兹附致《五经算术》一部，其《九章算术》尚未印出。"⑤《海岛算经》与《五经算术》的篇幅都较小，容易整理，故孔继涵可马上采用，而《九章算术》篇幅最大，到孔继涵刊印《算经十书》时还未抄好，且不如毛氏汲古阁藏本好，没有等待。

孔继涵对《九章算术》特别推崇：认为《算经十书》中的其他书"皆羽翼《周髀》、《九章》者也，……胥不能稍出《九章》之

① 〔清〕戴震.（九数通考）序. 载该书卷前.

② 〔清〕孔继涵. 算经十书序. 载微波榭本卷前.

③ 〔清〕戴震. 致段玉裁的信. 转自李俨.《中国数学大纲》下册. 北京：科学出版社，1958. 473

④ 〔清〕戴震. 与段若膺论理书. 载《戴震全集》. 北京：清华大学出版社，1991. 213～215

⑤ 〔清〕戴震. 与段若膺书. 同上. 228

范围焉。呜呼！九数之作，非圣人孰能为之哉？”①

乾隆四十年（1775）四月校上《九章算术》，但直到乾隆四十六年（1781）才抄写完第一套《四库全书》。以后又抄六套，共七套，完全一样，分藏于北京宫内的文渊阁本、奉天行宫的文溯阁本、北京圆明园的文源阁本、热河避暑山庄的文津阁本、扬州大观堂的文汇阁本（?）、镇江金山寺的文宗阁本（?）、杭州圣因寺的文澜阁本，现存五套，存于台湾、辽宁省图书馆、北京图书馆、南京图书馆和浙江图书馆②。尽管有七套之多，但一般人能阅读《四库全书》《九章算术》的机会仍然极少。

可能是为了使更多的人阅读这些书籍，在编纂《四库全书》的同时，清政府又在武英殿用枣木制成的活字印书，叫做聚珍版，从《四库全书》中选出一部分印刷，名为《武英殿聚珍版丛书》，其中包括《九章算术》4册。在流传上又多了一种版本。

乾隆四十一年（1776），屈曾发于豫簪堂刊刻了单行本《九章算术》。

后来又有许多印本，基本上属于两个系统，一为《永乐大典》系统，以《武英殿聚珍版丛书》本为代表；一为汲古阁藏宋本系统，以微波榭本为代表。

现就所知，将清代所印《九章算术》各版本列下：

微波榭《算经十书》本。

道光十六年（1836）上海重刻《算经十书》本。

清末上海鸿宝斋石印《算经十书》本。

乾隆四十一年（1776）常熟屈曾发豫簪堂刊本。

《武英殿聚珍版丛书》本。

清亡以后，本世纪上半叶又有下列版本：

---

① 〔清〕孔继涵．算经十书序．载微波榭本卷前．

② 李俨．中国数学大纲（下）．北京：科学出版社，1958．469～470

《天禄琳琅丛书》本（影印汲古阁影钞宋本）。（只有前五卷）。

上海涵芬楼影微波榭本入《四部丛刊》本。

《万有文库》本（《算经十书》之一）。

《丛书集成初编》本。

由于某些丛书的出版量较大，人们能很容易在全国各图书馆找到，流传相当广泛。

20 世纪 50 年代、60 年代之交，钱宝琮在中国科学院中国自然科学史研究室校点《算经十书》历时五年，校点本《算经十书》1964 年在中华书局出版。《九章算术》以《天禄琳琅丛书》本、北京大学藏南宋刻本、武英殿聚珍版本（保留《永乐大典》原文）、宜稼堂本杨辉《详解九章算法》所引为母文互相勘对参校。

20 世纪 70 年代、80 年代初期，白尚恕在钱宝琮校点本基础上又做了校勘，于 1983 年在科学出版社出版《九章算术注释》。

20 世纪 80 年代、90 年代初期对《九章算术》的校勘工作继续认真进行着，代表作有郭书春《九章算术汇校》（沈阳：辽宁教育出版社，1990），李继闵《九章算术校证》（西安：陕西科技出版社，1994）.

第四章　简体字白文《九章算术》

《九章算术》自宋刊以来都与其刘徽李淳风注刊刻一起，从未有白文本行世，使用时也带来某些不便。本卷专论《九章算术》，我们就汇编经文成专章。根据钱宝琮校点本《算经十书》（中华书局，1963）、白尚恕《九章算术注释》（科学出版社，1983）、郭书春《九章算术汇校》（辽宁教育出版社，1990）、李继闵《九章算术校证》（陕西科技出版社，1994）校勘成果，我们进一步推敲、斟酌、择善而从，使尽可能呈现传宋本原貌。我们重新用标点符号断句。经文所用字按照国务院五十年代颁布的《简化字总表》、《异体字整理表》以及中国数学史界同行约定俗成的习惯，把原用的繁体字和异体字一律改为简体字。例如（括弧内为简体字）

從（纵或从）　傭（佣）
邪，衺（斜）　阪（坂）
通分内子（通分纳子）　版（板）
徧（遍）　鐻（锯）
隄（堤）
壍（堑）
箠（捶）
直（值或直）
句（勾）
参相直（三相直）
返（返或反）
簳（竿）
乾（干）

这样做，使经文中原来佶屈聱牙的词能够平易近人，以便阅读。

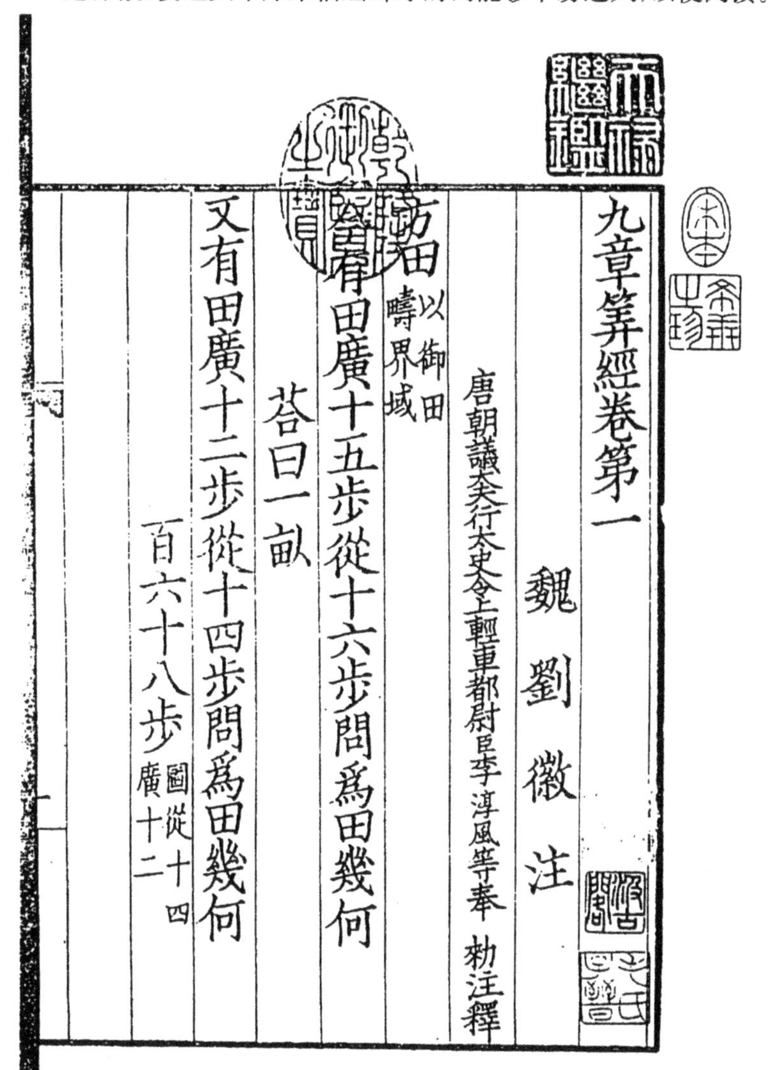
九章筭經卷第一

魏　劉徽　注

唐朝議大夫行太史令上輕車都尉臣李淳風等奉　勅注釋

方田　以御田疇界域

今有田廣十五步從十六步問爲田幾何

荅曰一畝

又有田廣十二步從十四步問爲田幾何

一百六十八步　圖從十四廣十二

宋本《九章算术》书影

九章算术卷第一

方田

〔一〕今有田广十五步，纵十六步。问：为田几何？

答曰：一亩。

〔二〕今有田广十二步，纵十四步。问：为田几何？

答曰：一百六十八步。

方田术曰：广纵步数相乘得积步。以亩法二百四十步除之，即亩数。

百亩为一顷。

〔三〕今有田广一里，纵一里。问：为田几何？

答曰：三顷七十五亩。

〔四〕又有田广二里，纵三里。问：为田几何？

答曰：二十二顷五十亩。

里田术曰：广纵里数相乘得积里。以三百七十五乘之，即亩数。

〔五〕今有十八分之十二。问：约之，得几何？

答曰：三分之二。

〔六〕又有九十一分之四十九。问：约之，得几何？

答曰：十三分之七。

约分术曰：可半者半之，不可半者，副置分母、子之数，以少减多，更相减损，求其等也。以等数约之。

〔七〕今有三分之一，五分之二。问：合之，得几何？

答曰：十五分之十一。

〔八〕又有三分之二，七分之四，九分之五。问：合之，得几何？

答曰：得一、六十三分之五十。

〔九〕又有二分之一，三分之二，四分之三，五分之四。问：合之，得几何？

答曰：得二、六十分之四十三。

合分术曰：母互乘子，并以为实，母相乘为法，实如法而一。不满法者，以法命之。其母同者，直相从之。

〔一〇〕今有九分之八，减其五分之一。问：余几何？

答曰：四十五分之三十一。

〔一一〕又有四分之三，减其三分之一。问：余几何？

答曰：十二分之五。

减分术曰：母互乘子，以少减多，余为实，母相乘为法，实如法而一。

〔一二〕今有八分之五，二十五分之十六。问：孰多、多几何？

答曰：二十五分之十六多，多二百分之三。

〔一三〕又有九分之八，七分之六。问：孰多、多几何？

答曰：九分之八多，多六十三分之二。

〔一四〕又有二十一分之八，五十分之十七。问：孰多、多几何？

答曰：二十一分之八多，多一千五十分之四十三。

课分术曰：母互乘子，以少减多，余为实，母相乘为法，实如法而一，即相多也。

〔一五〕今有三分之一，三分之二，四分之三。问：减多益少，各几何而平？

答曰：减四分之三者二，三分之二者一，并以益三分之一，而各平于十二分之七。

〔一六〕又有二分之一，三分之二，四分之三。问：减多益少，各几何而平？

答曰：减三分之二者一，四分之三者四，并以益二分之一，而各平于三十六分之二十三。

平分术曰：母互乘子，副并为平实，母相乘为法。以列数乘未并者，各自为列实。亦以列数乘法。以平实减列实，余，约之为所减。并所减，以益于少。以法命平实，各得其平。

〔一七〕今有七人，分八钱三分钱之一。问：人得几何？

答曰：人得一钱二十一分钱之四。

〔一八〕又有三人三分人之一，分六钱三分钱之一四分钱之三。问：人得几何？

答曰：人得二钱八分钱之一。

经分术曰：以人数为法，钱数为实，实如法而一。有分者通之。重有分者同而通之。

〔一九〕今有田广七分步之四，纵五分步之三。问：为田几何？

答曰：三十五分步之十二。

〔二〇〕又有田广九分步之七，纵十一分步之九。问：为田几何？

答曰：十一分步之七。

〔二一〕又有田广五分步之四，纵九分步之五。问：为田几何？

答曰：九分步之四。

乘分术曰：母相乘为法，子相乘为实，实如法而一。

〔二二〕今有田广三步三分步之一，纵五步五分步之二。问：为田几何？

答曰：十八步。

〔二三〕又有田广七步四分步之三，纵十五步九分步之五。问：为田几何？

答曰：一百二十步九分步之五。

〔二四〕又有田广十八步七分步之五，纵二十三步十一分步之六。问：为田几何？

答曰：一亩二百步十一分步之七。

大广田术曰：分母各乘其全，分子从之，相乘为实。分母相乘为法。实如法而一。

〔二五〕今有圭田，广十二步，正纵二十一步。问：为田几何？

答曰：一百二十六步。

〔二六〕又有圭田，广五步二分步之一，纵八步三分步之二。问：为田几何？

答曰：二十三步六分步之五。

术曰：半广以乘正纵。

〔二七〕今有斜田，一头广三十步，一头广四十二步，正纵六十四步。问：为田几何？

答曰：九亩一百四十四步。

〔二八〕又有斜田，正广六十五步，一畔纵一百步，一畔纵七十二步。问：为田几何？

答曰：二十三亩七十步。

术曰：并两广若袤而半之，以乘正纵若广。又可半正纵若广，以乘并，亩法而一。

〔二九〕今有箕田，舌广二十步，踵广五步，正纵三十步。问：为田几何？

答曰：一亩一百三十五步。

〔三〇〕又有箕田，舌广一百一十七步，踵广五十步，正纵一百三十五步。问：为田几何？

答曰：四十六亩二百三十二步半。

术曰：并踵舌而半之，以乘正纵。亩法而一。

〔三一〕今有圆田，周三十步，径十步。问：为田几何？

答曰：七十五步。

〔三二〕又有圆田，周一百八十一步，径六十步三分步之一。问：为田几何？

答曰：十一亩九十步十二分步之一。

术曰：半周半径相乘得积步。

又术曰：周径相乘，四而一。

又术曰：径自相乘，三之，四而一。

又术曰：周自相乘，十二而一。

〔三三〕今有宛田，下周三十步，径十六步。问：为田几何？

答曰：一百二十步。

〔三四〕又有宛田，下周九十九步，径五十一步。问：为田几何？

答曰：五亩六十二步四分步之一。

术曰：以径乘周，四而一。

〔三五〕今有弧田，弦三十步，矢十五步。问：为田几何？

答曰：一亩九十七步半。

〔三六〕又有弧田，弦七十八步二分步之一，矢十三步九分步之七。问：为田几何？

答曰：二亩一百五十五步八十一分步之五十六。

术曰：以弦乘矢，矢又自乘，并之，二而一。

〔三七〕今有环田，中周九十二步，外周一百二十二步，径五步。问：为田几何？

答曰：二亩五十五步。

〔三八〕又有环田，中周六十二步四分步之三，外周一百一十三步二分步之一，径十二步三分步之二。问：为田几何？

答曰：四亩一百五十六步四分步之一。

术曰：并中外周而半之，以径乘之为积步。

密率术曰：置中外周步数，分母、子各居其下。母互乘子，通全步，纳分子。以中周并而半之。径亦通分纳子，以乘周为实。分母相乘为法，除之为积步，余积步之分。以亩法除之，即亩数也。

九章算术卷第二

粟米

粟米之法

粟率五十	粝米三十
粺米二十七	糳米二十四
御米二十一	小䵂十三半
大䵂五十四	粝饭七十五
粺饭五十四	糳饭四十八
御饭四十二	菽、荅、麻、麦各四十五
稻六十	豉六十三
飧九十	熟菽一百三半
蘖一百七十五	

今有术曰：以所有数乘所求率为实，以所有率为法，实如法而一。

〔一〕今有粟一斗，欲为粝米。问：得几何？

答曰：为粝米六升。

术曰：以粟求粝米，三之，五而一。

〔二〕今有粟二斗一升，欲为粺米。问：得几何？

答曰：为粺米一斗一升五十分升之十七。

术曰：以粟求粺米，二十七之，五十而一。

〔三〕今有粟四斗五升，欲为糳米。问：得几何？

答曰：为糳米二斗一升五分升之三。

术曰：以粟求糳米，十二之，二十五而一。

〔四〕今有粟七斗九升，欲为御米，问：得几何？

答曰：为御米三斗三升五十分升之九。

术曰：以粟求御米，二十一之，五十而一。

〔五〕今有粟一斗，欲为小䵂，问：得几何？

答曰：为小䵂二升一十分升之七。

术曰：以粟求小䵂，二十七之，百而一。

〔六〕今有粟九斗八升，欲为大䵂。问：得几何？

答曰：为大䵂一十斗五升二十五分升之二十一。

术曰：以粟求大䵂，二十七之，二十五而一。

〔七〕今有粟二斗三升，欲为粝饭。问：得几何？

答曰：为粝饭三斗四升半。

术曰：以粟求粝饭，三之，二而一。

〔八〕今有粟三斗六升，欲为粺饭。问：得几何？

答曰：为粺饭三斗八升二十五分升之二十二。

术曰：以粟求粺饭，二十七之，二十五而一。

〔九〕今有粟八斗六升，欲为糳饭。问：得几何？

答曰：为糳饭八斗二升二十五分升之一十四。

术曰：以粟求糳饭，二十四之，二十五而一。

〔一〇〕今有粟九斗八升，欲为御饭。问：得几何？

答曰：为御饭八斗二升二十五分升之八。

术曰：以粟求御饭二十一之，二十五而一。

〔一一〕今有粟三斗少半升，欲为菽。问：得几何？

答曰：为菽二斗七升一十分升之三。

〔一二〕今有粟四斗一升太半升，欲为荅。问：得几何？

答曰：为荅三斗七升半。

〔一三〕今有粟五斗太半升，欲为麻。问：得几何？

答曰：为麻四斗五升五分升之三。

〔一四〕今有粟一十斗八升五分升之二，欲为麦。问：得几何？

答曰：为麦九斗七升二十五分升之一十四。

术曰：以粟求菽、荅、麻、麦，皆九之，十而一。

〔一五〕今有粟七斗五升七分升之四，欲为稻。问：得几何？

答曰：为稻九斗三十五分升之二十四。

术曰：以粟求稻，六之，五而一。

〔一六〕今有粟七斗八升，欲为豉。问：得几何？

答曰：为豉九斗八升二十五分升之七。

术曰：以粟求豉，六十三之，五十而一。

〔一七〕今有粟五斗五升，欲为飧。问：得几何？

答曰：为飧九斗九升。

术曰：以粟求飧，九之，五而一。

〔一八〕今有粟四斗，欲为熟菽。问：得几何？

答曰：为熟菽八斗二升五分升之四。

术曰：以粟求熟菽，二百七之，百而一。

〔一九〕今有粟二斗，欲为蘖。问：得几何？

答曰：为蘖七斗。

术曰：以粟求蘖，七之，二而一。

〔二〇〕今有粝米十五斗五升五分升之二，欲为粟。问：得几何？

答曰：为粟二十五斗九升。

术曰：以粝米求粟，五之，三而一。

〔二一〕今有粺米二斗，欲为粟。问：得几何？

答曰：为粟三斗七升二十七分升之一。

术曰：以粺米求粟，五十之，二十七而一。

〔二二〕今有糳米三斗少半升，欲为粟。问：得几何？

答曰：为粟六斗三升三十六分升之七。

术曰：以糳米求粟，二十五之，十二而一。

〔二三〕今有御米十四斗，欲为粟。问：得几何？

答曰：为粟三十三斗三升少半升。

术曰：以御米求粟，五十之，二十一而一。

〔二四〕今有稻一十二斗六升一十五分升之一十四，欲为粟。问：得几何？

答曰：为粟一十斗五升九分升之七。

术曰：以稻求粟，五之，六而一。

〔二五〕今有粝米一十九斗二升七分升之一，欲为粺米。问：得几何？

答曰：为粺米一十七斗二升一十四分升之一十三。

术曰：以粝米求粺米，九之，十而一。

〔二六〕今有粝米六斗四升五分升之三，欲为粝饭。问：得几何？

答曰：为粝饭一十六斗一升半。

术曰：以粝米求粝饭，五之，二而一。

〔二七〕今有粝饭七斗六升七分升之四，欲为飧。问：得几何？

答曰：为飧九斗一升三十五分升之三十一。

术曰：以粝饭求飧，六之，五而一。

〔二八〕今有菽一斗，欲为熟菽。问：得几何？

答曰：为熟菽二斗三升。

术曰：以菽求熟菽，二十三之，十而一。

〔二九〕今有菽二斗，欲为豉。问：得几何？

答曰：为豉二斗八升。

术曰：以菽求豉，七之，五而一。

〔三〇〕今有麦八斗六升七分升之三，欲为小䵂，问：得几何？

答曰：为小䵂二斗五升一十四分升之一十三。

术曰：以麦求小䵂，三之，十而一。

〔三一〕今有麦一斗，欲为大䵂。问：得几何？

答曰：为大䵂一斗二升。

术曰：以麦求大䵂，六之，五而一。

〔三二〕今有出钱一百六十，买瓴甓十八枚。问：枚几何？

答曰：一枚，八钱九分钱之八。

〔三三〕今有出钱一万三千五百，买竹二千三百五十个。问：个几何。

答曰：一个，五钱四十七分钱之三十五。

经率术曰：以所买率为法，所出钱数为实，实如法得一钱。

〔三四〕今有出钱五千七百八十五，买漆一斛六斗七升太半升。欲斗率之，问：斗几何？

答曰：一斗，三百四十五钱五百三分钱之一十五。

〔三五〕今有出钱七百二十，买缣一匹二丈一尺。欲丈率之，问：丈几何？

答曰：一丈，一百一十八钱六十一分钱之二。

〔三六〕今有出钱二千三百七十，买布九匹二丈七尺。欲匹率之，问：匹几何？

答曰：一匹，二百四十四钱一百二十九分钱之一百二十四。

〔三七〕今有出钱一万三千六百七十，买丝一石二钧一十七斤。欲石率之，问：石几何？

答曰：一石，八千三百二十六钱一百九十七分钱之一百七十八。

经率术曰：以所率乘钱数为实，以所买率为法，实如法得一。

〔三八〕今有出钱五百七十六，买竹七十八个。欲其大小率之，问：各几何？

答曰：其四十八个，个、七钱。

其三十个，个、八钱。

〔三九〕今有出钱一千一百二十，买丝一石二钧十八斤。欲其贵贱斤率之，问：各几何？

答曰：其二钧八斤，斤、五钱。

其一石一十斤，斤、六钱。

〔四〇〕今有出钱一万三千九百七十，买丝一石二钧二十八斤三两五铢。欲其贵贱石率之，问：各几何？

答曰：其一钧九两一十二铢，石、八千五十一钱。

其一石一钧二十七斤九两一十七铢，石、八千五十二钱。

〔四一〕今有出钱一万三千九百七十，买丝一石二钧二十八斤三两五铢。欲其贵贱钧率之，问：各几何？

答曰：其七斤一十两九铢，钧、二千一十二钱。

其一石二钧二十斤八两二十铢，钧、二千一十三钱。

〔四二〕今有出钱一万三千九百七十，买丝一石二钧二十八斤三两五铢。欲其贵贱斤率之，问：各几何？

答曰：其一石二钧七斤十两四铢，斤、六十七钱。

其二十斤九两一铢，斤、六十八钱。

〔四三〕今有出钱一万三千九百七十，买丝一石二钧二十八斤三两五铢。欲其贵贱两率之，问：各几何？

答曰：其一石一钧一十七斤一十四两一铢，两、四钱。

其一钧一十斤五两四铢，两、五钱。

其率术曰：各置所买石、钧、斤、两以为法，以所率乘钱数为实，实如法而一。不满法者反以实减法，法贱实贵。其求石、钧、斤、两，以积铢各除法实，各得其积数，余各为铢。

〔四四〕今有出钱一万三千九百七十，买丝一石二钧二十八斤三两五铢。欲其贵贱铢率之，问：各几何？

答曰：其一钧二十斤六两十一铢，五铢一钱。

其一石一钧七斤一十二两一十八铢，六铢一钱。

〔四五〕今有出钱六百二十，买羽二千一百𦑣。欲其贵贱率之，问：各几何？

答曰：其一千一百四十𦑣，三𦑣一钱。

其九百六十𦑣，四𦑣一钱。

〔四六〕今有出钱九百八十，买矢杆五千八百二十枚。欲其贵贱率之，问：各几何？

答曰：其三百枚，五枚一钱。

其五千五百二十枚，六枚一钱。

反其率术曰：以钱数为法，所率为实，实如法而一。不满法者反以实减法，法少，实多。二物各以所得多少之数乘法实，即物数。

其求石、钧、斤、两，以积铢各除法实，各得其数，余各为铢。

九章算术卷第三

衰分

衰分术曰：各置列衰，副并为法。以所分乘未并者，各自为实。实如法而一。不满法者，以法命之。

〔一〕今有大夫、不更、簪裹、上造、公士，凡五人，共猎得五鹿。欲以爵次分之，问：各得几何？

答曰：

大夫得一鹿三分鹿之二。

不更得一鹿三分鹿之一。

簪裹得一鹿。

上造得三分鹿之二。

公士得三分鹿之一。

术曰：列置爵数，各自为衰。

副并为法。以五鹿乘未并者，各自为实。实如法得一鹿。

〔二〕今有牛、马、羊食人苗。苗主责之粟五斗。羊主曰："我羊食半马。"马主曰："我马食半牛。"今欲衰偿之，问：各出几何？

答曰：

牛主出二斗八升七分升之四。

马主出一斗四升七分升之二。

羊主出七升七分升之一。

术曰：置牛四、马二、羊一，各自为列衰，副并为法。以五斗乘未并者，各自为实。实如法得一斗。

〔三〕今有甲持钱五百六十，乙持钱三百五十，丙持钱一百八十。凡三人俱出关，关税百钱。欲以钱数多少衰出之，问：各几何？

答曰：

甲出五十一钱一百九分钱之四十一。

乙出三十二钱一百九分钱之一十二。

丙出一十六钱一百九分钱之五十六。

术曰：各置钱数为列衰，副并为法，以百钱乘未并者，各自为实。实如法得一钱。

〔四〕今有女子善织，日自倍，五日织五尺。问：日织几何？

答曰：

初日织一寸三十一分寸之十九。

次日织三寸三十一分寸之七。

次日织六寸三十一分寸之十四。

次日织一尺二寸三十一分寸之二十八。

次日织二尺五寸三十一分寸之二十五。

术曰：置一、二、四、八、十六为列衰，副并为法。以五尺乘未并者，各自为实。实如法得一尺。

〔五〕今有北乡算八千七百五十八，西乡算七千二百三十六，南乡算八千三百五十六。凡三乡，发傜三百七十八人。欲以算数多少衰出之，问：各几何？

答曰：

北乡遣一百三十五人一万二千一百七十五分人之一万一千六百三十七。

西乡遣一百一十二人一万二千一百七十五分人之四千四。

南乡遣一百二十九人一万二千一百七十五分人之八千七百九。

术曰：各置算数为列衰，副并为法。以所发傜人数乘未并者，各自为实。实如法得一人。

〔六〕今有禀粟：大夫、不更、簪裛、上造、公士，凡五人，一十五斗。今有大夫一人后来，亦当禀五斗。仓无粟，欲以衰出之，问：各几何？

答曰：

大夫出一斗四分斗之一。

不更出一斗。

簪裛出四分斗之三。

上造出四分斗之二。

公士出四分斗之一。

术曰：各置所禀粟斛斗数，爵次均之，以为列衰。副并而加后来大夫亦五斗，得二十，以为法。以五斗乘未并者，各自为实。实如法得一斗。

〔七〕今有禀粟五斛，五人分之。欲令三人得三，二人得二。问：各几何？

答曰：

三人，人得一斛一斗五升十三分升之五。

二人，人得七斗六升十三分升之十二。

术曰：置三人，人、三；二人，人、二；为列衰。副并为法。以五斛乘未并者，各自为实。实如法得一斛。

反衰术曰：列置衰而令相乘，动者为不动者衰。

〔八〕今有大夫、不更、簪裛、上造、公士，凡五人，共出百钱。欲令高爵出少，以次渐多，问：各几何？

答曰：

大夫出八钱一百三十七分钱之一百四。

不更出一十钱一百三十七分钱之一百三十。

簪裛出一十四钱一百三十七分钱之八十二。

上造出二十一钱一百三十七分钱之一百二十三。

公士出四十三钱一百三十七分钱之一百九。

术曰：置爵数各自为衰，而反衰之。副并为法。以百钱乘未并者，各自为实。实如法得一钱。

〔九〕今有甲持粟三升，乙持粝米三升，丙持粝饭三升。欲令合而分之，问各几何。

答曰：

甲二升一十分升之七。

乙四升一十分升之五。

丙一升一十分升之八。

术曰：以粟率五十、粝米率三十、粝饭率七十五为衰，而反衰之，副并为法。以九升乘未并者，各自为实。实如法得一升。

〔一〇〕今有丝一斤，价值二百四十。今有钱一千三百二十八，问：得丝几何？

答曰：五斤八两一十二铢五分铢之四。

术曰：以一斤价数为法，以一斤乘今有钱数为实，实如法得丝数。

〔一一〕今有丝一斤，价值三百四十五。今有丝七两一十二铢，问：得钱几何？

答曰：一百六十一钱三十二分钱之二十三。

术曰：以一斤铢数为法，以一斤价数，乘七两一十二铢为实，实如法得钱数。

〔一二〕今有缣一丈，价值一百二十八。今有缣一匹九尺五寸，问：得钱几何？

答曰：六百三十三钱五分钱之三。

术曰：以一丈寸数为法，以价钱数乘今有缣寸数为实，实如法得钱数。

〔一三〕今有布一匹，价值一百二十五。今有布二丈七尺，问：得钱几何？

答曰：八十四钱八分钱之三。

术曰：以一匹尺数为法，今有布尺数乘价钱为实，实如法得钱数。

〔一四〕今有素一匹一丈，价值六百二十五。今有钱五百，问：得素几何？

答曰：得素一匹。

术曰：以价值为法，以一匹一丈尺数乘今有钱数为实，实如法得素数。

〔一五〕今有与人丝一十四斤，约得缣一十斤。今与人丝四十五斤八两，问：得缣几何？

答曰：三十二斤八两。

术曰：以一十四斤两数为法，以一十斤乘今有丝两数为实，实如法得缣数。

〔一六〕今有丝一斤，耗七两。今有丝二十三斤五两，问：耗几何？

答曰：一百六十三两四铢半。

术曰：以一斤展十六两为法，以七两乘今有丝两数为实，实如法得耗数。

〔一七〕今有生丝三十斤，干之，耗三斤十二两。今有干丝一十二斤，问：生丝几何？

答曰：一十三斤一十一两十铢七分铢之二。

术曰：置生丝两数，除耗数，余，以为法。三十斤乘干丝两数为实。实如法得生丝数。

〔一八〕今有田一亩，收粟六升太半升。今有田一顷二十六亩一百五十九步。问：收粟几何？

答曰：八斛四斗四升一十二分升之五。

术曰：以亩二百四十步为法，以六升太半升乘今有田积步为实。实如法得粟数。

〔一九〕今有取保一岁，价钱二千五百。今先取一千二百，问：当作日几何？

答曰：一百六十九日二十五分日之二十三。

术曰：以价钱为法，以一岁三百五十四日乘先取钱数为实，实如法得日数。

〔二〇〕今有贷人千钱，月息三十。今有贷人七百五十钱，九日归之，问：息几何？

答曰：六钱四分钱之三。

术曰：以月三十日乘千钱为法。以息三十乘今所贷钱数，又以九日乘之，为实。实如法得一钱。

九章算术卷第四

少广

少广术曰：置全步及分母子，以最下分母遍乘诸分子及全步，各以其母除其子，置之于左。命通分者，又以分母遍乘诸分子及已通者，皆通而同之，并之为法。置亩积步数，以全步积分乘之为实。实如法而一，得纵步。

〔一〕今有田广一步半。求田一亩，问：纵几何。

答曰：一百六十步。

术曰：下有半，是二分之一。以一为二，半为一，并之，得三，为法。置田二百四十步，亦以一为二乘之，为实。实如法得纵步。

〔二〕今有田广一步半、三分步之一。求田一亩，问：纵几何。

答曰：一百三十步一十一分步之一十。

术曰：下有三分。以一为六，半为三，三分之一为二，并之，得一十一，为法。置田二百四十步，亦以一为六乘之，为实。

实如法得纵步。

〔三〕今有田广一步半、三分步之一、四分步之一。求田一亩，问：纵几何？

答曰：一百一十五步五分步之一。

术曰：下有四分。以一为一十二，半为六，三分之一为四，四分之一为三，并之，得二十五，以为法。置田二百四十步，亦以一为一十二乘之，为实。实如法而一，得纵步。

〔四〕今有田广一步半、三分步之一、四分步之一、五分步之一。求田一亩，问：纵几何？

答曰：一百五步一百三十七分步之一十五。

术曰：下有五分。以一为六十，半为三十，三分之一为二十，四分之一为一十五，五分之一为一十二，并之，得一百三十七，以为法。置田二百四十步，亦以一为六十乘之，为实。实如法得纵步。

〔五〕今有田广一步半、三分步之一、四分步之一、五分步之一、六分步之一。求田一亩，问：纵几何？

答曰：九十七步四十九分步之四十七。

术曰：下有六分。以一为一百二十，半为六十，三分之一为四十，四分之一为三十，五分之一为二十四，六分之一为二十，并之，得二百九十四，以为法。置田二百四十步，亦以一为一百二十乘之，为实。实如法得纵步。

〔六〕今有田广一步半、三分步之一、四分步之一、五分步之一、六分步之一、七分步之一。求田一亩，问：纵几何？

答曰：九十二步一百二十一分步之六十八。

术曰：下有七分。以一为四百二十，半为二百一十，三分之一为一百四十，四分之一为一百五，五分之一为八十四，六分之一为七十，七分之一为六十，并之，得一千八十九，以为法。置田二百四十步，亦以一为四百二十乘之，为实。实如法得纵步。

〔七〕今有田广一步半、三分步之一、四分步之一、五分步之一、六分步之一、七分步之一、八分步之一。求田一亩，问：纵几何？

答曰：八十八步七百六十一分步之二百三十二。

术曰：下有八分。以一为八百四十，半为四百二十，三分之一为二百八十，四分之一为二百一十，五分之一为一百六十八，六分之一为一百四十，七分之一为一百二十，八分之一为一百五，并之，得二千二百八十三，以为法。置田二百四十步，亦以一为八百四十乘之，为实。实如法得纵步。

〔八〕今有田广一步半、三分步之一、四分步之一、五分步之一、六分步之一、七分步之一、八分步之一、九分步之一。求田一亩，问：纵几何？

答曰：八十四步七千一百二十九分步之五千九百六十四。

术曰：下有九分。以一为二千五百二十，半为一千二百六十，三分之一为八百四十，四分之一为六百三十，五分之一为五百四，六分之一为四百二十，七分之一为三百六十，八分之一为三百一十五，九分之一为二百八十，并之，得七千一百二十九，以为法。置田二百四十步，亦以一为二千五百二十乘之，为实。实如法得纵步。

〔九〕今有田广一步半，三分步之一、四分步之一、五分步之一、六分步之一、七分步之一、八分步之一、九分步之一、十分步之一。求田一亩，问：纵几何？

答曰：八十一步七千三百八十一分步之六千九百三十九。

术曰：下有一十分。以一为二千五百二十，半为一千二百六十，三分之一为八百四十，四分之一为六百三十，五分之一为五百四，六分之一为四百二十，七分之一为三百六十，八分之一为三百一十五，九分之一为二百八十，十分之一为二百五十二，并之，得七千三百八十一，以为法。置田二百四十步，亦以一为二千五百二十乘之，为实。实如法得纵步。

〔一〇〕今有田广一步半、三分步之一、四分步之一、五分步之一、六分步之一、七分步之一、八分步之一、九分步之一、十分步之一、十一分步之一。求田一亩，问：纵几何？

答曰：七十九步八万三千七百一十一分步之三万九千六百三十一。

术曰：下有一十一分。以一为二万七千七百二十，半为一万三千八百六十，三分之一为九千二百四十，四分之一为六千九百三十，五分之一为五千五百四十四，六分之一为四千六百二十，七分之一为三千九百六十，八分之一为三千四百六十五，九分之一为三千八十，一十分之一为二千七百七十二，一十一分之一为二千五百二十，并之，得八万三千七百一十一，以为法。置田二百四十步，亦以一为二万七千七百二十乘之，为实。实如法得纵步。

〔一一〕今有田广一步半、三分步之一、四分步之一、五分步之一、六分步之一、七分步之一、八分步这一、九分步之一、十分步之一、十一分步之一、十二分步之一。求田一亩，问：纵几何？

答曰：七十七步八万六千二十一分步之二万九千一百八十三。

术曰：下有一十二分。以一为八万三千一百六十，半为四万一千五百八十，三分之一为二万七千七百二十，四分之一为二万七百九十，五分之一为一万六千六百三十二，六分之一为一万三千八百六十，七分之一为一万一千八百八十，八分之一为一万三百九十五，九分之一为九千二百四十，一十分之一为八千三百一十六，十一分之一为七千五百六十，十二分之一为六千九百三十，并之，得二十五万八千六十三，以为法。置田二百四十步，亦以一为八万三千一百六十乘之，为实。实如法得纵步。

〔一二〕今有积五万五千二百二十五步。问：为方几何？

答曰：二百三十五步。

〔一三〕又有积二万五千二百八十一步。问：为方几何？

答曰：一百五十九步。

〔一四〕又有积七万一千八百二十四步。问：为方几何？

答曰：二百六十八步。

〔一五〕又有积五十六万四千七百五十二步四分步之一。问：为方几何？

答曰：七百五十一步半。

〔一六〕又有积三十九亿七千二百一十五万六百二十五步。问：为方几何？

答曰：六万三千二十五步。

开方术曰：置积为实。借一算，步之，超一等。议所得，以一乘所借一算为法，而以除。除已，倍法为定法。其复除：折法而下。复置借算，步之如初。以复议一乘之。所得副以加定法，以除。以所得副从定法。复除：折下如前。若开之不尽者为不可开，当以面命之。若实有分者，通分纳子为定实。乃开之。讫，开其母，报除。若母不可开者，又以母乘定实，乃开之。讫，令如母而一。

〔一七〕今有积一千五百一十八步四分步之三。问：为圆周几何？

答曰：一百三十五步。

〔一八〕今有积三百步。问：为圆周几何？

答曰：六十步。

开圆术曰：置积步数，以十二乘之，以开方除之，即得周。

〔一九〕今有积一百八十六万八百六十七尺。问：为立方几何？

答曰：一百二十三尺。

〔二〇〕今有积一千九百五十三尺八分尺之一。问：为立方几何？

答曰：一十二尺半。

〔二一〕今有积六万三千四百一尺五百一十二分尺之四百四十七。问：为立方几何？

答曰：三十九尺八分尺之七。

〔二二〕又有积一百九十三万七千五百四十一尺二十七分尺之一十七。问：为立方几何？

答曰：一百二十四尺太半尺。

开立方术曰：置积为实。借一算，步之，超二等。议所得，以再乘所借一算为法，而除之。除已，三之为定法。复除：折而下。以三乘所得数，置中行。复借一算置下行。步之：中超一，下超二等。复置议。以一乘中，再乘下，皆副以加定法。以定法除。除已，倍下，并中、从定法。复除，折下如前。开之不尽者，亦为不可开。若积有分者，通分纳子为定实。定实乃开之。讫，开其母，以报除。若母不可开者，又以母再乘定实，乃开之。讫，令如母而一。

〔二三〕今有积四千五百尺。问：为立圆径几何？

答曰：二十尺。

〔二四〕又有积一万六千四百四十八亿六千六百四十三万七千五百尺。问：为立圆径几何？

答曰：一万四千三百尺。

开立圆术曰：置积尺数，以十六乘之，九而一。所得，开立方除之，即立圆径。

九章算术卷第五

商功

〔一〕今有穿地积一万尺。问：为坚、壤各几何？

答曰：

为坚七千五百尺。

为壤一万二千五百尺。

术曰：穿地四，为壤五，为坚三，为墟四。

以穿地求壤，五之；求坚，三之；皆四而一。

以壤求穿，四之；求坚，三之；皆五而一。

以坚求穿，四之；求壤，五之；皆三而一。

城，垣，堤，沟，堑，渠，皆同术。

术曰：并上下广而半之，以高若深乘之，

又以袤乘之，即积尺。

〔二〕今有城。下广四 丈，上广二丈，高五丈，袤一百二十六丈五尺。问：积几何？

答曰：一百八十九万七千五百尺。

〔三〕今有垣。下广三尺 ，上广二尺，高一丈二尺，袤二十二丈五尺八寸。问：积几何？

答曰：六千七百七十四尺。

〔四〕今有堤。下广二丈，上广八尺，高四尺，袤一十二丈七尺。问：积几何？

答曰：七千一百一十二尺。

冬程人功四百四十四尺，问：用徒几何？

答曰：一十六人一百一十一分人之二。

术曰：以积尺为实，程功尺数为法，实如法而一，

即用徒人数。

〔五〕今有沟。上广一丈五尺，下广一丈，深五尺，袤七丈。问：积几何？

答曰：四千三百七十五尺。

春程人功七百六十六尺，并出土功五分之一，定功六百一十二尺五分尺之四。问：用徒几何？

答曰：七人三千六十四分人之四百二十七。

术曰：置本人功，去其五分之一，余为法。以沟积尺为实。实如法而一，得用徒人数。

〔六〕今有堑。上广一丈六尺三寸，下广一丈，深六尺三寸，袤一十三丈二尺一寸。问：积几何？

答曰：一万九百四十三尺八寸。

夏程人功八百七十一尺。并出土功五分之一，沙砾水石之功作太半，定功二百三十二尺一十五分尺之四。问：用徒几何？

答曰：四十七人三千四百八十四分人之四百九。

术曰：置本人功，去其出土功五分之一，又去沙砾水石之功太半，余为法。以堑积尺为实。实如法而一，即用徒人数。

〔七〕今有穿渠。上广一丈八尺，下广三尺六寸，深一丈八尺，袤五万一千八百二十四尺。问：积几何？

答曰：一千七万四千五百八十五尺六寸。

秋程人功三百尺，问：用徒几何？

答曰：三万三千五百八十二人。功内少一十四尺四寸。

一千人先到，问：当受袤几何？

答曰：一百五十四丈三尺二寸八十一分寸之八。

术曰：以一人功尺数，乘先到人数为实。并渠上下广，而半之，以深乘之，为法。实如法，得袤尺。

〔八〕今有方堢壔。方一丈六尺，高一丈五尺。问：积几何？

答曰：三千八百四十尺。

术曰：方自乘，以高乘之，即积尺。

〔九〕今有圆堡瑽。周四丈八尺，高一丈一尺。问：积几何？

答曰：二千一百一十二尺。

术曰：周自相乘，以高乘之，十二而一。

〔一〇〕今有方亭。下方五丈，上方四丈，高五丈。问：积几何？

答曰：一十万一千六百六十六尺太半尺。

术曰：上下方相乘，又各自乘，并之，以高乘之，三而一。

〔一一〕今有圆亭。下周三丈，上周二丈，高一丈。问：积几何？

答曰：五百二十七尺九分尺之七。

术曰：上下周相乘，又各自乘，并之，以高乘之，三十六而一。

〔一二〕今有方锥，下方二丈七尺，高二丈九尺。问：积几何？

答曰：七千四十七尺。

术曰：下方自乘，以高乘之，三而一。

〔一三〕今有圆锥。下周三丈五尺，高五丈一尺。问：积几何？

答曰：一千七百三十五尺一十二分尺之五。

术曰：下周自乘，以高乘之，三十六而一。

〔一四〕今有堑堵，下广二丈，袤一十八丈六尺，高二丈五尺。问：积几何？

答曰：四万六千五百尺。

术曰：广袤相乘，以高乘之，二而一。

〔一五〕今有阳马，广五尺，袤七尺，高八尺。问：积几何？

答曰：九十三尺少半尺。

术曰：广袤相乘，以高乘之，三而一。

〔一六〕今有鳖臑。下广五尺，无袤；上袤四尺，无广。高七尺。问：积几何？

答曰：二十三尺少半尺。

术曰：广袤相乘，以高乘之，六而一。

〔一七〕今有羡除。下广六尺，上广一丈，深三尺；末广八尺，无深；袤七尺。问：积几何？

答曰：八十四尺。

术曰：并三广，以深乘之，又以袤乘之，六而一。

〔一八〕今有刍甍，下广三丈，袤四丈；上袤二丈，无广；高一丈。问：积几何？

答曰：五千尺。

术曰：倍下袤，上袤从之，以广乘之，又以高乘之，六而一。

刍童、曲池、盘池、冥谷，皆同术。

术曰：倍上袤，下袤从之；亦倍下袤，上袤从之；各以其广乘之。并，以高若深乘之，皆六而一。其曲池者，并上中、外周而半之，以为上袤；亦并下中，外周而半之，以为下袤。

〔一九〕今有刍童，下广二丈，袤三丈；上广三丈，袤四丈；高三丈。问：积几何？

答曰：二万六千五百尺。

〔二〇〕今有曲池，上中周二丈，外周四丈，广一丈；下中周一丈四尺，外周二丈四尺，广五尺；深一丈。问：积几何？

答曰：一千八百八十三尺三寸少半寸。

〔二一〕今有盘池，上广六丈，袤八丈；下广四丈，袤六丈；深二丈。问：积几何？

答曰：七万六百六十六尺太半尺。

负土往来七十步，其二十步上下棚除。棚除二当平道五，踟蹰之间十加一，载输之间三十步，定一返一百四十步。土笼积一尺六寸，秋程人功行五十九里半。问：人到积尺、用徒各几何？

答曰：

人到二百四尺。

用徒三百四十六人一百五十三分人之六十二。

术曰：以一笼积尺乘程行步数为实。往来上下棚除，二当平道五。置定往来步数，十加一，及载输之间三十步以为法。除之，所得即一人所到尺。以所到约积尺，即用徒人数。

〔二二〕今有冥谷。上广二丈，袤七丈；下广八尺；袤四丈；深六丈五尺。问：积几何？

答曰：五万二千尺。

载土往来二百步，载输之间一里。程行五十八里。六人共车，车载三十四尺七寸。问：人到积尺及用徒各几何？

答曰：

人到二百一尺五十分尺之十三。

用徒二百五十八人一万六十三分人之三千七百四十六。

术曰：以一车积尺乘程行步数为实。置今往来步数，加载输之间一里，以车六人乘之，为法。除之。所得，即一人所到尺。以所到约积尺，即用徒人数。

〔二三〕今有委粟平地。下周一十二丈，高二丈。问：积及为粟几何？

答曰：

积八千尺。

为粟二千九百六十二斛二十七分斛之二十六。

〔二四〕今有委菽依垣。下周三丈，高七尺。问：积及为菽各几何？

答曰：

积三百五十尺。为菽一百四十四斛二百四十三分斛之八。

〔二五〕今有委米依垣内角。下周八尺，高五尺。问：积及为米几何？

答曰：

积三十五尺九分尺之五。

为米二十一斛七百二十九分斛之六百九十一。

委粟术曰：下周自乘，以高乘之，三十六而一。其依垣者，十八而一。其依垣内角者，九而一。

程粟一斛，积二尺七寸。其米一斛，积一尺六寸五分寸之一。

其菽、荅、麻、麦一斛，皆二尺四寸十分寸之三。

〔二六〕今有穿地。袤一丈六尺，深一丈，上广六尺，为垣积五百七十六尺。问：穿地，下广几何？

答曰：三尺五分尺之三。

术曰：置垣积尺，四之为实。以深、袤相乘，又三之为法。所得，倍之。减上广，余即下广。

〔二七〕今有仓。广三丈，袤四丈五尺，容粟一万斛。问：高几何？

答曰：二丈。

术曰：置粟一万斛积尺为实。广袤相乘，为法。实如法而一，得高尺。

〔二八〕今有圆囷。高一丈三尺三寸少半寸，容米二千斛。问：周几何？

答曰：五丈四尺。

术曰：置米积尺，以十二乘之，令高而一。所得，开方除之，即周。

九章算术卷第六

均输

〔一〕今有均输粟：甲县一万户，行道八日；乙县九千五百户，行道十日；丙县一万二千三百五十户，行道十三日；丁县一万二千二百户，行道二十日；各到输所。凡四县赋，当输二十五万斛，用车一万乘。欲以道里远近、户数多少衰出之。问：粟、车各几何？

答曰：

甲县粟八万三千一百斛，车三千三百二十四乘。

乙县粟六万三千一百七十五斛，车二千五百二十七乘。

丙县粟六万三千一百七十五斛，车二千五百二十七乘。

丁县粟四万五百五十斛，车一千六百二十二乘。

均输术曰：令县户数，各如其本行道日数而一，以为衰。甲衰一百二十五，乙、丙衰各九十五，丁衰六十一，副并为法。以赋粟车数乘未并者，各自为实。实如法得一车。有分者，上、下辈之。

以二十五斛乘车数。即粟数。

〔二〕今有均输卒：甲县一千二百人，薄塞；乙县一千五百五十人，行道一日；丙县一千二百八十人，行道二日；丁县九百九十人，行道三日；戊县一千七百五十人，行道五日。凡五县赋，输卒一月、一千二百人。欲以远近、户率多少衰出之。问：县各几何？

答曰：

甲县二百二十九人。

乙县二百八十六人。

丙县二百二十八人。

丁县一百七十一人。

戊县二百八十六人。

术曰：令县卒，各如其居所及行道日数而一，以为衰。甲衰四，乙衰五，丙衰四，丁衰三，戊衰五，副并为法。以人数乘未并者，各自为实。实如法而一。有分者，上、下辈之。

〔三〕今有均赋粟：甲县二万五百二十户，粟一斛二十钱，自输其县；乙县一万二千三百一 十二户，粟一斛一十钱，至输所二百里；丙县七千一百八十二户，粟一斛一十二钱，至输所一百五十里；丁县一万三千三百三十八户，粟一斛一十七钱，至输所二百五十里；戊县五千一百三十户，粟一斛一十三钱，至输所一百五十里。凡五县赋，输粟一万斛。一车载二十五斛，与僦一里一钱。欲以县户输粟，令费劳等。问：县各粟几何？

答曰：

甲县三千五百七十一斛二千八百七十三分斛之五百一十七。
乙县二千三百八十斛二千八百七十三分斛之二千二百六十。
丙县一千三百八十八斛二千八百七十三分斛之二千二百七十六。
丁县一千七百一十九斛二千八百七十三分斛之一千三百一十三。
戊县九百三十九斛二千八百七十三分斛之二千二百五十三。

术曰：以一里僦价，乘至输所里，以一车二十五斛除之，加一斛粟价，则致一斛之费。各以约其户数，为衰。甲衰一千二十六，乙衰六百八十四，丙衰三百九十九，丁衰四百九十四，戊衰二百七十。副并为法。所赋粟乘未并者，各自为实。实如法得一。

〔四〕今有均赋粟：甲县四万二千算，粟一斛二十，自输其县；乙县三万四千二百七十二算，粟一斛一十八，佣价一日一十钱，到输所七十里；丙县一万九千三百二十八算，粟一斛一十六，佣价一日五钱，到输所一百四十里；丁县一万七千七百算，粟一斛一十四，佣价一日五钱，到输所一百七十五里；戊县二万三千四十算，粟一斛一十二，佣价一日五钱，到输所二百一十里；己县一万九千一百三十六算，粟一斛一十，佣价一日五钱，到输所二百八十里。凡六县赋粟六万斛，皆输甲县。六人共车，车载二十五斛，重车日行五十里，空车日行七十里。载输之间各一日。粟有贵贱，佣各别价，以算出钱，令费劳等。问：县各粟几何？

答曰：

甲县一万八千九百四十七斛一百三十三分斛之四十九。

乙县一万八百二十七斛一百三十三分斛之九。

丙县七千二百一十八斛一百三十三分斛之六。

丁县六千七百六十六斛一百三十三分斛之一百二十二。

戊县九千二十二斛一百三十三分斛之七十四。

己县七千二百一十八斛一百三十三分斛之六。

术曰：以车程行空、重相乘为法，并空、重以乘道里，各自为实。实如法得一日。加载输各一日，而以六人乘之，又以佣价乘之，以二十五斛除之，加一斛粟价，即致一斛之费。各以约其算数为衰。副并为法，以所赋粟乘未并者，各自为实。实如法得一斛。

〔五〕今有粟七斗。三人分舂之：一人为粝米，一人为粺米，一人为糳米，令米数等。问：取粟为米各几何？

答曰：

粝米取粟二斗一百二十一分斗之一十。

粺米取粟二斗一百二十一分斗之三十八。

糳米取粟二斗一百二十一分斗之七十三。

为米各一斗六百五分斗之一百五十一。

术曰：列置粝米三十，粺米二十七，糳米二十四，而反衰之。副并为法。以七斗乘未并者，各自为取粟实。实如法得一斗。若求米等者，以本率各乘定所取粟为实，以粟率五十为法，实如法得一斗。

〔六〕今有人当禀粟二斛。仓无粟，欲与米一、菽二，以当所禀。问：各几何？

答曰：

米五斗一升七分升之三。

菽一斛二升七分升之六。

术曰：置米一、菽二，求为粟之数。并之得三、九分之八，以为法。亦置米一、菽二，而以粟二斛乘之，各自为实。实如法得一斛。

〔七〕今有取佣负盐二斛，行一百里，与钱四十。今负盐一斛七斗三升少半升，行八十里。问：与钱几何？

答曰：二十七钱十五分钱之十一。

术曰：置盐二斛升数，以一百里乘之为法。

以四十钱乘今负盐升数，又以八十里乘之，为实。实如法得一钱。

〔八〕今有负笼重一石一十七斤，行七十六步，五十返。今负笼重一石，行百步。问：返几何？

答曰：四十三返六十分返之二十三。

术曰：以今所行步数乘今笼重斤数为法。故笼重斤数乘故步，又以返数乘之，为实。实如法得一返。

〔九〕今有程传委输：空车日行七十里，重车日行五十里。今载太仓粟输上林，五日三返。问：太仓去上林几何？

答曰：四十八里十八分里之十一。

术曰：并空、重里数，以三返乘之，为法。令空、重相乘，又以五日乘之，为实。实如法得一里。

〔一〇〕今有络丝一斤为练丝一十二两，练丝一斤为青丝一斤十二铢。今有青丝一斤，问：本络丝几何？

答曰：一斤四两一十六铢三十三分铢之十六。

术曰：以练丝十二两乘青丝一斤一十二铢为法。以练丝一斤铢数乘络丝一斤两数，又以青丝一斤乘之，为实。实如法得一斤。

〔一一〕今有恶粟二十斗。舂之，得粝米九斗。今欲求粺米十斗，问：恶粟几何？

答曰：二十四斗六升八十一分升之七十四。

术曰：置粝米九斗，以九乘之，为法。亦置粺米十斗，以十乘之，又以恶粟二十斗乘之，为实。实如法得一斗。

〔一二〕今有善行者行一百步，不善行者行六十步。今不善行者先行一百步，善行者追之。问：几何步及之？

答曰：二百五十步。

术曰：置善行者一百步，减不善行者六十步，余四十步，以为法。以善行者之一百步，乘不善行者先行一百步，为实。实如法得一步。

〔一三〕今有不善行者先行一十里，善行者追之一百里，先至不善行者二十里。问：善行者几何里及之？

答曰：三十三里少半里。

术曰：置不善行者先行一十里，以善行者先至二十里增之，以为法。以不善行者先行一十里乘善行者一百里，为实。实如法得一里。

〔一四〕今有兔先走一百步，犬追之二百五十步，不及三十步而止。问：犬不止，复行几何步及之？

答曰：一百七步七分步之一。

术曰：置兔先走一百步，以犬走不及三十步减之，余为法。以不及三十步乘犬追步数为实。实如法得一步。

〔一五〕今有人持金十二斤出关。关税之，十分而取一。今关取金二斤，偿钱五千。问：金一斤值钱几何？

答曰：六千二百五十。

术曰：以一十乘二斤，以十二斤减之，余为法。以一十乘五千为实。实如法得一钱。

〔一六〕今有客马日行三百里。客去忘持衣，日已三分之一，主人乃觉。持衣追及，与之而还；至家，视日四分之三。问：主人马不休，日行几何？

答曰：七百八十里。

术曰：置四分日之三，除三分日之一。半其余，以为法。副置法，增三分日之一，以三百里乘之，为实。实如法得主人马一日行。

〔一七〕今有金棰，长五尺。斩本一尺，重四斤。斩末一尺，重二斤。问：次一尺各重几何？

答曰：末一尺重二斤。

次一尺重二斤八两。

次一尺重三斤。

次一尺重三斤八两。

次一尺重四斤。

术曰：令末重减本重，余即差率也。又置本重，以四间乘之，为下第一衰。副置，以差率减之，每尺各自为衰。副置下第一衰以为法，以本重四斤遍乘列衰，各自为实。实如法得一斤。

〔一八〕今有五人分五钱，令上二人所得与下三人等。问：各得几何？

答曰：甲得一钱六分钱之二，乙得一钱六分钱之一，丙得一钱，丁得六分钱之五，戊得六分钱之四。

术曰：置钱锥行衰。并上二人为九，并下三人为六。六少于九、三。以三均加焉，副并为法。以所分钱乘未并者，各自为实。实如法得一钱。

〔一九〕今有竹九节。下三节容四升，上四节容三升。问：中间二节欲均容，各多少？

答曰：下初、一升六十六分升之二十九，次、一升六十六分升之二十二，次、一升六十六分升之一十五，次、一升六十六分升之八，次、一升六十六分升之一，次、六十六分升之六十，次、六十六分升之五十三，次、六十六分升之四十六，次、六十六分升之三十九。

术曰：以下三节分四升为下率，以上四节分三升为上率。上、下率以少减多，余为实。置四节、三节，各半之，以减九节，余为法。实如法得一升，即衰相去也。下率，一升少半升者，下第二节容也。

〔二〇〕今有凫起南海，七日至北海；雁起北海，九日至南海。今凫雁俱起。问：何日相逢？

答曰：三日十六分日之十五。

术曰：并日数为法，日数相乘为实，实如法得一日。

〔二一〕今有甲发长安，五日至齐；乙发齐，七日至长安。今乙发已先二日，甲乃发长安。问：几何日相逢？

答曰：二日十二分日之一。

术曰：并五日、七日以为法。以乙先发二日减七日，余，以乘甲日数为实。实如法，得一日。

〔二二〕今有一人一日为牡瓦三十八枚，一人一日为牝瓦七十六枚。今令一人一日作瓦，牝、牡相半，问：成瓦几何？

答曰：二十五枚少半枚。

术曰：并牝、牡为法，牝、牡相乘为实，实如法得一枚。

〔二三〕今有一人一日矫矢五十，一人一日羽矢三十，一人一日筈矢十五。今令一人一日自矫、羽、筈，问：成矢几何？

答曰：八矢少半矢。

术曰：矫矢五十，用徒一人。羽矢五十，用徒一人太半人。筈矢五十，用徒三人少半人。并之，得六人，以为法。以五十矢为实。实如法得一矢。

〔二四〕今有假田。初假之岁三亩一钱，明年四亩一钱，后年五亩一钱。凡三岁得一百，问：田几何？

答曰：一顷二十七亩四十七分亩之三十一。

术曰：置亩数及钱数，令亩数互乘钱数。并，以为法。亩数相乘，又以百钱乘之，为实。实如法得一亩。

〔二五〕今有程耕，一人一日发七亩，一人一日耕三亩，一人一日耰种五亩。今令一人一日自发、耕、耰种之，问：治田几何？

答曰：一亩一百一十四步七十一分步之六十六。

术曰：置发、耕、耰亩数，令互乘人数。并以为法。亩数相乘为实。实如法得一亩。

〔二六〕今有池，五渠注之。其一渠开之，少半日一满；次、一日一满；次、二日半一满；次、三日一满；次、五日一满。今皆决之，问：几何日满池？

答曰：七十四分日之十五。

术曰：各置渠一日满池之数，并以为法。以一日为实。实如法得一日。

其一术，列置日数及满数，令日互相乘满，并以为法。日数相乘为实，实如法得一日。

〔二七〕今有人持米出三关。外关三而取一，中关五而取一，内关七而取一，余米五斗。问：本持米几何？

答曰：十斗九升八分升之三。

术曰：置米五斗。以所税者三之，五之，七之，为实。以余不税者二、四、六相乘为法。实如法得一斗。

〔二八〕今有人持金出五关，前关二而税一，次关三而税一，次关四而税一，次关五而税一，次关六而税一。并五关所税，适重一斤。问：本持金几何？

答曰：一斤三两四铢五分铢之四。

术曰：置一斤，通所税者，以乘之为实。亦通其不税者，以减所通，余为法。实如法得一斤。

九章算术卷第七

盈不足

〔一〕今有共买物。人出八，盈三；人出七，不足四。问：人数、物价各几何？

答曰：七人，物价五十三。

〔二〕今有共买鸡，人出九，盈一十一；人出六，不足十六。问：人数、鸡价各几何？

答曰：九人，鸡价七十。

〔三〕今有共买琎。人出半，盈四；人出少半，不足三。问：人数、琎价各几何？

答曰：四十二人，琎价十七。

〔四〕今有共买牛。七家共出一百九十，不足三百三十；九家共出二百七十，盈三十。问：家数、牛价各几何？

答曰：一百二十六家，牛价三千七百五十。

盈不足术曰：置所出率，盈、不足各居其下。令维乘所出率。并，以为实。并盈、不足为法。实如法而一。有分者通之。盈不足相与同其买物者，置所出率，以少减多，余以约法、实。实为物价，法为人数。

其一术曰：并盈不足为实。以所出率以少减多，余为法。实如法得一人。以所出率乘之，减盈、增不足，即物价。

〔五〕今有共买金。人出四百，盈三千四百；人出三百，盈一百。问：人数、金价各几何？

答曰：三十三人，金价九千八百。

〔六〕今有共买羊。人出五，不足四十五；人出七，不足三。问：人数、羊价各几何？

答曰：二十一人，羊价一百五十。

两盈、两不足术曰：置所出率，盈、不足各居其下。令维乘所出率，以少减多，余为实。两盈、两不足、以少减多，余为法。实如法而一。有分者通之。两盈、两不足相与同其买物者，置所出率，以少减多，余以约法、实。实为物价，法为人数。

其一术曰：置所出率，以少减多，余为法。两盈、两不足、以少减多，余为实。实如法而一，得人数。以所出率乘之，减盈、增不足，即物价。

〔七〕今有共买豕。人出一百，盈一百；人出九十，适足。问：人数、豕价各几何？

答曰：一十人，豕价九百。

〔八〕今有共买犬。人出五，不足九十；人出五十，适足。问：人数，犬价各几何？

答曰：二人，犬价一百。

盈、适足，不足、适足术曰：以盈及不足之数为实。置所出率，以少减多，余为法。实如法得一人。其求物价者，以适足乘人数，得物价。

〔九〕今有米在十斗桶中，不知其数。满中添粟，而舂之，得米七斗。问：故米几何？

答曰：二斗五升。

术曰：以盈不足术求之，假令故米二斗，不足二升；令之三斗，有余二升。

〔一〇〕今有垣高九尺。瓜生其上，蔓日长七寸。瓠生其下，蔓日长一尺。问：几何日相逢？瓜、瓠各长几何？

答曰：五日十七分日之五。

瓜长三尺七寸一十七分寸之一，

瓠长五尺二寸一十七分寸之一十六。

术曰：假令五日，不足五寸；令之六日，有余一尺二寸。

〔一一〕今有蒲生一日，长三尺。莞生一日，长一尺。蒲生日自半。莞生日自倍。问：几何日而长等？

答曰：二日十三分日之六。

各长四尺八寸一十三分寸之六。

术曰：假令二日，不足一尺五寸；令之三日，有余一尺七寸半。

〔一二〕今有垣厚五尺，两鼠对穿。大鼠日一尺，小鼠亦日一尺。大鼠日自倍，小鼠日自半。问：几何日相逢？各穿几何？

答曰：二日一十七分日之二。

大鼠穿三尺四寸十七分寸之一十二，

小鼠穿一尺五寸十七分寸之五。

术曰：假令二日，不足五寸；令之三日，有余三尺七寸半。

〔一三〕今有醇酒一斗，值钱五十；行酒一斗，值钱一十。今将钱三十，得酒二斗。问：醇、行酒各得几何？

答曰：醇酒二升半，行酒一斗七升半。

术曰：假令醇酒五升，行酒一斗五升，有余一十；令之醇酒二升，行酒一斗八升，不足二。

〔一四〕今有大器五、小器一容三斛；大器一、小器五容二斛。问：大、小器各容几何？

答曰：大器容二十四分斛之十三，小器容二十四分斛之七。

术曰：假令大器五斗，小器亦五斗，盈一十斗；令之大器五斗五升，小器二斗五升，不足二斗。

〔一五〕今有漆三得油四，油四和漆五。今有漆三斗，欲令分以易油，还自和余漆。问：出漆、得油、和漆各几何？

答曰：出漆一斗一升四分升之一，

得油一斗五升，

和漆一斗八升四分升之三。

术曰：假令出漆九升，不足六升；令之出漆一斗二升，有余二升。

〔一六〕今有玉方一寸，重七两；石方一寸，重六两。今有石立方三寸，中有玉，并重十一斤。问：玉、石重各几何？

答曰：玉一十四寸，重六斤二两。

石一十三寸，重四斤一十四两。

术曰：假令皆玉，多十三两；令之皆石，不足十四两。不足为玉，多为石。各以一寸之重乘之，得玉石之积重。

〔一七〕今有善田一亩，价三百；恶田七亩，价五百。今并买一顷，价钱一万。问善、恶田各几何？

答曰：善田一十二亩半，恶田八十七亩半。

术曰：假令善田二十亩，恶田八十亩，多一千七百一十四钱七分钱之二；令之善田一十亩，恶田九十亩，不足五百七十一钱七分钱之三。

〔一八〕今有黄金九枚，白银一十一枚，称之重适等。交易其一，金轻十三两。问：金、银一枚各重几何？

答曰：金重二斤三两一十八铢，银重一斤一十三两六铢。

术曰：假令黄金三斤，白银二斤一十一分斤之五，不足四十九，于右行。令之黄金二斤，白银一斤一十一分斤之七，多一十五，于左行。以分母各乘其行内之数，以盈不足维乘所出率。并，以为实。并盈不足为法。实如法得黄金重。分母乘法以除，得银重。约之，得分也。

〔一九〕今有良马与驽马发长安至齐。齐去长安三千里。良马初日行一百九十三里，日增一十三里。驽马初日行九十七里，日减半里。良马先至齐，复还迎驽马。问：几何日相逢及各行几何？

答曰：一十五日一百九十一分日之一百三十五而相

逢。

良马行四千五百三十四里一百九十一分里之四十六。

驽马行一千四百六十五里一百九十一分里之一百四十五。

术曰：假令十五日，不足三百三十七里半；令之十六日，多一百四十里。以盈不足维乘假令之数，并而为实。并盈不足为法。实如法而一，得日数。不尽者，以等数除之，而命分。

〔二〇〕今有人持钱之蜀，贾，利十三。初返、归一万四千，次返、归一万三千，次返、归一万二千，次返、归一万一千，后返、归一万。凡五返归钱，本利俱尽。问：本持钱及利各几何？

答曰：本三万四百六十八钱三十七万一千二百九十三分钱之八万四千八百七十六。

利二万九千五百三十一钱三十七万一千二百九十三分钱之二十八万六千四百一十七。

术曰：假令本钱三万，不足一千七百三十八钱半；令之四万，多三万五千三百九十钱八分。

九章算术卷第八

方程

〔一〕今有上禾三秉，中禾二秉，下禾一秉，实三十九斗；上禾二秉，中禾三秉，下禾一秉，实三十四斗；上禾一秉，中禾二秉，下禾三秉，实二十六斗。问：上、中、下禾实一秉各几何？

答曰：

上禾一秉、九斗四分斗之一，

中禾一秉、四斗四分斗之一，

下禾一秉、二斗四分斗之三。

方程术曰：置上禾三秉，中禾二秉，下禾一秉，实三十九斗，于右方。中、左禾列如右方。以右行上禾遍乘中行，而以直除。又乘其次，亦以直除。然以中行中禾不尽者遍乘左行，而以直除。左方下禾不尽者，上为法，下为实。实即下禾之实。求中禾，以法乘中行下实，而除下禾之实。余如中禾秉数而一，即中禾之实。求上禾，亦以法乘右行下实，而除下禾、中禾之实。余如上禾秉数而一，即上禾之实。实皆如法，各得一斗。

〔二〕今有上禾七秉，损实一斗，益之下禾二秉，而实一十斗。下禾八秉，益实一斗与上禾二秉，而实一十斗。问上、下禾实一秉各几何？

答曰：上禾一秉实一斗五十二分斗之一十八，下禾一秉实五十二分斗之四十一。

术曰：如方程。损之曰益，益之曰损。损实一斗者，其实过一十斗也。益实一斗者，其实不满一十斗也。

〔三〕今有上禾二秉，中禾三秉，下禾四秉，实皆不满斗。上取中，中取下，下取上各一秉，而实满斗。问：上、中、下禾实一秉各几何？

答曰：

上禾一秉实二十五分斗之九，

中禾一秉实二十五分斗之七，

下禾一秉实二十五分斗之四。

术曰：如方程。各置所取。以正负术入之。

正负术曰：同名相除，异名相益；正无入负之，负无入正之。其异名相除，同名相益；正无入正之，负无入负之。

〔四〕今有上禾五秉，损实一斗一升，当下禾七秉。上禾七秉，损实二斗五升，当下禾五秉。问：上、下禾实一秉各几何？

答曰：

上禾一秉五升，下禾一秉二升。

术曰：如方程。置上禾五秉正，下禾七秉负，损实一斗一升正。次置上禾七秉正，下禾五秉负，损实二斗五升正。以正负术入之。

〔五〕今有上禾六秉，损实一斗八升，当下禾一十秉。下禾十五秉，损实五升，当上禾五秉。问：上、下禾实一秉各几何？

答曰：

上禾一秉实八升，

下禾一秉实三升。

术曰：如方程。置上禾六秉正，下禾一十秉负，损实一斗八升正。次、上禾五秉负，下禾一十五秉正，损实五升正。以正负术入之。

〔六〕今有上禾三秉，益实六斗，当下禾一十秉。下禾五秉，益实一斗，当上禾二秉。问：上、下禾实一秉各几何？

答曰：

上禾一秉实八斗，

下禾一秉实三斗。

术曰：如方程，置上禾三秉正，下禾一十秉负，益实六斗负。次、置上禾二秉负，下禾五秉正，益实一斗负。以正负术入之。

〔七〕今有牛五、羊二，值金十两。牛二、羊五，值金八两。问：牛、羊各值金几何？

答曰：

牛一、值金一两二十一分两之一十三，

羊一、值金二十一分两之二十。

术曰：如方程。

〔八〕今有卖牛二、羊五，以买十三豕，有余钱一千。卖牛三、豕三，以买九羊，钱适足。卖羊六、豕八，以买五牛，钱不足六百。问：牛，羊、豕价各几何？

答曰：

牛价一千二百，

羊价五百，

豕价三百。

术曰：如方程。置牛二，羊五正，豕一十三负，余钱数正；次、牛三正，羊九负，豕三正；次、牛五负，羊六正，豕八正，不足钱负。以正负术入之。

〔九〕今有五雀、六燕，集称之衡，雀俱重，燕俱轻。一雀一燕交而处，衡适平。并燕、雀，重一斤。问：燕、雀一枚各重几何？

答曰：

雀重一两一十九分两之一十三，

燕重一两一十九分两之五。

术曰：如方程。交易质之，各重八两。

〔一〇〕今有甲乙二人持钱，不知其数。甲得乙半，而钱五十，乙得甲太半，而亦钱五十。问：甲、乙持钱各几何？

答曰：

甲持三十七钱半，

乙持二十五钱。

术曰：如方程。损益之。

〔一一〕今有二马、一牛价过一万，如半马之价。一马、二牛价不满一万，如半牛之价。问：牛、马价各几何？

答曰：

马价五千四百五十四钱一十一分钱之六，

牛价一千八百一十八钱一十一分钱之二。

术曰：如方程。损益之。

〔一二〕今有武马一匹，中马二匹，下马三匹，皆载四十石至坂，皆不能上。武马借中马一匹，中马借下马一匹，下马借武马一匹，乃皆上。问：武、中、下马一匹各力引几何？

答曰：

武马一匹力引二十二石七分石之六，

中马一匹力引一十七石七分石之一，

下马一匹力引五石七分石之五。

术曰：如方程。各置所借，以正负术入之。

〔一三〕今有五家共井，甲二绠不足，如乙一绠；乙三绠不足，如丙一绠；丙四绠不足，如丁一绠；丁五绠不足，如戊一绠；戊六绠不足，如甲一绠。如各得所不足一绠，皆逮。问：井深、绠长各几何？

答曰：井深七丈二尺一寸。

甲绠长二丈六尺五寸，

乙绠长一丈九尺一寸，

丙绠长一丈四尺八寸，

丁绠长一丈二尺九寸，

戊绠长七尺六寸。

术曰：如方程。以正负术入之。

〔一四〕今有白禾二步、青禾三步、黄禾四步、黑禾五步，实各不满斗。白取青、黄，青取黄、黑，黄取黑、白，黑取白、青，各一步，而实满斗。问：白、青、黄、黑禾实一步各几何？

答曰：

白禾一步实一百一十一分斗之三十三，

青禾一步实一百一十一分斗之二十八，

黄禾一步实一百一十一分斗之一十七，

黑禾一步实一百一十一分斗之一十。

术曰：如方程。各置所取，以正负术入之。

〔一五〕今有甲禾二秉、乙禾三秉、丙禾四秉，重皆过于石。甲二重如乙一，乙三重如丙一，丙四重如甲一。问：甲、乙、丙禾一秉各重几何？

答曰：

甲禾一秉重二十三分石之十七，乙禾一秉重二十三分石之十一，丙禾一秉重二十三分石之十。

术曰：如方程。置重过于石之物为负。

以正负术入之。

〔一六〕今有令一人、吏五人、从者一十人，食鸡一十；令一十人、吏一人、从者五人，食鸡八；令五人、吏一十人、从者一人，食鸡六。问：令、吏、从者一人食鸡各几何？

答曰：

令一人食一百二十二分鸡之四十五，

吏一人食一百二十二分鸡之四十一，

从者一人食一百二十二分鸡之九十七。

术曰：如方程。以正负术入之。

〔一七〕今有五羊、四犬、三鸡、二兔，值钱一千四百九十六；四羊、二犬、六鸡、三兔，值钱一千一百七十五；三羊、一犬、七鸡　五兔，值钱九百五十八；二羊、三犬、五鸡、一兔，值钱八百六十一。问：羊、犬、鸡、兔价各几何？

答曰：

羊价一百七十七，

犬价一百二十一，

鸡价二十三，

兔价二十九。

术曰：如方程。以正负术入之。

〔一八〕今有麻九斗、麦七斗、菽三斗、荅二斗、黍五斗，值钱一百四十；麻七斗、麦六斗、菽四斗、荅五斗、黍三斗，值钱一百二十八；麻三斗、麦五斗、菽七斗、荅六斗、黍四斗，值钱一百一十六；麻二斗、麦五斗、菽三斗、荅九斗、黍四斗，值钱一百一十二；麻一斗、麦三斗、菽二斗、荅八斗、黍五斗，值钱九十五。问：一斗值几何？

答曰：

麻一斗七钱，

麦一斗四钱，

菽一斗三钱，

荅一斗五钱，

黍一斗六钱。

九章算术卷第九

勾股

〔一〕今有勾三尺，股四尺，问：为弦几何？

答曰：五尺。

〔二〕今有弦五尺，勾三尺，问：为股几何？

答曰：四尺。

〔三〕今有股四尺，弦五尺，问：勾为几何？

答曰：三尺。

勾股术曰：勾股各自乘，并，而开方除之，即弦。

又股自乘，以减弦自乘，其余开方除之，即勾。

又勾自乘，以减弦自乘，其余开方除之，即股。

〔四〕今有圆材径二尺五寸，欲为方板，令厚七寸。问：广几何？

答曰：二尺四寸。

术曰：令径二尺五寸自乘，以七寸自乘减之，其余开方除之，即广。

〔五〕今有木长二丈，围之三尺。葛生其下，缠木七周，上与木齐。问：葛长几何？

答曰：二丈九尺。

术曰：以七周乘三尺为股，木长为勾，为之求弦。弦者，葛之长。

〔六〕今有池，方一丈，葭生其中央，出水一尺。引葭赴岸，适与岸齐。问：水深、葭长各几何？

答曰：水深一丈二尺，葭长一丈三尺。

术曰：半池方自乘，以出水一尺自乘，减之。余，倍出水除之，即得水深。加出水数，得葭长。

〔七〕今有立木，系索其末，委地三尺。引索却行，去本八尺而索尽。问：索长几何？

答曰：一丈二尺六分尺之一。

术曰：以去本自乘，令如委数而一，所得，加委地数而半之，即索长。

〔八〕今有垣，高一丈。倚木于垣，上与垣齐。引木却行一尺，其木至地。问：木几何？

答曰：五丈五寸。

术曰：以垣高一十尺自乘，如却行尺数而一。所得，以加却行尺数，而半之，即木长数。

〔九〕今有圆材，埋在壁中，不知大小。以锯锯之，深一寸，锯道长一尺。问：径几何？

答曰：材径二尺六寸。

术曰：半锯道自乘，如深寸而一，以深寸增之，即材径。

〔一〇〕今有开门。去阃一尺，不合二寸。问：门广几何？

答曰：一丈一寸。

术曰：以去阃一尺自乘，所得，以不合二寸半之而一。所得，增不合之半，即得门广。

〔一一〕今有户。高多于广六尺八寸，两隅相去适一丈。问：户高、广各几何？

答曰：

广二尺八寸；

高九尺六寸。

术曰：令一丈自乘为实。半相多，令自乘，倍之，减实。半其余，以开方除之。所得，减相多之半，即户广。加相多之半，即户高。

〔一二〕今有户，不知高广。竿不知长短。横之，不出四尺；纵之，不出二尺；斜之适出。问：户高、广、斜各几何？

答曰：广六尺，高八尺，斜一丈。

术曰：纵、横不出相乘，倍，而开方除之。所得，加纵不出，即户广。加横不出，即户高。两不出加之，得户斜。

〔一三〕今有竹，高一丈，末折抵地，去本三尺。问：折者高几何？

答曰：四尺二十分尺之十一。

术曰：以去本自乘，令如高而一，所得，以减竹高，而半其余，即折者之高也。

〔一四〕今有二人同所立。甲行率七，乙行率三。乙东行，甲南行十步，而斜东北，与乙会。问：甲乙行各几何？

答曰：

乙东行一十步半；

甲斜行一十四步半及之。

术曰：令七自乘，三亦自乘，并，而半之，以为甲斜行率。斜行率减于七自乘，余为南行率。以三乘七为乙东行率。置南行十步，以甲斜行率乘之。副置十步，以乙东行率乘之，各自为实。实如南行率而一，各得行数。

〔一五〕今有勾五步，股十二步。问：勾中容方几何？

答曰：方三步、一十七分步之九。

术曰：并勾、股为法，勾股相乘为实，实如法而一，得方一步。

〔一六〕今有勾八步，股一十五步。问：勾中容圆，径几何？

答曰：六步。

术曰：八步为勾，十五步为股，为之求弦。三位并之为法，以勾乘股，倍之为实。实如法得径一步。

〔一七〕今有邑：方二百步，各中开门。出东门一十五步有木。问：出南门几何步，而见木？

答曰：六百六十六步太半步。

术曰：出东门步数为法，半邑方自乘为实，实如法得一步。

〔一八〕今有邑：东西七里，南北九里，各中开门。出东门一十五里有木。问：出南门几何步，而见木？

答曰：三百一十五步。

术曰：东门南至隅步数以乘南门东至隅步数为实。以木去门步数为法。实如法而一。

〔一九〕今有邑方，不知大小，各中开门。出北门三十步有木，出西门七百五十步，见木。问：邑方几何？

答曰：一里。

术曰：令两出门步数相乘，因而四之，为实。开方除之，即得邑方。

〔二〇〕今有邑方，不知大小。各中开门。出北门二十步有木。出南门一十四步，折而西行一千七百七十五步，见木。问：邑方几何？

答曰：二百五十步。

术曰：以出北门步数乘西行步数，倍之为实。并出南门步数为从法。开方除之，即邑方。

〔二一〕今有邑：方一十里，各中开门。甲乙俱从邑中央而出。乙东出。甲南出，出门不知步数，斜向东北磨邑，适与乙会。率：甲行五，乙行三。问：甲、乙行各几何？

答曰：

甲出南门八百步，斜东北行四千八百八十七步半，及乙。

乙东行四千三百一十二步半。

术曰：令五自乘，三亦自乘，并，而半之，为斜行率。斜行率减于五自乘者，余为南行率。以三乘五，为乙东行率。置邑方半之，以南行率乘之，如东行率而一，即得出南门步数。以增邑方半，即南行。置南行步求弦者，以斜行率乘之，求东行者，以东行率乘之。各自为实，实如南行率得一步。

〔二二〕有木去人不知远近。立四表，相去各一丈，令左两表与所望三相直。从后右表望之，入前右表三寸。问：木去人几何？

答曰：三十三丈三尺三寸少半寸。

术曰：令一丈自乘为实，以三寸为法，实如法而一。

〔二三〕有山居木西，不知其高。山去木五十三里，木高九丈五尺。人立木东三里，望木末适与山峰斜平。人目高七尺。问：山高几何？

答曰：一百六十四丈九尺六寸太半寸。

术曰：置木高减人目高七尺，余、以乘五十三里为实。以人去木三里为法。实如法而一，所得，加木高，即山高。

〔二四〕今有井，径五尺，不知其深。立五尺木于井上。从木末望水岸，入径四寸。问：井深几何？

答曰：五丈七尺五寸。

术曰：置井径五尺，以入径四寸减之，余、以乘立木五尺为实。以入径四寸为法。实如法得一寸。

第二编

《九章算术》的内涵

《九章算术》是集体所作，其后继续增补和整理。其编纂流传过程我们在第一编有关章节根据史实已有论述。全书收246道算题，大致采用周公所制礼的九数分类，成为《九章算术》。以近现代数学审视，其内容：除算术而外，代数、几何，各学科兼收并蓄，材料丰富，足以解决当时社会生活、生产中常遇到的各种数学问题。我们分章述其梗概。

第一章　《九章算术》概况

第一节　各章提要

方田章　本章解决各种形状田亩面积计算问题，共收38题，可分2类：

几何图形、面积公式。其中直线形含长方形、三角形和梯形；曲线形含圆、弓形和圆环；曲面有球冠。

分数运算法则。计有：约分、分数加法和减法、比较分数大小、分数平均、分数除法和乘法。

为计算带有分数边长图形的面积需要，本章引入有关分数运算法则。在约分法则中还明确提出更相减损（辗转相除）算法，以求两数的最大公约数。

粟米章 本章解决粟、米等粮食互换、计算商品单价等比例问题，共收46题。可分5类：

运用今有术（比例方法）将粟（小米）折算为等价的其他各种粮食及其逆运算；各种粮食间的等价互换问题；已知整数个商品的总值，求其单价；已知含分数个商品的总值，求其单价；商品按质分档次，优质价高。当单价出现分数时，经过特殊处理，凑整分数使买卖公平。

衰分章 衰（差）分有别于平（均）分。本章主要论述分配比例，兼论述其他比例问题（含反比例）。本章是粟米章的继续和发展，共收20题。可分3类：

分配比例、进一步复杂的正比例和复比例。

少广章 论述从平面图形面积、立体体积反算其边长、周长和直径等问题。本章开头11问都是长方形面积固定（1亩，240方步），从少广（短边，以一连串单分数步数的和表示）反算其边长，章名故定为少广，在运算过程中还同时解决了求几个数最大公约数的算法。全章收24题，分3类：

几个单分数之和作为除数的除法运算；开平方方法，含已知圆的面积，反算其周长；开立方方法，含已知球的体积，反算其直径。

商功章 讨论土方体积、粮仓体积以及计算劳动力人数等问题。全章收28题，分3类：

立体体积公式，其中多面体有长方体、棱柱、方台、方锥和其他拟柱体；曲面体都是回转体，有圆柱、圆锥和圆台；已知立体体积反算边长、高或周长；已知劳动定额、劳动条件求劳动力人数。

均输章 主要解决人们在交纳赋税、分派劳役等国家任务中负担公平合理等计算问题。全章收28题，是粟米章、衰分章有关比例理论及应用的进一步提高和发展，所收问题可分5类：加权分配比例、复比例、连比例、合作（工程）问题和行程问题。

盈不足章 本章全面讨论了在非负数范围内用双假设法解线性方程问题，共收20题。前面8题是示范解题公式，后面12题是应用。

“方程”章 介绍解线性方程组的一般解法，即今称高斯（C. F. Gauss，1777～1855）消去法，我们用加引号的“方程”以示今称方程的不同含义。本章收18题，除一题有一个自由度的不定方程组而外，其余全是适定方程组，含二元、三元、四元直至五元算题。本章还提出了正负数概念及其加减运算法则。

勾股章 论述直角三角形解法（边），共收24题，分为5类：

勾股定理，含已知勾股；勾弦差，股；勾弦和，股；勾弦差，股弦差；弦，勾股差解直角三角形问题。

勾股数公式；直角三角形内接正方形；直角三角形内切圆。

以相似直角三角形性质解测量问题，其中还引入有关数值解二次方程问题。

第二节 词汇集解

《九章算术》数学用语（词汇）及含义有的沿用至今，有的还流传东瀛日本以及越南、朝鲜。不少词汇古今有别，这是中算家代代相习、相传，我们要深入研究《九章算术》以及二千年来中国传统数学，对这些词汇必须深究。下文只记古今有别者。[①] 古今同义或不释自明者不录。

1笔

一乘：乘一次。

① 秦汉时度量衡名称见本编第二章第二节.

2笔

人功：每人每日工作量，我国古代因季节不同、劳动条件难易而制定每人每日法定工作量，载入官书。《九章算术》所说“春程人功”指在春天每人每日工作量，其他夏程、秋程、冬程人功彷此。

3笔

大广田：长和宽尺寸中都含分数的长方形田。

子：分子。

广：在直线形中，方田（长方形）的广今称宽；圭田（三角形）的广，今称底。在多面体中某些平行边称为广；如刍童有上广、下广；羡除有上广、下广、末广。在曲池中的上广、下广则指其上下环缺底面内外周之间的最短距离。

丸：球。

三相直：测量时的操作：使人目、目标及中间某一测点的三点在一直线上。

4笔

少广：长方形的短边。

少广术：少广章开头11道题都是已知长方形面积恒定（1亩），从已知短边（用一串单分数之和表示）反算长边的算题。其专用算法称为少广术。

少半：三分之一。

太半：三分之二。

反衰：按分配率$a:b:\cdots\cdots:c$的倒数$\frac{1}{a}:\frac{1}{b}:\cdots\cdots:\frac{1}{c}$作分配比例。

反其率术：计算商品单价时，当物价钱数少于物数（一钱可以买几物）时就做带余除法，以余数权衡商品档次，优质高价，使不出现分数物价的专用算法。由于与其率术（物价钱数多于物数专用）有相反意义，因称反其率术。

分：分数。

从：相加，如“倍下，并中，从定法”（少广术术文）是指在开平方时，下行加倍，中行的和与定法相加。

从法：二次方程 $x^2+Ax=B$ 的一次项系数。如“〔北门〕并出南门步数为从法”（勾股章第 20 题术文）。

方：正方形，如“勾中容方”；或正方形的边，如“方三步、十七分步之九”（勾股章第 15 题）。

方田：正方形或长方形田。

方亭：方台体。

“方程”：线性方程组的增广矩阵。

“方程”术：解线性方程组的矩阵初等变换算法，通过乘、减运算，最终把系数矩阵变换为单位矩阵，或三角矩阵。

方堡垮：方形城堡，今称方柱。

开方术：开平方法则。

开圆术：已知圆面积反算其周长的法则。

开立方术：开立方法则。

开立圆术：已知球体积反算其直径的法则。

开之不尽：开平（立）方开不尽。

不可开：与“开之不尽”同义。

仓：粮仓。

今有术：比例法则，即西方所谓三率法。

勾：直角三角形的短直角边。

勾股：泛指直角三角形。

勾中容方：在直角三角形中以勾股两边为邻边，一顶点在弦上的正方形。

勾中容圆：直角三角形中的内切圆。

5 笔

术：法则、算法或定理的通称。

平：平均。

平分：取分数算术平均的法则。

平实：当取分数$\frac{b}{a}+\frac{d}{c}+\frac{f}{e}$的算术平均为$\frac{bce+ade+fac}{3ace}$时，被除数“$bce+dae+fac$”称为平实。

正纵：三角形或梯形的高。

正负术：整数加减法则。

立圆：球体。

议：开平（立）方是数值解二（三）次方程，在其每一步骤中估根所得值称为议。

刍童、刍甍：在秋收时农家常见干草堆。为防积水，分上下两段堆放。上段称为刍甍，下段称为刍童。刍甍为五面体：前后为梯形，左右为三角形，下底为长方形。刍童是上下底都是长方形的拟柱体。

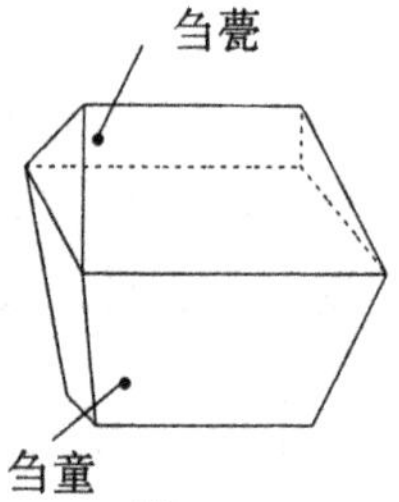

图2.1.1

矢：弓形的高。

母：分母。

6笔

全：整数。

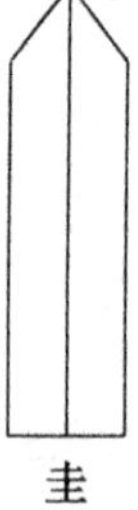

阳马：底为长方形或正方形、且有一侧棱垂直于底的四棱锥。

圭田：李籍：《九章算术音义》：“圭田者，其形上锐，有如圭也。”圭，古代朝聘、祭祀用玉器，其顶部为等腰三角形（如图2. 1. 2)。《九章算术》原义为等腰三角形田，后世理解为一般三角形。钱宝琮《中国数学史》认为：“三角形田叫圭田。”①

图2.1.2

① 钱宝琮. 中国数学史. 北京：科学出版社，1981. 42

并：相加。

列衰：列出分配率。如“置一、二、四、八、十六为列衰”（衰分章第4题术文）。

列数：取算术平均的分数个数。

合分：分数加法。

异名：两数异号。

同名：两数同号。

曲池：上下底都是环缺的曲面体（如图2.1.3）。

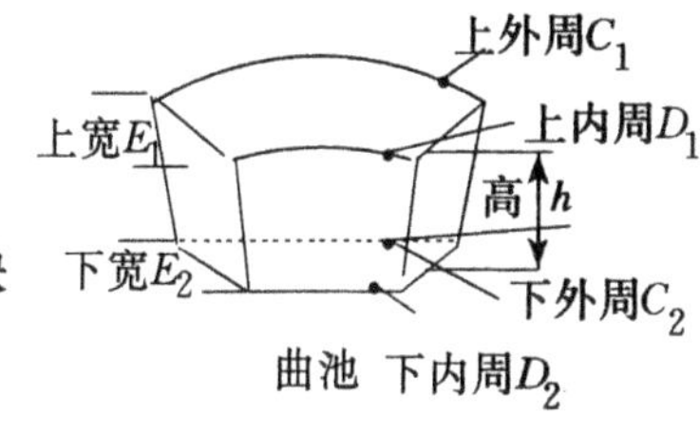

图2.1.3

再乘：连乘两次。

7笔

更相减损：两数辗转相减（除），以求最大公约数。

均输：为使人们在纳税、服役等国家任务中负担公平合理的一系列算法。

纵：方田（长方形）的纵，今称长或高。

8笔

命：表示。如“母相乘为法，……以法命平实，各得其平”（方田章平分术）。是指取$\frac{b}{a}$，$\frac{d}{c}$，$\frac{f}{e}$的算术平均时，

$$\frac{1}{3}\left(\frac{b}{a}+\frac{d}{c}+\frac{f}{e}\right)=\frac{1}{3}\left((bce+dae+fac)\div ace\right)$$

用ace（法）来表示$bce+dae+fac$（平实），即平实中含多少个ace。又如“不满法者，以法命之”（衰分章衰分术）同义。再如“若开之不尽者为不可开，当以面命之”（少广章开方术）。是指开平方开不尽时，就迳以边长表示这个无理根。

定法：开平方时“法”的2倍称为定法。开立方时则“法”的3倍称为定法。

定实：被除数含分数时，经通分后的分子称为定实，如“若实有分者，通分纳子为定实”（少广章开方术）。

其率术：计算物品单价，就是求一物值几钱。对于带余除法，以余数来权衡商品档次。优质价高，其率术是使不出现分数物价的专用算法。由于《九章算术》原文题及答文中三次出现其字，这种算法就称为其率术。

径：①圆的直径；②宛田（球冠形）底面直径两端点在球面上的测地线（最短线）；③环田（圆环形）内外周间最短距离；④立圆（球）的直径。

经分：分数除法。

经率术：今有术（比例）的变通：直接用除法计算商品单价。

弦：①弧田（弓形）的底边；②直角三角形斜边。

环田：圆环形田。

实：①除法中的被除数，如“实如法而一”指实中含几个法（除数），即做除法运算：实÷法；②被开方（立方）数，如“置积为实”（少广章开方术）；③谷物果实，如“上禾三秉，中禾二秉，下禾一秉，实三十九斗”（“方程”章第1题）；④方程右端的常数项，在$x^2+Ax=B$中，B称为实，如“以出北门步数乘西行步数，倍之为实”（勾股章第20题）。

表：测量用标杆。

股：直角三角形的长直角边。

直除：直接减去，见“遍乘直除”条。

委粟：圆锥状粟米堆。

弧田：弓形田。

宛田：李籍《九章算术音义》：“宛田者，中央隆高。”宛田犹碗田。李潢《九章算术细草图说》插图，把宛田绘作球冠形，当今学者都把宛田理解为球冠形。

9笔

重有分：繁分数，分数的分子、分母含分数，如“重有分者，周而通之”（方田章经分术）。

盈不足术：对算题作两次假设，比较与题设结果是盈（多）还是不足（少），据以获得正确答案的算法。

面：多边形的边长，如“当以面命之”（少广章开方术）。

垣：墙，以等腰梯形为断面的直棱柱体，侧脚纵 24，横 1。

城：城墙，以等腰梯形为断面的直棱柱体，侧脚纵 5，横 1。

除：除去，相减，如“同名相除”（“方程”章正负术），“遍乘、直除”（“方程”章“方程”术）。

10 笔

衰（cui）：分配率中的各项，如“各自为衰”（衰分章衰分术）。

衰分：分配比例。

通：通分，如“有分者通之”（方田章经分术）是指 $a+\frac{c}{b}=\frac{ab+c}{b}$ 或 $\frac{b}{a}+\frac{d}{c}=\frac{bc+ad}{ac}$。

通分纳子：“母互乘子，通全步，纳分子。…径亦通分纳子”（方田环田术）。是指：

$$a+\frac{c}{b}+\frac{e}{d}=\frac{abd+cd+eb}{bd}。$$

乘分：分数乘法。

课分：比较分数的大小。

积步：方步，如“广纵步数相乘，得积步”（方田章方田术）。

积里：方里。

借算：开方（立方）时定位用算筹。

损：减去，如“更相减损”（方田章约分术）、“损实一斗”（“方程”章第 2 题）。

益：加上，如“异名相益”（“方程”章正负术）。

冥谷：李潢《九章算术细草图说》理解为形如刍童的挖土。

圆囷（qun）：圆柱形粮囤。

圆亭：圆台体。

圆堡壔：圆柱形城堡，今称圆柱。

11 笔

率：一组线性相关的量，如“粟率五十，粝米［率］三十”（粟米章粟米之法），指 50 份粟与 30 份糙米等价，等价的粟与糙米的重量（或容量）之间有比例关系：

粟重：糙米重＝50∶30。

又如“欲以远近、户率多少衰出之”（均输章第 2 题）和“甲行率七，乙行率三”（勾股章第 14 题）等。

减：《九章算术》“甲减乙”，是指乙减去甲，如“以少减多”（方田章减分术）是说多的减去少的。又如“以平实减列实”（方田章平分术），是说：从各列实逐个减去平实。

减分：分数减法。

商功：讨论土方体积、粮仓容积以及劳动力计算等数学问题。

盘池：李潢《九章算术细草图说》理解为形如刍童的挖土。

堑：河道，断面为等腰梯形的柱体，侧脚纵 2 横 1。

堑堵：①堵是墙，开堑的挖土就地筑成堤岸，称为堑堵；②《九章算术》又称断面为直角三角形的棱柱体为堑堵（如图 2. 1. 4）。

堤：断面为等腰三角形的棱柱体，侧脚是纵 2 横 3。

袤：①长方形的高；②多面体的长。

斜：①长方形的对角线；②直角三角形的斜边。

斜田：有一腰与底垂直的梯形。

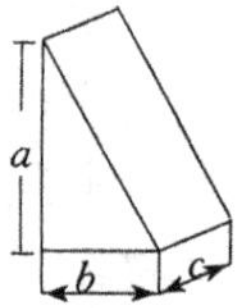

a b c

堑堵

图2.1.4

12 笔

等数：最大公约数。

超一等：开平方时每次得根的一个有效数字，定位算筹进（退）二数位。

超二等：开立方时每次得根的一个有效数字，定位算筹进

（退）三数位。

辈：凑整含分数的答案，如“有分者上、下辈之”（均输章第1题）。

羡除：五面体挖土：上底面水平（梯形），下底面倾斜（梯形），前侧面（梯形）与上底面垂直。左右两侧面为三角形（如图2.1.5）。

箕田：上底长下底短、形如簸箕的田。原指等腰梯形田。后世认为是一般梯形。钱宝琮《中国数学史》：“梯形的田叫做箕形”。[①]

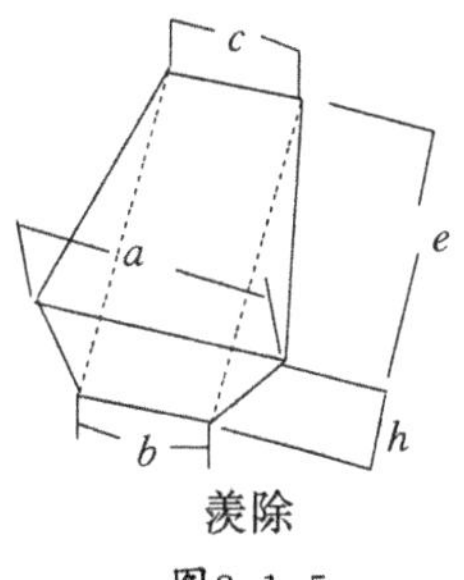

羡除

图2.1.5

遍乘直除：消去矩阵中二列的首项的算法，如

$$\begin{bmatrix} a_1 & b_1 \\ a_2 & b_2 \\ a_3 & b_3 \\ \vdots & \vdots \\ a_n & b_n \end{bmatrix} \xrightarrow[b_1]{\text{左行遍乘以}} \begin{bmatrix} a_1b_1 & b_1 \\ a_2b_1 & b_2 \\ a_3b_1 & b_3 \\ \vdots & \vdots \\ a_nb_1 & b_n \end{bmatrix} \xrightarrow[\text{右行 } a_1 \text{ 次}]{\text{左行直除}} \begin{bmatrix} 0 & b_1 \\ a_2b_1-a_1b_2 & b_2 \\ a_3b_1-a_1b_3 & b_3 \\ \vdots & \vdots \\ a_nb_1-a_1b_n & b_n \end{bmatrix}。$$

13（及以上）笔

锥行衰：按算术数列取分配率。

墟：挖土空穴。

算：①算筹，如“借一算”（少广章开方术）；②汉初成年人纳税单位，《汉书·高帝纪》：“民年十五以上至五十六止赋钱，人百二十为一算。”

踵：箕田的下底。

① 钱宝琮. 中国数学史. 北京：科学出版社，1981. 42

鳖臑：有一对棱互相垂直的三棱锥，如“今有鳖臑，下广五尺，无袤；上袤四尺，无广；高七尺”（商功章第16题）。堑堵割去阳马，余下鳖臑，它有下广，无袤；有上袤，无广。在刘徽注中称之为常所谓鳖臑。从堑堵分割的另两种鳖臑分别称为内棋、外棋鳖臑（如图2.1.6）。详见本书第三卷。

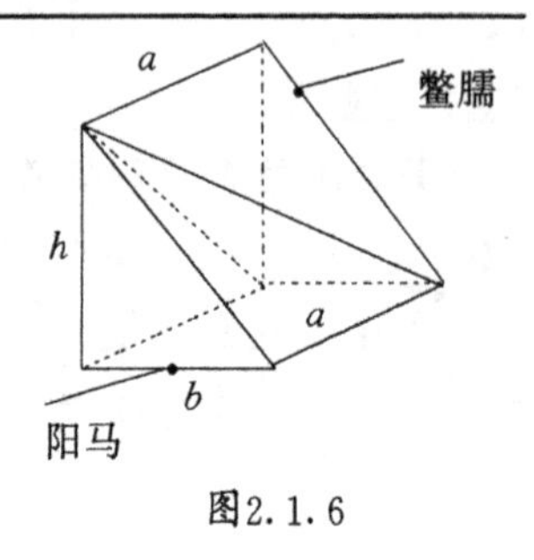

图2.1.6

第三节　算题集锦

《九章算术》是算题汇编，为后文引用方便，我们在全书246问中选择其有代表意义的99问，并命为四字题名。为便于查阅，按题名首字笔划多少为序综录如下，括弧内记原书章名、题号。

1笔

一人成矢（均输23）　　一人治田（均输23）

2笔

二人同立（勾股14）　　二人持钱（“方程”10）

3笔

三人持粮（衰分9）　　三人持钱（衰分3）

三人发徭（衰分5）　　三人舂粟（均输5）

三丝互换（均输10）　　三禾求实（“方程”1）

三畜食苗（衰分2）　　女子善织（衰分4）

山居木西（勾股23）　　与丝约缣（衰分14）

4笔

方邑见木（勾股20）　　不善行者（均输13）

今买矢杆（粟米46）　　今有买竹（粟米38）

今有穿池（商功26）　　勾中容方（勾股15）

第四节 术文集成

《九章算术》246问叙述程序都是先题文次答数。同类问题之前或之后都具术文，以预示或总结这类问题的解法。又每一问题答数之后又有针对本问题解法的术文。所以有的术文是同驭数问、十数问甚至数十问不等，有的一术专驭一问。术文含义非常广泛，有的是定理、公式或法则，有的是解法或算法。《九章算术》成书时，数学分支不可能如今之细，之有系统，但是这些术文是我国传统数学的最根本所在，则是肯定的。

有些术文对所驭问题有一般意义：只要把所指形或数的词汇易为字母，与今称定理或法则或公式无异，例如今有术、衰分术、方田章诸术以及商功章诸术。有些术文则就事论事，仅示获得答数的演算过程，例如粟米章前面 31 个题，少广章前面 11 个题的术文。为后文引用方便，在本节我们列出这些有一般意义的术文 69 条。仍以各术术名首字笔划为序录出。在术文后括弧内注明本术所驭题号。

2 笔

二人同立术（勾股 14，21）

3 笔

三丝互换术（均输 10，17，29，28）

大广田术（方田 19～21）

4 笔

少广术（少广 1～11）

反其率术（粟米 44～46）

反衰术（粟米 8，9；均输 5，8）

方田术，里田术（方田 1～4）

方邑见木术（勾股 20）

“方程”术（“方程” 1～18）

方亭术（商功 10）

方堡壔术（商功 8）

方锥术（商功 12）

开方术（少广 12～16）

第五节 《九章算术》评说

《九章算术》全书 9 章 69 术 246 题是在先秦、秦汉时代人们集腋成裘、不断加工、提炼的数学经典。在西方数学东渐以前，《九章算术》是我国数学文化之母，其可贵处是这些正确结论在二千年前所作。也正由于它成书在二千年前，格于条件，它也有不足之处。某些地方处理不善，精度不高，甚至有与常理相悖等等。为了全面认识这一名著，我们也应就这些地方提出议论。

1. **有术无证**

《九章算术》术文全部没有证明。它们从何而来？这使读者大惑不解，是二千年来未解之谜。《九章算术》术文如此众多，内容多样而其立论绝大多数又正确不误。我们认为这些理论的获得是经过千百次经验，通过曲直类比、形数对照、分割拼补、近似拟合等手段实验，甚至演绎推理推导都有可能。只是由于当时缮写条件、写书体例的限制，书中只刊出结论，把学术研究的过程却被一律删除。不难想象，开方术和开立方术必须先经过图形割补、层层剥离，才能顺理成术。方亭术、刍童术大可以以箕田术在三维空间摹拟推广为："并上下底，半之以乘高。"《九章算术》作者却不依样画瓢，而是别具匠心，总结方亭术为"上下方相乘，又各自乘，半之，以高乘之，三而一。"对刍童术的理解有更进一步的境界："倍上袤，下袤从之，亦倍下袤，上袤从之；各以其广乘之。并，以高若深乘之，皆六而一。"作者事前应有过严密的、某种形式的推导，才在定量上能如此周到细致，与真值竟不爽毫发！此外作者应该有明确的相似三角形性质观念，以此为指导，才能多次运用，以解勾股章有关间接测量的众多算题。《九章算术》作者还熟练掌握勾股定理，在此基础上得以驾驭变化多端、层次复杂的勾股章前 14 问有关勾股弦和差关系。我们还可以举出许多例子。总之，有术无证，确是《九章算术》的缺点，但是我们不能因此贸然结论：《九章算术》一切理论全自经验，只知归纳，无论演绎。

2. 前后参差

众信《九章算术》全篇不出于一人之手，所以虽然经张苍、耿寿昌统编，而全书内容终究未能呼成一气。例如在粮食互换中，粟米章之首已有粟米之法规定：粟率 50，菽、荅、麻、麦率俱为 45。但“方程”章第 18 问中这四种粮食一斗依次值 3，5，7，4 钱。按刘徽的说法，这是四种粮食的各当率，折合为相当率，依次应为 140，84，60，105，前后相差甚远。又如全书物价前后不一，而且悬殊过大。其中金价 2 见，牛价 3 见，羊价 3 见，布价 2 见，丝价 2 见，矛盾特别显著（如表）。这也说明《九章算术》各章各问作者不一，所处时代、地区不一。表中商品所值单价为钱。

章　名	粟　米		衰　分		均输	盈不足			方　程		
题号	36	37	11	13	15	4	5	6	8	11	17
金（斤）					6250		9800				
牛（头）						3750			1200	$1818\frac{2}{11}$	
羊（头）								150	500		117
布（匹）	$244\frac{124}{129}$			124							
丝（斤）		69	345								

此外在编书体例上也前后有殊。有的算题在前，术文在后，如方田章各术；而今有术、盈不足术则反是。

3. 编纂欠当

全书一般都按算题性质分类，例如商功章全系土方体积、粮食容积及其有关工限计算等内容；“方程”章都研究与线性方程有关的算题。当然二者在逻辑分类标准上已不妥，有些章则选材尤其复杂。如方田章在讨论图形面积的同时插入许多分数四则运算题，在数量上（20 道题），超过全章 38 道题的半数；衰分章全章 20 道题，纯是分配比例的仅 9 题；均输章 28 道题中按均输术解的仅 4 题等等。由于分类欠妥引起后世非议。南宋杨辉为重新分类，在其《详解九章算术》专著中，设“纂类”专题讨论。因杨氏分类仍不够理想，钱宝琮以己见在 1921 年撰“九章问题分类考”，载《学艺杂志》。

粟米章由五部分组成，其第一部分载今有术应用题 31 问，少广章也由五部分组成，其第一部分有少广术应用题 11 问。二者所收题都同语反复，结构形式过于单调，是一不足处。

商功章方台、圆台分别编在方锥、圆锥之前，有违由浅入深原则。

盈不足章所设题（第 9～20 题）为前 8 题之应用，命题却全系有盈、有不足，无一题是两盈、两不足、盈适足或不足适足类型，未免单调。又本章第 16 题石中有玉题解法用其率术，不应编入盈不足章。

4. 粗疏不精

《九章算术》对某些数学现象观察欠精。由于圆周率取径一周三，致使圆柱、圆锥、圆台体积都成为近似公式。球体积则取其外切立方体体积的十六分之九，宛田术、弧田术俱是近似公式。

少广术是为简化合分术而设，其最佳选择应取众分母的最小公倍数作为公分母，因此在术文中所说：“各以其母除其子”应改为“各以等数约母、子”。《九章算术》作者对第 6 题曾又除又约，而对第 5、11 两题只除未约，于是最后结果并不是题给分数各分母的最小公倍数作为公分母，造成缺憾。唐代李淳风对第 11 题演算过程颇有微词：“凡为术之意约省为善。宜云，下有十二分，以一为二万七千七百七十。”

5. 题、术失误

方田章环田术所馭第2题“中周六十二步四分步之三，外周一百一十三步二分步之一”如作整环考虑，其径（内外圆周间距离）应是$\frac{\pi}{2}\left(113\frac{1}{2}-62\frac{3}{4}\right)=8.0771134$（步）并非题文所说：“十二步三分步之二。”对此，刘徽已敏锐地发觉：“此田环而不通匝。”即此题应视为环缺，然则环田术对之失效。

少广章少广术：“置所求步数，以全步积分乘之为实。”应是“置亩积步数，…”在刘徽注中已有此意：“此以田广为法，以亩积步为实。”

均输章中负笼一石题，这一复比例问题负重来回次数应与笼重、路程远近俱成反比，《九章算术》作者均竟误为正比，于是原术文、答文两误。虽刘徽心细如发，也未见正误。清末时沈钦裴在审校他的老师李潢力作《九章算术细草图说》时才予订正。

均输章中三丝互换题的术文后半段，“…以青丝一斤铢数乘练丝一斤两数，又以络丝一斤乘为实”误，应改为“以练丝一斤铢数乘络丝一斤两数，又以青丝一斤乘为实。”以今日连比例原理排成连比例式应是：

络丝两数（16）———练丝两数（12）

练丝铢数（384）———青丝铢数（396）

青丝斤数（1）———络丝斤数（x）

古人注前贤书时虽有微词，例不擅自改动原作①。刘徽注《九章算术》至此，视此种连比例为重今有术，他用两次今有术解题：

其一，已知青丝1斤，需练丝多少斤？

已知青丝练丝之比为396∶384，于是需用练丝斤数＝青丝斤数（1）×练丝铢数（384）÷青丝铢数（396）

其二，已知练丝斤数，需络丝多少斤？

① 前举少广术中所求步数，未改为亩积步数也是类似例.

络丝练丝之比已知为16∶12，于是需

络丝斤数=练丝斤数×络丝两数（16）÷练丝两数（12）

综合二者得需用络丝斤数

青丝斤数（1）×练丝铢数（384）×络丝两数（16）÷（青丝铢数（396）×练丝两数（12））

这在刘注中讲得非常明确："置青丝一斤，以练丝三百八十四乘之为实，实如青丝率三百九十六而一，所得青丝一斤练丝之数也。又以络率十六乘之，所得为实，以练率十二为法。所得即练丝用络丝之数也。是谓重今有也"。

6. 有悖常理

方田章宛田术所驭二问数据谬误。按宛田应作中央隆起的山地的田亩解，作球冠形考虑。方田第35题下周30步，径16步；第36题下周99步，径51步。两题球冠面俱已超过半球，有悖常理。

衰分章三人持粮题，三种粮食：粟、粝米、粝饭，一为带壳原粮，一为去壳、带糠糙米，一为米已成饭。把三者混为一体，很难想象作何用？

盈不足章米粟同舂题中，米和未去壳的粟同时被舂，这种粮食加工工序，为人不取，古今同理。

"方程"章三禾同实题中秉字义束或捆，本题答数上禾一秉出谷子达$9\frac{1}{4}$斗（合今18公升半），很难设想每束（捆）禾能出如此多的原粮。又如牛羊互换题答数牛一头值金$1\frac{13}{21}$两，羊一头值金$\frac{20}{21}$两。且不说牛、羊绝对价值如此昂贵，即以牛、羊单价之比17∶10<2，于理也不通，这是《九章算术》出题时的疏漏。再如五家共井题，以特解为答，刘徽已有评说，这是"举率已言之"。

第二章 《九章算术》中的算术

算术（arithmetic）是数学中最古老而又最基本的分支。它研究数的性质及其运算，作为学校数学科目的算术与作为数学分支的算术是有差别的。数学教学科目的算术，除了正整数、分数、小数的性质以及它们的四则运算外，还包含量的度量、比、比例等有实用意义的内容，这是由来已久的传统，作为数学分支的算术则包含数论的某些初步内容。

我国20世纪50年代中学设算术课。1966年《全日制中学数学教学大纲》规定中学不学算术，所有有关内容下放到小学。初中改从代数学起。由于社会、经济和科学技术的不断发展，人们在数学教学中，对算术内容的选择和安排、对算术在数学教学中地位和作用的认识在不断更新。例如世界范围内度量衡和货币制度的十进制化促使算术内容中的复名数章节几乎全被删去，数表特别是计算器的普及取代了开平方、开立方运算。算术教学中原来种类繁多的比例算法以及各种应用题的深度、广度日见削弱。另一方面在算术中适当渗入代数学、几何学、集合论、统计学初步知识，这是大势所趋，时代进步的必然。但是在讨论《九章算术》中的算术这一课题时，为要求与世界数学史中的传统算术概念的内涵取得大致平衡，就应该因故循旧，追迹历史。

清同治元年（1862年），我国首创学堂——同文馆，当时曾以含《九章算术》在内的《算经十书》、《几何原本》、《数理精蕴》为数学教科书。三十年以后，即1892年才有邹立文（山东蓬莱人）与美国人狄考文（C. W. Mateer，1836～1908）在上海美华书馆出版了《笔算数学》上、中、下3卷，这是我国第一部与当时世界文化接轨的算术教科书。从内容到体例、记数法（阿拉伯数字）、运算符号、书写款式（横行）全盘舶来①。从此开始数学教科书的编写者与中国传统数学经典，特别是与《九章算术》彻底脱钩，甚至决裂。我们参考了清末以来各种版本的算术教科书及其参考书，我们体会到这整整百年间作为教学科目的算术应包含以下内容：

（1）算具和记数法；

（2）整数与小数：四则运算；

（3）复名数：度量衡、货币的换算，面积与体积；

（4）整数性质：约数与倍数，素数与因数，最大公约数与最小公倍数；

（5）分数：约分与通分，繁分数，四则运算；

（6）比及比例：正比例，反比例，复比例，连比例，分配比例；

（7）百分法与利息；

（8）开方和开立方；

（9）近似与凑整算法。

现在我们来对照和回顾《九章算术》中对应于上述九项有关内容。整整百年来与之彻底脱钩甚至决裂的这一经典名著却默默无闻地蕴含着其中绝大部分。

第一节 筹算

我们已在本书第一卷详细介绍我国古代用算筹记数并用来做各种运算。《九章算术》是以算筹为算具的数学教科书。各种术文就是算筹布算的实录。古人席地而坐，就地布毡用算（如图 2. 2.

① 魏庚人. 中国中学数学教育史. 北京：人民教育出版社，1987. 16

图2. 2. 1

1)[①]，我国已无图徵。日本出版物中插图[②]、和算师事中算，可为筹算实况佐证。筹算有自己的特色，为此我们选择有代表意义的术文就所驭算题作筹算图式，这将有助于我们领会单凭笔算所不能理解的术文的真实含义。

更相减损术

方田章第6题："又有九十一分之四十九，问：约之，得几何？"
答数："十三分之七。"
术文："副置分母、子之数。以少减多，求其等也。以等数约之。"

①副置分母、子之数。

②以少减多，求其等也。

③以等数约之。

① 刘徽注"方程"章第18题："用算而布毡".

② 据日本1795年木刻，转引自D. E. Smith. Hisfory of Japanese Mathematics. New York：1913. 17

环田术

方田章第38题："又有环田，中周六十二步四分步之三，外周一百一十三步二分步之一，径十二步三分步之二。问：为田几何?"答数：四亩一百五十六步四分步之一。

①置中外周步数、分母子各居其下。

②母互乘子，

③通全步，

④纳分子，

⑤以中周并而半之。

⑥径亦通分纳子，

⑦以乘周为实，

⑧分母相乘为法，

⑨除之为积步，余积步之分。

⑩以亩法除之，

⑪即亩数也。

衰分术

衰分章第1题："今有大夫、不更、簪褭、上造、公士，凡五人。共猎得五鹿。欲以爵次分之。问：各得几何？"答数：大夫一鹿三分鹿之二，不更一鹿三分鹿之一，簪褭一鹿，上造三分鹿之二，公士三分鹿之一。术文："各置列衰，副并为法。以所分乘未并者，各自为实。实如法得一鹿。"

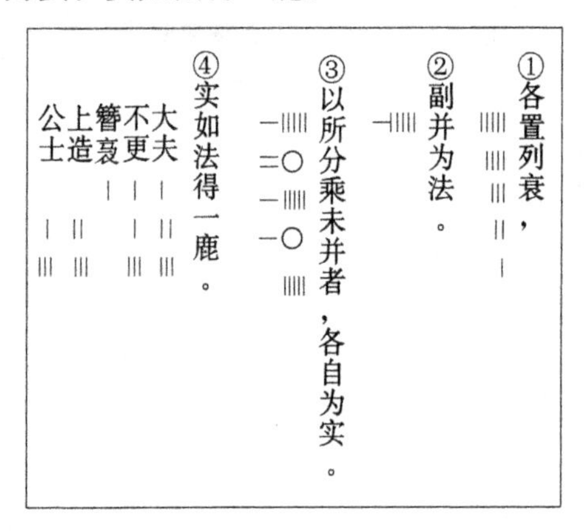

反衰术

衰分章第8题："今有大夫、不更、簪褭、上造、公士，凡五人，共出百钱。欲令高爵出少，以次渐多，问：各几何？"答数：大夫出八钱一百三十七分钱之一百四，不更出一十钱一百三十七分钱之一百三十，簪褭一十四钱一百三十七钱之八十二，上造出二十一钱一百三十七钱之一百二十三，公士出四十三钱一百三十七分钱之一百九。术文："爵数各自为衰，而反衰之。副并为法。以百钱乘未并者，各自为实。实如法得一钱。"①

① 筹算图式中据刘徽注把"而反衰之"的具体运算改为"动者为不动者衰，而令相乘."

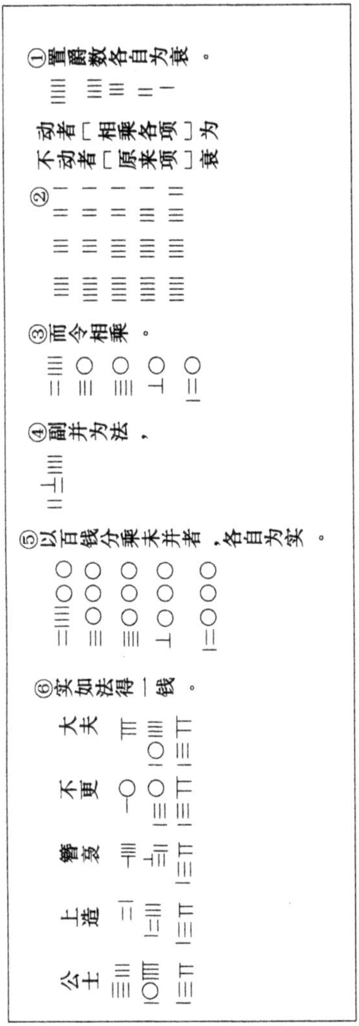

①置爵数各自为衰。

|||||　||||　|||　||　|

动者［相乘各项］为
不动者［原来项］衰

②

③而令相乘。

=||||　≡〇　≣〇　⊥〇　|=〇

④副并为法，

||⊥||||

⑤以百钱分乘未并者，各自为实。

=||||〇〇　≡〇〇〇　≣〇〇〇　⊥〇〇〇　|=〇〇〇

⑥实如法得一钱。

大夫　𝍮　|〇||||　|≡𝍮
不更　一〇　|≡〇　|≡𝍮
簪袅　⊤||||　⊥||　|≡𝍮
上造　=|　|=|||　|≡𝍮
公士　≣|||　|〇𝍯　|≡𝍮

少广术

少广章第5题："今有田广一步半，三分步之一，四分步之一，五分步之一，六分步之一。求田一亩。问：纵几何？"答数："九十七步四十九步之四十七。"术文："置全步及分母子。以最下分母遍乘诸分子及全步。各以其母除其子，置之于左。命通分者，又以分母遍乘诸分子及已通者，皆通而同之。并之为法。置亩积步数，以全步积分乘之为实。实如法而一，得纵步。"

①置全步及分母子。

②以最下分母遍乘诸分子及全步。

③各以其母除其子，置之于左。

④命通分者，又以最下分母遍乘诸分子及已通者，皆通而同之。

⑤并之为法。

⑥置亩积步数，以全步积分乘之为实。

⑦实如法而一，得纵步。

开方术

少广章第12题："今有积五万五千二百二十五步。问：为方几何？"答数：二百三十五步。术文："置积为实。借一算，步之，超一等。议所得，以一乘所借一算为法，而以除。除已，倍法为定法。其复除：折法而下。复置借算，步之如初。以复议一乘之。所得副以加定法，以除。以所得副从定法。复除；折下如前。以所得以复议一乘之。所得副从定法，以除。"

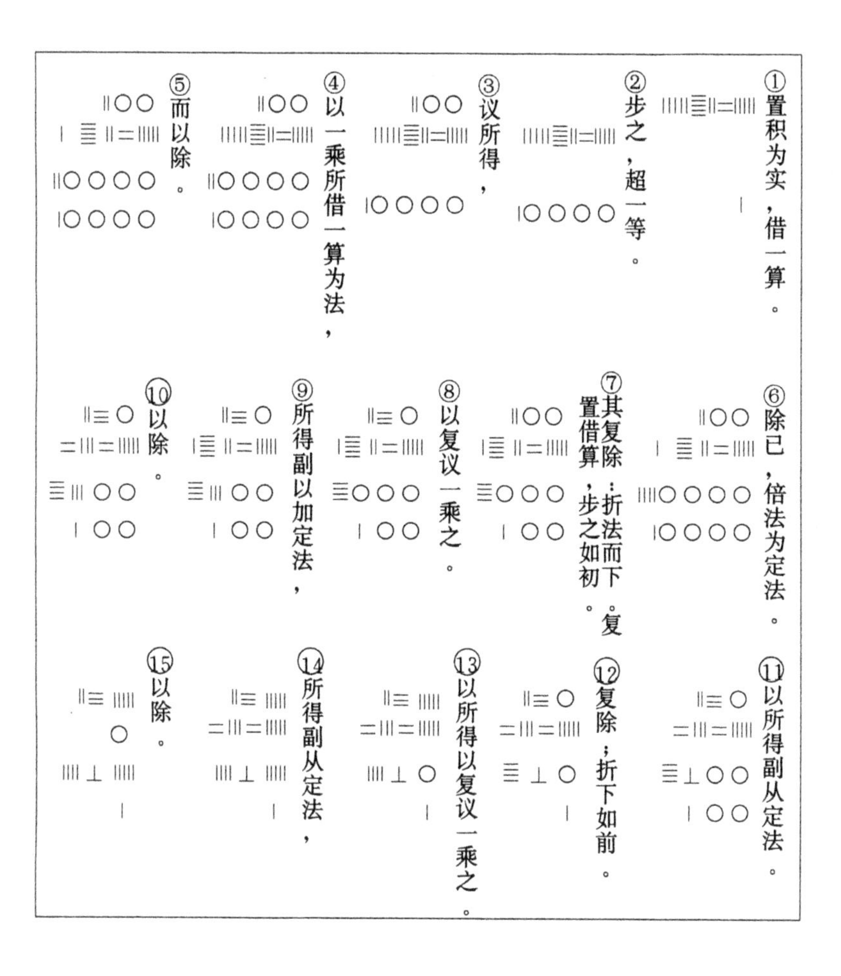
①置积为实，借一算。
②步之，超一等。
③议所得，
④以一乘所借一算为法，
⑤而以除。
⑥除已，倍法为定法。
⑦其复除，折法而下。复置借算，步之如初。
⑧以复议一乘之。
⑨所得副以加定法，
⑩以除。
⑪以所得副从定法。
⑫复除，折下如前。
⑬以所得以复议一乘之。
⑭所得副从定法，
⑮以除。

盈不足术

盈不足章第4题："今有共买牛，七家共出一百九十，不足三百三十。九家共出二百七十，盈三十。问：家数、牛价各几何?"答数：一百二十六家，牛价三千七百五十。术文："置所出率，盈不足各居其下。〔有分者通之〕令维乘所出率。并，以为实。并盈不足为法……。盈不足相与同其买物者，置所出率，以少减多。余以约法实。实为物价，法为人（家）数。"

①置所出率，盈不足各居其下。

丨≐〇　‖⊥〇
╥　　Ⅲ
‖≡〇　≡〇

②〔有分者通之〕

一╥一〇　一╥≐〇
⊥‖　　⊥‖
‖≡〇　≡〇

③令维乘所出率。

‖‖一‖〇〇　⊥‖≡╥〇〇
⊥‖　　⊥‖
‖≡〇　≡〇

④并，以为实。并盈不足为法。

⊥╥≡〇〇〇
⊥‖

⑤盈不足相与同其买物者，置所出率，以少减多。

丨≐〇
⊥‖

⑥余以约法实。实为物价，法为人（家）数。

≡╥≡〇
丨=⊤

“方程”术

“方程”章第1题：“今有上禾三秉，中禾二秉，下禾一秉，实三十九斗；上禾二秉，中禾三秉，下禾一秉，实三十四斗；上禾一秉，中禾二秉，下禾三秉，实二十六斗。问：上中下禾实一秉各几何？”答数：上禾一秉，九斗四分斗之一；中禾一秉，四斗四分斗之一；下禾一秉，二斗四分斗之三。术文：“置上禾三秉，中禾二秉，下禾一秉，实三十九斗，于右方。中、左禾列如右方。以右行上禾遍乘中行，而以直除。又乘其次，亦以直除。然以中行中禾不尽者遍乘左行，而以直除。左方下禾不尽者，上为法，下为实。实即下禾之实。求中禾，以法乘中行下实，而除下禾之实。余如中禾秉数而一，即中禾之实。求上禾，亦以法乘右行下实，而除下禾、中禾之实。余如上禾秉数而一，即上禾之实。实皆如法，各得一斗。”

(1) 置上禾三秉，中禾二秉，下禾一秉，实三十九斗，于右方。中、左禾列如右方。

(2) 以右行上禾遍乘中行，而以直除。

(3) 又乘其次，亦以直除。

(4) 然以中行中禾不尽者遍乘左行，而以直除。

(5) 左方下禾不尽者，上为法，下为实。实即下禾之实。

(6) 求中禾，以法乘中行下实，而除下禾之实。

(7) 余如中禾秉数而一，即中禾之实。

(8) 求上禾，亦以法乘右行下实，而除下禾、中禾之实。余如上禾秉数而一，即上禾之实。

(9) 实皆如法，各得一斗。

上禾 $9\frac{1}{4}$，中禾 $4\frac{1}{4}$，下禾 $2\frac{3}{4}$

第二节 复名数

20世纪30年代前后，复名数作为算术教科书的重要组成部分。论述度量衡计量互换以及各国货币互换计算，是很繁重的四则运算，即以当时本国货币来说，也有意想不到的麻烦。例如，有一本30年代出版的算术教科书谈到那个时代货币制度说："银元本重库平七钱二分，但市价从七钱到七钱几分不等，时有上落。每元本作十角或铜元百枚。现在可换银角十一角多，或铜元二百六七十枚，市价也有上落。这因市侩操纵，制度紊乱，人民极感不便。"[①] 随着历史变革，我国计量及币制也得到整治和理顺。除时间、角度外，都取十进制。因此算术教科书中早已废去复名数这一内容。

从《九章算术》我们可以看到先秦及秦汉时代的计量制度。

长度

自秦始皇开始，我国历代对长度单位都有国家标准。《汉书·律历志》记有丈、尺、寸三种长度单位之外，在丈以上有引，寸以下有分，合称五度，而《九章算术》各算题中只出现丈、尺、寸三种单位，未见引位及分位。如果长度短于一寸，就以分数表示，如"四尺八寸十三分寸之六"（盈不足第11题），"三十三丈三尺三寸少半寸"（勾股第22题）。我们知道，《汉书》是东汉班固撰，记西汉（公元前206～公元后8年）历史，《九章算术》全书不见引位、分位，足见其母本确在先秦时成书。五度在汉朝颁行后，至三国其分益细。魏刘徽作《九章算术》注，在注中出现分以下厘、毫、秒、忽四种导出单位，均十进。

《九章算术》在丈量土地的算题中还有"步"这一档长度，6

① 章克标等. 开明算术讲义. 上海，1935. 57

尺为步。较长的长度单位用里。1 里=500 步=300 丈。量布则用匹，1 匹=4 丈。面积单位称积尺，即 1 方尺，或迳称尺。地积单位称积步，即 1 方步。还设亩、顷等大的地积单位：1 亩=240 积步，1 顷=100 亩。

秦汉时，1 尺的绝对长度可以根据今存的当时文物测算，我们列表如下：

朝代	1 尺长厘米数	文物及测算者
秦	23.08864	杨宽从商鞅量反算。
西汉	23.3 23.2 23.68 23.6 23.2 23.1	罗福颐据 1957 年出土铜尺、牙尺实测。 陈梦家据西汉骨尺。 罗福颐据 1968 年河北满城县出土铁尺。 国家计量局据 1973 年甘肃金塔县出土竹尺。 同上　木尺 国家计量局据 1927 年甘肃定西县出土铜丈杆。
新	23.0 23.08864 23.04	日本足立喜六据天凤泉币反算。 刘复据王莽嘉量斛直径、深度多次实测。 吴承洛从《西清古鉴》数据折算。
东汉	23.5 23.9 23.0 23.0	罗福颐据铜尺。 日本嘉纳氏据牙尺。 广西文管会据 1954 年贵县出土铜尺。 南京博物馆据 1965 年江苏仪征县出土铜圭表尺。
三国魏	24.255 23.8	罗福颐据魏正始弩机部件测算。 国家计量总局据 1972 年甘肃嘉峪关出土骨尺。
三国吴	23.5	国家计量总局据 1964 年江西南昌市出土铜尺。

从上面代表性文物可见，《九章算术》成书时代，我国国家标

准长度的基本单位——1 尺的绝对长度是相当稳定的，约在 23～24 厘米之间。说它是今天 1 市尺的 70%是适当的。如果取 23.1 厘米也比较合理，因为甘肃定西出土丈杆和王莽嘉量是当时国家长度原器。

容积

《汉书·律历志》对容积单位也有系统论述：斛、斗、升、合、龠合称五量。其中 1 合等于 2 龠，其余都是十进制。《九章算术》各算题中容积单位仅见斛、斗、升三种。不足一升就用分数表示。例如“七分升之四”（粟米第 15 题）。在刘徽注中才出现合和龠这二种加密导出单位。这再一次证明《九章算术》母本是先秦产物。

秦汉时 1 升的绝对容积可以根据今存当时文物测定，我们列表如下：

朝代	一升含立方厘米数	文物及测算者
秦	215.65 210.0 203.1	上海博物馆藏秦始皇诏铜方升。 中国历史博物馆藏秦始皇诏铜方升。 李洪书据 1982 年江苏东海县出土秦父子诏铜量。
西汉	200.0 198.0	天津艺术博物馆藏铜升。 西安文物商店藏渑池宫铜升。
新	200.98 199.68 197.824	刘复测嘉量斛。 马衡测嘉量斛。 中国历史博物馆藏始建国铜方升。
东汉	201.96 204.0	1953 年甘肃古浪县出土大司农斛。 1815 年河南睢州出土大司农斛。
三国魏	203.96	据刘徽测大司农斛。①

① 见商功章第 25 题刘徽注.至今没有出土三国魏时量器，刘徽实测魏大司农斛，适能填补这一空白. 取魏尺为 24.2 厘米，可折算每升容积.

从上面文物数据可见，《九章算术》成书时代，我国国家标准1升的容积也是稳定的，大约在204～210立方厘米之间，大致是今天1升的五分之一。如果说它是200立方厘米也比较合理，因为王莽嘉量是当时国家量的原器。

秦汉时代粮食量制还因粮而异：粟1斛容2.7立方尺，米1.62立方尺，菽、荅、麻、麦1斛容2.43立方尺，请见《九章算术》商功章。

重量

《汉书·律历志》规定衡制有五权：石、钧、斤、两和铢。其进制是1石＝4钧，1钧＝30斤，1斤＝16两，1两＝24铢。这五种重量单位及其进制散见《九章算术》各章，其中粟米章40～44题对复名数运算尤其熟练。

秦汉时代1斤的绝对重量也可以根据文物测定，我们列表如下：

朝代	斤重克数	文物及测定者
秦	250.0	国家计量总局据1967年甘肃秦安县出土父子诏铜权。
	247.5	国家计量总局据1973年陕西临潼县出土父子诏铜权。
	258.2769	吴大澄以秦半两钱测算。
西汉	252.0	国家计量总局据旅顺博物馆藏武库铜权。
	249.23	国家计量总局据内蒙古呼和浩特出土铁权。
新	226.67	刘复据嘉量斛铭“其重二钧”测算。
	222.73	吴大澄据王莽货币测算。
东汉	249.7	中国历史博物馆藏铜权。
	257.0	1956年四川大足县出土铜权。

从以上数据可见，秦汉四五百年间我国衡制也很稳定：1斤约合250克左右，即今半市斤。

时间

秦汉时平年作 12 个月计，其中 6 个大月，每个大月合 30 日；6 个小月，每个小月合 29 日，全年 354 日。古四分历：19 年 7 闰，闰年增 1 月，折合每年 $365\frac{1}{4}$ 日，每月 $29\frac{499}{940}$ 日。

1 日分 12 个时辰。子正在午夜 0 时正，子初在 11 时正，子终在凌晨 1 时正。白天、黑夜各占 6 个时辰。白天从卯初（晨 5 时正）起算，申终（午后 5 时正）完毕。所以均输章“客去忘衣”题：“日已三分之一，……至家视日四分之三。”分母都是 12 的约数，以便于计算。

《九章算术》作者对复名数的聚法和通法已熟练掌握，考见本章第四节有关论述。

第三节　整数性质

中国传统数学中没有素数概念。为处理不能避免的有关数学问题，中算家能够顺利地不借助于素数解决求最大公约数和求最小公倍数问题。为了简便表达分数，《九章算术》有约分运算，称约分术。约分术对于分子分母都是偶数的分数提出了“可半者半之”的意见。至于不可半时，即分子、分母都是奇数的分数就用更相减损，即辗转相减，以获得二者的“等数”（最大公约数）。《九章算术》还设少广术以简便单分数（分子为 1 的分数）加法运算，避免素因数分解求分母较小公分母（公倍数）的方法。

最大公约数

在本章第一节作为筹算的典型例子，我们已提出对 49，42 两数用更相减损求二者最大公约数的运算全过程。在约分术中所说“以少减多，更相减损，求其等也”与今称欧几里得算法同义。一般说，求 a，b 两数的最大公约数，是作一系列带余除法：

$$a \div b = q_1 \cdots\cdots r_1$$
$$b \div r_1 = q_2 \cdots\cdots r_2$$
$$r_1 \div r_2 = q_3 \cdots\cdots r_3$$
$$\cdots\cdots$$
$$r_{n-2} \div r_{n-1} = q_n \cdots\cdots r_n$$
$$r_{n-1} \div r_n = q_{n+1} \cdots\cdots r_{n+1} = 0$$

则 $r_n = (r_n, r_{n-1}) = (r_{n-1}, r_{n-2}) = \cdots\cdots = (r_2, r_1) = (r_1, b) = (a, b)$①。我国传统数学习惯，也是由于筹算的特点，在算到最后，必须取

$$r'_{n+1} = r_{n-1} - (q_{n+1} - 1) r_n = r_n$$

即在筹算板上保留这两个相等的数，称为等数，视为 a，b 的最大公约数：

$$r'_{n+1} = r_n = (a, b)$$

避开素因数分解，用更相减损方法求数的最大公约数，有其优点。例如求四个数1 008，1 260，882，1 134 的最大公约数，我们记为（1 008，1 260，882，1 134），可以不拘次序地挑选最方便的方式，从其中较大的数减去次大的数，一再减损，最后如能出现全部相等的余数，那么这个等数就是所求四个数的最大公约数：

（1 008，1 260，882，1 134）=（1 008−882，1 260−1 134，882，1 134−882）=（126，126，882−126×6，252−126）=（126，126，126，126）=126。这种算法比较把四个数分解为素因数或逐次两两求最大公约数要简便得多。张德馨在所著《整数论》② 卷1 介绍用这种方法求几个数的最大公约数，并在序文中说这种方法是他在德国柏林大学数学系听I. Schür 博士（1875～1941）数论课时学来的。事实上，中国数学家在二千年前已熟谙

① 我们把 (a, b) 记为 a，b 的最大公约数.

② 张德馨. 整数论. 北京：科学出版社，1956. 29

此法。例如均输章“五县赋粟”题就有求多于两个数的最大公约数的问题。求五县户率是

20 520：12 312：7 182：13 338：5 130＝20：12：7：13：5

其中用更相减损法获得“等数”(1 026)，然后相约，将是最佳算法。

最小公倍数

我们已在本章第一节介绍用少广术对单分数$1+\frac{1}{2}+\frac{1}{3}+\frac{1}{4}+\frac{1}{5}+\frac{1}{6}$求和的筹算运算过程。一般地求

$$\frac{1}{a_1}+\frac{1}{a_2}+\cdots+\frac{1}{a_i}+\cdots+\frac{1}{a_n}$$

之和，其中a_i是自然数，少广术把a_i（$i=1,2,\cdots,n$）从小到大列出（即把$\frac{1}{a_i}$从大到小列出）并取a_i中的最大者（因在最下，故少广术称为最下分母），我们记为A_1，遍乘分子以及分母，得

$$\frac{1}{a_1}+\frac{1}{a_2}+\cdots+\frac{1}{a_n}=\frac{1}{A_1}\left(\frac{A_1}{a_1}+\frac{A_1}{a_2}+\cdots+\frac{A_1}{a_n}\right)$$

对形如$\frac{A_1}{a_i}$的分数，少广术原意是做整除除法。括号内的数将是整数和分数（并非都是既约）。又选其中最大的分母，记为A_2，遍乘括号内分子分母，对每一分数又做整数除法，得

原式$=\frac{1}{A_1A_2}$（整数和分数之和）。

再作类似运算，直至括号内全成为整数止。我们知道$A_1A_2\cdots$是a_1，$a_2\cdots a_n$的公倍数，由于括号内的分数并非都是既约，因此$A_1A_2\cdots$并不是a_1，$a_2\cdots a_n$的最小公倍数。《九章算术》的历代注释者如唐代李淳风、清代沈钦裴都曾指出，而且作了改正，我们也已在第一章第5节提出质疑。李淳风、沈钦裴的改正主要环节是说，对形如$\frac{A_j}{a_j}$（$j=1,2,\cdots,n_1\leqslant n$）第一分数做整数除法而外，还应对

不能整除的做约分，约为既约分数，那么乘积 $A_1A_2\cdots A_{n1}$ 是 a_1，a_2 $\cdots a_n$ 的最小公倍数。

我们对少广术思想的形成作一分析。古人已经解决用更相减损术求两个数的最大公约数，那么借助这一工具求二者的最小公倍数是很自然的事。如果 a，b 有公约数 c，即 $a=a_1c$，$b=b_1c$，即 $ab=a_1b_1c^2=(a_1b_1c)c$。a_1b_1c 是 a 或 b 的倍数，而以 c 是 a，b 两数的最大公约数时为最小：

$$\{a, b\}=\frac{ab}{(a, b)}$$①

少广术正是这种算法。②用现代数学符号，求两个单个数和的少广术就是

$$\frac{1}{a}+\frac{1}{b}=\frac{1}{a}\left(1+\frac{a}{b}\right)=\frac{1}{a}\left[1+\frac{\frac{a}{(a, b)}}{\frac{b}{(a, b)}}\right]=$$

$$\frac{1}{\frac{ab}{(a, b)}}\left(\frac{a}{(a, b)}+\frac{b}{(a, b)}\right)$$

其中 $b<a$，两个单分数之和已化为以分母的最小公倍数作为公分母的分数。注意：$\frac{ab}{(a, b)}=\{a, b\}$，而括号内的数 $\frac{a}{(a, b)}$，$\frac{b}{(a, b)}$ 都是整数。

当三个单分数相加时，不妨设 $c<b<a$，据少广术：

$$\frac{1}{a}+\frac{1}{b}+\frac{1}{c}=\frac{1}{a}\left(1+\frac{a}{b}+\frac{a}{c}\right)=\frac{1}{a}\left(1+\frac{\frac{a}{(a, b)}}{\frac{b}{(a, b)}}+\frac{a}{c}\right)$$

---

① 我们记 $\{a, b, \cdots, c\}$ 为 a，b，$\cdots$，c 的最小公倍数.

② 少广章前11题，除第5、第11题外，事实上对形如 $\frac{A_i}{a_i}$ 又除、又约.

$$=\frac{1}{\frac{ab}{(a,b)}}\left\{\frac{b}{(a,b)}+\frac{a}{(a,b)}+\frac{\frac{ab}{(a,b)}}{c}\right\}$$

$$=\frac{1}{\frac{ab}{(a,b)}}\left\{\frac{b}{(a,b)}+\frac{a}{(a,b)}+\frac{\frac{\frac{ab}{(a,b)}}{(\frac{ab}{(a,b)},c)}}{\frac{c}{(\frac{ab}{(a,b)},c)}}\right\}$$

$$=\frac{1}{\frac{abc}{(a,b)(\frac{ab}{(a,b)},c)}}\cdot\left\{\frac{bc}{(a,b)(\frac{ab}{(a,b)},c)}+\frac{ac}{(a,b)(\frac{ab}{(a,b)},c)}+\frac{ab}{(a,b)(\frac{ab}{(a,b)},c)}\right\}$$

注意：其一，大括号前分数的分母是三个分数分母的最小公倍数，因为

$$\frac{abc}{(a,b)(\frac{ab}{(a,b)},c)}=\frac{\frac{ab}{(a,b)}c}{(\frac{ab}{(a,b)}c)}=\{\frac{ab}{(a,b)},c\}=\{\{a,b\},c\}=\{a,b,c\}$$

其二，大括号内是三个整数的和，这是显然的：$(a,b)|b$，而 $[\frac{ab}{(a,b)},c]|c$ 等等。

类似地，当若干个单分数相加时，按少广术运算，其括号前分数的分母总是单分数分母的最小公倍数。若干个一般分数相加时，显然也同样可以使用这一法则。

事实上，下面的求 n 个数的最小公倍数算法，等价于运用少广术所得最小公倍数。

求 $\{m_n, m_{n-1}, \cdots, m_2, m_1\}$

①取其中最大的一数，不妨设是 m_n，约去它与 m_i（$i=n, n-1, \cdots 2, 1$）的所有等数，得 $1, p_{n-1}, p_{n-2}, \cdots p_2, p_1$。

②取 p_i 中最大的一个，不妨设是 p_{n-1}，约去与 p_i 的所有等数，得 $1, 1, q_{n-2}, q_{n-1}, \cdots, q_2, q_1$。

③反复这种运算，直至 n 个数全部都约成 1，那么所求

$\{m_n, m_{n-1}, \cdots, m_2, m_1\}=m_n p_{n-1} q_{n-2} \cdots$。

以下举少广章第 5 题为例：

$\{6, 5, 4, 3, 2, 1\}=6\times5\times2=60$[①]，因为：

6，5，4，3，2，1，取 6；

1，5，2，1，1，1，取 5；

1，1，2，1，1，1，取 2；

1，1，1，1，1，1。运算完毕。

第四节　整数与小数及其四则运算

对于最基本的整数四则运算在《九章算术》成书时代估计已很普及，几乎家喻户晓，所以对此具体步骤，全书不着一字。从现存文献看，整数筹算四则运算中：

加法减法

用增加或除去相应算筹易于取得结果。

乘法

我们从《孙子算经》卷上所记可以理解秦汉时代算法过程：

① 《九章算术》误为 120.

“凡乘之法，重［视］置其位［置］[①]。上下相观。以上命下，所得之数列于中位。…上位乘讫者先去之。下位乘讫者则俱退去。…上下相乘，至尽而已。”我们以 47×69 为例说明如下：

①把乘数个位放在被乘数最高位（4）处，使 4 自高位而低位逐个乘乘数各位数字。记结果 2 760 在中行作为初积。

②除去被乘数最高位数字，使乘数向右移一位，仿照第一步，使被乘数第二位数字（7）逐个乘乘数各位数字。把次积 483 加在初积上，得结果：积 3 243，计算完毕。

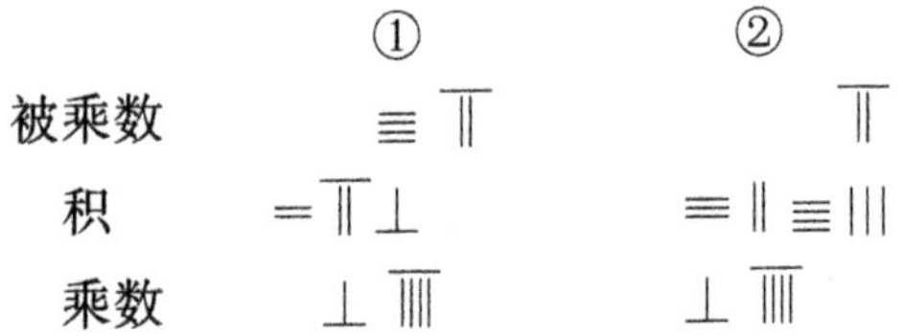

	①	②
被乘数	𝍬𝍦	𝍦
积	𝍪𝍦𝍯	𝍫𝍡𝍬𝍢
乘数	𝍯𝍨	𝍯𝍨

除法

《孙子算经》卷上也介绍筹算除法：“凡除之法，与乘正异。乘得在中央，除得在上方。”于此，还以 100÷6 为例说明除法过程：“以六除百，当进之二等，令在正百下，以六除一，则法多而实少，不可除，故当退就十位。以法除实，言一六而折百为四十，故可除。若实多法少，自当百之，不当复退。…实有余者，以法命之，以法为母，实余为子。”我们以 4 393÷78 为例说明如下：

①把被除数放在中行后，把除数最高位（7）放在被除数第二位处。估计初商：〔43÷7〕＝5

②以被除数减去初积 780×5＝3 900，初余为 493。除数向右移一位。估计次商〔49÷7〕＝6

③以初余减去次积 78×6＝468，得次余 25，我们得结果：商 $56\frac{25}{78}$。

① 在引古汉语文献中我们用［］表示添加的字，用（）表示解释的字.

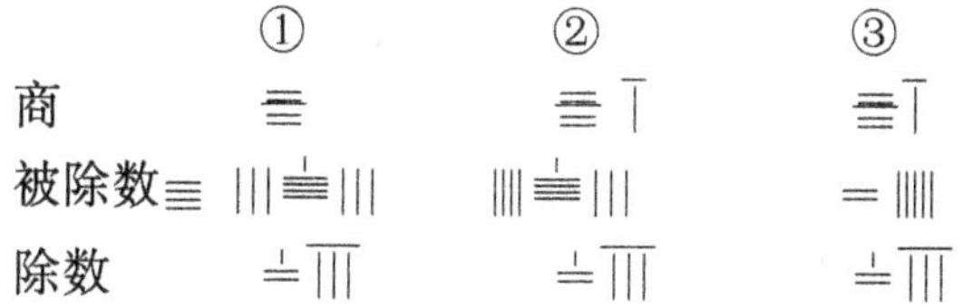

	①	②	③
商	𝍭	𝍭𝍥	𝍭𝍥
被除数	𝍬𝍢𝍱𝍢	𝍣𝍱𝍢	𝍪𝍤
除数	𝍯𝍧	𝍯𝍧	𝍯𝍧

这说明带余除法的结果：整数因此扩张为有理数。算筹在上、中、下行不同位置表示带分数的整数部分及其分数部分的分子及分母。

乘除混合

《九章算术》对乘除混合运算已熟练掌握。以粟米章‘买丝两率’题为例，术文所说“各置所买石、钧、斤、两〔铢数〕以为法。”要用复名数的通法，把1石2钧28斤3两5铢都折成铢数

24×16×30×4×1+24×16×30×2+
24×16×28+24×3+5=79 949

当借助于其率术算出其中64 465铢每两值4钱，15 484铢每两值5钱后，术文又说：“其求石、钧、斤、两，以积铢各除法、实，各得其积数，余各为铢。”是指再用复名数聚法，把64 465铢做四次带余除法：

64 465÷（24×16×30×4））=1（石）…18 385（铢）

18 385÷（24×16×30）=1（钧）…6 865（铢）

6 865÷（24×16）=17（斤）…337（铢）

337÷24=14（两）…1铢

64 465铢化为1石1钧17斤14两1铢。同样用聚法把15 484铢化为1钧10斤5两4铢。其率术所驭同类四算题都一一用聚法，做乘除混合运算，答案都正确无误。

在定量计算中之有尾数者，《九章算术》都用分数表示。全书答数中仅有一例用小数（十进分数）表达。此虽孤例，但足以说明当时十进小数已露端倪，为后世大量启用，起了重要奠基作用。商功章“穿堑问积”题答数应是：

10 943.824 5 立方尺。而原答不说一万九百四十三尺一百二十五分尺之一百三而说是："一万九百四十三尺八寸。"

第五节 分数及其四则运算

在各种运算中，《九章算术》都用分数入算并作答，其分数理论种类齐全，立论正确，是古世界数学所罕见。在方田章中列有分数运算八术，我们根据其性质定为五类：

约分

约分有二例：

"今有十八分之十二，问：约之，得几何？"

（答数：$\frac{2}{3}$）

"又有九十一分之四十九，问：约之，得几何？"

（答数：$\frac{7}{13}$）

我们已在本章第三节介绍更相减损术，即求两数最大公约数的算法。约分术是说：对于分数$\frac{b}{a}$，如果$a=2a_1$，$b=2b_1$，那么$\frac{b}{a}=\frac{b_1}{a_1}$。如果$a$，$b$都是奇数就用更相减损术求出$(a, b)=m$，如$a=ma_1$，$b=mb_1$，那么$\frac{b}{a}=\frac{b_1}{a_1}$。

加减法

1. 合分术 分数加法规则。有三例：

"今有三分之一，五分之二。问：合之，得几何？"

（答数：$\frac{11}{15}$）

"又有三分之二，七分之四，九分之五。问：合之，得几何？"

（答数：$1\frac{50}{63}$）

“又有二分之一，三分之二，四分之三，五分之四。问：合之，得几何？”（答数：$2\frac{43}{60}$）

合分术是说，对于$\frac{b}{a}+\frac{d}{c}$相当于做一次除法：以 $bc+ad$ 作被除数，以 ac 作除数，如果是带余除法，则在整商后添分数：余数作分子，ac 作分母。合分术原意是指 n 个分数的加法法则：$\frac{b_1}{a_1}+\frac{b_2}{a_2}+\cdots+\frac{b_n}{a_n}$，在此一般意义下，也相当于做一次除法，以 $a_1a_2\cdots a_n$ 作除数，以 $b_1a_2\cdots a_n+b_2a_1a_3\cdots a_n+\cdots+b_na_1a_2\cdots a_{n-1}$作被除数，所以合分术中的分数加法运算，当分数个数增多，就不胜其繁。少广术是合分术的变通，在获得分母最小公倍数的同时也产生了答数，我们已在第三节详细介绍。

2. 减分术 分数减法规则。有二例：

“今有九分之八，减其五分之一，问：余几何？”（答数：$\frac{31}{45}$）

“又有四分之三，减其三分之一，问：余几何？”（答数：$\frac{5}{12}$）

减分术是说，对于$\frac{b}{a}-\frac{d}{c}$相当于做一次除法。以 ac 为除数，以 $bc-ad$ 为被除数。如有余数，就在整商之后添一分数，余数作为分子，ac 作为分母。

3. 课分术 分数比较大小的规则。有三例：

“今有八分之五，二十五分之十六。问：孰多？多几何？”（答数：$\frac{16}{25}$大，大$\frac{3}{200}$）

“又有九分之八，七分之六。问：孰多？多几何？”（答数：$\frac{8}{9}$大，大$\frac{2}{63}$）

“又有二十一分之八，五十分之十七。问：孰多？多几何？”

（答数：$\frac{8}{21}$大，大$\frac{43}{1\ 050}$）

课分术与减分术有别，较后者的难度高一层次：先区分例中分数哪一个大，先做通分，然后计算大的比小的大多少；减分术二例都是第一数大于第二数，而课分术中第一例就反是；又所拟题中二分数差异较小，达到比较分数大小的教学要求。

乘法

1. **乘分术** 分数乘法法则。有三例：

“今有田广七分步之四，纵五分步之三。问：为田几何？”（答数：$\frac{12}{35}$〔方〕步）

“又有田广九分步之七，纵十一步之九，问：为田几何？”（答数：$\frac{7}{11}$〔方〕步）

“又有田广五分步之四，纵九分步之五，问：为田几何？”（答数：$\frac{4}{9}$〔方〕步）

加减法、课分都以分数（不名数）入题，在乘法中却以长度（名数）入题，这说明在秦汉时代人们还不能理解抽象的分数乘法，只能借助于分数边长的长方形在求其面积时引入分数乘法概念。对于求长为$\frac{b}{a}$（步）宽为$\frac{d}{c}$（步）的长方形面积，相当做一次除法：以bd为被除数，以ac为除数。其商是地积〔方〕步数。

2. **大广田术** 带分数乘法法则。有三例：

“今有田广三步三分步之一，纵五步五分步之二，问：为田几何？”（答数：18〔方〕步）

“又有田广七步四分步之三，纵十五步九分步之五。问：为田几何？”（答数：120$\frac{5}{9}$〔方〕步）

“又有田广十八步七分步之五，纵二十三步十一分步之六。问：

为田几何?”(答数：1 亩 200 $\frac{7}{11}$〔方〕步)

这里仍借助于长度说明带分数的乘法。对于长宽分别是带分数长度的长方形田地积求法，相当于做一次除法。设长为 $a+\frac{c}{b}$ 步，宽为 $d+\frac{f}{e}$ 步，其地积是 $ab+c$ 与 $de+f$ 的乘积作被除数，以 be 为除数。其商是地积〔方〕步数。

除法

经分术　分数除法法则。有二例：

“今有七人分八钱三分钱之一。问：人得几何?(答数：1 $\frac{4}{21}$ 钱)

“又有三人三分人之一分六钱三分钱之一、四分钱之三。问：人得几何?”

古人不能理解分数的除法运算，所以通过具体名数（人、钱）作为引导，经分术有二层意义：

其一，被除数、除数之一含分数，另一是整数，就先通分，后做除法。如被除数含分数，经分术相当于说

$$\left(a+\frac{c}{b}\right)\div d=\frac{ab+c}{b}\div d=(ab+c)\div bd$$

其二，被除数、除数都含分数，经分术相当于说

$$\left(a+\frac{c}{b}\right)\div\left(d+\frac{f}{e}\right)=\left(a+\frac{ce}{be}\right)\div\left(d+\frac{bf}{be}\right)=\frac{abe+ce}{be}\div\frac{dbe+bf}{be}$$
$$=(ab+c)e\div(de+f)b$$

算术平均

平分术　分数算术平均法则。有二例：

“今有三分之一，三分之二，四分之三。问：减多益少，各几何而平?”(答数：$\frac{3}{4}$ 减去 $\frac{2}{12}$，$\frac{2}{3}$ 减去 $\frac{1}{12}$，把减去的二数都并入 $\frac{1}{3}$，

大家都成为算术平均$\frac{7}{12}$）

“又有二分之一，三分之二，四分之三，问：减多益少，各几何而平？”（答数：$\frac{2}{3}$减去$\frac{1}{36}$，$\frac{3}{4}$减去$\frac{4}{36}$，把减去的二数都并入$\frac{1}{2}$，大家都成为算术平均$\frac{23}{36}$。）

平分术有二层意义：

其一，在课分术的基础上，减小“大的”分数，把所有应减去的量都并给“小的”分数，以获得分数的算术平均。所以平分术是课分术的进一步发展和应用。

其二，取分数之和除以分数个数，这与今取算术平均的思想完全一致。但如果单纯这样做，不能满足题中的“以较大一些分数应减去多少，都并给较小的分数才使大家都相等。”的提问。

如已给分数$\frac{b}{a}$、$\frac{d}{c}$、$\frac{f}{e}$，在第一层意义下的平分术中所称：

列数是指分数个数——3.

平实——$bce+dae+fac$

列实——$3bce$，$3dae$ 或 $3fac$

法——ace

《九章算术》作者深知所求算术平均是平实$\div ace\div 3$，这就是平分术的第二层意思：“以法〔列数乘〕命平实，各得其平。”只要从较大的分数减去算术平均，就是所求应减去部分。但照此运算，重新通分，会出现繁重计算工作量。因此平分术改从比较列实和平实的大小入手。不妨设 $3dae>$平实，$3fac>$平实，而 $3bce<$平实。就取 $3dae-(bce+dae+fac)$，$3fac-(bce+dae+fac)$ 作为二较大分数相应应减数；把二者都并给 $3bce$。以和作为被除数，$3ace$ 为除数，这就是所求算术平均，而

$$\frac{3dae-(bce+dae+fac)}{3ace},\quad \frac{3fac-(bce+dae+fac)}{3ace}$$

分别是较大二分数应减去的数。

另一方面,我们认为平分术的设想对于n个分数也是可行的。设这n个分数是

$\frac{b_1}{a_1}$,$\frac{b_2}{a_2}$,…,$\frac{b_n}{a_n}$,这里

列数——n,

平实——$A=b_1a_2a_3\cdots a_n+b_2a_1a_3\cdots a_n+\cdots+b_na_1a_2\cdots a_{n-1}$,

列实——$C_1=nb_1a_2a_3\cdots a_n$

$C_2=nb_2a_1a_3\cdots a_n$

……

$C_n=nb_na_1a_2\cdots a_{n-1}$

法——$B=\prod\limits_{i=1}^{n}a_i$

不妨设前面h个列实都大于平实,而其余$n-h$个列实不大于平实,按照平分术,我们将前面h个列实减去平实的差记为

$D_i=C_i-A$ ($i=1$, 2, …, h)

把$\frac{D_i}{nB}$作为前面h个较大分数各自应减数,把它们的和都并给后面$n-h$个较小分数,那么所求n个分数的算术平均就是

$$\frac{1}{n-h}\left(\sum_{i=1}^{h}\frac{D_i}{nB}+\sum_{i=h+1}^{n}\frac{C_i}{nB}\right)=\frac{1}{nB(n-h)}\left(\sum_{i=h+1}^{n}C_i+\sum_{i=1}^{a}D_i\right)=\frac{A}{nB}。$$

第六节 比及比例

《九章算术》有较多篇幅论述比及比例问题。

比

我们知道两同类量 a 及 b，如果以 a 为单位来量度 b，称为 b 比 a，记为 $b:a=k$，k 是比值。b 称为前项，a 为后项，这等价于除法 $b\div a$ 或分数$\frac{b}{a}$。

我国古时与今日所说“比”较接近的概念是率。率作为数学概念最早在《周髀算经》卷上出现。当陈子与荣方讨论天体现象时，陈子说：“取竹，空径一寸，长八尺。捕影而视之，空正掩日，而日应空。由此观之，率八十而日径一寸。……，以率率之，八十里得径一里，十万里得径千二百五十里。”我国古代对线性相关的量，取其中一组对应值来表达。这一组值中每一个量都称为率。陈子认为长 8 尺（80 寸），空径 1 寸；80 里得径 1 里，10 万里就得径 1250 里，是三组线性相关量。任取其中一组，都可以相对地表示这一线性相关量。在《九章算术》勾股章“二人同立”题“甲行率七，乙行率三”，表示甲、乙二人行速间的线性相关关系，在其中任意选定一组特殊值，例如 7，3 来表示。对于线性相关的量，古人所说率与今日所说“比”区别在于前者是任意选择一组对应值（率）来表示，而后者则以二者相除（前项÷后项）的商（比值）来表示。事实上“比”的说法是率的特殊情况，以其中一组特别对应值率$\frac{b}{a}$和率 1 来表示 b 与 a 间的线性相关关系。

“率”这一词含义古今有别。今称率，如圆周率 π，出生率 1.17%，命中率 97%，他们分别是圆周长与其直径之比、某地出生人口与总人口之比、中的弹数与射击次数之比。如果兼顾到古义，应该这样讲：圆周率 π，直径率 1；出生率 117，总人口率 100；中的率 97，射击率 100。

我国古代与“比”较接近的另一个概念是衰。衰是指按照某某两率分配。例如 300 钱要按“一、二衰出之”，是指 $1:2$ 分配，各得 100，200 钱。“衰出之”也适用于按照 $a:b:c:\cdots$分配成几份。a，b，c，…称为列衰，列衰就是分配率。

1. 正比　两个相关联的量：第一个量变化时，另外一个量也跟着变化，并且它们变化过程中对应的比值始终不变，这两个量称为正比。《九章算术》列举大量成正比的量。粟米章“粟米之法”等价两种粮食，能买容（重）量的率不变。同一直角三角形的勾、股、弦率不变等等。

2. 反比　如果第一个比的前项、后项各自的倒数取作第二个比的前项和后项，那么第二个比是第一个比的反比。即$\frac{1}{a}:\frac{1}{b}$是$a:b$的反比。显然$b:a$是$a:b$的反比，他们互为反比。《九章算术》称反比为反衰，而且还进一步研究连比的反比：n个率a_1，a_2，…，a_n成连比$a_1:a_2:\cdots:a_n$，它们的反比是$\frac{1}{a_1}:\frac{1}{a_2}:\cdots:\frac{1}{a_n}$。《九章算术》指出它们的关系就是$a_2a_3\cdots a_n:a_1a_3\cdots a_n:\cdots:a_1a_2\cdots a_{n-1}$，显然这是等价的另一种说法；衰分章反衰术所说：“列置衰，而令相乘，动者为不动者衰”就是从“衰”求“反衰”的筹算过程，我们已在本章第一节反衰术中以“五官出钱”题为例介绍。

3. 连比　如果甲量与乙量的比是$a:b$，乙量与丙量之比是$b:c$，那么甲、乙、丙三个量之比记为$a:b:c$，称为甲乙丙三个量的连比。连比可以推广到四个（及以上）的量。《九章算术》讨论了连比问题。均输章“五县输卒”题术文就说：“令县卒各为其居所及行道日所而一，以为衰。甲衰四，乙衰五，丙衰四，丁衰三，戊衰五。”指出五县应出卒数成连比$4:5:4:3:5$。又粟米章“粟米之法”指相同价值二十种粮食及其半成品应有重（容）量的连比，粟：粝米：粺米：…$=50:30:27:\cdots$

4. 复比　把两个或多于两个的比的前项相乘，积做前项，后项相乘积做后项，所成比称为这些比的复比。例如$a:b$，$c:d$的复比是$ac:bd$，$a:b$，$c:d$，$e:f$的复比是$ace:bdf$等等。《九章算术》衰分章“贷人千钱”题中有三个比，其中前后二次贷钱构成比$1\,000:750$，前后二次贷期构成另一个比$30:9$。它们的复比就是1 000×30∶750×9。这就是此算题术文所说："以月三十日，乘千钱为法，今所贷钱…，又以九日乘之为实"的原因。

比例

如果a与b的比与c与d的比相等，就说a，b，c，d成比例，它们构成比例式$a:b=c:d$。a，b，c，d依次称为比例式的第一、二、三、四项。第一、四两项称为外项，第二、三两项称为内项。我们知道"比例式中两外项乘积等于两内项乘积"，这就是比例的基本性质。如果四个数成比例，其中x如为未知数时，可以借助于这一基本性质求解：$a:b=c:x$，$x=bc\div a$。《九章算术》粟米章专用于解比例式的今有术正是同一回事。在为数众多的算题中，解比例式是《九章算术》的中心议题之一。有关算题几乎遍及所有各章，它们都有成比例的四个数，分别称为：

所有率（a），所求率（b），所有数（c），所求数（x）。于是：所求数＝所有数×所求率÷所有率，这就是今有术所说："以所有数乘所求率为实，以所有率为法。实如法而一。"

1. 正比例　从数量到图形，《九章算术》多次设题反映正比例问题，或称简单比例问题。

2. 反比例　《九章算术》有"五官出钱"等八例涉及反比例问题。

3. 分配比例　把一个量分成几份。平分术是平均分配的算法，也可以按一定连比分配。在衰分章、均输章作了专题讨论。

(1) 按比分配　我们已在第一节说明衰分术的筹算过程，衰分术是说先列出分配率a_1，a_2，…，a_n，以其和作为除数。要分配的量A乘以各分配率，各自作为被除数，做除法运算，就得到A按分配率分成的几份，它们分别是：

$$\frac{Aa_1}{\sum_{i=1}^{n}a_i}, \frac{Aa_2}{\sum_{i=1}^{n}a_i}\cdots, \frac{Aa_n}{\sum_{i=1}^{n}a_i}$$

(2) 按反比例分配　反衰术要求对一个量按已给连比的反比分配。如已给连比是 $a_1:a_2:\cdots:a_n$，反衰术指出它的反比是 $a_2a_3\cdots a_n:a_1a_3\cdots a_n:\cdots:a_1a_2\cdots a_{n-1}$。把各项作为分配率来分配这个量（设为 A）成 n 份，它们分别是：

$$\frac{Aa_2a_3\cdots a_n}{a_2a_3\cdots a_n+a_1a_3\cdots a_n+a_1a_2\cdots a_{n-1}},$$

$$\frac{Aa_1a_3\cdots a_n}{a_2a_3\cdots a_n+a_1a_3\cdots a_n+\cdots+a_1a_2\cdots a_{n-1}},\ \cdots\cdots$$

$$\frac{Aa_1a_2\cdots a_{n-1}}{a_2a_3\cdots a_n+a_1a_3\cdots a_n+\cdots+a_1a_2\cdots a_{n-1}}$$

(3) 按加权比分配　分配率本身受多种因素制约，必须根据算题具体要求做各种运算，使分配率能反映这些要求，均输章有五例。

4. 复比例　有复比的比例式称为复比例，《九章算术》全书有三例要解复比例。

5. 连比例　依次知第一量与第二量之比，第二量与第三量之比，…，已给第一量，求最后一量是多少的算法称为解连比例，《九章算术》全书有三例解连比例。

格于历史条件，在《九章算术》成书时代对待比例问题，不可能像今天这样细致分类。人们解题的目标是要把算题归结为今有术，即正比例问题。反比例是把已给比化为反比，复比例是把已给几个比前、后项分别连乘，归结为一个比。分配比例的处理益加复杂，分配率的最终获得要经过多种转化，均输章“六县赋粟”题就是一个典型例子，我们将在第四编介绍。

第七节　开平方与开立方

我们已在第一节排出筹算开平方的全过程。本节我们取 20 世纪 30 至 50 年代，中学算术教科书笔算开平方和开立方步骤[1] 列表与古法相比较。二千年前《九章算术》的严谨叙述，行文简练，但主要环节竟滴水不漏，无可指责。足见我国古代这项技能已达炉火纯青的境界。

笔算开平方

$$
\begin{array}{r l}
 & \underline{2\quad 3\quad 5} \\
 & 5'\ 52'\ 25 \\
2^2\cdots & \underline{4\qquad\qquad} \\
 & 1\ 5\ 2 \\
43\times 3\cdots & \underline{1\ 2\ 9\qquad} \\
 & \quad\ 2\ 3\ 2\ 5 \\
465\times 5\cdots & \underline{\quad\ 2\ 3\ 2\ 5} \\
 & \qquad\qquad 0
\end{array}
$$

开明版教科书开平方步骤	开方术
①将要开方的数从个位起向右每二位分为一段。	置积为实。借一算，步之，超一等。
②最左一段是 5，而 $2^2=4$，$3^2=9$，故知 5 的方根的整数部分是 2。	议所得。
③从 5 减去 $2^2=4$，余 1，加入第二段得 152。	以一乘所借一算为法，而以除。
④用 2 乘 20 得 40。	除已，倍法为定法。其复除：折法而下。复置借算，步之如初。
⑤用 40 除 152，得商 3。将 3 加于 40，得 43。	以复议一乘之。所得副以加定法，
⑥从 152 减去 $43\times 3=129$，余 23，加入第三段，得 2325。	以除。
⑦用 20 乘 43，得 460	以所得副从定法。复除，折下如前。

① 刘薰宇等. 初中算术教本. 北京：开明书店，1939（初）1950（12）. 原例419 904 开方，238 328 开立方. 我们为与《九章算术》相比较，数据取《九章算术》，即55 225 开平方，1 860 867 开立方.

开明版教科书开平方步骤	开方术
⑧从 460 除 2325，得商 5。将 5 加于 460，得 465 ⑨从 2 325 减去 235×5=2 325，无余数，故所求平方根为 235。	[以复议一乘之，所得副以加定法， 以除。]

笔算开立方

	1　2　3
	1′860′867
	1
$3\times10^2=300$	860
$3\times10\times2=60$	
$2^2=4$	
364	728
$3\times120^2=43200$	132 867
$3\times120\times3=1080$	
$3^2=\ \ 9$	
44289	132 867
	0

开明版教科书开立方步骤	开立方术
①先将1 860 867从个位起向左每三位分成一段。	置积为实。借一算，步之，超二等。
②最左的一段是 1，1 的立方根是 1。	议所得。
③从 1 减去 $1^3=1$，余 0	以再乘所借一算为法，而除之。
④将 1 扩大十倍，变成 10 $3\times10^2=300$	除已，三之为定法。复除：折而下。
⑤用 300 试除 860，得试商 2。	〔复置议〕
⑥以试商 2 乘 10，再以 3 乘，得 60。	以三乘所得数，置中行。复借一算置下行。步之：中超一，下超二等。以〔议〕、以一乘中，
⑦将试商平方起来，得 4。	再乘下。

开明版教科书开立方步骤	开立方术
⑧以试商的 2 乘（4）、（6）、（7）三项之和，得 728	皆副以加定法。
⑨从余数 860 减去 728，得 132，加于第三段，得 132867。	以定法除。
⑩将 12 扩大十倍变成 120 $3\times120^2=43\ 200$	除已，倍下，并中，从定法。
⑪用 43 200 试除 132 867 得试商 3。	〔复置议〕
⑫用试商 3 乘 120，再以 3 去乘 360，得 1 080	〔以一乘中，〕
⑬以试商 3 平方起来，得 9	〔再乘下，〕
⑭以试商 3 乘 10，得三项之和为 132 867	〔皆副以加定法，〕
⑮从余数 132 867 减去 132 867，恰尽，故所求的立方根是 123。	〔以定法除。〕

第八节　近似凑整算法

《九章算术》算题在答数中不足一个单位的尾数，绝大多数是用分数表示的精确数。分数中含精确数字之多是古世界数学文献所仅见。例如盈不足章“持钱之蜀”题答数为带分数，分子、分母用六个精确数字表达：

$$\text{本 } 30\ 468\frac{84\ 376}{371\ 293}\text{钱，息 } 29\ 531\frac{286\ 417}{371\ 293}\text{钱}$$

《九章算术》近似值凑整算法有三种：

舍入法

用不足或过剩近似值表示答数，我们举二例。商功章“穿堑问积”题答数精确值应是 10 943.824 5 立方尺。《九章算术》原答是：“一万九百四十三尺八寸，”取过剩近似值。所以刘徽注至此，说：“此积余有方寸中二分四厘五毫，弃之。”商功章“穿渠问积”题答数应是 33 581.95 人，而原答称：“三万三千五百八十二人功，内少一十四尺四寸。”可见这是不足近似值，不足 0.05 人。

其率术和反其率术

两种算法是我国古代在商业计算中独特的近似值取法，简便合理，买卖均益，古法可风。

1. *其率术*　购买商品时，付款钱数 (b) 大于商品个数 (a) 时，商品单价大于 1 钱。当 a 不能整除 b，单价将含分数。而事实上，由于不存在小于 1 钱的辅币去偿付这个零头，如果舍去零头，卖方吃亏；如果商品升值 1 钱，买方吃亏。为补救计，粟米章设计其率术：

$$\frac{b}{a}=q+\frac{r}{a}\quad(0<r<a)$$

商品精确单价设为 x，则 $q<x<q+1$

就在 a 个商品中取其中 r 个质量较好的商品每个升值到 $q+1$ 个钱（实贵），其余 $a-r$（“反以实减法”）个质量较次商品，每个降值为 q 个钱（“贱”），那么买方所支付的钱恰好等于 $r(q+1)+q(a-r)=qa+r=b$。

2. *反其率术*　当钱数小于商品个数时，商品单价小于 1（钱）。为合理支付，商品价格就改说：1 个钱买几个商品。如果 b（钱数）不能整除 a（商品个数）

$$\frac{a}{b}=p+\frac{s}{b}\quad(0<s<b)$$

与其率术适成倒数关系，因此称为反其率术。这里 1 个钱能买 y 个商品，则

$$p<y<p+1$$

就在 b 个钱中取 s 个钱每钱买 $p+1$ 个商品（“实多”），其实 $b-s$ 个（以“实减法”）钱，每钱买 p 个（“法少”）商品。而所买商品总数恰好等于

$$s(p+1)+(b-s)p=pb+s=a$$

这两种算法既能保证支付钱数为整数，又能按质议价，买卖双方互不吃亏。其率术中商品单价 x 已选取其最接近的整数近似值：上靠 $q+1$，下扣 q。在反其率术中每钱所买商品数 y 也已选取最接近的近似值，上靠 p，下扣 $p+1$。也就是说在答数中一部分取过剩，另一部分取不足近似值。这在计算方法史上是罕见的。

其率术的例　粟米章“买竹大小”题是说，576 个钱买 78 枝竹，计算单价时，做一次除法 576÷78＝7…30。商 7，余数 30。按其率术考虑，把 78 枝竹中较粗的 30 枝，每枝作价 7＋1＝8（钱），其余 78－30＝48 枝每枝作价 7 钱。

反其率术的例　粟米章“今买矢杆”题是说，5 820 枝箭杆售价 980 钱。计算每钱卖几枝时，做一次除法 5 820÷980＝5…300。商 5，余数 300。按照反其率术的考虑，箭杆中 300 枝，每钱卖 5 枝，其余 5 820－300＝5 520 枝，每钱卖 6 枝。

均输术辈法

均输章开头四题都是有关完成国家任务如输送、服役、交农业税，各县百姓平均分摊的计算，用均输术解。其中“五县输卒”题是根据各县具体条件：户口数，离边关路程远近分配任务：共派 1 200 人，服役一个月（30 天）。运用均输术，加权比例分配，求得甲乙丙丁戊 5 个县各县应派人数依次是 $228\frac{4}{7}$，$285\frac{5}{7}$，$228\frac{4}{7}$，$171\frac{3}{7}$，$285\frac{5}{7}$。《九章算术》对尾数的凑整方案是：“有分者，上下辈之”。答数是甲县派 229 人，乙县 286 人，丙县 228 人，丁县 171 人，戊县 286 人，总数恰是1 200人。如果用四舍五入法，结果甲、乙、丙、丁、戊 5 县分别派出人数为 229，286，229，171，286。这 5 个近似数中 4 个是过剩，1 个是不足，总人数将是 1 201 人，多于总人数。“有分者，上下辈之”是对尾数的另一种凑整方案。刘徽为之作了精辟注解：辈，就是分配。相当于说，对尾数凑整方案是：

①凑整含最小分数的数：删去尾数，使成为整数（不足近似值）。

②把这最小的分数补偿给含最大分数的数，使成为整数（过剩近似值）。

③如果两个（或以上）数含有相同的最小分数，则按上下次序[①]，优先删最后一个数的尾数。

④如果有两个（或以上）数含有相同的最大分数，则按上下次序，补偿给最后一个数。

⑤按照①～④步骤继续进行，直到所要分配的各数全部凑整成为近似数止。

刘徽注对“五县输卒”题答数的尾数凑整具体过程，我们列表如下[①]：

第2题刘注今译	今　　释
本题丁含分数最小，	$\{d\}<\{a\}=\{c\}<\{b\}=\{e\}$。所以先凑整 d，取 $[d]=171$（步骤①）
应并入戊内。	$e+\{d\}=285\frac{5}{7}+\frac{3}{7}$（步骤②）
之所以不并入乙内，是因为丁更接近于戊。	$\{b\}=\{e\}=\frac{5}{7}$，是尾数中最大的，但 e 紧靠 d，是在 b 后，所以优先考虑凑整 e（步骤④）
满单位后，[戊] 余下尾数。	e 取 $[e+\{d\}]=286$，有余数 $\{e+\{d\}\}=\frac{1}{7}$
并入乙内。	把余数补给 b 得 $b+\{e+\{d\}\}=285\frac{6}{7}$（步骤②）
丙含分数较小，	$\{c\}=\{a\}<\{b+\{e+\{d\}\}\}=\frac{6}{7}$ 取 $[c]=228$（步骤①）

① 我们记 $a=228\frac{4}{7}$，$b=285\frac{5}{7}$，$c=228\frac{4}{7}$，$d=171\frac{3}{7}$，$e=285\frac{5}{7}$. 筹算将 a，b，c，d，e 从上到下列出. 我们记 $\{a\}$ 为 a 的尾数，$[a]$ 为 a 的整数部分.

第2题刘注今译	今　释
也并到乙内。	b 取 $[b+\{e+\{d\}\}+\{c\}]=286$（步骤②）
满单位后，［乙］余下尾数，	而 $\{b+\{e+\{d\}\}+\{c\}\}=\frac{3}{7}$
并入甲内，刚好凑成整数。	$\{a+\{b+\{e+\{d\}\}+\{c\}\}\}=0$，而 $[a+\{b+\{e+\{d\}\}+\{c\}\}]=229$（步骤②）
甲丙两数含相同分数，甲、丙与乙距离又相等，之所以不把甲的分数并入乙内，是因为应把下位［数］并入上位［数］。	说明：$\{a\}=\{c\}$，之所以将 $\{c\}$ 并入 b 内，是因为 c 在 a 后。（步骤④）

第三章 《九章算术》中的几何学

几何学(geometry)是研究图形形状大小和其间位置关系的数学，它历史悠久，肇源甚古。《九章算术》在方田章、商功章与勾股章讨论几何学有关问题。希腊历史学家 Herodotus（公元前 5 世纪）说：“埃及受尼罗河恩赐，这条河把南方的水一年一度地泛滥到沿河两岸之后，留下沃土。埃及自古以来一直靠耕种这片沃土谋生。”他又说：“尼罗河每年涨水后，需要重新确定农民田地的边界才产生几何学。”[①] 如所周知，几何学一词的希腊语语源是量地。我国魏晋时数学家刘徽解释方田章章名时说：“以御田畴界域”（借以确定农田边界范围）。这再一次说明几何学的发生和发展与先民开垦农田有密切关系，中外学者所见正同。

我们分三节介绍。[②]

第一节 图形面积

方田章探讨各种图形的面积公式，其中大多数是精确的，有些（弓形、球冠形）则是近似的。

直线形

1. *长方形* 方田术驭 10 个算题，边长分别用整数、分数或带分数表示，长度单位有用步、有用里。例如：

“今有田广十五步，纵十六步。问：为田几何？”（答数：1

① M. 克莱因. 古今数学思想. 上海：上海科学技术出版社，1979. 16

② 本章有关插图都集中在第一章第二节.

亩）

“又有田广二里，纵三里。问：为田几何？”（答数：22 顷 50 亩）

“今有田广七分步之四，纵五分步之三。问：为田几何？”（答数：$\frac{12}{35}$［方］步）

“今有田广三步、三分步之一，纵五步、五分步之二。问：为田几何？”（答数：18［方］步）

方田术是说，长方形的田广（宽，a）、纵（高，b）相乘积是其面积，即

$$A=ab$$

当以里为长度单位时，称里田术，如上第二例；当宽和高为分数时，称为乘分术，如上第三例；当宽和高都是带分数时，称为大广田术，如上第四例。

2. 三角形　圭田术所驭 2 个算题中底及高，一个为整数，另一个为分数。

“今有圭田，广十二步，正纵二十一步。问：为田几何？”（答数：126［方］步）

“今有圭田，广五步、二分步之一，纵八步、三分步之二。问：为田几何？”（答数：$23\frac{5}{6}$［方］步）

圭田是指等腰三角形的田，圭田术是说，等腰三角形的半广（半底$\frac{a}{2}$），正纵（高 h）相乘积是其面积：

$$A=\frac{1}{2}ah$$

显然这一面积公式也适用于一般三角形。

3. 梯形　有四例，前二例是斜田（直角梯形），如图 2. 3. 1，后二例是箕田（等腰梯形），如图 2. 3. 2，我们各举一例：

“今有斜田，一头广三十步，一头广四十二步。正纵六十四步。问：为田几何？”（答数：9 亩 144 ［方］ 步）

“今有箕田，舌广二十步，踵广五步。正纵三十步。问：为田几何？”（答数：1 亩 135 ［方］ 步）

斜田术是说，两斜（底 a，b）和的一半，乘正纵（高 h），或半正纵乘两斜的和，都是其面积：

$$A=\frac{1}{2}(a+b)h \text{ 或 } A=\frac{1}{2}h(a+b)$$

箕田术是说，舌（上底 a）、踵（下底 b）和的一半乘正纵（高 h）是其面积：

$$A=\frac{1}{2}(a+b)h$$

显然这一面积公式也适用于一般梯形。

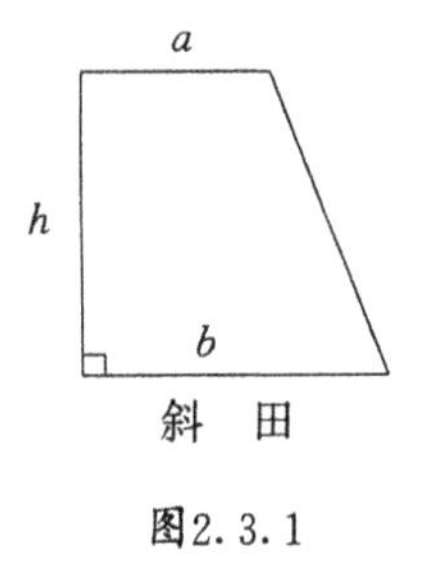

图2.3.1

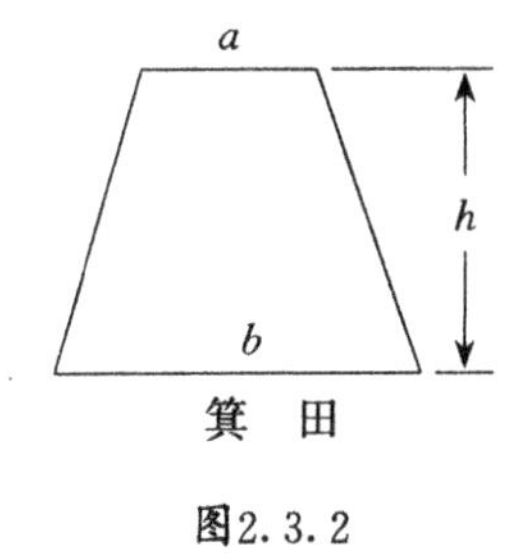

图2.3.2

曲边形

1. 圆　圆田公式所驭二算题，其一数据为整数，另一含分数。

“今有圆田，周三十步，径十步。问：为田几何？”（答数：75 ［方］ 步）

“又有圆田，周一百八十一步，径六十步三分步之一。问：为田几何？”（答数：11 亩 $9\frac{1}{12}$ ［方］ 步）

圆田术是说，半周（$\frac{C}{2}$）、半径（$\frac{D}{2}$）相乘，得圆面积，列有四个公式，相当于

$A=\frac{C}{2}\cdot\frac{D}{2}$（公式一）；

$A=\frac{1}{4}CD$（公式二）；

$A=\frac{3}{4}D^2$（公式三）；

$A=\frac{1}{12}C^2$（公式四）。

我们知道，公式二是公式一的另一种说法，都是精确公式。公式三、四都是取 $\pi\approx 3$ 的近似公式。

2. *弓形* 弧田术所驭二算题，其一数据为整数，另一含分数："今有弧田。弦三十步，矢十五步。问：为田几何？"（答数：1 亩 $97\frac{1}{2}$［方］步）

"又有弧田。弦七十八步二分步之一，矢十三步九分步之七。问：为田几何？"（答数：2 亩 $135\frac{56}{81}$［方］步）

弧田术记弓形面积的近似公式，当弦（a）矢（h）为已给时（如图 2. 3. 3），其面积①

$$A=\frac{1}{2}\ (ah+h^2)$$

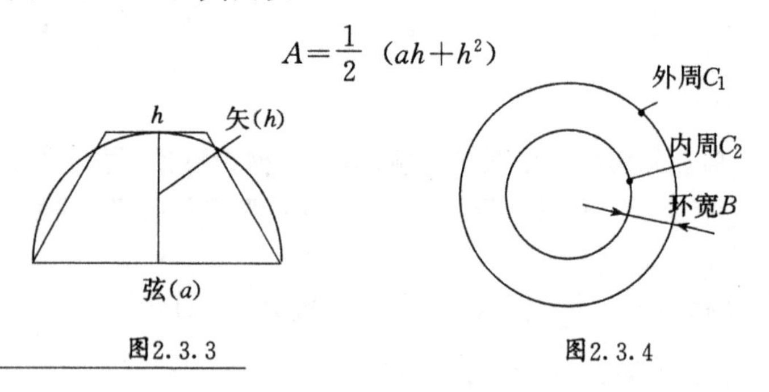

图2.3.3　　图2.3.4

① 参见第三编第四章第一节.

3. 环形 环田术所驭二题，一为整数数据，另一题数据含分数：

“今有环田，中周九十二步，外周一百二十二步，径五步。问：为田几何？”（答数：2 亩 55 ［方］ 步）

“又有环田，中周六十二步、四分步之三，外周一百一十三步、二分步之一，径十二步、三分步之二（如图 2. 3. 4）。问：为田几何？”（答数：4 亩 $156\frac{1}{4}$ ［方］ 步）

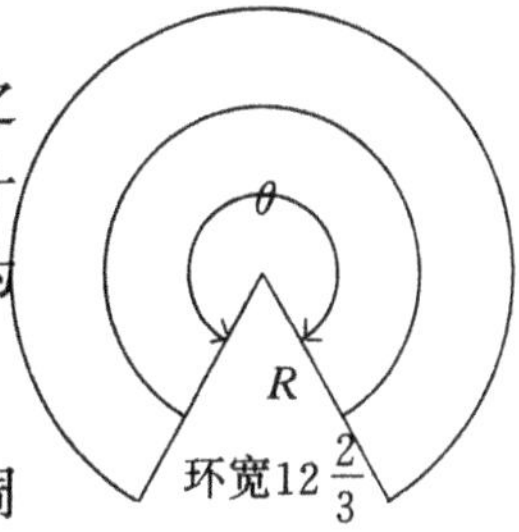

环田术是说外周（C_1）中（内）周（C_2）和的一半，乘以径（二周间距离，即环宽 B），则其面积

$$A=\frac{1}{2}(C_1+C_2)B$$

这是精确公式。

图2.3.5

在第一章第五节我们已经指出在上引第二算题中，圆环内外周长与环宽所拟数据于理不合，命题失误，如考虑此图形并非连通圆环，而是环缺，我们计算（如图 2.3.5）

$$\begin{cases}(R+12\frac{2}{3})\theta=113\frac{1}{2}\\ R\theta=62\frac{3}{4}\end{cases}$$

解出此环缺 内半径 $R=15\frac{403}{609}$，所张圆心角

$\theta=229°33'36''$，其面积：

$A=\frac{1}{4\pi}\left((113\frac{1}{2})^2-(62\frac{3}{4})^2\right)\frac{1}{2\pi}(4\frac{1}{152})=453.8934$［方］步$=1$ 亩 $213\frac{214}{240}$ ［方］ 步

曲面形

球冠　宛田术所驭二算题，其一为

“今有宛田，下周三十步，径十六步。问：为田几何？”（答数：120 ［方］ 步）

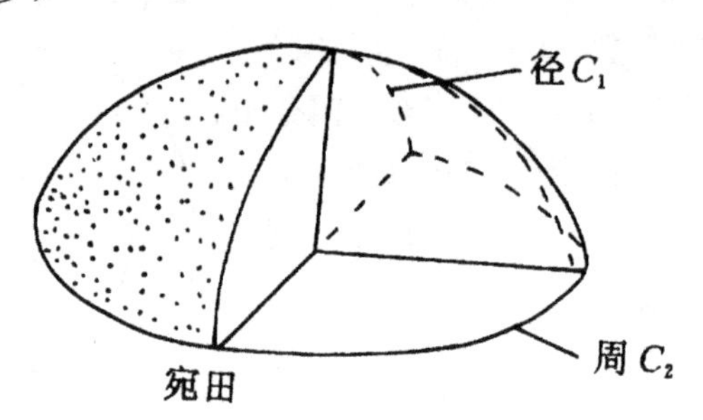

图 2. 3. 6

宛田术是说球冠形田面积公式是径（C_1），周（C_2）乘积的四分之一（如图 2.3.6）

$$A=\frac{1}{4}C_1C_2$$

显然这是一个很粗疏的近似公式，又所拟数据使球冠超过半球，取为耕作用田亩，有悖实际。

第二节　勾股术

解直角三角形（勾股定理）和相似直角三角形性质（勾股比例）的研究，是我国古代有特殊贡献的课题，历代都有进展，在《九章算术》中已奠定了扎实的基础。

解直角三角形

我们记直角三角形 ABC 的勾股弦分别是 a，b，c。在 9 个元素中：a，b，c，$a+b$，$a+c$，$b+c$，$b-a$，$c-a$，$c-b$ 任取其二作为已给条件，解此直角三角形（边）成为勾股章主要研究课题。我们知道 9 个元素中任取其二，共有 $C_9^2=36$ 种情况，除去重复，除去平凡，值得深究的有 9 种。勾股章对其中 5 种情况提出解法公式。

1. 已知 a，b 或 a，c

勾股术是说，

弦，$c=\sqrt{a^2+b^2}$，（公式一）

勾，$a=\sqrt{c^2-b^2}$，（公式二）

股，$b=\sqrt{c^2-a^2}$，（公式三）

2. 已知 a，$c-b$ 或 b，$c-a$

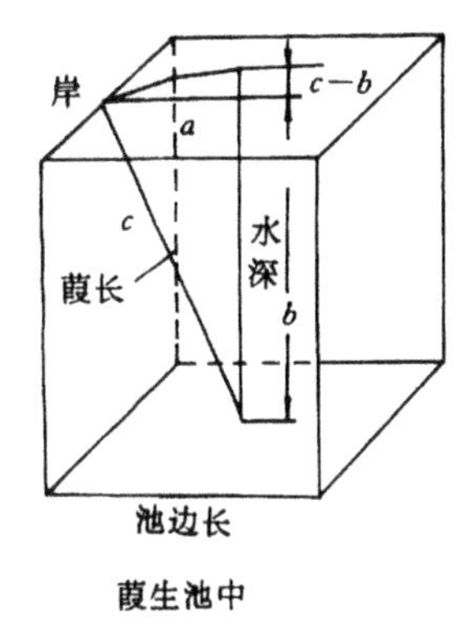

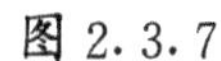
图 2.3.7

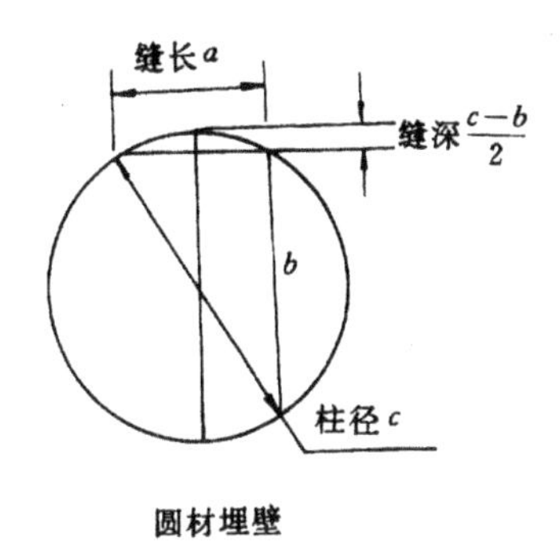

图 2.3.8

葭生池中术（如图 2. 3. 7），圆材埋壁术（如图 2. 3. 8）俱是已知勾，股弦差；或已知股，勾弦差。术文虽都用特殊数据描述，但不难抽象为一般：

股，$b=\dfrac{a^2-(c-b)^2}{2(c-b)}$（公式一）

弦，$c=b+(c-b)$（公式二）

股弦和，$c+b=\dfrac{a^2}{c-b}$（公式三）

倍弦，$(c+b)+(c-b)$

$=\frac{a^2}{c-b}+c-b$（公式四）

3. 已知c，$b-a$

户高于广术是说，已知弦，勾股差，所求

半勾股和，$\frac{a+b}{2}=\sqrt{\frac{c^2-2\left(\frac{b-a}{2}\right)^2}{2}}$）（公式一）

股，$b=\frac{a+b}{2}+\frac{b-a}{2}$（公式二）

勾，$a=\frac{a+b}{2}-\frac{b-a}{2}$（公式三）

4. 已知$c-a$，$c-b$

纵横不出术是说，已知勾弦差、股弦差，所求

弦和差，$a+b-c=\sqrt{2(c-a)(c-b)}$（公式一）

勾，$a=\sqrt{2(c-a)(c-b)}+c-b$（公式二）

股，$b=\sqrt{2(c-a)(c-b)}+c-a$（公式三）

弦，$c=\sqrt{2(c-a)(c-b)}+c-a+c-b$（公式四）

5. 已知a，$c+b$

竹折抵地术是说，已知勾、股弦和，所求

股弦差，$c-b=\frac{a^2}{c+b}$（公式一）

股，$b=\frac{1}{2}[c+b-(c-b)]$

$=\frac{1}{2}[\frac{a^2}{c+b}-(c-b)]$（公式二）

相似三角形性质

成书先于《九章算术》的《周髀算经》，在陈子与荣方探讨天体问题时已具有相似三角形对应边成比例的认识。在勾股章有多例，如“邑木有木”、“四表测木”、“山居木西”、“井不知深”等算题的术文，说明《九章算术》作者也成功地运用这一知识。而

“勾中容方”、“勾中容圆”两题的正确计算及答数也应是反复运用这一性质的结果。我们认为刘徽在两题注中，顺理成章地所作有关推导是合情合理的。

勾股数　勾股章有二算题涉及勾股数。其中“二人同立”题是说，甲乙二人在同地同时出发，行速比是 7∶3。乙向东行，甲先向南行 10 里，然后折北偏东斜行，与乙相遇。问：甲乙各行路多少？（答数：乙东行 $10\frac{1}{2}$ 里，甲斜行 $14\frac{1}{2}$ 里）从题意可知甲乙相遇之前如各行路分别为 $a+c$，b，而 $(a+c):b=7:3$，

$a^2+b^2=c^2$，又 $a=10$

一般说，当 $a+c=m$，$b=n$ 时，由竹折抵地术公式一

$c-a=\frac{b^2}{c+a}$，于是

$$c=\frac{1}{2}\left(\frac{b^2}{c+a}+c+a\right)=\frac{b^2+(c+a)^2}{2(c+a)}=\frac{m^2+n^2}{2m}$$

$$a=\frac{1}{2}\left(c+a-\frac{b^2}{c+a}\right)=\frac{m^2-n^2}{2}$$

$$a:b:c=\frac{7n^2-n^2}{2m}:n:\frac{m^2+n^2}{2m}$$

$$=\frac{1}{2}(m^2-n^2):mn:\frac{1}{2}(m^2+n^2)$$

题给 $m=7$，$n=3$，因此 $a:b:c=20:21:29$。二人同立术说：“令七自乘，三亦自乘，并而半之，以为甲斜行率。斜行率减七自乘，余为南行率。以三乘七为乙东行率，”正是同一说法。由于 $a=10$ 已给，用今有术就易于进一步求出所求 b，c 分别是 $10\frac{1}{2}$，$14\frac{1}{2}$。

勾股章第 21 题为同类型算题，其中已给 $m=5$，$n=3$。当 m，n 为互素奇数时取

$$a=\frac{m^2-n^2}{2},\ b=mn,\ c=\frac{m^2+n^2}{2},$$

恰是现代整数论中的勾股数公式[①]。《九章算术》作者对之已很熟悉，全章 24 个算题中，有 17 个题的直角三角形边是勾股数，形式多样，m，n 的选取很灵活，蔚为大观，为古世界数学文献中所罕见。特别应指出的，它们都是基本勾股数，尤其难能可贵，我们将在第三卷第四编中详为介绍。

第三节 立体体积

由于计算土方体积、仓库容积的需要，《九章算术》探讨了一系列立体体积公式，其中绝大部分是精确的。

多面体

1. 长方体 有一例“粟仓问高”题中的长方体使用的求积公式是 $V=abh$，其中 a，b，h 分别是长方体的长、宽和高。

2. 棱柱 有多例。在土木建筑工程中，为了计算土方的填土和挖土需要，商功章提出了有关城、垣、堤填土，堑、沟、渠挖土。6 种土方计算都可以用城垣堤术作解。所有土方都假定为不变的梯形截面（上底 a、下底 b、高为 h）体长为 l 的棱柱，城垣堤术是说，其体积为

$$V=\frac{1}{2}(a+b)hl$$

直角三角形截面的棱柱，称为堑堵，堑堵术是说勾股为 a、b，长为 l 时，直三棱柱体积

$$V=\frac{1}{2}abh \text{（图 2.1.4）}$$

3. 棱锥

方锥 方锥术是说，底边为 a，高为 h 的方锥体积

① 陈景润．初等数论．北京：科学出版社，1978．65

$V=\frac{1}{3}a^2h$

鳖臑 鳖臑术是说，下广为a，上袤为b，高为h，其体积$V=\frac{1}{6}abh$（图 2.1.6）

阳马 阳马术是说，直棱锥底边长a，b，高为h，其体积

$V=\frac{1}{3}abh$（图 2.1.6）

4. 拟柱体

羡除 羡除术是说，上广、下广、末广分别为a，b，c，上底面梯形的高（袤）l，前侧面梯形的高（或深）h，其体积

$V=\frac{1}{6}(a+b+c)hl$.（图 2.1.5）

刍童 刍童术是说，上广、上袤分别为a_1、a_2，下广、下袤分别为b_1、b_2，高为h，其体积

$V=\frac{1}{6}[(2a_1+a_2)b_1+(2a_2+a_1)b_2]h$.（图 2.1.1）

刍甍 刍甍术是说，上袤为c，下袤为a_2，下广为a_1，高为h，其体积

$V=\frac{1}{6}(2a_2+c)a_1h$.（图 2.1.1）

曲面体

1. **圆柱** 圆堡壔术是说，周长为c，高为h的圆柱体体积

$V=\frac{1}{12}c^2h$

这是取$\pi\approx3$的圆柱近似体积公式。

2. **圆锥** 圆锥术是说，下底圆周长为c，高为h，其体积 $V=\frac{1}{36}c^2h$，这是取$\pi\approx3$的近似体积公式。

3. **圆台** 圆亭术是说，上、下底圆周长分别为c_1，c_2，高为h，圆台体积

$$V=\frac{1}{36}\ (c_1c_2+c_1^2+c_2{}^2)\ h$$

这也是取 $\pi\approx3$ 的近似公式。

4. 曲池 《九章算术》作者把曲池挖方按刍童术处理：把上下环缺的底折成刍童的上下底面。把外周，中周（内周）（我们记上底、下底的外周、内周分别为 C_1，C_2；D_1，D_2）各自取平均值，作为刍童上、下袤，而把环宽（E_1，E_2）作为上、下广，于是曲池体积视为（图 2.1.3）

$$V=\frac{1}{6}\ [\ (C_1+D_1+\frac{C_2+D_2}{2})\ E_1+\ (C_2+D_2+\frac{C_1+D_1}{2})\ E_2]\ h$$

这是精确公式。

5. 球 开立圆术是说，已知球体积为 V，则其直径

$D=\sqrt[3]{\frac{16}{9}V}$. 我们反算球体积，

$$V=\frac{9}{16}D^3,$$

显然，这是近似公式。

第四章　《九章算术》中的代数学

代数学（algebra）是数学中的一个重要基础分支。它的研究方法和中心问题已经历了重大变化。初等代数或称古典代数是更古老的算术的推广和发展。抽象代数或称近世代数是在初等代数基础上产生、发展而在20世纪形成的。初等代数研究数和代表数的文字或字母的代数运算（加法、减法、乘法、除法、乘方和开方）的理论和方法，研究多项式的代数运算和方法。它的中心问题是求多项式方程和方程组的解（或称为根），包括解的公式和数值解的算法以及解的分布等等。因此初等代数可以简称为方程论。我国古代在初等代数方面有光辉的成就，有自己的特色，而《九章算术》有关内容是引人入胜的序曲，我们分节陈说。

第一节　一次方程

《九章算术》接触到的和讨论过的算题大多是一次方程问题。对于非线性问题，《九章算术》作者有意或无意地作分段考虑，使之成为线性问题。在一次方程解法方面有很多形式：

解比例式

有不少算题直接可以归结为比例式，相当于可构成关系

$a:b=c:x$，按今有术求解所求　$x=\frac{bc}{a}$

对于　$ax=bc=d$　(1)

类型的算题，就以今有术的特殊情况：所求率为1。a，d都是整数或a，d中含有分数，粟米章的解法都以经率术处理。

“今有出钱一万三千五百，买竹二千三百五十个。问：个几何？”（出钱买竹题，答数：每个 $5\frac{35}{47}$ 钱）经率术是说，以所买商品数作为除数，以所出钱数为被除数，做除法运算。这就是所求每个竹值钱

$$x=\frac{d}{a}=13\ 500\div 2\ 350=5\frac{35}{47}\ (\text{钱})$$

“今有出钱一万三千六百七十，买丝一石二钧一十七斤，欲石率之。问：石几何？”（出钱买丝题，答数：每石 $8\ 376\frac{178}{197}$ 钱.）按经率术，以 1 石含斤数乘所出钱数作为被除数，以所买商品斤数作为除数，做除法运算。所求每石值钱

$$x=\frac{d}{a}=13\ 670\times 120\div 197=8\ 326\frac{178}{197}\ (\text{钱})$$

复原与对消

M. 克莱因在《古今数学思想》评述说：“在代数方面阿拉伯人的第一个贡献是提供了这门学科的名称。西文 algebra 这个字来源于 830 年天文学者 al－Khowarizmi 所著书 Al－jabr W'almuqabala. Al－jabr 的原意是复原。…在方程的一边去掉一项，就必须在另一边加上这一项，使之恢复平衡。Al－muqabala 原意是对消：…从方程两边消去相同的项。”[①] 如所周知“复原”和“对消”是解方程最重要的变换手段。

我们已在“方程”术看到它有直除运算。以解“三禾求实”为例，其解题过程：“以右行上禾遍乘中行，而以直除。又乘其次，亦以直除”，相当于说，对方程组的变换：

---

① M. 克莱因. 古今数学思想，张理京、张锦炎译，上海：上海科学技术出版社，第一卷，1979. 218～219

$$\begin{cases}3x+2y+z=39\\2x+3y+z=34\\x+2y+3z=26\end{cases}\longrightarrow\begin{cases}3x+2y+z=39\\6x+9y+3z=102\\3x+6y+9z=78\end{cases}\longrightarrow\begin{cases}3x+2y+z=39\\5y+z=24\\4y+8z=39\end{cases}$$

从第二步变换到第三步，正如刘徽注道："为术之意，令少行减多行，反复相减，则同位（x 项）必先尽"，这是"对消"过程。又如"方程"章第 2 题，我们如设上、下禾每秉出实分别为 x、y 时，则原算题要解方程组

$$\begin{cases}7x-1+2y=10\\2x+1+8y=10\end{cases}$$

算题术文说："如方程。损之曰益，益之曰损。损实一斗者，其实过一十斗也。益实一斗者，其实不满一十斗也。"为在算板上用算筹列出方程以便解题，在"如方程"时应合并常数项变换为

$$\begin{cases}7x+2y=10+1\\2x+8y=10-1\end{cases}$$

刘徽注更精辟地解释说："损之曰益，言损一斗，余当一十斗。今欲全（合并）其实，当加所损也。…"足见《九章算术》在对方程"复原"和"对消"的深入理解方面，远远早于阿拉伯有关论著。可惜这种良好的理解没有系统继承，以致对于一次方程算题终不能总变换为形式（1）使经常能轻而易举的按经率术解。

《九章算术》用来解一次方程的常用方法如上述两法外尚有：

单假设法

在古世界如埃及、巴比伦、印度都用单假设法。解形式表现多种多样的实际算题：选取适当的数为答数（x_1）代入与方程（1）相应的 x。所得结果（d_1）如比算题原答（d）大（或小）了多少倍，就把所假设的数缩小（或扩大）同样的倍数，这就是所求答数。《九章算术》多次借助于单假设法解题。衰分术本质上就是单假设法：对于数量 A 要按分配率 a_1，a_2，…，a_n 分配。衰分术迳取（假设）a_1，a_2，…，a_n 作为答数。如 a_1，a_2，…，a_n 之和

等于 A，那么 a_1，a_2，…，a_n 就是答数，如果 $a_1+a_2+\cdots+a_n=S\neq A$ 时，就取

$$\frac{Aa_1}{S}，\frac{Aa_2}{S}，…，\frac{Aa_n}{S}$$

作为正确答数，比假设分别缩小了$\frac{S}{A}$倍。

还原法（逆推法）

还原法算题给出：所求数经过一系列运算（四则运算、开方、开立方等）后的结果。还原法是从此结果开始，逆顺序反算，以最终获得此所求数。这就是说，算题叙述模式为

$$[(x+a)-b]\times c\div d=e$$

用还原法解题，就是所求：

$x=e\times d\div c+b-a$（如有开方、开立方运算仿此处理）

《九章算术》最早出现还原法解题，例如商功章今有穿地题：有一挖方可以提供夯土 576 立方尺。按照挖土 4 份，折合坚土 3 份计算，挖方应是 576×4÷3 立方尺。题中只给出挖方的形状是垣，长 16 尺，深 10 尺，上宽 6 尺，下宽为所求数。我们设所求数为 x，则本题相当于解方程

$$\frac{x+6}{2}\times 10\times 16=576\times 4\div 3$$

本题术文说："置垣积尺，四之为实。以深、袤相乘，又三之，为法。所得倍之，减上广，余即下广"正是还原法的算法程序，所求下广（宽）

$$x=(576\times 4\div(10\times 16\times 3))\times 2-6=3\frac{3}{5}\text{（尺）}$$

又如均输章持米三关题说，有人持米出三个关卡。外关纳税：3 份取 1 份，中关：5 份取 1 份，内关：7 份取 1 份。过了三关后，余下 5 斗米。问：原来持米多少？我们设原来持米 x 斗，按题意就是解方程

$$(1-\frac{1}{3})(1-\frac{1}{5})(1-\frac{1}{7})x=5,$$

得
$$\frac{2}{3}\cdot\frac{4}{5}\cdot\frac{6}{7}x=5$$

用还原法所求原持米数

$$x=5\times3\times5\times7\div(2\times4\times6)=10\text{（斗）}9\frac{3}{8}\text{（升）}$$

而本题术文说："置米五斗，以所税者三之，五之，七之为实。以余不税者：二，四，六相乘，实如法得一斗"也正是这个意思。

归一算法

归一算法是针对合作问题（工程问题）[①]的解法。合作问题的模式是："甲、乙、丙…等人单独完成一件事，各需 a_1，a_2，……a_n 日。问：他们合作完成这件事需多少日？"解法是先计算在一日内甲、乙、丙…等人分别完成这件事的$\frac{1}{a_1}$，$\frac{1}{a_2}$，…，$\frac{1}{a_n}$；在一日内他们合作能完成此事的

$$\frac{1}{a_1}+\frac{1}{a_2}+\cdots\frac{1}{a_n}$$

因此合作完成此事需

$$1\div(\frac{1}{a_1}+\frac{1}{a_2}+\cdots\frac{1}{a_n})\text{（日）}$$

我国《九章算术》最早用归一算法解题。在均输章凫雁对飞题：野鸭从南海起飞，经 7 日到达北海。大雁从北海起飞，经 9 日到达南海。如果他们相向同时起飞，问：几日后在途中相遇？（答数：$3\frac{15}{16}$日）《九章算术》作者把飞完南海——北海行程视为一件事。据题意野鸭每日完成$\frac{1}{7}$事，大雁每日完成$\frac{1}{9}$事，他们相向同

① 参见第四编第六章.

时起飞每日完成此事$\frac{1}{7}+\frac{1}{9}$，于是二者在

$$1\div\left(\frac{1}{7}+\frac{1}{9}\right)=(7+9)\div(7\times9)$$

日后相遇，原题术文："并日数为法，日数相乘为实，实如法得一日"所说是同一回事。

均输章一人成矢题：已知1人1日能矫直箭杆50枝，或装羽毛30枝，或装箭头15枝。现在矫直、装羽毛、装箭头三道工序都由他做。问：他在1日内能成箭多少枝？（答数：$8\frac{1}{3}$枝）《九章算术》在此对归一算法又有进一步的看法：矫直箭杆50枝每日需1人，装羽毛50枝需$1\frac{2}{3}$人，装箭头需$3\frac{1}{3}$人。也就是1日内成箭50枝需$1+1\frac{2}{3}+3\frac{1}{3}=6$（人），反过来，1人1日能成箭$50\div\left(1+1\frac{2}{3}+3\frac{1}{3}\right)=50\div6=8\frac{1}{3}$（枝）。刘徽注至此说："按此术言成矢五十，用徒六人一日工也…。"并为这种解法命名："其归一也"，把6（人）视为1，求50内含有几个6。

双假设法

古人对于相当于一次方程

$$ax+b=c \tag{2}$$

的算题感到困惑。如果假设$x=x_1$，并沿用单假设把结果代入(2)式，所得却不是(2)的解。这就是说作一次假设，对于(2)型的算题是无能为力的。《九章算术》最先全面讨论这类问题，设专章用双假设法解形如(2)的算题。

《九章算术》盈不足术原只是针对一些人（x个）买物（值y个钱）。从两次购买活动中，每人出x_1个钱，共支付钱数超过物价f_1个钱，每人出x_2个钱，共支付钱数不足f_2个钱，这就是

$$\begin{cases}x_1x-y=f_1\\y-x_2x=f_2\end{cases} \tag{3}$$

盈不足术认为所求人数，如 $x_1>x_2$ 则

$$x=\frac{f_1+f_2}{x_1-x_2} \qquad (4)$$

所求物价 $y=\frac{x_1f_2+x_2f_1}{x_1-x_2}$ (5)

每人应出钱数 $\frac{y}{x}=\frac{x_1f_2+x_2f_1}{f_1+f_2}$ (6)

其一术（盈不足术的另一说法。）

所求物价 $=\frac{f_1+f_2}{x_1-x_2}x_1-f_1=\frac{f_1+f_2}{x_1-x_2}x_2+f_2$ (7)

盈不足章以盈不足术为纲解形如（2）的算题，视为万能解法。对具体算题作两次假设：

设 $x=x_1$　　$ax_1+b=c-f_1$

设 $x=x_2$　　$ax_2+b=c+f_2$

盈不足术说方程（2）的解就是（6）。

事实上，（2）式和（6）式是截然不同的表达式。前者如拓广为与其等价的方程组

$$\begin{cases} y=ax+b-c \\ y=0 \end{cases}$$

那么它的解是直线在 x 轴上的截距。后者的解则是两直线交点的纵横坐标之比。盈不足章后面十二题原都是（2）型算题。《九章算术》对每道题都作两次假设。即改变它们成为二元一次方程组（3），然后用公式（4），（5）解出，再用公式（6）算出作为答数。

盈不足章醇酒行酒题：现有浓酒 1 斗，值 30 钱；淡酒 1 斗，值 10 钱。现有 30 钱，买酒 2 斗。问：其中浓酒、淡酒各多少？

我们设所求浓酒是 x 升，据题意 $5x+(20-x)=30$，这等价于解：

$$\begin{cases} y=4x-10 \\ y=0 \end{cases}$$

$x=2.5$，按盈不足术解题，术文说："假令醇酒五升，行酒一斗五升，有余一十。令之醇酒二升，行酒一斗八升，不足二。"就是

$x_1=5$，$f_1=10$；$x_2=2$，$f_2=2$，就改解

$$\begin{cases}5x-y=10\\y-2x=2\end{cases}$$

$x=4$，$y=10$，《九章算术》以 $\frac{y}{x}=2.5$ 作为原题答数。事实上，算题性质已改变，相当于说：酒坛容积不知多少？如果5升酒所值减去坛中酒所值，有余10钱。2升酒所值减去坛中酒所值，不足2钱。问：坛中酒值多少钱？每升酒值多少钱？酒坛容酒多少？（答数：坛中酒值10钱，每升酒值4钱，酒坛容酒2.5升。）

盈不足章漆三油四题：4份油，可以换3份漆；4份油可以稀释5份漆。现有漆3斗，分出其中一部分换油，把换来的油刚好稀释余下的漆。问：应分出多少漆？可以换多少油，以稀释余下的漆？

我们设从30升漆中取出 x 升，据题意

$\frac{4}{3}\cdot\frac{5}{4}\cdot x=30-x$，这等价于解

$$\begin{cases}y=\frac{8}{3}x-30\\y=0,\end{cases}\qquad x=11\frac{1}{4}$$

本题术文则说："假令出漆九升，不足六升；令之出漆一斗二升，有余二升。"这就是作双假设　$x_1=12$，$f_1=2$，$x_2=9$，$f_2=6$。改解方程组

$$\begin{cases}12x-y=2\\y-9x=6\end{cases}$$

$x=\frac{8}{3}$，$y=30$，本题答数 $\frac{y}{x}=11\frac{1}{4}$

事实上，算题性质已改变，相当于说：有容器不知大小。每

人投入 9 升漆，不足 6 升。每人投入 1 斗 2 升漆，有余 2 升。问：容器实容几升？有多少人投漆，每人应投多少漆恰好把容器盛满？（答数：能容 30 升。$\frac{8}{3}=2\frac{2}{3}$人，每人投漆 $11\frac{1}{4}$升，恰好把容器投满。）

古人没有能力把原设算题化为方程（1），而是作两次假设，算题数据就全部化为已知数。审视两次结果较原设是盈、还是不足。从公式（4）、（5）获知所求数，如公式（6）所示。

我们知道所求方程（2）的解是

$$x=\frac{c-b}{a}$$

而从第一次假设 $x=x_1$，$ax_1+b=c-f_1$；第二次假设 $ax_2+b=c+f_2$，那么

$$\begin{array}{rl} af_2x_1= & (c-b)\ f_2-f_1f_2 \\ +\quad af_1x_2= & (c-b)\ f_1+f_1f_2 \\ \hline af_1x_2+af_2x_1= & (c-b)\ (f_1+f_2) \end{array}$$

因此

$$x=\frac{af_1x_2+af_2x_1}{f_1+f_2}=\frac{c-b}{a}$$

也就是说，对一般算题古人进行改编，以纳入盈不足模式求出答数。算题虽经改编，经过相应组织，仍获致所答。这说明《九章算术》作者对数学思维的抽象能力。我们十分欣赏古人改编醇酒行酒题所得 $x=4$，$y=10$；漆三油四题所得 $x=\frac{8}{3}$，$y=30$，分别是两题如从形式（2）化为形式（1），即经移项后方程的一次项系数及常数项。

第二节　线性方程组

二元方程组

盈不足章对于形如

$$\begin{cases} a_1x_1-x_2=b_1 \\ a_2x_1-x_2=b_2 \end{cases} \tag{1}$$

b_1，b_2 可正，可负，可等于零，提出盈不足、两盈两不足、盈适足、不足适足四术，相当于说（1）的解是

$$x_1=\frac{b_1-b_2}{a_1-a_2} \qquad x_2=\frac{a_2b_1-a_1b_2}{a_1-a_2}$$

一般线性方程组

《九章算术》设“方程”章专门讨论一般线性方程组

$$\sum_{j=1}^{n} a_{ij}\,x_j=b_i \quad (i=1,\ 2,\ \cdots,\ n) \tag{2}$$

的解法，称为“方程”术。我们已在第二章第一节以筹算图式揭示“三禾同实”题的运算过程。事实上，这种解法与今称矩阵的初等变换法，即所谓高斯消去法完全一致，可以用来解一般线性方程组。这里我们改用矩阵笔算图式表示。步骤序号同筹算（第145页），两相对照，可知古今无异。

$$\text{①列出矩阵}\begin{pmatrix} 1 & 2 & 3 \\ 2 & 3 & 2 \\ 3 & 1 & 1 \\ 26 & 34 & 39 \end{pmatrix} \xrightarrow[\text{中行}\times 3-2\text{次右行}]{\text{②}} \begin{pmatrix} 1 & 0 & 3 \\ 2 & 5 & 2 \\ 3 & 1 & 1 \\ 26 & 24 & 39 \end{pmatrix}$$

$$\xrightarrow[\text{左行}\times 3-\text{右行}]{\text{③}} \begin{pmatrix} 0 & 0 & 3 \\ 4 & 5 & 2 \\ 8 & 1 & 1 \\ 39 & 24 & 39 \end{pmatrix} \xrightarrow[\text{左行}\times 5-4\text{次中行}]{\text{④}} \begin{pmatrix} 0 & 0 & 3 \\ 0 & 5 & 2 \\ 36 & 1 & 1 \\ 99 & 24 & 39 \end{pmatrix}$$

⑤左行没有减尽的二项，上面一个作为除数，下面一个作为被除数，相除，得下等谷每束斗数。

⑥，⑦求中等稻每束谷斗数，用除数乘中行常数项，再除去下等稻的谷斗数。余数除以中等稻束数，就是中等稻每束谷斗数

$$\begin{pmatrix} 0 \\ 36 \\ 0 \\ 153 \end{pmatrix}$$

⑧求上等稻每束谷斗数，用除数乘右行常数项，除去中等稻、下等稻的谷斗数。余数除以上等稻束数，就是上等稻每束谷斗数。

$$\begin{pmatrix} 36 \\ 0 \\ 0 \\ 333 \end{pmatrix}$$

⑨三种稻谷子数除以除数，得所求数

$$\begin{matrix} 上 \\ 中 \\ 下 \\ \\ \end{matrix}\begin{pmatrix} 1 & 0 & 0 \\ 0 & 1 & 0 \\ 0 & 0 & 1 \\ 2\frac{3}{4} & 4\frac{1}{4} & 9\frac{1}{4} \end{pmatrix}$$

第三节 多项式方程

二次方程

开平方是数值解方程

$$x^2=A \tag{1}$$

其中“借一算”已有未知数 x^2 的系数的含义。

勾股章方邑见木题这一测量问题中，产生了解相当于二次方程

$$x^2+34x=71\ 000$$

的算题。关于解法本题术文说：“开方除之，即邑方。”这就是后世所谓开带从平方的首例。我们知道对于数值解形如

$$x^2+Ax=B \tag{2}$$

三项二次方程，带从，正是指二次方程（2）中的一次项系数 A。

开平方时，对于二项式（1）中的常数项 A 先减去 $[\sqrt{A}]^2=D^2$，我们记

$$D=N\times10^n,\ N=1,\ 2,\ 3,\ \cdots,\ 9$$

开平方是在曲尺形中不断减去

$$(m\times10^i)^2=E^2 \text{ 和 } 2ED$$

的运算，其中 $m=1,\ 2,\ 3,\ \cdots,\ 9,\ i=n-1,\ n-2,\ \cdots$。直到所得根是方程（2）所需精度。

三次方程

开立方术是数值解

$$x^3=A \tag{3}$$

开立方术中“借一算”已有未知数 x^3 系数的含义。

第五章　《九章算术》与数学教育

第一节　作为数学教科书的《九章算术》

《九章算术》是秦汉时代根据积累下来的数学知识编纂的数学教科书。我们在第一章介绍其一般概况时，为便于全面认识曾评说其某些不足之处，但是瑕不掩瑜，从主流看，全书用词简练，行文有序，是一部我国古代、既便于课堂教学又适于自学深造的数学教科书。所以它是长时期既列入学府、又深入民间的习算必读书。它一代又一代地哺育了为数众多的数学专家、学者，而且还泽被邻邦，长时期曾以《九章算术》为国定教科书，我们将在第七编有关章节另行介绍。我们检视全书，不难看到在编写方面有很多与近现代数学教育的要求不谋而合。

由简而繁、由浅入深

全书章与章之间、同章术与术之间、同术所驭算题之间的安排，都注意简繁、深浅搭配。作者在编书时想初学者所想。

全书九章先平面（方田章），后空间（商功章），先简单比例（粟米章），分配比例（衰分章），而后加权分配比例（均输章），其中先简单分配比例（衰分章五官分鹿题），后综合运用连比、反比、分配比例（衰分章三畜食苗题，五官分钱题），先假设法（盈不足章），而后消去法（方程章），整体安排合理。

在同一章内各术配备也经过精心设计。方田章先直线形，后曲线形。粟米章算题自然分段。各段所选算题照顾到段与段之间的联系和过渡。如分隶两段的出钱买丝题，买丝斤率题性质相同，只是在算法上前者的答数允许含不足一钱的分数，而后者的答数要求凑整为钱，即按其率术解。为方便初学，在出钱买丝、买丝斤率两题间又插入较简便的其率术买竹大小题以为过渡。

少广章先是已给长方形面积及一边，求另一边；然后是开平方，再是开立方。

均输章则从均输粟、均输卒到均赋粟，条件逐步加多、要求逐步加深。

“方程”章的算题未知数从少而多，“方程”的系数从正而负。在介绍正负术之前，第1，2两题不出现负数，第3题以后有的题题文本身含负数，有的题在解题过程中不可避免地要出现负数，而正负术紧接于第3题之后，安排恰到好处。

勾股章前14题为勾股术所驭，后6题为勾股比例所驭，而第15、16两题勾股容方、勾股容圆题都同时涉及勾股术和勾股比例，作为本章两术前后过渡，这样布置显非巧合，而是先人编书精到之处。

同一术所驭算题也有类似考虑。方田章各术算题都先整数、后分数，无一例外。均输章第12至14，16共4题都是行程问题，而要求逐步加深：善行百步题两人发点、终点位置同一，而出发时间不同；不善行者题、兔走犬追题则发点、终点位置不同，出发时间也不同；最后一题客去忘衣题则行程方向从同向改为背向，有进一步要求。第9、20至26题共8题都是合作问题，而数据逐步增多，算题性质又从几人合作一事改变为一人经营几事。

反映实际、联系现实

我们已在第一编阐述《九章算术》初稿在秦灭之前完成。今传本是西汉张苍、耿寿昌两代人的改编本。改编时又增补新的算题，很多反映先秦、秦汉时代生产、生活的生动内容，我们举一些例：

1. **营造** 各工种劳动定额散见各章。每年四季土方劳动定额见商功章开头7题。制瓦（牡瓦牝瓦题）、制箭（一人成矢题）、调漆（漆三油四题）等工艺定量叙述都很具体。开渠、建堤等水利工事有关数据，在商功章记载周详。即以挖工程边坡而言，沟渠采用深1横2，与现代施工要求出入不大。填土工程边坡因建筑物高度、性质、功能而有差异，《九章算术》有关算题所用高横比如下表：

建筑物	高	横
堤	2	3
城	5	1
台	10	1
墙	24	1

都符合实际。

测量有多例，其中四表测本、井径五尺两题至今有现实意义，所拟数据如人目高7尺，[①] 井径5尺都是真实的。

木工有2例，见圆材锯板、圆材埋壁两题。

商功章地积术规定土方劳动中坚土、壤土、穿地容积比，这是当时的经验公式。我们从出土汉简可以得到验证："墼（*ju*）广八寸，厚六寸、长尺八寸，一枚用土八斗，水二斗二升。"[②] 我们如以新莽嘉量斛折算，8斗合今 $0.2\times80=16$ 升，而 $(2.31)^3\times8\times6\times18\div1\ 000=10.8$ 升，而地积术"以壤求坚，三之，五而一。"可见汉简所谓用土八斗当是壤土，经夯实，始成墼（坚土），前后两种土体积之比为 $16:10.6\approx5:3$。

2. 货殖　西汉时行均输法，使平民百姓合理负担国家赋税和徭役。张苍、桑弘羊、耿寿昌即以此等新鲜事编入教材。所拟题

① 约合今尺5尺.

② 中国考古研究所. 居延汉简甲乙编. 北京：科学出版社，1980. 78

如运输、纳粮、戍边等国家任务，为民着想，深恐不均，考虑可谓周到。通过数学手段做到每家、每户、每人平均负担。真是铢锱必较，一厘钱精神，古已有之。

在粟米章章首粟米之法所列粟、菽、荅、麻、麦、稻六种粮食及其十四种半制成品、成品粮食换算率，在今存秦汉简牍中，除御米外，名称全部出现。其中换算率也符合，例如《秦律·仓律》："粟一石六斗大半斗，舂之为粝米一石。粝米一石为糳米九斗，糳米九斗为毇米八斗。"又"麦十斗为麹三斗"① 其中毇米即粺米，秦律所说麹当是小麹。

秦亡汉兴，因秦时所铸钱太重，不便携带和使用，入汉屡经改革。至西汉武帝铸五铢钱，轻重大小适度，使用至隋朝，凡700余年。五铢钱成为我国历史上使用最长久的货币，成为历代铸钱的范本。它的发行初期恰为《九章算术》重编时期，《九章算术》用钱计物价是时代的必然。我们已在第一章谈到全书所记物价前后参差不齐。即使如此，某些物价记录，对治史者仍有重要参考价值。例如持金出关题、买金两盈题所记金价，与其他文献记载契合。② 汉代高档商品，俱以黄金支付。当时黄金与钱的比值，学者都认为金每斤值万钱。又如粮价，据四县赋粟、六县赋粟两题所记，每斛平均14.2钱，正反映汉时谷贱伤农实况。

其率术、反其率术还反映秦汉时买卖交易崇尚公平。例如买竹大小题，570钱买78枝竹，术中不取每枝8钱（过剩）近似值使消费者受损，也不取7钱，使业主失利；而是挑选其中粗的30根，每枝按8钱，其余48枝，每枝按7钱计价。买卖互不吃亏，从计算方法上可鉴纯朴古风。

此外利税也有多例。贷人千钱题，放息一例，持钱之蜀题，经

① 睡虎地秦墓竹简．北京：文物出版社，1978

② 彭信威．中国货币史．上海：上海人民出版社，1965

商获利一例，亩田收粟题，交租一例，持米三关、持金五关、持金出关等题，关税三例。

提纲挈领，主题明确

《九章算术》分缀成章，自成段落，以近代数学所属分枝分类，大致粟米、衰分、少广、均输属算术，方田、商功、勾股属几何，而盈不足、“方程”章则属代数。每章都有主题，主次各题宾客分明，但互有联系。粟米章有四术，以今有术为纲。经率术是今有术的特殊情况：所求率为1的今有术，正如刘徽注所说：“此术犹经分。”其率术又是经率术的变通算法，而反其率术又是其率术的变通算法。所以全章46题安排在同一章，总名为粟米是得体的。日本学者三上义夫在《中国算学之特色》第六章说：“本章（指粟米章）最后之九问乃相当于不定方程 $x+y=78$，$xu+yv=576$；$x+y=2\,100$，$\frac{x}{u}+\frac{y}{v}=620$ 之问题，非比例问题也。”[①] 俄罗斯 Э. И. Березкина，[②] 俄译《九章算术》有关注文中承此说，显然都是误导。

少广章都是从图形已给面积、体积反算有关边长、直径或周长的算题，把这些问题集于一章是协调的。

盈不足章前面8题详尽无余地在非负数范围内讨论双假设法可能发生的所有情况及其解法，后面12题为应用题，理论与实践冶于一炉很是难得。

题材多样，引人入胜

全书算题在取材上丰富多采，引人入胜，例如三畜食苗、女子善织、五家共井、五雀六燕、有竹九节、竹折抵地、两鼠对穿、蒲莞同长、葭生池中、客去忘衣等题犹如一篇篇小品文章，隽永佳作，化抽象为具体，转枯涩为趣味。《九章算术》如此处理教材，

---

① 三上义夫. 中国算学之特色. 林科棠译. 北京：商务，1929. 24

② Э. И. Березкина，Математика в д，ревнедо китач，Москва，1980. 528

其重要教学价值不言而喻。

对某一专题又能从多方面选材，使受教育者反复领会，以深刻理解。例如对出钱买竹同一题：出钱 13 970，买丝 1 石 2 钧 28 斤 3 两 5 铢，要求按石、钧、斤、两、铢五种重量单位分别论价，分别出 5 题，分隶其率、反其率两术，使受教育者对同一题领会两术本旨。

衰分章列分配比例 9 题，各题不平铺直叙，而是逐题变换分配率，也变换内容，使读者如行舟曲水，柳暗花明，耳目全新，我们列表对此 9 题比较如下表：

题　名	五官分鹿	三畜食苗	三人持钱	三乡发徭
分配率	1 2 3 4 5	1 $\frac{1}{2}$ $\frac{1}{4}$	560 350 180	8 758 7 236 8 356
女子善织	五人出粟	五官出钱	五人分粟	三人持粮
分配率	1 2 3 4 5	1 $\frac{1}{2}$ $\frac{1}{3}$ $\frac{1}{4}$ $\frac{1}{5}$	3 3 3 2 2	$\frac{1}{50}$ $\frac{1}{30}$ $\frac{1}{75}$

均输章第 7、20～26 共 8 题，所议论的对象差异很大：输粟、飞鸟、行人、制瓦、制箭、租地、耕田、灌池，但却同是合作问题。

勾股章算题中有 8 种类型的基本勾股数，为古世界数学书所仅见。之所以这样处理，是使读者认识到勾股术是永恒不变的：勾股各自平方恒等于弦平方，但是勾股弦数据可以多变。《九章算术》作者这样做，较之拘泥于勾三、股四、弦五者，教材静中有动，生动活泼，于此可见作者数学功力之深。

有的术文处理简洁，至今有现实意义。例如均输章持金五关题能避重就轻，不落常套，我们将在第四编第三章第四节讲述。再如纵横不出题原是要解$\sqrt{x^2+y^2}-x=c-a$ $\sqrt{x^2+y^2}-y=c-b$，势必要解四次方程，如按题意设门高（纵）为x，门宽（横）为y。即使改设门对角线为x，所列方程也将是二次。而纵横不出术出奇制胜，化险为夷，意料之外。

数学语言，中算规范

从上古结绳记事到《九章算术》成书，我国数学概念已定型，即已有确定的涵义，各种数学命题能如实反映客观世界数量关系和空间形式。《九章算术》是二千年来中国传统数学的根本和规范。

数　《九章算术》已有完备的十进记数制度：整数各级单位，有单位、十、百、千、万、十万、百万、千万、亿。国家颁行的度量衡复名数及其通法和聚法，有20种粮食换算率。有分（部分）全（整体）相辅相成的正确理解。有完整的分数概念：分子、分母、重有分、约分、通分。对率的深刻认识，有开方不尽、开立方不尽的代数无理数概念。有明确的正数、负数概念。

形　平面图形有各种直线形、圆及其部分的认识及其面积计算。立体有各种多面体、回转体（含球）的认识及其体积计算。

运算　加法：合，并，益，增，同义词，今称加法。减法：减，耗，去，除，同义词，今称减法。“以甲减乙”全书共见15次，指甲是减数，乙是被减数。而“乙减甲”则甲是被减数，乙是减数。乘法：乘，今称乘法；一乘，指乘一次；再乘，乘二次；自相乘，今称自乘。除法：“实如法而一”，实是被除数，法是除数。

在通分运算中，分母乘分母，分子乘分子称二者相乘，而分子乘分母则称互乘，全书无一例外。

命题　在第一章第二节术文集成中我们已整理《九章算术》有一般意义的术文69条。每条术文就是命题，其中今有术、开方术

（开立方术）、勾股术、“方程”术尤为重要，成为历代中算家著书立说的基础理论。

第二节 《九章算术》与今日数学教育

人类认识世界的过程，是学生从未知到知之的学习过程的良好借鉴。《九章算术》及其历代注释者在数学教育领域内有许多值得我们学习的重要内容和见解。我国数学源远流长，自成体系，有其特色。数学教师们应该熟悉我们祖先的创造发明，不因为当时叙述方法、所用工具不同就在教学中不问不闻。在课堂内、外活动中应该有意识地用各级学生能够接受的语言和方式向学生介绍有关内容，以具体事实说明中国历来是数学大国。这样做对于弘扬中华优秀文化，数典有祖，见贤思齐，对学生发奋图强，树立学习信心，大有好处。

《九章算术》与小学数学教学

一般说，《九章算术》内容远远超过今天小学六年教学要求，在教学中教师应有以下明确认识：

1. 十进记数法是中国首先使用，成为人类最奇妙发明之一。

2. 知道筹算和珠算在世界数学发展史中的地位和作用。《九章算术》是以算筹为算具的数学教科书，而珠算是筹算的改进。大概在元末明初珠算在口诀上、算具上日趋成熟。在电子技术高度发展的现代商业圈中，在中国、日本及其他东南亚国家，珠算仍是盛行不衰。此外，西方世界教育人士认为珠算在数学教育中有其不能偏废的特殊意义。

3. 求两数的最大公约数和最小公倍数，分数的约分和通分，《九章算术》中都列为重要内容。教师从中吸取营养、丰富教学是很有益的。

4. 《九章算术》方田章明确记载分数四则运算法则，与今日小学数学教学古今同义。历史上分数概念及其运算的发生都先于小数，中外一理。而在教学顺序上则小数先于分数。这是由于小数四则运算大致与整数相同，远较分数方便。安排教学程序则可接受性优先，教师应心中有数。

5. 比和比例是《九章算术》重要内容，小学有关内容《九章算术》有过之，而无不及。

6. 直线形如长方形、三角形、梯形面积公式在《九章算术》俱有正确结论。圆田法则就是圆面积公式——半周半径相乘，教师如能古今对比，可以产生积极教学效果。

7.《九章算术》已有方柱、方锥、圆柱、圆锥体体积公式，还有近似的球积公式。叙述的方式与今有殊，但科学内容一致。

8.《九章算术》为数众多的算题是小学数学教学课堂内外活动丰富的采题题库，详见第四编。

《九章算术》与中学数学教学

《九章算术》有关数学知识覆盖今日中学数学教材一定区域。我们对有关章节与《九章算术》作相应对照如下：

1. 代数

有理数、正数和负数、相反数、有理数的加减法则。（“方程”章正负术。）

一元一次方程　方程概念、同解方程原理。（“方程”章“方程”术。）

例题或习题：

（1）甲乙两站相距360公里。一列慢车从甲站开出每小时行48公里，一列快车从乙站开出每小时行72公里。如果快车先开25分，两车同向而行，快车开了几小时后与慢车相遇？（均输章甲发长安题。）

（2）一件工作甲单独做20小时完成，乙单独做12小时完成。现在甲单独做4小时，剩下部分由甲乙合做，剩下部分需要几小时完成？（均输章牡瓦牝瓦题。）

(3) 甲乙两站相距243公里。一列慢车由甲站开出，每小时行驶52公里。同时一列快车由乙站开出，每小时行驶70公里。两车同向而行，快车在慢车后面。经过多少小时后快车可以追上慢车？（均输章善行百步题。）

(4) 一个蓄水池装有甲乙丙三个水管，单独开放甲管，45分钟可以注满全池。单独开放乙管，60分钟可以注满全池。单独开放丙管，90分钟可以注满全池。如果三管一齐开放，几分钟可以注满全池？（均输章五渠注池题。）

(5) 良马每日走240里，劣马每日150里，劣马先行12天，良马几天可以追上劣马？（均输章良马驽马题。）

(6) 用绳子量井深，把绳子三折来量，井外余绳4尺，把绳子四折来量，井外余绳1尺。求井深和绳长。（“方程”章五家共井题。）

二元一次方程组　用代入法解二元一次方程组，（“方程”章五雀六燕题。）用加减法解二元一次方程组。（“方程”章第2题。）

三元一次方程组（方程章三禾求实题。）

平方根的笔算求法（少广章开方术。）

等差数列（衰分章五官分鹿题，均输章五人分钱题、有竹九节题。）

等比数列（衰分章三畜食苗、女子善织题。盈不足章蒲莞等长、两鼠对穿题。）

线性方程组　　用顺序消元法解线性方程组。（“方程”术。）

2. 平面几何

勾股定理（勾股术）

相似形　相似三角形对应边成比例。（勾股章勾股容方题。）相似三角形周长之比等于相似比。（勾股章勾股容圆题。）

例题或习题：

(1) 今有邑方不知大小，各中开门。出北门二十步有木。出南门十四步，折而西，行一千七百七十五步，见木。问：邑方几何？(勾股章方邑见木题。)

(2) 今有望海岛，立两表齐高三丈。前后相去千步。今后表与前表三相直。从前表却行一百二十三步，人目着地，取望岛峰，与表末三合。从后表却行一百二十七步，人目着地，取望岛峰，亦与表末三合。问：岛高及去表各几何？(《九章算术》附录海岛算经第1题。)

圆　垂直于弦的直径。

例题或习题：

(1) 赵州桥桥拱是圆弧，它的跨度是37.4m，拱高7.2m。求桥拱半径。(勾股章圆材埋壁题)

(2)“残破的轮片上弓形的弦长480mm，高70mm，求原轮片的直径。”(勾股章圆材埋壁题)

三角形的内切圆

例题或习题：

(1)“ΔABC 中，$\angle C$ 是直角，内切圆 I 和边 BC,CA,AB 分别切于点 D、E、F。”(如图2.5.1)

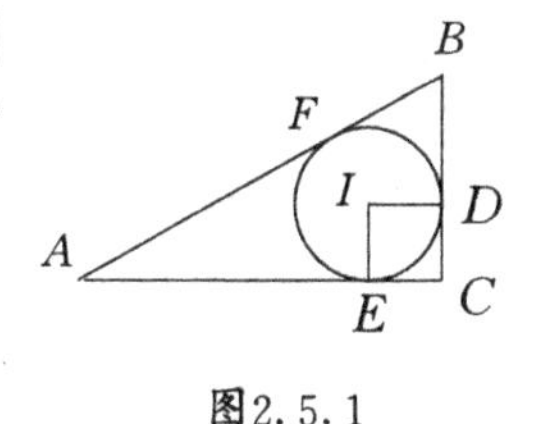

图2.5.1

1) 求证：四边形 $CDIE$ 是正方形。(勾股章勾股容方题。)

2)“设 $BC=a$，$CA=b$，用 a，b 表示内切圆半径 r。”(勾股章勾股容圆题。)

圆周长和圆面积

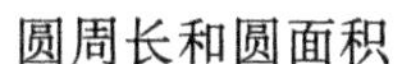

圆面积　$A=\frac{1}{2}CR$（方田章圆田术）

3. 立体几何

棱锥与圆锥（商功章阳马术、鳖臑术、圆锥术），棱台与圆台

(商功章方亭术、圆亭术)。

球(少广章开立圆术)球冠(方田章宛田术)在计算土石方时常见立体，如羡除、刍童、刍甍等体积公式应适当介绍。《九章算术》有关解法较借助于拟柱公式简便。

《九章算术》与大学数学教学

自从1989年第30届国际数学奥林匹克(IMO)中国代表队夺魁以来，已连续六届蝉联，获此殊荣。由于中国数学家在各个数学领域中都取得了辉煌成就，中国数学会已正式向国际数学协会(IMU)申请2002年在中国召开世界数学家大会(IMC)。事实上，中国数学事业的兴旺发达并非一朝一夕，而是源远流长，其来有自，我们应当深入理解“中国历来是数学大国”的具体涵义。

除了数学本科以外，在高等学校越来越多系科把数学列入必修课。现代数学用字母表达的公式揭示多种多样数学现象，它在表面上掩盖了与中国传统数学的关系。令大学生们误解：在我国古代没有数学，我们祖祖辈辈对数学愚昧弱智。

应该纠正上述对历史认识不清的状态。《九章算术》是中国传统数学的根本，在大学教学中可根据不同情况在适当场合讲授或探讨以下一类专题：

1.《九章算术》中的数论命题：更相减损术与欧几里得算法，少广术与求最小公倍数，不定方程与勾股数。

2. 开方术、开立方术对后世数值解多项式方程的影响，与世界各民族数学发展中同类知识的比较。

3. 盈不足术与求方程近似根的弦位法。

4.“方程”术与解线性方程组的高斯消去法。

5.《九章算术》经历代注释后，其内容更加充实。还可适当选择其中文献作为教材。例如出入相补原理、刘徽原理、刘祖原理、棋验法与现代数学中的面积论；祖暅球积公式推导与定积分；阳马术刘徽注与欧几里得、希尔伯特有关工作的比较等。

第 三 编

《九章算术》的成就和影响

我们在前面两编已详细介绍《九章算术》的形成、结构和内容，它总结了先秦和秦汉时代长期积累的数学成果，对人类文化作出了杰出贡献。有比较才有鉴别，本编我们从纵的和横的两方面充分比较以体现它的杰出所在：纵的是指《九章算术》成书二千年来对我国数学发展的影响，横的是指以世界各民族的数学历史来衡量和估价它的实在水平。下一编我们还将具体到算题作进一步深入探讨。

第一章 《九章算术》对我国数学发展的影响

在西算东渐之前，《九章算术》是中国数学家的必修课本，它对后世数学发展影响非常深刻。隋唐时代国家重视数学教育，设官员专职管理。隋代在国子监（犹今大学）设算学（犹今数学系），有博士 2 人，助理 2 人，学生 80 人。唐高宗显庆（656～661）时在国子监设算学馆，有学生 30 人，以《九章算术》等十部算经作为教科书，学制七年。其中学习《九章算术》、《海岛算经》、《孙子算经》、《五曹算经》、《张丘建算经》、《夏侯阳算经》、《周髀算经》、《五经算术》15 人，学习《缀术》、《缉古算经》15 人。

其中《九章算术》、《海岛算经》共学三年。国家每年举行的科举考试中设有明算科。《新唐书》选举志中记载明算科考试章程："凡算学录大义本条为问答。明数造术，详明术理，然后为通。试《九章》三条，《海岛》、《孙子》、《五曹》、《张丘建》、《夏侯阳》、《周髀》、《五经算》[①] 各一条。"于此可见，《九章算术》是群经之首，在排序上、学习年限上、考试命题比重上都居前列，足以说明它在唐代数学教育中的崇高位置。

宋元以后，我国数学研究除了从事天文历法工作的官员以外，大量工作散处民间。而其研究方式、规模和成果一千多年来也此起彼伏，很不规整。但是有一点是一致的：中国数学家著书立说，创造发明，都离不开《九章算术》。宋代荣棨为杨辉《详解九章算法》作序曾说："是以国家尝设算科取士，选《九章》为群经之首，盖犹儒者之《六经》，医家之《难素》，兵法之《孙子》欤。"金代李冶《益古演段》自序也说："术数虽若六艺之末，而施之人事，则最为切务，故古之博雅君子马郑之流，未有不精于此者也。其撰著成书者，无虑百家，然皆以《九章》为祖。"我们就各时期数学家代表人物杰出事例以阐述《九章算术》对他们业绩的重要哺育和奠基作用。

第一节 三 国

赵爽

赵爽字君卿，身世不详，曾为《周髀》作注。他的工作在理论上和实践上都与《九章算术》息息相关。

赵爽用《九章算术》数学术语为《周髀》作注，例如全、分、等数、通分、纳子、约分、率、损、益、实、法、开方、从法、类、

① 《新唐书·选举志》. 北京：中华书局标点本，1975. 1162

三相直、面等等。

赵爽在他的力作“勾股圆方图注”中把《九章算术》勾股章中对特殊算例的术文提高到一般的勾股弦和、差关系，有的还作出进一步逻辑推理。例如注中说：“案弦图又可以勾股相乘为朱实二，倍之为朱实四。以勾股之差自相乘，为中黄实，加差实一，亦成弦实。”是为勾股术用出入相补原理所作证明。而“勾实之矩以股弦差为广，股弦差为袤，而股实方其里。减矩勾之实于弦实，开其余，即股。”是勾股章第 7 至 10 四题术文的一般总结及其证明。而又“两差相乘，倍而开之，所得，以股弦差增之为勾。以勾弦差增之为股，两差增之为弦。”是同章纵横不出题的术文在一般情况下的说法。“令并自乘，倍弦实，乃减之；开其余，得中黄方。黄方之面即勾股差。以差减并，而半之，为股。”是同章户高于广题术文的一般化和证明。

在赵爽的另一篇力作“日高图注”中，他从勾股章有关勾股比例测量一次测望推广到二望，提出了测日高的设想，还用出入相补原理证明所拟术文。

清代学者阮元在《畴人传》对赵爽所作评价是中肯的：“‘勾股圆方图注’，五百余言耳，而后人数千言不能详者，皆包蕴无遗，精深简括，诚算氏之最也。”

刘徽

刘徽是我国古代杰出的知名数学家，他对数学所作系统论述开后世数学研究风气之先。刘徽才华出众，工作有划时代意义。筚路蓝缕，以启山林，其功不可泯。而其主要传世之作是“九章算术注”。《九章算术》与刘徽“九章算术注”是母与子的关系，是根本与枝叶的关系，也是老师与学生的关系。刘徽的工作是针对老师所提出的为数众多、绚丽多采的各种问题，详略有度地、谦恭谨慎地作出了准确解释、讨论、正误和推导。我们认为他青出于蓝，似非过誉。刘徽自己在“九章算术刘徽注原序”讲了他质朴的学习过程："徽幼习九章，长再详览，观阴阳之割裂，总算术之根源，探赜之暇，遂悟其意，是以敢竭愚鲁，采其所见，为之作注。"他注释的方法是"事类相推，各有攸归，故枝条虽分，而同本干者，知发其一端而已。又所析理以辞，解体用图，庶亦约而能周，通而不黩，览之者思过半矣。"刘徽还自撰《海岛算经》，则是勾股章刘注的续篇。在九章刘徽注原序中明确表示："按九章立四表望远及因木望山之术，皆端旁互见，无有超邈若斯之类。然则苍等为术，犹未足以博尽群数也。徽寻九数有重差之名，原其指趣乃所以施于此也。"于是他"辄造重差，并为注解，以究古人之意，缀于勾股之下。"南宋杨辉在《续古摘奇算法》中说："海岛去表为之篇首，因以名之，实九章勾股之余法也。"

《九章算术》有了刘注才能成为完善的数学教科书，深厚影响着中国数学的发展，所以阮元在《畴人传》论刘徽："江都焦里堂（焦循）谓刘徽注九章与许叔重（许慎）说文解字同有功于六艺，是岂尊重之过当乎？"

第二节 南北朝

孙子

孙子名不详，身世也不详，有《孙子算经》传世。从书中有历史根据的资料推测，此书著作时代约在公元400年左右，全书分上中下三卷。

卷上记度量衡制度、原器标准、及其进制，筹算，四则运算规则，九九表，乘法表，乘方表，除法表，粮食换算表等。后者与《九章算术》粟米章粟米之法所记一致，而对某些内容则有进一步阐述。卷中、卷下都是应用题，共64题。《孙子算经》是《九章算术》的简编本，64道算题中与《九章算术》相对应的有23术，驭49题。（见236～239页附表。）

《孙子算经》有些题题文数据与《九章算术》相应题全同，如卷中第 2 题约分，第 3 题合分，第 4 题平分，第 5 至第 8 题，以粟换其他粮食各题，第 27 题女子善织题。

有些题是《九章算术》有关应用题的摹仿和改编，如卷中第 25 题五等诸侯题，当采自九章五官分鹿题，卷下第 28 题二人持钱题、当采自九章同名题。又如卷下第 80 题三鸡啄粟题[①] 显系九章三畜食苗题改编。

有些题是在《九章算术》有关术文影响下创作的，例如卷下第 15 题三人共车题，题意是说，人们搭车旅游。如果 3 人乘一车，有 2 车无人坐；如果 2 人乘一车，有 9 人无车坐。问：人数，车数各是多少？《孙子算经》的解法是："置二车，以三乘之，得六。加步者九人，得车一十五。欲知人者，以二乘车，加九人，即得。"孙子解法从何而来？我们如设人数是 x，车数是 y，应解方程组

$$\begin{cases} y-\dfrac{x}{3}=2 \\ x-2y=9 \end{cases}$$

按照《九章算术》"方程"术，孙子本题解法是矩阵变换结果的文字陈述：

$$\begin{pmatrix} 1 & -\dfrac{1}{3} \\ -2 & 1 \\ 9 & 2 \end{pmatrix} \to \begin{pmatrix} 1 & -1 \\ -2 & 3 \\ 9 & 2\times 3 \end{pmatrix} \to \begin{pmatrix} 1 & 0 \\ -2 & 1 \\ 9 & 2\times 3+9=15 \end{pmatrix} \to$$

$$\begin{pmatrix} 1 & 0 \\ -2 & 2 \\ 9 & 15\times 2 \end{pmatrix} \to \begin{pmatrix} 1 & 0 \\ 0 & 1 \\ 39 & 15 \end{pmatrix}$$

卷下第 17 题河上荡杯题显然受到《九章算术》凫雁对飞题合

① 本编所谈到的算题在第四编有关论述中载全文，读者可查阅.

作一类问题的影响。卷下第31题雉兔同笼题烩炙人口，还远传东瀛日本，其解法也很奇特，白尚恕教授曾对此有独到见解，我们将在第四编介绍。而其根本设想则是《九章算术》其率术的巧妙应用。

《孙子算经》以卷下第26题物不知数题及其术文驰誉全球。外国人尊之为中国剩余定理。阮元在《畴人传》论说："下卷物不知数，三三数之，五五数之，七七数之一问为九章所未及。"我们认为物不知数题有可能是《九章算术》盈不足章买物盈亏题的进一步发展。

张丘建

张丘建身世不详，有《张丘建算经》传世。从书中有关算题所反映的政治经济制度可以推断此书著于5世纪下半叶。此书继承《九章算术》数学风范，并且创作了不少推陈出新的算题和解法，所以阮元在《畴人传》评论说："详观张丘建之书，盖出于九章而得其精微者。"全书上、中、下三卷。卷上32题，卷中32题，卷下38题。每题都按《九章算术》体例：先题文，次答数，术文殿后。在这些题文、术文中，与《九章算术》相对应的有29术共驭77题。（见235～237页附表。）

书中所拟题有些几乎与《九章算术》全同。例如卷上第16问甲发洛阳题与九章甲发长安题相仿。第29问金方、银方题与九章五雀六燕题相若。第30问米粟同舂题与九章同名题类似，仅数据略有更动。卷中第17问持钱之洛题，则是九章持钱之蜀题同一模式、数据改编。

我们说《张丘建算经》是《九章算术》推陈出新之作是指：

有些题虽与《九章算术》立意相同，但在计算技巧上有了提高。例如卷上第1至6题带分数乘除算题后来居上。对于分数除法，我们已介绍经分术有两层意思：其一，被除数、除数之一含分数，另一是整数。经分术只说："有分者通之"。其二，被除数、除数俱含分数。我们在第二编第二章第五节阐明其算法。《九章算术》有术文，有答数，无实例演算示范。张氏算经在此带分数除法中对此两层意思，都示详细过程。

前者：以十二除二百五十六、九分之八。问：得几何？草：置二百五十六以分母九乘之，纳子八，得二千三百一十二为实。又置除数十二，以九乘之，得一百八为法，除实，得二十一。法与实俱半之，得二十七分之十一，合问。”

后者：“以二十七、五分之三除一千七百六十八、七分之四。问：得几何？草：置一千七百六十八，以分母七乘之，纳子四，得一万二千三百八十。又以除数分母五乘之，得六万一千九百为实。又置除数二十七，以分母五乘之，纳子三，得一百三十八，以分母七乘之，得九百五十六为法。除之，得六十四。法与余，各折半，得四百八十三分之三十八”。前者与后者正是经分术两层意思的数值实践，这一过渡对初学非常必要。

有些问题虽立题仿佛，但解法排旧立新，一题多解，开拓思路。以上引金方银方题而论，张氏不用方程术解，而是另立公式。以上引米粟同舂题而论，张氏不用盈不足术，而是纯用算术运算得解。

有些题虽仍用九章旧术，却进一步扩大应用范围。例如卷下第19问丁夫五百题的解法，实在就是反其率术在运输问题上的应用。又如卷上第7问鹿赐围兵题，卷中第15问三女刺文题正是九章合作算题在狩猎、女红中的应用。卷上第31问今有造桥题，卷下第16问雇车行道题，第23问七人造弓题，第28问今有食面题，第29问二人锢铜题，第33问有亭一区题，都是九章贷人千钱题术文在运输、制造、冶炼、分配、土方计算等方面的广泛应用。

有些问题虽与《九章算术》同术，而解题思路被拓宽。卷中第22题：“今有弧田，弦六十八步，五分步之三，为田二亩三十四步、四十五分步之三十一，问：矢几何？”（答数：$12\frac{2}{3}$步）术文：“置田积步，倍之为实。以弦步数为从［法］，开方除之”，与九章弧田术同术，但本题改为已知弦及弓形面积，反求矢长。又卷下第 9 题：“今有圆圌，上周一丈五尺，高一丈二尺，受粟一百六十八斛五斗二十七分斗之五。问：下周几何？”（答数：1 丈 8 尺）与九章圆亭术同术，但本题是已知圆台容积、上周长、及高，反算下周长。术文：“置粟积尺，以三十六乘之，如高而一。所得以上周自相乘，减之。余，以上周尺数从，而开方除之。”我们如设上一题的未知数矢长为 x，而设后一题未知数下周长为 x，则两题的解分别相当于解二次方程

$$x^2+68\frac{3}{5}x=2\left(240\times 2+34\frac{31}{45}\right)$$

$$x^2+15x=1\ 685\frac{5}{27}\times 1.62\times 36\div 12-15^2$$

两题术文中所说“从”，是指方程一次项系数：$68\frac{3}{5}$（弦长步数）和 15（上周尺数）。可见二题解法都已归结为《九章算术》勾股章方邑见木题开带从平方问题。张氏算经还提出其他新的反算问题，令人耳目一新。卷中第 9 问欲为方亭题是方锥改为方台反算应“斩末”（高）多少；卷下第 11 问有窖受粟题是已知方台容积反算底（长方形）一边长；卷下第 31 题适为《九章算术》少广章立圆术所驭题的反运算：已知直径求球的体积。卷上 14、15 两题二次测望推广了九章四表测木题。卷上第 22、23，卷中第 1、8，卷下第 34、36 等题对于等差数列所作多方面探索，是九章均输章有关算题的深入。

有些题是在《九章算术》影响下的独立创造，如卷上第 10、11 题关于求几个周期的公共周期算题；而卷下第 38 题百鸡问题尤其著称于世。

祖冲之

祖冲之字文远（429～500）南朝数学家。《南齐书》祖冲之传和《南史》文学传都记祖冲之“注九章，造缀述数十篇。”[①]《隋书》、《旧唐书》都有祖冲之著《缀术》的记载。（《缀术》即《缀述》）。《缀术》应是祖氏钻研《九章算术》及其刘徽注后，把心得体会写出的数十篇专题论文的文集，附缀于刘注之后，这是《缀术》一书书名的由来[②]。顾名思义，此书是祖氏的九章注。由于他匠心独具，《缀术》内容深奥，唐代国学所收学生中除一部分学习《九章算术》等算经外，还有一部分专攻《缀术》、《缉古算经》，前者学习期限达四年。《九章算术》及其刘徽注对《缀术》的写成起着决定性奠基作用是不言而喻的。

《缀术》已不幸失传，我们已无从知晓其具体内容，但是祖氏在数学上的贡献还可以在后人征引的文献中探知一二。《隋书·律历志》有关他的圆周率研究成果，相当于说：

$$3.1415926<\pi<3.1415927$$

精度达八位有效数字。又用分数表达的约率$\approx\frac{22}{7}$和密率$\approx\frac{355}{133}$，后者是当时世界圆周率精度之最。这些成果的获得应是刘徽注圆田术割圆工作的继续，阮元在《畴人传》中对此有恰当的评价：“周三径一，于率尚粗，徽创以六觚之面割之又割，以求周径相与之率。厥后祖冲之更开密法，仍是割之又割耳，未能于徽法之外，别立新术也。”此外《隋书·律历志》记：“又设开差幂、开差立，兼以正负参之。指要精密，算氏之最者也。”如果我们把这一段话理解为：已知长方体体积以及长、宽、高的和差关系以求此立体的一边——开带从立方，那么这又是九章方邑见木题术文中开带从

---

① 南齐书. 北京：中华书局标点本，1972. 903～905.

② 钱宝琮. 中国数学史. 北京：科学出版社，1964. 85

平方的推广。

祖暅

祖暅是祖冲之的儿子，生卒年代已不可考。他家学渊源，有所创新。他的数学成果之一，在李淳风《九章算术》注中全文引述。他通过牟合方盖为媒介，完整地推导球体积公式。论证方法，别出心裁；逻辑严密，无懈可击。而牟合方盖这一几何模型却是刘徽首创。可见祖暅的工作也是《九章算术》及其刘徽注基础上的发展。

第三节　唐

王孝通

王孝通生卒年代已不详，《旧唐书·历志》说他在唐初为算历博士，后来升任太史丞，著《缉古算经》[1]。王氏在“上缉古算经表”中说：“窃寻九数即九章是也，其理幽而微，其形秘而约：重勾聊用测海，寸木可以量天。…但旧术残驳，尚有缺漏。…臣今更作新术，于此附伸。”又说：“伏寻九章商功篇有平地役功受袤之术，至于上宽下狭、前高后卑，正经之内、缺而不论。致使今代之人不达深理，就平正之间同欹斜之用，斯乃圆孔方枘，如何可安。…臣昼思夜想，…遂于平地之余，续狭斜之法，凡二十术，名曰缉古。”可见《缉古算经》是王氏学习《九章算术》之后，对有关内容的补充和提高。

《缉古算经》所收20题在写作体例上也沿用九章的题文——答数——术文模式。全书分四部分：

第1题推算月的天文位置。此题术文王氏自注：“按九章均输篇犬追兔术，与此术相似”。在自注中摹拟兔走犬追题以解这一天

① 旧唐书．北京：中华书局标点本，1974．456

文计算应用题。

第2至6题、第8题是土方计算，第7题、第9至14题为仓容计算，第15至20题则是勾股计算。这后三部分中王氏都有创新之处。

在土方计算中，羡除、刍童等立体体积都按九章有关术文计算，而在有关代数运算中却出现堑堵、鳖臑等几何名词。在运输工作量计算中如“上山、三当四，下山、六当五，水行、一当二，平道踟蹰、十加一；以及四季程功等制度大致都取法于九章商功章。第3题题文中，已给每人每日挖土$12\frac{3}{5}$立方尺，筑土$11\frac{29}{65}$立方尺，运土$29\frac{19}{25}$立方尺。题文认为：每日1人运土$29\frac{19}{25}$立方尺，需$29\frac{19}{25}\div 12\frac{2}{5}=2\frac{2}{5}$人挖这些土，需$29\frac{19}{25}\div 11\frac{29}{65}=2\frac{3}{5}$人筑这些土。于是得到结论，在三种工人密切合作中筑土$29\frac{19}{25}$立方尺需6人，每人如自挖、自运、自筑土量为$29\frac{19}{25}\div 6=4\frac{24}{25}$立方尺。这一解题思路显然受到九章一人成矢题术文的薰陶。在建粮仓、粮窖容积计算中，圆台、方台都用九章圆亭、方亭术。在殿后勾股六题：已给勾股弦乘积及其和差，要求直角三角形边长，正是九章勾股章的加深和扩大。

《缉古算经》虽出于《九章算术》，但有胜之者。例如后者商功章城垣堤积术限于相同横截面立体，前者则推广到东西两端有不同上、下宽、不同高的堤体，并提出了准确体积公式，即

$V=\frac{1}{6}\left[(2h_1+h_2)\frac{a_1+b_1}{2}+(2h_2+h_1)\frac{a_2+b_2}{2}\right]l$，其中$a_1$，$a_2$，$h_1$为一端面上、下底及高，$b_1$，$b_2$，$h_2$为另一端面上、下底及高，$l$为堤长。

《缉古算经》最杰出的成绩还在于高次方程。《九章算术》所

涉及的多项式仅限于 $x^2+Ax=B$ 型二次方程。因土木建筑的需要及勾股术研究需要，王氏提出了

$$x^3+Ax^2+Bx=C$$

$$x^4+Ax^2=B \qquad (2)$$

两型高次方程在各题术文中详细、确定地计算并列出各项系数，这种分离系数列出多项式的方法起着承上启下的重要枢纽作用。一方面是九章开方术和开立方术传统的继承，另一方面为后世天元术提出启示，所以阮元在《畴人传》王孝通传中敏锐地指出："盖算数之理，愈推愈密，孝通缉古实后来立天元术之所本也。"日本学者三上义夫在《中国算学之特色》中也精辟地指出："唐王孝通之三次方程式已用与天元术相同之方法，故所谓天元术，其形式上虽新，而在传统上则谓为承继古式，亦无不可也。"① 关于高次方程解法，对于方程（1）的解，在术文中说："开立方除之"虽未示详细运算过程，显然是九章方邑见木题基础上的推广和提高。而对于方程（2）的解，术文中说"开方除之，又开方"。是沿用九章开带从方所作双二次方程处理。必须指出王氏此举是后世增乘方法之滥觞。

第四节　宋、金、元

秦九韶

南宋秦九韶（1202～1261）于1247年著《数书九章》，这是中国另一部最重要的数学经典。全书81题按算题性质或解题方法分为九章。每一道题除按《九章算术》体例之外，俱具草（演算草稿）及图。《数书九章》是在《九章算术》理论基础上发展起来的反映南宋时代政治经济制度的数学专著，它汇编了湛新的、比

① 三上义夫．中国算学之特色．（林科棠译）．北京：商务，1929．67

《九章算术》所含进一步复杂的算题及其相应解法，主要表现在：

从《九章》圭田术推广为三斜求积术，已知三边长求斜三角形面积。

从《九章》开方术、开立方术发展为正负开方术：数值解一般非负系数高次方程，次数直到十次。全书草文记录这种解法全过程达二十多次。这种解法源自何方？阮元在《畴人传》秦氏传略曾予评议，说："明顾应祥'《测圆海镜》分类释术'，详衍开方诸法，然加减混淆，学者昧其原本。读九韶书而后知昔人开方除法，固有一以贯之者。留情九数之士，所宜孰复而研究之也。"阮元对顾氏"释术"有微词：昧其原本，指不知与《九章》开方的渊源关系；而对秦氏"正负开方法"知一以贯之，当指术出九数——《九章算术》。

综合应用均输章三丝互换题及盈不足章漆三油四题构成连比例解题的一般方法——雁翅法。

把《九章》盈不足术发展为双套盈朒术，相当于对方程组

$$\begin{cases}\dfrac{b_1}{a_1}x=y-c_1\\[2ex]\dfrac{b_2}{a_2}x=y-c_2\end{cases}$$

直接给出解是

$$x=\frac{a_1a_2\ (c_2-c_1)}{a_2b_1-a_1b_2}$$

$$y=\frac{a_2b_1c_2-a_1b_2c_1}{a_2b_1-a_1b_2}$$

灵活运用《九章》"方程"术。在计算方法上通过以等数约，以分母乘，互乘相消法，代入法，化方程组的系数矩阵为单位矩阵等手段，使《九章》"方程"术益加与今称高斯消去法解线性方程组相一致。

综合运用《九章算术》各术解题（见235～237页附表）。在

秦氏术文中一般都祖述《九章算术》有关出处，如“以少广求之”，“以勾股求之”，“以商功求之”等等。事实上，大多数算题都用《九章算术》多种术文。如秦氏书第四章遥度圆城题三次运用《九章算术》四表测木题术文：用相似三角形性质列出三个关系式，合成一个十次方程。第六章囤体量容题运用《九章算术》方亭术列出二次方程，（含一次项），此即《九章算术》方邑见木题术文所见。又如第九章均货摊本题先用“方程”术解出黄金、白银、变牒、盐票的单价，用乘分术求出四人入股资金，再以此为分配率，用衰分术分配从海外经商所赚得的沉香、胡椒、象牙等商品。

《数书九章》还在前人治历基础上总结出“大衍总数术”，这是有划时代意义的创作。在《数书九章·序》中秦氏说：“独大衍法不载《九章》，未有能推之者，历家演法颇用之，以为‘方程’者，误也。”在此他辩明了大衍术的立新意义。阮元在《畴人传》对此也有评说：“由元郭守敬授时术，截用当时为元，迄今五百年来，畴官术士，无复有知演纪之法者，独数学九章犹存其术，耆古之士，得以考见古人，推演积年日法之故，盖犹告朔之牺羊矣。”点明了大衍术硕果仅存的重要意义。大衍术虽独立于《九章算术》，但是此术所受的影响非常深刻。例如术中对通数（分数）收数（小数）化为“复数”、元数（均自然数）时熟练掌握了《九章算术》的乘分术。在一组“复数”（不两两互素）化为元数（两两互素）、对同余式模数化为定数的运算中，秦氏精通更相减损术[①]。我们从草文中看到数十次筹算变换，令人眼花缭乱，但却井然有序，工作做得很出色。作为大衍总数术的精髓——大衍求一术，秦氏机智地以《九章算术》中约分术为工具，以运算过程中的一些部分商、巧妙而成功地参照数值解高次方

① 沈康身.《数书九章》大衍类算题中的数论命题.《杭州大学学报》，1986(4)：421～434

程的增乘方法，随乘随加最终获解，秦氏运筹无一失误，正说明他学习《九章算术》功力所在。

杨辉

杨辉也是南宋时秦九韶的同代人。他籍隶钱塘（杭州市），在13世纪60～70年代著有三种数学书传世，他的数学成就近年来益加受人们重视和推崇。追溯本源，则是杨氏治《九章算术》的扎实功底。正如他在《日用算法》序中说："黄帝九章乃算法之总经也"。我们就其著作中有关事项陈述如下：

杨氏《田亩比类乘除捷法》上下卷事实上是《九章算术》方田章的延伸。书中囊括了包括宛田术在内的各种形状的田亩的面积算法。在此基础上他又作了多种推广。例如乘分术的应用：求铜重、纱值、支付等运算。他把原先连续量求积的圭田、斜田、圆田公式推广为等差数列的离散量求和。书中还引12世纪时刘益遗书《议古根源》22道算题：长方形面积及其长宽和（或差）反算边长，梯形截去另一面积为已知的梯形求余形的边长及高等，都是数值解二次方程算题。有一题：圆田截积，反求弦矢题，综合运用了圆田术、弧田术和少广术，是一道提出演草全过程的数值解四次方程算题。

《续古摘奇算法》上、下卷是杨氏另一部重要数学专著。所谓摘奇，指其材料采自《九章算术》方田术、圆田术、今有术、衰分术、贷人千钱术、四表测木术等等，以及受《九章算术》影响很深的《海岛算经》和《孙子算经》。杨辉治算有名语录即出于本书卷上："魏刘徽注九章，立重差，著于勾股之下，……实九章勾股之遗法也。迄今千余载间未闻作法之旨者。辉尝置海岛小图于座右，乃见先贤作法之万一。……本经题目广远，难于引证。学者非之，今得孙子度影量杆题问，引用详解，以验小图。"杨氏是正确解释海岛第一题的第一人，从此语条杨氏辛勤钻研精神跃然纸上。由此可见《九章算术》及其有关专著对其影响之深。

杨氏的另一力作《详解九章算法》，顾名思义，此书与《九章算术》的密切亲缘关系。《详解九章算法》原分12章，其中《纂类》是在全面深入研究基础上对246道算题重新分类，他分为9门，69术，很有见地。此外书中保存并阐述11世纪时数学家贾宪的"增乘方法"与"开方作法本源图"。二者与刘氏《议古根源》有关创造发明同是《九章算术》少广术的重要推广。书中还以此类方式推广和扩大商功章各术的内涵：从各种立体连续量的求积公式，以增加项的方式推广为离散量的垛积，即高阶等差数列的求和问题。书中还对《九章算术》某些术文用割补法（出入相补原理）作逻辑推导。例如勾股容圆公式 $D=\frac{2ab}{a+b+c}$ 与 $D=a+b-c$ 之间的等价关系，刘徽注中有术无证，杨辉作出成功推证。

李冶

李冶（1192～1279）身处金元之交，著《测圆海镜》（1248）和《益古演段》（1259）两种名作。《测圆海镜》的主要贡献，其一是创立和系统论述了天元术，全书又全面应用这一新生工具，作了示范实践。其二是直角三角形各种容圆（内切圆、旁切圆等）直径与三边长的关系。前者是《九章》筹算开方术、开立方术的笔算记法和算法，以及在此基础上对解多项式方程的理论和实践作进一步发展。阮元在《重刻测圆海镜细草》序中说："算数之书，九章而已。少广著开方之法，'方程'则正负之用。立天元一者，融合少广、'方程'加精焉者也。"道出了李氏立天元及其解天元式与九章少广、"方程"二术的源流关系。后者是勾股章勾股容圆题的推广。《测圆海镜》所载洞渊九容中的勾中容圆正是九章的勾股容圆，名异实同，即图3. 1. 1中直角三角形ABC的内切圆，李冶称其直径为通率。其他八种容圆，他设想奇特。把$\triangle ABC$的内切圆视为直角$\triangle AEF$的勾EF外的旁切圆，称之为勾外容圆，其直径称为小差率，我们记为D_a。也把勾中容圆视为直角$\triangle GBH$

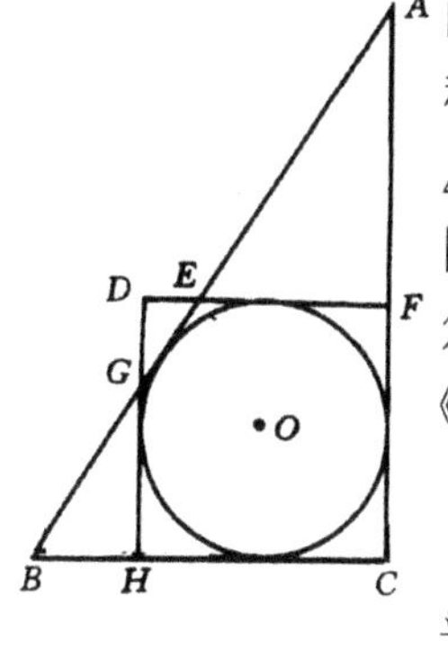

图 3.1.1

的股 GH 外的旁切圆，称为股外容圆，其直径称为大差率（D_b）。他还把勾中容圆视为直角 $\triangle GED$ 的弦 GE 外的旁切圆，称为弦外容圆，其直径称为太差率（D_c）。如果把四个三角形的勾、股、弦分别记为 a，b，c，李氏在《测圆海镜》所给出的公式相当于说

$$D_a=\frac{2ab}{c+b-a},\ D_b=\frac{2ab}{c+a-b},\ D_c=\frac{2ab}{a+b-c}$$

显然这三公式都是《九章算术》勾股容圆术的延展。（图 3. 1. 1）

朱世杰

元代朱世杰身世不详，传世名著有二：《算学启蒙》（1299）和《四元玉鉴》（1303）

《算学启蒙》有上中下三卷，含 295 算题，可以说是《九章算术》的改编本。很多算题与《九章》重复（见 236～239 页附表），但很有创新之处。例如把正负术从加减运算拓广为乘除运算。用《九章》一人成矢术处理更为复杂的卷上给粮三军题。把圆田术、环田术从连续量求积进一步解决相应的离散量求和，如卷中欲筑圆城题。对“方程”术用相当于今称中间变量代换解线性方程组，如卷下今有直田题。朱氏综合《九章》“方程”、勾股、开方三术灵活解题。

《四元玉鉴》也分上中下三卷，把《九章》有关等差数列知识推广到垛积术，即高阶等差数列求和及其反算——内插法。还把天元术推广到四元术——解高次四元方程。祖颐在《四元玉鉴》后序点明朱氏的工作是“探三才之赜，索《九章》之隐，按天地人物立成四元。”朱氏解题的基本思路是逐步消元，使最后出现只含一个未知量的多项式方程，于是多元问题就归结为天元术问题。我们以二元方程为例，如方程组

$$\begin{cases} A_{11}y+A_{12}=0 & (1) \\ A_{21}y+A_{22}=0 & (2) \end{cases}$$

A_{11}，A_{12}，A_{21}，A_{22}都是含 x 的多项式，朱氏的消元法则是以 A_{11} 遍乘（2），又以 A_{21}遍乘（1），然后两两相减，就得到只含 x 的多项式方程

$$A_{12}A_{21}-A_{11}A_{22}=0$$

九章“方程”术遍乘直除是对常数系数的运算，这里朱氏扩张到多项式的遍乘直除，可见是受方程术的启发，这是肯定的。

第五节　明、清

程大位

程大位（1533～1608）安徽休宁人，著《算法统宗》，这是一部当时普及民间的教科书，在中国古算书中印数最多，流传最广，盛行数百年。此书还传到朝鲜、日本，对他们的数学和珠算的通行起过很重要的积极作用。

《算法统宗》共 12 卷，分三部分。第 1、2 卷为总论，以珠算为算具讲解各种计算方法。第 3 至第 8 卷为本论。其中第 3 至第 6 卷依次为方田、粟米、衰分、少广。第 7 卷为商功、均输，第 8 卷为盈朒、方程、勾股。第 9 至第 12 卷为“难题”，以歌谣、诗词立题、术，仍以《九章算术》名目分类。从此书体例按九章名目分类，从数以百计的算题与《九章算术》同术（见 235～237 页附表），可见此书受《九章算术》影响的深刻。

虽然《九章算术》在明代已几乎失传，在民间已很难见到，而其精神本质却并未衰竭，从由此衍生的数学专著犹存，便可以证明。《九章通明算法》、《九章比类算法》、《九章详注算法》等等（均见《算法统宗》书末“算经源流”）都以九章为书名之首，这些算书显系绍述《九章算术》之作。

《算法统宗》有不少创见。书中出现一般三角形、一般梯形、菱形面积公式。对四不等田、五不等田等一般多边形,采用分割为几个三角形,分别计算面积,然后求和的正确方法。各种平面图形的部分面积求法,如梯田截积、圆田截积、环田截积、弧田截积等。其中“勾股诸说释义”是对秦汉以来勾股弦及其和差关系的系统总结。个别题别出心裁,是我国前所未有的。如卷 7 有钱日倍题,当是《九章算术》衰分章女子善织题的推广。又同卷“今有天干十位,地支十二位,问:干支相配若干?”是我国组合数学的先例。

梅文鼎

梅文鼎（1633～1721）安徽宣城人，历算大师。他著书 70 余种，收入《梅氏历算丛书辑要》的数学专著有 13 种：含《笔算》、《少广补遗》、《堑堵测量》、《“方程”论》、《几何通解》等。梅氏数学思想同时受到中西方文化薰陶，正如《辑要》凡例中说：“徵君公殚精此学五十余年，或搜古法之根本，而阐明之，或发西书之覆，而订补之，或即中西两家而考其异同、其得失。”除西方译著而外，梅氏广泛涉猎中国传统数学专籍。《九章算术》在清初仅在宫廷或私家秘藏，他 1678 年到南京乡试（考举人）时在黄虞稷家得读南宋刻本残本，存方田、粟米、衰分、少广、商功五章。即以《辑要》所收 13 种数学专著而论，梅氏受《九章算术》影响是深厚的，他的基本观点是：“吾圣人九数，范围天地九洲，万世所不能易”（梅氏《绩学堂文钞》卷一语），是根深蒂固的，我们列陈这些影响：

《笔算》设方田通法一节，讨论各种形状田亩面积求法。梅氏解释说：“田不能皆方，或圆或直、或梯或斜、或如牛角、或为矢弧，不皆方，故为之法以方之。……九章之术，首列方田，君子挈矩（示范）之道欤?”《笔算》载有大量比例算法，梅氏在比较今有术与西人三率法时说：“以先有之数知今有之数，两两相得，是生比例，莫善于异乘同除[①]，乃古九章之枢要也。先有者二，今有者一，是已知者三，而未知者一，用三求一[②]，故西洋谓之三率。今先明同异名之说，以著古法；次详三率之用，以显通理。”梅氏数典不忘祖，溢于言表。

《少广补遗》一书中，梅氏把九章开方术、开立方术推广为开高次方，相当于按二项定理展开系数（贾宪三角形）求高次（达十二次）幂的根。书中说：“少广为九章之一，其开平方法为薄海内外测量家所需。取古图细绎，发其指趣，为作十二乘方算例。”

在专著《堑堵测量》中摹拟九章鳖臑体讨论球面三棱锥性质，在此书序中说：“古法斜剖立方成两堑堵，堑堵又剖为三，成立三角。立三角为量体所必须。”

在《“方程”论》6 卷自序中，梅氏以空间形式和数量关系把《九章算术》分为两部分，见解正确。他说：“夫数学也，分之则有度有数。度者量法，数学算术。是量者皆由浅入深，是故量法最浅者方田、稍进为少广，为商功，而极于勾股。算术最浅者粟米（布），稍进为衰分，为均输，为盈朒，而极于‘方程’”。梅氏未能目睹《九章算术》“方程”章，引为终身遗憾，在书中说：“天下大矣，邺架藏书，岂无足考，而冀（希望）博雅好古君子，惠示（友好出示）古本，庶有以证明其说，而广其所未知，则所得望也。…论成后（指“方程”论写成）冀得古书为徵（对照、比较、验证）而不可得，不敢出示人。”但我们审视全书所收 90 题及其解法，梅氏用“方程”术，正负术解线性方程组，其中齐军千乘题为六元方程组，可谓尽传九章要旨。他在自序所作对“方

---

① 今有术，所求数＝所有数×所求率÷所有率　中，所有数×所求率谓异乘，而所有数÷所有率谓之同除.

② 指今有术中先有两种粮食互换率，已知一种粮食量，求另一种粮食对应有多少.

程”术的猜测是符合实际，并无缺憾。他辛勤探索精神是我辈学习的楷模，他说：“窃以‘方程’算术，古人既特立一章于诸章之后，必有精理，而中西各书所载，皆未能慊（不满）然于怀，疑之殆将二纪。壬子（1672）拙荆见背（夫人逝），闭户养疴，子以燕偶有所问，忽触胸中之意，连类旁通，若千门之乍启，亟（急）取楮（纸）墨，以第录之，得书六卷。于是二十年之疑，涣然冰释。然后知古人之法之精深，必非后世所能易（改变）。书虽残缺，全理具存。苟能精思，必将我告。管敬仲① 之言，不予欺也。”

梅氏精通欧几里得《原本》前六卷，他数典念祖，在所著《几何通解》一书中力图用九章勾股术证明《原本》第 2，3，4 卷有关命题。他的工作是有成绩的，在书中不无夸大地但有体会地说：“几何不言勾股，然其理并勾股也，故其难通者以勾股释之则明。推理分中末线（黄金分割）似与勾股异源。今为游心于立法初，而仍出于勾股，信古九章之义，包举无方。”

清中叶

焦循(1763～1820)、汪莱(1768～1813)、李锐(1768～1817)是乾、嘉时期中国历算家的代表，人们称为谈天三友。三人都有数学专著传世。在先人学说基础上有所发明。汪莱在《衡斋算学》中对多项式理论作出精湛研究，认为多项式方程的正根不止一个，他总结了三次方程（正系数）根与系数的关系。李锐在汪莱钻研成果上作更深入探讨，指出方程根的个数与系数符号变号个数的关系，方程无实根的条件等。他们独立于西算，作出与西欧数学家关于方程论相对应的正确判断。

焦循 1795 年在阮元处作幕宾时，读李冶《测圆海镜》、《益古演段》，后又在镇江金山寺借抄秦九韶《数书九章》。焦氏与李氏

---

① 管敬仲即管仲，春秋初期政治家.

相约合作研究李冶天元术和秦氏正负开方术，取得很好成绩。

清末

李善兰（1811～1882）浙江海宁人，在数学科学研究和数学工作俱取得丰硕成果。他与英国人伟烈亚力 A・Wylie（1815～1887）合作译成数学书多种，其中欧几里得《原本》后 9 卷（1857）、《代微积拾级》18 卷（1859）对中国近代数学有关键性的教材基础建设。李氏《则古昔斋算学》自序开宗明义自陈：“善兰十龄读书家塾，架上有古九章，窃取阅之，以为不学而能，从此遂好算。”李氏各种专著深入数学各领域，具有世界声誉，我们无能为力按《九章算术》具体题和术一一指出其渊源所自，而李氏精通《九章算术》这一专长，在他半个多世纪数学译著生涯中有重要影响则是无庸置疑的。即以所译《原本》而论，当时工作十分艰巨，在他续译序中说：“伟烈君无书不览，尤精天算，且熟华言，遂以壬子（1852）六月朔日译一题，中间因应试、避兵诸役，屡作屡辍，凡四历寒暑，始卒业。”伟烈亚力口译，李氏笔录成书。中西学术用语鸿沟天成，南辕北辙，如何汇为一气？从译成后的后 9 卷看，虽与前 6 卷徐光启、利玛窦译本在时间上前后已暌隔 250 年，二者却连贯合拍，无分轩轾。其中主要原因是《九章算术》所施予的影响：应该说徐氏、李氏所用汉语数学用词俱以九章为准，明清异制，但在这一准则下使先后相通，不约而同。我们从李氏所译卷 7 某些定义作中西对照就可以悟其理。

“Parts when it (the less) does not measure it (the greater)”[①] 李译：“诸分者，小数度大数，而有奇零不尽，以小为大之几分”。Parts 译为“诸分”，见方田章；does not measure 译为“不尽”，见少广章。

---

① 欧几里得《原本》英译本选用 T. L. Heath, The Thirteen Books of Euclid's Elements. Cambridge University Press, 1926

"An even number is that which is divisible into two equal parts。" 李译:"偶数者可平分为二"。equal parts 译为"平分",方田章有平方术。

"A composite number is that which is measured by same number。" 李译:"可约数者,有他数能度。" Composite 译为"可约数",方田章有约分术。

"Numbers composite to one another are those which are measured by some number as a common measure。" 李译:"有等数之数者,两数有数能度。" Common measure 译为"等数",方田章约分术云:"以少减多,更相减损,求其等也。以等数约之。"

"Those magnitudes are said to be commensurable which are measured by the same measure, and those imcommensurable which cannot have any common measure。" 李译:"凡几何有他几何可度,为有等几何。凡几何无他几何可度者,为无等几何。" magnitude 译为"几何",当译自《九章算术》每一算题之末以"几何"问有多少用语。欧几里得名著 The elements 原并无定语 geometry。徐光启为其前 6 卷汉译本序云:"几何原本度数之宗,所以穷方圆平直之情,尽规矩准绳之用也。" 利玛窦序云:"吾西庠特出一闻士曰欧几里得,修几何之学,迈胜先士,而开迪后进,……其几何原本一书尤确而当,曰原本者明几何之所以然,凡为其说者,无不由此出也。" 可惜徐、利二氏都未阐明"几何"的确切涵义以及之所以译 The elements 为几何原本的理由。李善兰祖述《九章算术》,译 magnitude(量)为几何,正可以补徐、利未竟之业。

另一种影响

西方数学东来华夏时,包括《九章算术》在内的中算重要典籍几已全部失去。对待中西数学的态度在明清时期各有千秋。徐光启崇西抑中,在为李之藻、利玛窦合著《同文算指》所写序中说："大率与旧术同者，旧所弗及也，与旧术异者，则旧所未有之也。…取旧术…读之…，与西术合者靡（无）弗与理合也，与西术谬者，靡弗与理谬也。…虽失十经（指含九章在内的算经十书），如弃敝跞（破鞋）矣。"康熙皇帝则反是，在所编《数理精蕴》中内容绝大部分采自西籍。但他却崇中贬西。从对代数学的起源的看法足以代表他的观点。梅珏成（梅文鼎孙）《赤水遗珍》一书中记："供奉内廷，蒙圣祖仁皇帝（康熙）授以借根方[1] 法，且谕曰：西洋人名此书为阿尔热八达，译言东来法也。…窃疑天元一之术颇与相似…殆名异而实同…犹幸远人慕化，复得故物。东来之名，彼尚不能忘所自。"清初梅文鼎以及中叶焦、汪、李谈天三友，他们都持这种见解。阮元在《续畴人传》序中总结这种思潮："西人尚巧算，屡经实测修改，精务求精。又值中法湮没之时，遂使乘间居奇. 世人好奇喜新，同声附和，不知九重[2] 本诸天问，[3] 借根昉（摹仿）自天元。西人未始不暗袭我中土之成就成法，而改易其名色耳。"

纵观二千年来在中国传统数学发展中，《九章算术》有着权威、统帅地位，自无疑义，但是社会在不断变化，当西欧学术输入中国之后，人们仍抱残守缺，不思革故创新，则必将是科学进步的阻碍和祸害。迟至19世纪有梅冲其人（梅珏成孙）在所著《勾股线述》时还埋怨道："不肯遵守成法，自矜创获，以别列析解，而反失其故步，不算书之弊。"就在这种思想指导下，《九章算术》在数学研究和教学事业中如日中天，更动不得。这样做，对我国学术界汇入世界科学发展大气候就带来十分不利的影响。所以当1862年兴办国家学堂时，以《算经十书》为数学教科书达三十年

---

① 借根方. 清初时称代数解题法为借根方法.

② 九重. 指天，转义天文学.

③ 天问为屈原《楚辞》篇名，文学作品.

之久。而东邻日本于19世纪70年代就明令废止和算，近代科学技术比我国提前起步二三十年，对此我们坐失了时机。

附 表

《孙子算术》、《张丘建算经》、《数书九章》、《算学启蒙》、《算法统宗》五书与《九章算术》同术所驭题数对照表

《九章算术》章名	《九章算术》术名	《九章算术》	《孙子算经》	《张丘建算经》	《数书九章》	《算学启蒙》	《算法统宗》
方田	方田、里田	4	1			2	4
	圭田	2	4		5	3	1
	斜田	2	2				1
	箕田	2			1	1	1
	圆田	2	1		1	3	4
	宛田	2	2			1	
	弧田	2		1		1	2
	环田	2			1	1	1
	约分	2	1		多次①	1	1
	合分	3	1			1	
	减分	2	1			1	
	课分	3				1	
	平分	2	1			1	
	经分	2		3		1	1
	乘分、大广田	6		3		2	
粟米	今有	42	7	9	2	多次	多次
	经率	4	2	1			
	其率	1		1			7
	反其率	2					2
衰分	衰分	7	4	9	7	多次	多次
	反衰	3	1	1	3		2
	贷人千钱	3		6	2	5	7

① 在全书出现10次以上为多次.

《九章算术》		《九章算术》	《孙子算经》	《张丘建算经》	《数书九章》	《算学启蒙》	《算法统宗》
章名	术名						
少广	少广	11					
	开方	5	1	2	多次	2	8
	开圆	2		1		1	
	开立方	4		1	多次	2	5
	开立圆	2	1	2			1
商功	地积	1			1	1	
	域坦堤	6	4		多次	4	4
	方堡壔	1	1	1	1	4	2
	圆堡壔	1	2	2		3	1
	方亭	1	1	2	2	1	2
	圆亭	1	1	1	4	1	2
	方锥	1				1	1
	圆锥	1				1	1
	堑堵	1					
	阳马	1					
	鳖臑	1					
	刍童	1		3	1		
	刍甍	1					
	羡除	1					
	曲池	1					
	委粟	3	1	1		3	4
	垣积求广	1		2		1	
	仓积求高	1	1	2		1	5
	圆囷求周	1		2		1	2
均输	均输	4	1		3		6
	三丝互换	4	1	4	4	1	1
	善行百步	4		4	1		4
	锥形衰	3	1		4		2
	凫雁	8		6	1	4	4
盈不足	盈不足	16	2	1	1	7	7
	盈（不足）适足	2			1	1	
	两盈两不足	2					
方程	方程、正负	18					

《九章算术》		《九章算术》	《孙子算经》	《张丘建算经》	《数书九章》	《算学启蒙》	《算法统宗》
章名	术名						
勾股	勾股	5			1	1	3
	葭生池中	1	1	2		2	
	圆材埋壁	4					16
	户高于广	1				1	4
	纵横不出	1					1
	竹折抵地	1				1	2
	二人同主	1					
	勾股容方	1					1
	勾股容圆	1					1
	邑方见木	1	1	1	2		
	四表测木	1	1	3	多次		5

第二章 《九章算术》与外国数学文化的比较

尼罗河畔的埃及人，两河流域的巴比伦人，印度河恒河哺育的印度人，世世代代定居于黄河、长江上的中国人创建了世界四大古文化区。他们虽散居西、东，但各有自己的记数方法、度量衡制度，有对于天体运行及岁时的见解；都进行过大规模水利建设、宫廷和陵墓建筑。在大量生产和生活实践中，四个民族对于数学——空间形式和数量关系的探索各有特色，各自作出了辉煌成就。四大文化区在地域上、时间上相距甚远，历史背景又截然不同。然而自然规律如天体运动、潮汐消涨，社会法则如买卖交易、赋税利息应是一致，因此，虽然在当时关山重重，交通维艰，文化不可能沟通的严峻条件下，某些数学内容的发生和成长，却又十分合拍。“存在决定意识”，诚哉此言。至于爱琴和希腊文化则是后起之秀，后来居上，是继承埃及和巴比伦文化而发扬光大、推陈出新的产物。阿拉伯文化则是印度、希腊文明的交融和合流。在欧洲，西罗马覆亡以后，学术沉沦在长达一千多年的黑暗时代，由于需要，数学文化仍不绝如缕，当时有些数学著作对于追迹东西方数学交流很有价值。印刷术传入西方后，适当航海、商事活动兴起，经济发展带来了大量印刷本数学教科书，是数学史上一件大事。在亚洲，古代和中世纪，朝鲜、越南、日本都以中算为师，与《九章算术》关系尤为密切。我们谈《九章算术》的世界意义，必须通过比较、衡量、鉴别，不知彼知己，何遑论述短长。

本章分 10 节述其主流。具体算题、解法及其演变，一般都在第四编详议。

第一节 埃 及

古埃及文化从公元前 40 世纪至公元前 332 年希腊人入侵为止。古埃及文化对世界文明有独特的贡献。公元前 2600 年在开罗附近吉萨村所建大金字塔群，至今巍然屹立，是埃及文化的象征。其中胡夫大金字塔正方形底，面向东南西北四个主方向，边长 230.35 米，高达 146.6 米。塔用 200 万块、每块重 2.5 吨的花岗岩石块建成。实测正方形塔基边长相对误差 1∶18 000，四个直角相对误差为 1∶27 000。大金字塔的建成，从设计、施工、取材、运输、管理等各方面考虑，意味着埃及人的高超科学、技术水平和高度数学水平。

纸草文书是远古时代埃及重要文物。其中如俄国人取自埃及的莫斯科纸草，经测定是公元前 1850 年故物，纸面长 5.4 米，宽 8 厘米，记载用埃及古文字写的 25 个算题。又如英国人取自埃及的莱因得（Rhind）纸草是公元前 1650 年时故物。长度同莫斯科纸草，宽则为 33 厘米，记有 85 个算题。这二文献是今存最早数学专著和教科书。难怪有人说："第一部系统教科书，有红色墨水笔迹，有如今日教师批改。"[①] 此外埃及石建神庙，巨柱如林，门楼魁伟，到处施彩浮雕，其中也有不少数学文献。古埃及数学中算题及算法传布欧陆，直至 13 世纪用拉丁文写的教科书中仍可见其踪影。对于古埃及数学值得注意的有以下几方面：

记数

古埃及文献中用来表示 1 和 10 的幂的符号如下表：

① L. C. Karpinski. The History of Arithmetic. New York：1923. 61

数	符号	象形
1	|	一竖
10	∩	一环
10^2	の	一卷
10^3		一朵莲花
10^4		手指
10^5		蝌蚪
10^6		受惊者

把符号所表示数的总和作为所记数，例如

||||∩∩（24），|∩の（111）

上面是整数记法，分数另有记法（略）①。

整数以外，纸草中出现大量分数，都用单分数表示。莱因得纸草用很大篇幅记载$\frac{2}{n}$（$5\leqslant n\leqslant 101$）分解成单分数的和，例如

$$\frac{2}{7}=\frac{1}{4}+\frac{1}{28},\ \cdots\frac{2}{97}=\frac{1}{56}+\frac{1}{679}+\frac{1}{776},\ \frac{2}{99}=\frac{1}{66}+\frac{1}{198}$$

运算

加法、减法用增添或除去相应的数进行。乘法、除法是做连续的加法，例如：12×12，其中乘数$12=4+8$。把被乘数12依次

① 我们在下文改用阿拉伯数字记数.

扩大 2、4、8 倍数，把其中 4、8 倍的结果相加，就是所求数：

1 —— 12
2 —— 24
\ 4 —— 48
\ 8 —— 96
12 —— 144

（有\号的数相加，下同）

753÷26。把 26 依次扩大 2、4、8、16…倍拼凑倍数中最接近于 753 的和作为所求数，得商 28，余 25：

1 —— 26
2 —— 52
\ 4 —— 104
\ 8 —— 208
\16 —— 416
28 —— 728…25

有相当复杂的分数四则运算。

算术和代数

纸草中出现比例问题，含正比例、反比例和分配比例，余数问题，7 的幂和问题，以及大量用单假设解的算题和等差数列算题。

几何

在平面问题中有求三角形、四边形、梯形面积的例子，圆面积以 $(\frac{8}{9})^2D^2$ 计，相当于取 $\pi\approx3.1605$。无文献证实古埃及有勾股定理知识。在立体问题中（从个别数值例），后人推测古埃及对圆柱体积取底与高乘积。圆台体积则取

$V=\frac{1}{12}(\frac{3}{2}(D+d))^2h$，$D$，$d$ 分别为上下底圆直径；而方台体积则取

$V=\frac{1}{3}(a^2+ab+b^2)h$，$a$，$b$ 分别为上下底边长。

评论

综观古埃及数学，从记数法看，古埃及用十进制，但非位置制，因此对一百一十一就须写三个数字：一竖、一环、一卷，不是三个竖号。这种记数制度与《九章算术》就有显著差异。从整数运算看，纸草对乘除运算要进行试、凑，且用笔算，《九章算术》用筹算，又全异其趣。埃及人借助于特殊的单分数作四则运算。但我们很难设想用来计算类似于《九章算术》所载复杂的均输率六县赋粟和盈不足章持钱之蜀等数据多、位数多、周转环节多的算题。从算题中所含未知量个数及其解题质量来比较，《九章算术》已臻成熟。众所周知，双假设法比单假设法解题更为得力，何况“方程”术已能解一般线性方程组，更是埃及纸草文书所不能比拟。

从几何学所涉范围来比较，纸草中接触到的几何图形仅有数值例子，没有归结为一般法则。即使这个别数值例子所推算出的法则，如圆台公式，舛差很大。莫斯科纸草所举方台计算算例，后人据之补公式。西方人对此非常欣赏，美国学者《数学发展史》著者 E. T. Bell 赞许说：“在古代东方数学中没有发现关于这个公式的其他确定无疑的例证…。这个古代的埃及例子恰当地应称为最伟大的埃及金字塔。”[①] 事实上，中国的《九章算术》在公元元年以前早已总结成文为方亭术，其质量胜于古埃及。

为进一步认识古埃及数学，并与《九章算术》相比较，我们以莱因得纸草 85 题为例列表说明：

莱因得纸草

此纸草文书共列 85 题，[②] 同性质算题紧挨一起，这一点与

---

① E. T. Bell. The Development of mathematics. New York：1945，185

② 据 I. Chace. The Rhind Mathematical Papyrus. M. A. A，1979 (reprint).

《九章算术》有些相像。它早于《九章算术》约二千年成书，而有如此详明的数学实录，令人惊叹。纸草所研究项目也是《九章算术》所论主款，对各项目中我们选出典型，也拟有四字题名，在第四编有关论述中载全文，读者可对照查阅。有些算题从算法要求、题材和结构上，又竟与《九章算术》相应题有些相像，十分有趣。

莱因得纸草			《九章算术》
题号	内容	典型算题	
1～6	除法	均分面包（4）	经分术
7～20	乘法	分数相乘（10）	乘分术
21～23	减法	补数成一（21）	减分术
24～34	余数问题	某量加减（28）	衰分术，经分术
35～40	分配比例	差分面包（33）	衰分术
41～47	体积	圆仓求积（42）	堡垆术
48～55	面积	梯形求积（52）	圭田、斜田术
56～60	方锥陡度	金塔求陡（56）	
61～62	乘法表		
63～65	分配比例	七百面包（63）十人分麦（64）一百面包（65）	衰分术
66	除法		
67	余数问题	牧人牛群（67）	衰分术
69～78	粮食标号	啤酒标号（77）	今有术
79	7的乘幂	老鼠吃麦（79）	
80～81	分数		
82～85	饲料计算	十鹅饲料（82）	

第二节　巴比伦

西亚两河流域是人类文明发祥地之一。一般称公元前 30 世纪至公元前 6 世纪期间该地区的文化为巴比伦文化。这一地区的传统数学文化上溯到公元前 20 世纪的苏美尔文化，后续至公元前 4 世纪。现存当地建筑遗址，如乌尔高层观象台，萨艮王宫五腿翼兽浮雕，巴比伦城门彩色琉璃图案，帕赛波里斯百柱厅跪牛柱头大理石圆雕，都足以说明西亚能工巧匠的工作是杰出的。这一地区以泥版文献著称于世。至今已出土泥版 50 万块，其中记载许多历史事件。经 19 世纪末以来专家鉴定有 300 多块是数学文献，有些被英国大英博物馆收藏。泥版编开首，为大写字母，后为藏品编号；有些被运往美国收藏。从泥版文献中人们注意到巴比伦数学文化有以下特点：

记数

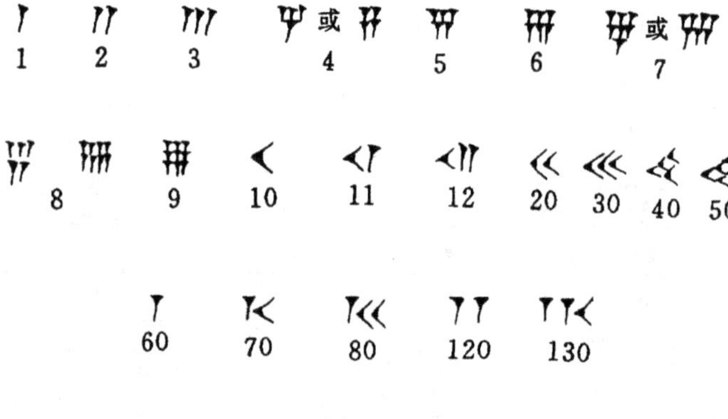

图 3.2.1

古巴比伦人用一种三棱柱木棒斜刻泥版，在版上按不同方向刻出楔形刻痕记数。他们用六十进位制记整数和分数。（图

3.2.1)

数表

泥版中有许多数表：乘法表、平方根表、立方表和立方根表、倒数表，甚至还有指数表。指数表和插值法用来解复利问题。倒数表用来把除法化为乘法。

运算

加法减法用添加和除去相应的数进行。

乘法，例如 $37a$，先把 a 乘以 30，再乘以 7，然后把两次乘积相加。除法，把 $a\div b$ 视为 $a\times\frac{1}{b}$，从 b 的倒数表上查出 $\frac{1}{b}$ 的值，再做乘法。

代数

瑞士学者范特惠顿（B. L. Van Der Waerden）在《科学的觉醒》[①] 一书中整理了泥版有关内容，其中已具有解方程的知识。一元方程有

$$ax=b,\ x^2=b,\ x^2\pm ax=b,\ x^3=a,\ x^2(x+1)=a$$

二元方程有

$$x\pm y=a,\ xy=b;\ x\pm y=a,\ x^2+y^2=b$$

而且还熟悉以下关系

$$(a+b)^2=a^2+2ab+b^2,$$

$$(a+b)(a-b)=a^2-b^2,$$

$$1+2+4\cdots+2^n=2^n+2^n-1$$

$$1^2+2^2+\cdots+n^2=\left(\frac{1}{3}+\frac{2}{3}n\right)(1+2+3+\cdots+n)$$

泥版文献中还讨论了二次三项式问题，要求一个数，使它与倒数和等于已给数。文献记载了解题全过程。

---

① B. L. Van Der. Waerden. Science Awakening. 英文译本. Groningen, Holand: 1954

几何

众信巴比伦人已熟悉勾股定理和相似三角形性质定理。为划分土地、计算粮仓容积、土方数量，对于长方形、三角形、直角梯形，长方体、堤体、棱锥、方台等体积都提出过计算公式。但有些只是近似的，有些误差过大，甚至是错误的。圆周长取 $3D$，圆面积取$\frac{1}{12}C^2$。圆周率有的地方取 $3\frac{1}{8}$。关于正方形对角线和勾股弦和差有关算题都有引人注意的突出成绩，读者可参阅第四编有关章节。

勾股数

饶有兴趣的是 1945 年德国学者诺格鲍埃尔发现美国哥伦比亚大学藏品 Plimpfon322 泥版显示有 15 组勾股数。[①]

评论

巴比伦人在泥版上刻痕记数，记数法确是位值制，但非十进位，此与《九章算术》所用记数法有不同之处，巴比伦记数法有缺憾。首位数不明确，例如 𒁹𒁹𒌋 可以理解为 $2\times60+10=130$，也可以理解为 $2\times60^2+10\times60=7\ 800$，也可以认为是 $2\times1+10\times\frac{1}{60}=2\frac{1}{6}$。又由于缺乏缺位记号，所以这种记数法容易发生歧义，造成误读，也为各种运算带来许多麻烦。

在代数领域内，大都是片段材料，纯是个别数值例，不成系统，无理论可言。

在几何方面也只是感性认识。所用立体体积计算方法还不成熟。我们有兴趣的是在泥版文献土方计算中也出现《九章算术》的立体：方台、羡除和堤。[②] 英国藏品 BM85194 所记公式仅方台正

① B. L. Van Der WaRrden. Scilence Awakening. P. 78，并参阅第四编有关算题.

② A. A. Вайман，Щумеро-ВаВуʌонская Матeматпка，МосkВа：1961. 137～1145

确，余俱误。在勾股弦和差关系中泥版文献所拟题中有与《九章算术》勾股章倚木于垣题立意相同。

在勾股数方面，巴比伦造诣甚深，我们感到有兴趣的是：其一，巴比伦出土达15组，较《九章算术》所记8组几多一倍。其二，二民族勾股数造术迥异，以致仅一组（3，4，5）相同，其余全不同。其三，巴比伦仅示结果，未记所自。《九章算术》则有踪迹可循，二人同立术其言凿凿。

第三节　希　腊

大约在公元前1000年，希腊民族逐渐从本土移民到地中海沿岸：小亚细亚、意大利半岛、西西里、北部非洲都有希腊人定居。希腊文化受埃及、巴比伦的影响是深刻的。希腊建筑秀外慧中，雍容华丽。爱奥尼亚、多立安柱式，长时期是西洋建筑的典范，体现希腊民族的工程、力学、美学、数学知识及其出类拔萃的综合能力。在各种学术领域内，希腊人喜欢结社讲学，著书立说，学术活动很是活跃。数学也逐渐成为独立学科，人称古典数学时期。此时期内数学家的代表人物如泰勒斯、毕达哥拉斯等。公元前338年，希腊北方马其顿国王腓力二世征服希腊半岛。后王子亚历山大继位，历年东征西战先后兼并小亚细亚、波斯和埃及，建立地跨亚非帝国，以尼罗河口亚历山大城为帝国首都。经几代人的惨淡经营，重视科学研究，亚历山大成为科学城，成为东西方文化交流焦点，一时此地学者云从。此后千余年间，学术活动频繁，成果丰硕，人称亚历山大时期。当时知名学者几乎都曾在此栖息、就学、讲学。欧几里得、阿波罗尼、阿基米德、海伦、托勒密、丢番图都是本时期代表人物。希腊数学特色简述如下：

记数

在古典数学时期希腊人用一、十、百、千、万的希腊文开首字母记数。亚历山大时期通行用一般希腊字母记数，字母与数的对应关系如图 3.2.2 所示：

α	β	γ	δ	∈	ϛ	ζ	η	θ
1	2	3	4	5	6	7	8	9
ι	κ	λ	μ	ν	ξ	ο	π	ϵ
10	20	30	40	50	60	70	80	90
ρ	σ	τ	υ	φ	χ	ψ	ω	T
100	200	300	400	500	600	700	800	900

图　3.2.2

其他的数用上述记法的组合，例如

ια（11），ιβ（12），ιγ（13），ρνγ（153）

借助于其他符号，还可以写出大于 1 000 以上的整数，也可以写出分数。阿基米德提出过写出大数的某些方案，可以把数写到大得不受限制。

运算

加法，把一数写在另一数的下面，按个位、十位、等等分别按位上下对齐，同位相加，必要时进位。相仿地做加法的逆运算，就成为减法。

乘法和减法和我们现在的做法一致。①

$\overset{\alpha}{M}$,βσπα	12281		$\overset{\theta}{M}$,γχλs	=	93636
$\underline{\overset{\gamma}{M},\alpha\varphi\upsilon\zeta}$	$\underline{31557}$		$\underline{\overset{\beta}{M},\gamma\upsilon\theta}$		$\underline{23409}$
$\overset{\delta}{M}$,γωλη	43838		$\overset{\zeta}{M}$,σκs		70227
加法			减法		

算术与数论

① T. Heath. A History of Greek Mathematics. Oxford vol. 1. 1921，52～63

独立于几何，希腊人把算术（含数论）作为单独学科，海伦、尼科马契斯（Nicomachus of Gerasa，公元后1世纪）、丢番图等人都这样考虑。尼科马契斯的《算术入门》是数论专著，讨论了奇偶数、素数、拟形数等性质。

代数

亚历山大时期，希腊代数学的成就以丢番图的工作达到最高点，他的专著《算术》13卷是符号代数的开始。从今存6卷的内容看，书中多数是不定方程，有21道题是适定的线性方程组，各自有特殊解法，例如第1卷第19题，要解

$$\begin{cases} y+z+w-x=a \\ z+w+x-y=b \\ w+x+y-z=c \\ x+y+z-w=d \end{cases}$$

设 $2\xi=x+y+z+w$。又把四式相加后，以和依次分别减四式，就得解

$$x=\frac{b+c+d-a}{2},y=\frac{a+c+d-b}{2},z=\frac{a+b+d-c}{2},w=\frac{a+b+c-d}{2}$$

几何与三角

众所周知，希腊在数学发展史上对几何学的造诣，尤其是亚历山大时期欧几里得《几何原本》、阿波罗尼《圆锥曲线》和阿基米德一系列数学专著都是千古传诵之作，影响全世界数学界二千年，盛名常驻。三角术则是定量几何中一门全新的学科，是托勒密等人在天文学研究中的副产品。

评论

在古世界，希腊数学论证严密，世人奉为圭臬，其研究方法和成果与《九章算术》大异其趣，但是就其某些细节而言，《九章算术》与希腊文献仍息息相通，我们举一些例：

项目		《九章算术》	对应的希腊文献
算术	辗转相除算法	方田章约分术	《几何原本》卷 7 命题 2
	比例定理	粟米章今有术	《几何原本》卷 7 命题 19
	反比法则	衰分章衰分术	《几何原本》卷 5 定义 13
	开平方	少广章开方术	西昂（*Theon*）注托勒密开方
	勾股数	勾股章二人同立术	《几何原本》卷 10 命题 28 引理
几何	勾股定理	勾股章勾股术	《几何原本》卷 1 命题 47
	勾股比例	勾股章四表测木术	《几何原本》卷 6 命题 4
	圆面积	方田章圆田术	阿基米德《量圆》命题 1
	弓形面积	方田章弧田术	海伦《度量》卷 1 命题 30
	三棱柱体积	商功章堑堵术	《几何原本》卷 11 命题 28
	三棱锥体积	商功章鳖臑术	《几何原本》卷 12 命题 7
	拟柱体	商功章刍童术	海伦《度量》卷 2 命题 18
	圆柱体积	商功章圆堡壔术	海伦《度量》卷 2 命题 2
	圆锥体积	商功章圆锥术	海伦《度量》卷 2 命题 1
	圆台体积	商功章圆亭术	海伦《度量》卷 2 命题 10
	球体积	少广章形圆术	阿基米德《方法》命题

希腊文献中有很多是《九章算术》中的空白，但是《九章算术》也有许多长处，是希腊数学中的不足，甚至是希腊数学的缺门。

古希腊字母记数法既非十进又非位值制，没有负数概念，没有系统论述开平方和开立方运算，因此在计算方法上逊于《九章算术》。盈不足术和“方程”术在希腊文献中均付阙如。丢番图《算术》最突出的工作就是不定方程的解。但这些解都有技巧性，至今人们不知道他是如何获知这些解法的，也就是说，他没有给出一般解法。如果方程系数略有变动，人们就无能为力了。

第四节 印 度

自从莫亨·达罗城遗址发掘以后，印度文明可以上溯到公元前3000年以前。公元前8世纪至公元前2世纪是印度数学发展的萌芽时期。从出土文物、钱币、石刻铭文可以看到一些原始的数学知识。印度古代宗教经文《圣坛建筑法典》(Sulbasutra)① 系公元前800至公元前500年编写，其中记载了修筑祭坛的法规，也牵涉到不少几何知识。印度数学专著是从阿耶波多（Aryabhata)（476～约550）开始的，其文集Aryabhatiya② 第二篇论数学，计33节。之后婆罗摩笈多(Brahmagupta)(598～665)著文集Brahma Sphuta Siddhanta 第12章论算术，计54节，第18章论代数，计103节。③ 摩诃毗罗Mahavira（约850年前后）著文集Ganita Sara Sangraha 共九章，每章分节。④ 婆什迦罗（Bhaskara）（1114～约1185）著文集《丽罗娃祇》(Lilavati）共13章，计277节。⑤ 另，19世纪出土巴克赫里桦树皮数学手稿⑥，经鉴定，是公元后12世纪时作品，也有不少数学问题。

印度有自己的数学传统，但由于地处西南亚洲，与埃及、巴比伦、希腊文化交融密切，与中国宗教信使不绝于途，其间也有相互影响。我们简述其数学特色。

记数

公元前2世纪以后，印度就出现数字及记数法，但是当时因

---

① B. Datta. The Scienee of the Sultra. Calcutta：1932.

② Aryabhata. Aryabhatiya. New Delhi：1976.

③ Brahmagupta. Brahma Sphuta Siddhanta. Benares：1902.

④ Mahavira. Ganita Sara Sangraha. Benare：1936. 1942.

⑤ Bhaskara. Lilavati. Hoshiarpur：1975.

⑥ Bakhsali Manuscript. New Delhi：1933.

地区和时代不同而常有变动。直到公元后 600 年，包括记号零在内的数字以及十进位值制记数法才在一定地区范围内定型。这套数字和记数法后来被阿拉伯人改进和使用。13 世纪初又被比萨的斐波那契（Leonardo Fibonacci）（约 1170～约 1250）在其《计算之书》中介绍并广泛运用（此书为全欧洲流行的教科书），后来又经各种途径在全世界普及，这就是今称阿拉伯数字及其记数法的先源和流程。印度人记大数直到 10^{53}，巴克赫里手稿有分数记法：分子记在分母上面，无分号。如为带分数，整数部分又记在分子之上，与中算习惯适相一致。

运算

阿耶波多文集有开平方、开立方算法，有分数运算法则。从婆罗摩笈多开始有正确含负数在内的有理数运算。

算术与代数

印度有完备的比例理论及其算法；用单假设法及还原法解一次方程；解线性方程组只限于特殊情况，未超过丢番图水平；有数列算法；解二次方程、一次同余式组以及后世所谓二次不定方程的 Pell 解法；无理式运算很熟练。

几何

在《圣坛建筑法典》就出现了勾股定理及其证明的痕迹。在各种数学专著中，载相似三角形性质定理的应用多次。各种平面图形面积，有较好圆周率纪录。多面体、回转体如圆柱、圆锥、圆台以及球的体积公式。

评论　《九章算术》与印度数学发展中相似项目之多、之逼近，令人瞩目。下面我们列举有关 32 个项目。这说明两大民族独自获致这些成果的平行性，也说明彼此在文化交流中互相影响是不可避免的事。其中葭生池中、竹折抵地、委粟三题尤其耐人寻味，而弧田术近似公式竟不约而同。印度数学的杰出创造，有些是《九章算术》所缺：有关根式的恒等变换，一次和二次不定方程的解等等。

项目		《九章算术》	对应的印度文献①
算术、代数	记数法	十进位值制	A2，B10
	开平方	开方术	A4，Br40～41
	开立方	开立方术	A5，Br42～43
	分数四则	方田章	A27，Br33～40
	有理数四则	正负术	B3～9
	比例定理	今有术	A26
	反比例	反衰术	Br74～78
	连比例	三丝互换术	Br79～84
	复比例	贷人千钱术	Br85～86
	分配比例	衰分术	Br91～93
	还原算法	持米三关术	A28，Br47～49
	单假设法	五官分鹿术	Br50～54
	数列	散见各章	A21，Br128
	行程问题	善行百步术	A31
	利息问题	商贾之蜀术	A25，Br88

① 用大写字母代表印度数学专著：A—阿耶波多文集第二篇，B—婆罗摩笈多文集，Br 婆什迦罗《丽罗娌祇》，M—摩诃毗罗文集．字母后数字表示第几节．

项目		《九章算术》	对应的印度文献①
几何	长方形面积	方田术	A9
	三角形面积	圭田术	A6
	梯形面积	斜田术、箕田术	A8
	圆面积	圆田术	A7
	弓形面积	弧田术	M 第 7 章 43
	勾股定理	勾股术	A17
	勾、股弦差	葭生池中	Br152～153
	勾、股弦和	竹折抵地	Br148
	弦、勾弦和	高多于广	Br156
	勾股比例	四表测木	A10
	长方体体积	仓广三丈	Br224～225
	堤积	城垣堤术	Br228，M51
	棱锥体积	鳖臑术	A6，Br223
	拟柱体积	刍童术	Br217～221
	粮堆体积	委粟术	Br233～237
	圆台体积	圆亭术	耆那教徒维拉圣奴文集①
	球体积	开立圆术	A7，Br205

第五节　阿拉伯国家

伊斯兰教于 7 世纪在阿拉伯半岛创立，教主称哈里发，掌握军政大权，建萨拉森帝国。建教 50 年后，宗教势力益加扩张，帝国领土囊括中亚细亚，直达印度河畔。后来又向西席卷北非。8 世纪时还兼并欧洲西班牙，于是萨拉森帝国成为地跨三洲大国，而

① S. Amma. Geometry in Ancient and Medieval India，Delhi：1979. 201～202

其幅员超过当年亚历山大规模。历代哈里发都奖励学术，对数学、天文尤其重视。当时政府明令用阿拉伯文译述印度、希腊有关典籍。印度婆罗摩笈多所著书于760年译出，成为印度数字传入阿拉伯世界的开始。对希腊欧几里得、阿基米德、托勒密、海伦、丢番图各大家专著的译本还进行多次修订、评注。

阿拉伯世界也出现不少数学家。阿尔美尼亚的阿奈尼（Anania of Shirak）约620～685以后时人，他写过一本内容很丰富的算术教科书，从所载算题看，与希腊、与中国血缘密切。波斯的花拉子米（Mohammad ibn Musa al-Khowarizmi，783～850）著《代数》(al-jabr Walmuqabala)①。此书分三章含一次、二次方程解法、平面图形面积、立体体积算术等内容，此书书名是拉丁语国家代数 algebra 一词词源。奥玛·海亚姆（Omar Khayyam，约1018～1131）波斯人，著有《代数》，借助于圆锥曲线解高次方程。喀西（al-Kashi，？～1429）波斯人，其数学成就主要表现在他所著《算学钥》以及《圆的度量》，前者有5章，共38节。

阿拉伯数学

阿拉伯数学记数法，十进位制与六十进位制并行。前者在日常生活、经济领域内通行，后来逐渐传布全世界；后者主要用在天文计算。《算学钥》专章讨论两种进位制。第一、三章分别讨论十进位、六十进位制记数法及其运算律。

在代数学领域内，阿拉伯人赢得代数一词的首次起名荣誉。事实上，花拉子米《代数》既受印度婆摩罗笈多影响，也受希腊丢番图的影响。

几何、三角方面的工作则继承希腊。

评论

① al-Khawari zmi. algebra of Mohammed ben Musa. London：1831.

中世纪，阿拉伯国家是中国的贴邻，彼此文化交流是情理中事。我们对照阿拉伯数学专著，某些数学现象与《九章算术》之相像者列表如下。①

项　目		《九章算术》	对应的阿拉伯文献
算术、代数	整数记法	十进位值制	喀西第1章
	分数记法	整数在上，分子在下，分母又在下	喀西第2章第7节
	分数乘法	乘分术	喀西第2章第8节
	分数除法	经分术	喀西第2章第9节
	单假设法	衰分术	阿奈尼第22题、喀西第5章第4节
	双假设法	盈不足术	喀西第5章第2节
	合并同类项和移项	损益术	花拉子米第1章
	典型算题	持米三关题	阿奈尼第11题
		五官分鹿	阿奈尼第22题
		五渠注池	阿奈尼第24题
几何	长方形面积	方田术	喀西第4章第2节
	三角形面积	圭田术	喀西第4章第1节
	梯形面积	斜田术、箕田术	喀西第4章第2节
	圆面积	圆田术	喀西第4章第4节
	棱锥体积	鳖臑术	花拉子米第2章
	棱柱体积	仓高三丈术	花拉子米第2章
	圆锥体积	圆锥术	花拉子米第2章
	圆柱体积	圆堡壔术	喀西第4章第7节
	球	开立圆术	喀西第4章第7节

古人不知解方程

① 表中我们分别用著者名表示阿奈尼的《算术》，花拉子米《代数》和喀西的《算术钥》.

$$ax+b=c \qquad (1)$$

只好作假设。假设 $x=x_1$，有时凑巧猜对，$ax_1+b=c$，x_1 就是（1）的正确解。有时猜错，即不满足（1），经过适当调整，仍然可以得出（1）的解。

对于形如

$$ax=c \qquad (2)$$

类型的方程只要经过一次假设，如果 $ax_1=c_1\neq c$，而 $x=c\cdot\frac{x_1}{c_1}$，即把所假设的 x_1 扩大了 $\frac{c}{c_1}$ 倍，就是所求正确解，这就是单假设法，我们已在第二编第四章第一节介绍。此法肇源甚古，埃及莱因得纸草、我国《九章算术》已用此法解题。在印度文献中直到 12 世纪婆什迦罗《丽罗娃祇》第 3 章第 50 节载假设法，但也只限于单假设法。法则说："按照题意假设一数，被除、被乘、被加减后 [得到的结果]，以题中原已给结果乘以假设数，除以所得到的结果，就是所求的答数。这就是假设法。"

由于古人无合并同类项、移项知识，把（1）、（2）两型方程作为不同性质问题。后者用单假设法解，实质是用简单比例，即可获解；而后者就不能依靠一次假设，必须做二次假设。前苏联科学院院士尤什凯维契在《中世纪数学史》第 3 章阿拉伯数学中指出："在花拉子米生活的时代（9 世纪），当时阿拉伯国家中心巴格达可能有双假设法。11 世纪时欧洲有译自阿拉伯文的拉丁文本《增损术》，无作者姓名。所谓增损术是指对于关系 $ax+b=c$ 作两次假设 $x=x_1$，如 $ax_1+b=c+c_1$，$x=x_2$，如 $ax_2+b=c+c_2$。作中间交叉的平行线如天平秤

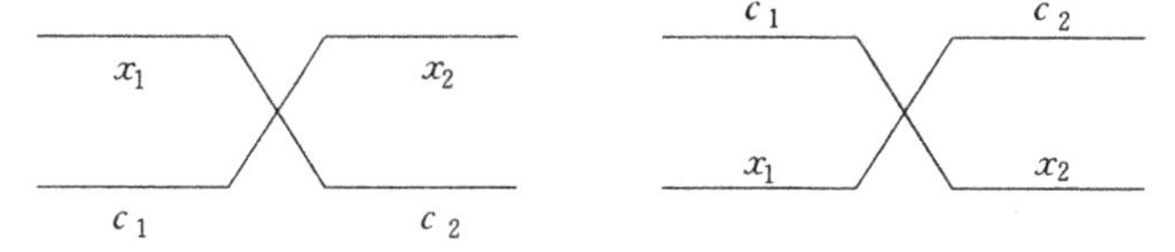

其两次假设写在天平秤的中间。如果c_1，c_2是增多（正数）就记在秤下（图左），如是减损（负数）就记在秤上（图右）。把假设数和增、损数分别交叉相乘。如果增（损）数在同一侧，则所求

$$x=\frac{x_1c_2-x_2c_1}{c_1-c_2}\text{；如在两侧，则 }x=\frac{x_1c_2+x_2c_1}{c_1+c_2}\text{。}$$①

可见这就是《九章算术》盈不足术。起源于中国的盈不足术很可能经丝绸之路西传中亚细亚阿拉伯国家，再远布西欧。钱宝琮老师曾在《科学》第12卷第6期撰文认为盈不足术后来流传西方为当时数学家采用："他们称此术为 hisabal khatayym 或 Regula augmenti et diminitionis。一为契丹法，一为增损术，亦为意中事也"。② 李约瑟在《中国科学技术史》第三卷数学篇引述钱老师的观点，并指出在西欧中世纪文艺复兴时代三个著名数学家都以契丹③（阿拉伯国家对中国的称谓）来命名这种算法。尤什凯维契在上述论说中在注释《增损术》增损一词看到与《九章算术》盈不足术立意十分相似时说："不得不对此引起人们关注，它到底是经过怎样的途径从中国传到阿拉伯，至今是一个谜。"

第六节　欧洲中世纪

公元476年，西罗马帝国覆亡，欧洲进入黑暗时代。在这长达一千多年中，希腊数学的研究者虽如凤毛麟角，但还是继续存在的。当时基督教教会遍及各地，为宗教宣传需要，也曾建立过许多教会学校。其中也讲授数学知识，我们略举数学界知名人士。

博伊修斯

---

① А. П. Юшкевич. История Матема-ики в средние Века. Москва：1961. 201

② 《科学》. 1927（6）：701～714

③ J. Needham. Science and Civilization in China. Cambridge：vol. 3，1959. 118

A. M. S. Boethius（约480～约524），罗马宗室后裔，他规定几何、算术、音乐及天文为学校必修四课程。他编写《算术》和《几何》教科书，二者分别是欧几里得《原本》和尼科马契斯《算术入门》的简节本，如前者不但仅收《原本》前三卷，而且还删去全部证明。

米特洛道斯

Metrodorus 是东罗马帝国6世纪时文法学家，他生活在查士丁尼一世（518～527）时。他的传世专著《希腊箴言》[①] 是他所集先辈所遗算题，有些是埃及纸草文书中的重复，有些，如分摊苹果是希腊前哲柏拉图常议之题。所有算题都附答数；答数之后，仅有验算：答数符合题意；没有解法。51道题中：

不定方程2道，一为二元，另一为四元。

适定方程49道，一元方程可解的有27道，二元方程组、三元、四元方程组可解的分别为20，1，1道。其典型算题我们将在第四编有关章节论述。

阿尔昆

Alcuin（716～804）英国人，他曾在罗马学习。在法兰克王国查利曼任宫廷教师。他写的算术、几何、天文等专著成为当时教会学校标准教科书，达数世纪之久。但内容简陋，如几何一书中仅录《原本》第1，2，4卷某些浅近命题。他的《益智题》一书，收算题50道，[②] 有些内容荒谬，计算错误，有些同一内容同语反复，编辑水平不高，每题仅给答数，仅给验算，没有相应解法。但本书主流是好的，有其特色。其一，算题品种繁多，如百鸡问题、

① W. P. Paton. The Greek Anthology. Cambridge：1923.

② M. Folkerts. Die Alkuin Zugeschriebenen Propositiones ad Acuendos Iuvenes. Science in Western and Eastern Civilization in Carolingian Times. Birkhauser Verlag Basel：1993.

百羊问题、遗产问题、互给问题、行程问题等都是欧洲所发生算题中的开山之作，而其中4道渡河问题尤其是史无前例之作。其二，解这些算题所需数学面很广：四则运算、比例（复比、分配比）、数列（等差数列、等比数列）、解方程（适定的、不定的）。

冉尔贝

Gerbert（约945～1003）法国人，曾在西班牙伊斯兰学校学习，访求数学书时，得到博伊修斯讲稿。在罗马担任数学教师。他自著《几何》，《算术》两书。

阿拉德

Adelard of Bath（1090～1150）英国人。先后在西班牙、法国、意大利伊斯兰学校，又游学于希腊、小亚细亚、埃及。他译述花拉子米《代数》和欧几里得《原本》，是从阿拉伯文译成拉丁文。从此欧洲人才逐渐知道远方阿拉伯国家和遥远过去希腊的数学知识。

斐波那契

Leonardo Fibonacci（约1170～1250）在其名著《计算之书》① 对其身世叙述至详。父亲受比萨共和国任命为官员，在1192年左右到北非阿尔及利亚贸易。他携子前往学艺，望子成商。斐波那契在此学习印度数学，在随父商业旅行中，他曾远及埃及、叙利亚、希腊、西西里。在各地，他留意观察，与学者们广泛讨论切磋后，于世纪之交回归故里。在以后二十多年间，著作甚丰，有五部数学专著传世，而以《计算之书》影响大，最负盛名。全书15章，我们分为四部分：

1. 记数法及其运算　第1～7章

2. 比及比例　第8～11章

3. 各种解法　第12～13章　占全书篇幅三分之一，算题多样，解法（含单假设法和双假设法）讨论、分析尤其周到，引人

① Boncompagni. Scritti di Leonardo Pisano. Rome：1857～1862

入胜。

4. 几何及代数 13～15章

斐波那契所著书，特别是《计算之书》反映了当时东西方成就，是丝绸之路终端上出类拔萃之作。书中用的数字及其记数法是印度——阿拉伯制，他在此书第2页说："用印度新数字9，8，7，6，5，4，3，2，1；以及阿拉伯记号0，可以写出一切数。"

在公元1300～1500年这段时间内，欧洲人的思想尽管被禁锢，但是数学活动还有一定进展。其活动中心在牛津大学、巴黎大学和维也纳大学。其活动内容主要是希腊和阿拉伯文献的直接反映，期间数学界的代表人物如：

奥雷姆

Nicole Oresme（约1320～1382）法国人，曾在巴黎大学学习。他在幂及指数的记法、认识和计算方面有新的见解，在级数求和上也有前人未见过的创见。

帕契沃里

Luca Pacioli（约1445～1517）意大利人，他认为数学是最广泛、有系统的学问，并且应用在所有人的现实生活和精神生活之中。他还指出理论对实践的好处。他的代表作《总论算术、几何和比例》(1494)是一部数学概论教科书，是这个时代的标准教科书。

评论

这复盖绵长一千多年的中世纪数学著作虽寥如晨星，但其中所反映的各种算题，其取材与东方数学，特别是《九章算术》相仿佛的却特多，与我们第四编：《九章算术》与历史著名算题及其解法所列十项分类竟无一遗漏，这一有趣的现象发生的原因有待我们进一步探索。下面我们整理一张对照表：

项　目		《九章算术》	对应的欧洲中世纪文献
四则运算		出钱买竹	燕子蜗牛（A）①
定和问题		五家共井	金冠估重（M）卅钱卅鸟（F）
项　目		《九章算术》	对应的欧洲中世纪文献
余数问题		持钱之蜀	分摊苹果（M）百羊问题（A）树根求长（F）
互给问题		二人持钱	二人互给（M）二人运牛（A）钱包问题（F）
合作问题		五渠注池	铜狮灌池（M）狮豹和熊（F）
盈亏问题		合款买物	甲乙互给（F）
比例问题	复比例	兔笼一石	麻布分块（A）果园植树（F）
	连比例	三丝互换	货币互换、布换棉花（F）
	分配比例	五官分鹿	工资分配、遗产分配（A）
行程问题		善行百步	狗追兔子（A）
数列问题	等差数列	有竹九节	鸽子求和（A）
	等比数列	女子善织	金属分重、王命征兵（A）银币翻番（F）
几何计算问题		方田章	四边形田（A）

16 世纪中叶由于实际生活和生产的需要，西欧的算术、代数向前推进，几何学也不甘示弱，为进入 17 世纪后数学学科突飞猛进迈开可喜的第一步。16 世纪下半叶开始，罗马教廷频繁派遣教士来华。罗明坚（P. M. Ruggieri，1543～1607）于 1581 年最先到中国，二年后利玛窦（Matteo Ricci，1552～1610）来华。他们在宣教的同时，还带来数学知识。由于物质条件和历史条件限制，这些数学知识中没有包含当时最前缘的内容，如塔塔里亚（Nicolo Tartaglia，1499～1557），卡当（Jerome Cardan，1501～1576）、韦达（Frangois Vieta，1540～1603）的创造发明。但在中算衰微当

① 用大写字母表示中世纪专著：A，阿尔昆《益智题集》；F，斐波那契《计算之术》；M，米特洛道斯《希腊箴言》。

口，传教士所传，学术界耳目为之一新。今天我们查考他们的数学知识实际背景，正可以匡正某些人认为1600年以前一切中不如西的偏见。

第七节 1478～1600 欧洲

印刷本数学教科书

本世纪初，美国纽约哥仑比亚大学师范学院出版杰克逊《16世纪时算术的教育特色》①，文献起自 1478 年——第一本印刷本算术教科书问世，迄1600年止。全书分二章，计 228 页，内容详实。为数众多的算术教科书可以从某一角度理解数学实际水平。《九章算术》作为古代数学教科书，本节把它与 15～16 世纪欧洲印刷本算术教科书作出比较，以理解它的世界意义。

为讨论方便，我们先列举在这一时期最重要的有关专著及其作者和第一版年代：

许凯（N. Chuquet）. Triparty dela Science du Nombres. Paris，1484.

凯仑德里（P. Calendri）. Arithmetical Opusculutorence. Florence，1491

寇培尔（J. Köbel）. Zwey Rechenbuchlin. Oppenheim，1514

里斯（A. Riese）. Rechnung auf der Linien and Ferdern. Erfurt，1522

唐士陶（C. Tonstall）. De Arte supputandi. London，1522

费奈乌斯（O. Finaeus）. De Arithmetical Practica. Paris，1525

鲁多尔夫（C. Rudolf）. Kiinstliche Rechnung. Vienna，1526

---

① L. L. Jackson. The Educational Significance of sixteenth Century Arithmetic. New York：1905

弗里修士（G. Frisius）. Arithmetical Practical Methodus Facilis Antwerp，1540

迦里盖（F. Ghaligai）. Practicae D'Arithmetical. Florence，1552

拉摩斯（P. Ramus）. Arithmetical Libri Duo Paris，1555

塔塔里亚（N. Tartaglia）. General Trattats di Numeri. Vienna，1556

贝克（H. Baker）. The well Spring of Science. London，1562

特仑享（J. Trenchent）. L'Arithmetique. Lyons，1566

克拉维乌斯（C. Clavius）. Epitome Arithmetical Practicae，Rome，1583

蒂尔番顿（C. Thierfeldern）. Arithmetical. Neremberg，1587

苏浮斯（S. Suevus）. Arithmetical Historical. Breslau，1593

整数

帕契沃里认为“单位是数与量的开始”而“数是单位的集合”，这种见解与《九章算术》粟米章今有术的刘徽注所说：“少者多之始，一者数之母”有相同意义。本时期各种教科书也都宗此说。

分数

当时欧洲人对异分母分数加减法则为

$\frac{b}{a}+\frac{d}{c}=\frac{bc+ad}{ac}$，与《九章算术》合分术同术。鲁多尔夫说：“$\frac{3}{8}+\frac{1}{5}$不可说是$\frac{4}{8}$，也不可说是$\frac{4}{5}$”。蒂尔番顿对分数除法作解释：以除数的分子、分母颠倒后，乘被除数的分子分母，这与《九章算术》经分术的第二层意义相合。

最大公约数

鲁多尔夫指出大小两数的最大公约数求法是：“小的除大的，以余数除小的，等等。”与我国约分术中更相减损术一致。

数列

唐士陶说："所有等差数列，不论项数是奇还是偶，各项之和是首末项之和乘以项数的一半。"里斯说："等比数列各项之和是末项乘以公比，减去首项，除以公比减一。"二者在《九章算术》有关术文中已有论述。

比例

五种比例在粟米、衰分、均输各章已有运用，16 世纪欧洲教科书中重新介绍。

开方和开立方

在 16 世纪欧洲教科书中俱有阐述，特别值得一提的是特仑享所编教科书中有几何方法开立方图解$\sqrt[3]{103823}$，与少广章开立方术适相一致。

假设法

在当时教科书中都有介绍，其解法一如盈不足术，关于此术源于何方，唐士陶说："假设法来自阿拉伯，亦称 Cathaym 法"。塔塔利亚书中称为 Helcataym 法。

测量术

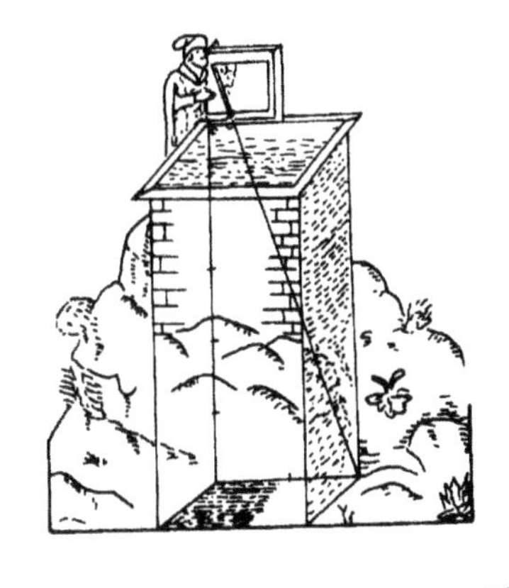

图 3.2.3

费奈乌斯（1525）所编教科书所绘插图（如图 3. 2. 3）测井

深，勾股章第24题有相同论述。

几何图形

杰克逊所著书中详表列举当时所论各种平面图形面积、立体图形体积公式。我们查阅《九章算术》，无一缺漏，并表达准确。反过来，《九章算术》所论常见土方如刍童、刍甍、羡除等立体体积公式，欧洲人并不知道。

著名算题

长期流传于各民族中的著名算题，是数学史研究中有吸引力、有趣味、进行探讨各民族间数学交流和相互影响的素材。本时期各种数学教科书中的对比材料我们整理如下表：

项　目		《九章算术》	对应的欧洲16世纪印刷本数学教科书
定和问题		三禾同实	宝盒计重（唐士陶），三人买房（里斯）
余数问题		持金三关	三个乞丐（唐士陶）
互给问题		二人持钱	三人互取（许凯）
合作问题		凫雁对飞	夫妻共饮（弗里修士）
盈亏问题		合款买物	门前给钱（克拉维乌斯）
行程问题		良马驽马	途中相遇（贝克）
比例问题	简单比例	雇工一年	雇工大氅（克拉维乌斯）
	反比例	五官出钱	面包重量（弗里修士）
	复比例	取佣负盐	运输计酬（弗里修士）
	连比例	三丝互换	四币互换（里斯）
	分配比例	三人持钱	四商装货（苏浮士）
数列问题	等差数列	有竹七节	毛巾百条（贝克）
	等比数列	女子善织	商人售布（贝克）

项目		《九章算术》	对应的欧洲16世纪印刷本数学教科书
几何计算问题	计算地积	圭田术等	较普遍
	勾股定理	竹折抵地	风吹折树（凯仑德里）
	勾股比例	井径五尺	井径测深（凯仑德里）
	计算体积	方台术等	较普遍

第八节 朝 鲜[1]

上古时代，朝鲜半岛聚居土著人，历经原始社会、奴隶社会。后来中国人不断移居此地，商末周初箕子率族来住，秦末汉初燕人卫满在今平壤一带建立政权。公元前108年，汉武帝发兵侵朝，灭卫氏，建立乐浪等四郡。公元1世纪高句丽在半岛北部始建立奴隶制国家。公元3世纪百济国在半岛西南部兴起。4世纪时新罗国又在东南部建国，史称朝鲜三国。公元675年，文武王统一半岛，建立新罗王国。后来又被高丽王朝取代。此两王朝在时间上分别与中国唐、宋二朝相当。高丽王朝之后为李氏王朝，在时间上与中国明、清相当。

在朝鲜三国时代，高句丽受中国文化影响最为明显，对百济也有影响：公元384年，僧人摩罗难陀从东晋到百济；4世纪末百济博士王仁带中国典籍到日本，从此日本始习汉文；544年百济易博士王道长、历博士王保孙传中国历法到日本。朝鲜是中国历算进入日本的跳板。

新罗王朝遣唐使金春秋到唐朝习中国文化，682年在首都庆州设立国学，“以《缀经》、《三开》、《九章》、《六章》教授之，凡学生自大吉以下至无位，年自15至30皆充之，限9年”。可见在

① 据金容云、金容局．韩国数学史．东京：1968.

7世纪时，《九章算术》是朝鲜国立学校数学教科书。

高丽王朝数学教育制度承袭前朝，值得注意的是，当时“仁宗14年（1136）11月凡明算业式，贴经二日内，初日贴《九章》十条，翌日贴《缀术》四条、《三开》三条、《谢经》三条。可见《九章算术》是国家重点考试科目（从排列次序、考试条数看），而且令人瞩目的是中国宋时元丰七年（1084）刻十种算经时早已亡佚的祖氏《缀术》，在朝鲜竟赫然犹存。

李氏王朝仍重视数学教育，在文臣中提倡习七学，历算居其一。当时算学隶属户部，国家设算学教授、算士、计士、算学训导等专业干部。每隔一二年举办国家级数学考试，以与《九章算术》有密切亲缘关系的杨辉算法和朱世杰的《九章算术》的改编本《算学启蒙》为选拔算学官员时的必读书。韩国今存自1498年至1648年150年间国家考试及第名录，通过考试的累计有254人。

17世纪以来已出版数学专著多种，如：

崔锡鼎（1645～1715），《九数略》

洪正夏（1684～　），《九一集》

洪大容（1731～1783），《筹解需用》

黄胤锡（1719～1790），《算学入门》

南秉吉（1820～1869），《九章术解》等

其中受《九章算术》影响是深刻的。例如《九数略》以易学理论为《九章算术》分类：

太阳：方田；

太阴：粟米，少广；

少阳：商功，衰分，盈不足；

少阴：均输，勾股

《九一集》“方程”正负门中所设题多摹仿《九章算术》，如二人分银显自《九章算术》二人持钱题。《算学入门》中仓积、平地委粟、

倚壁委粟、内角委粟显自商功章有关项目。《九章术解》则纯是《九章算术》的注释和演草。

第九节 越 南[1]

安南王国疆域含今越南版图。安南历朝都仿中国举行算科考试，选拔人材。李高宗贞符四年（1179）试三教子弟运算等科。胡汉苍开大二年（1404）举行乡试，前四场试文字，第五场试书算。黎威穆帝端庆二年（1505）考试军色民人书算于进武殿廷，应考者三万余人。从这些文献看，数学受到政府重视。科举考试是选拔人材的一种方式，进士梁世荣（15 世纪）有专著传世。

河内远东博古学院图书馆藏安南 18、19 世纪时数学专著多种，长沙章用（俊之）1938 年途经河内，在书店购得安南古算书多种，李俨节钞，现藏于中国科学院自然科学史研究所。综合以上文献，可得安南自撰算书目录，如

范文裕.《笔算指南》

范有僮.《九章立成算法》

梁世荣.《算法大成》

潘辉框.《指明立成算法》

等 14 种，以范有僮《九章立成算法》黎朝永盛年（1705～1719）刊本含：方田、平分、衰分、开方、通分、纳子、石求铢法、铢求石法、兴堆平地法等《九章算术》术语，是受到《九章算术》影响的著作。

---

① 据李迪同志通讯及韩琦．中越历史上的数学交流．《中国科技史料》，1991．5～8

第十节　日　本

公元6世纪时，日本自朝鲜间接输入中国历算知识。7世纪初，中日直接开始文化交流。《隋书》倭国传记："开皇二十年(600)倭王姓阿每，字多利思比孤、号阿辈鸡弥。遣使诣阙。"[①] 自后中日交通频繁。日本发遣隋史3起，遣唐使18起。包括《九章算术》在内的中国天算之学从此源源传布东瀛，对日本的影响极为深刻。

在明治维新以前，日本数学有特色，称为和算。其研究声势有起有伏。在江户时代（1603～1867）以数学家关孝和为核心的数学活动及其成果达到高峰。和算的代表作有

吉田光由.《尘劫记》(1627)[②]

今村知商.《竖亥录》(1639)[③]

礒村吉德.《算法缺疑抄》(1661)

村松茂清.《算俎》(1663)

村濑义益.《算法勿惮改》[④]（1673）

关孝和.《括要算法》(1680～1683)

我们简述和算特色如下：

算具、记数及其运算

中国筹算传入日本后，经千百年长期使用，算筹逐渐定形：竹或木制，长一寸六分，方截面，边长为筹长六分之一。筹算算盘

① 《隋书》. 中华书局标点本，1975. 1826

② 吉田光由.《尘劫记》. 大矢真一校订本，岩波文库. 1980.

③ 今村知商. 竖亥录. 正宗敦夫等校订，日本古典全集本

④ 《法华经》："三千尘点劫". 竖亥、太章是夏禹二重臣，竖亥以善步行见长.《论语·学而》："知之为知之，不知为不知，是知也。…多闻缺疑，慎言其余."《论语·为政》："过则勿惮改". 可见和算书名与中国经典的密切关系.

算 盘 图

十	万	千	百	十	一	分	厘	毫	丝	忽
					商					
					宝					
					方					
					初廉					
					次廉					
					三廉					
					四廉					
					隅					

图3. 2. 4

用纸板或木板（图3.2.4）制成，画纵横线作方格成棋盘状，每格大小以能容纳记数用算筹为度。我们从日本数学史专著中可以看到源出中国的筹算算盘及其运算时实况（图2.2.1）。日本算筹记数按中国传统“一纵十横、百立千僵，千十相望，万百相当。满六以上，五在上方。六不积算，五不单张。”八言诀语，某位无数，就不记算筹。遇到负数按照“正算赤、负算黑，或以斜正为异。”乘法、除法、开方、开立方都按中算成法。日本笔算记数完全按筹算象形。

著书体例及数学用语

和算数学专著都按《九章算术》体例。先列题、次答数、后术文。和算还全盘采用《九章算术》数学用语，有的一直沿用到现在。例如：算术、全、合、和、减、乘、倍、积、法、实、实如法而一、商、余，分、约、分母、分子、少半、太半，率、衰、衰分、反衰，正数、负数，开方、开立方，“方程”。高、长、广，圭田、方田，勾、股、弦，圆、弧，堡垮、锥、台等等。

数学教育

中国和朝鲜的数学教育制度也影响了日本。《大宝令》（833年）大学寮制度设：算博士2人，算生30人。取年十三以上，十六以下聪会者为之。以《孙子》、《五曹》、《九章》、《海岛》、《六章》、《缀术》、《三开》、《周髀》、《九司》为教科书。考试时：“试《九章》三条，《海岛》、《周髀》、《五曹》、《九司》、《孙子》、《三开》各一条。试九全通为甲，通六为乙。若落《九章》者，虽通六，犹为不第。”于此可见《九章算术》在日本数学教育中所据绝对权威地位。

评论

和算数学研究内容源自中算，特别受《九章算术》感染最深。这里我们列举有关算题说明这一事实。

1. 互减术　即约分中更相减损术，借以求两数的最大公约数，求小数的最佳渐近分数。[①]

2. 入子算　相当于衰分术，吉由光由借此解八个锅子问题。

3. 级数算　《算俎》与均输章有竹九节题相仿佛。《尘劫记》一对老鼠题与衰分章女子善织题同为等比数列求和问题，具体而作推广。

4. 本利算　《尘劫记》货米三年题与盈不足章持钱之蜀同术。

5. 盗人算　《尘劫记》、《算法缺疑抄》桥下分赃题实为盈不足题的应用。

6. 勾股术　关孝和《解见题之法》（1684）图证与我李潢（？～1812）在《九章算术细草图说》所作相同。初坂重春对缠木七周题在《圆方》（1657）作了改编。

7. 测量　《尘劫记》载间接测量多，则是《九章算术》勾股比例的重复。《算法缺疑抄》测树远近题与《九章算术》四表测木题相像。

8. 立体算　镰仓时代(1192～1333)对方台体积误以为 $V=\left(\frac{1}{2}(a+b)\right)^2h$，其中 a，b 为上下底边长。《尘劫记》仍误。《竖亥录》始纠正，用《九章算术》方亭术，《算法勿惮改》还作了证明。

和算称上广、下广相等的羡除为榨形，而且推广为前侧面不一

---

① 沈康身更相减损术源流．自然科学史研究，1982（3）：193～207

定垂直于上底。《算法缺疑抄》推导其体积为 $V=\frac{1}{6}(2a+c)bh$，其中 a、c 为上、下广，b 为末广，h 为下广与上底的距离。

和算称刍童为厚幅台，《尘劫记》误用公式为 $V=\frac{1}{2}(a_1+a_2)\times\frac{1}{2}(b_1+b_2)h$，其中 a_1，b_1 为上底长和宽，a_2，b_2 为下底长和宽，h 为高。《竖亥录》改用刍童术，作了纠正，而《算法缺疑抄》把立体分成上下二榨形求积，作为证明，方法简练，为中算所未逮。

第三章　外国学者近现代对《九章算术》的研究

《九章算术》作为一部数学经典，流传海外，很受重视。在西方科学未来东方之前，近邻国家如日本、朝鲜都把《九章算术》作为国立学校数学系必修教材。对越南也有影响，他们有出版物多种，以“九章”作为书名之首行世。20世纪以来，特别是该世纪50年代以来，《九章算术》进一步受到世界各国学者推崇，认真展开研究，已取得很多成果，我们分地区简介如下。

第一节　亚　洲

日本

三上义夫1910年著《中国与日本的数学发达史》[1]，全书346页，中国、日本参半。中国部分分为21章。其中第三章全面介绍《九章算术》九个章的内容。第四章论作为刘徽注《九章算术》的续篇《海岛算经》，第七章论刘徽的割圆术。这是东方人最早用英文论述《九章算术》专著。他于1926年著《中国数学的特色》论文，在《东洋学报》第15卷第4期，第16卷第1期连载。1934年，上海商务印书馆译成汉语，出版单行本[2]。其中第六章专题讨论《九章算术》。他的博士论文《关孝和的业绩及东京、大阪数学

① The Development of mathematics in China and Japan. Dresden：1910

② 三上义夫. 中国算学之特色. 林科棠译

家与中国数学家的关系及其比较》[1] 在《东洋学报》1932 年至 1933 年连续六期刊载（第 20 卷第 2，4 期，第 2 卷第 1，3，4 期，第 22 卷第 1 期）。全文 168 页，共 32 节。其中第 28 至 30 节论述《九章算术》及其刘徽注。在上述三种论著中有许多重要见解。例如：明确《九章算术》在中算中的重要地位，《九章算术》刘注在中算发展中的重要作用。他认为盈不足术是近代弦位法近似解方程的先河；"方程"术出类拔萃，是世界首创；并点明"方程"新术的妙用。刘徽割圆术，特别是刘徽消息的解释、刘注阳马术的深入探索、赵爽与刘徽有关工作的对比、祖暅球积推导与刘徽思想的联系等，至今仍为国内外同行多次引用。

与三上义夫同时还有小仓金之助、林鹤一、加藤平左エ门。小仓对《九章算术》的评价很高，提法也较准确。他认为《九章算术》直到清末仍是中国数学的代表，恰如中国的欧几里得。林鹤一《和算研究集录》上下卷，1937 年出版，共 2 000 余页，内容很多涉及《九章算术》。加藤在二战时已有专著行世。1944 年他在台北出版的《和算中的整数论》，计 320 页，不少内容是在《九章算术》基础上发展起来的。日本投降后，陈建功教授出任国立台湾大学校长，加藤将此书呈献，现藏杭州大学图书馆。

20 世纪 70 年代，日本学者进行《九章算术》的日文翻译和注释工作。已有三种版本。大矢真一译本被收入薮内清主编的《中国科学》内，1975 年中央公论社出版。清水达雄译本在《数学セミ十っ》(《数学读书报告》) 连载 (1975～1976)。二者都只译经文，未及刘徽、李淳风注。1978 年川原秀城译《九章算术》及其刘徽注，收入伊东俊太郎等编《科学名著》第二卷内，朝日出版社出版。他根据影宋抄本、杨辉《详解九章算法》、戴震辑《永乐

---

① 三上义夫. 关孝和の业绩と京坂の算家并に支那の算法との关系及び比较. 东洋学报，1932～1933

大典》条文（后辑录为微波榭本）、李潢《九章算术细草图说》以及钱宝琮校点本，择善而从；并提出他自己的见解。川原译本共277页，前面33页为对《九章算术》总的解说。他又分题分术作今注，工作做得很细，我们将在第四章第三节介绍。

新加坡

国立新加坡大学蓝丽蓉自20世纪60年代起从事中国数学史研究。已发表论著20余种，作出很好成绩。她对《九章算术》有深入的工作。先后在Isis，Archive for the History of Exact Sciences和Historical mathematical等有名望的杂志上发表有关割圆术[①]、开方术、[②]盈不足术、[③]球积术、[④]“方程”术、[⑤]勾股术[⑥]及《海岛算经》中有关测量[⑦]问题的论文。不久前还发表综述长文，全面介绍《九章算术》，这在英语世界是首创。参见第四章第四节。

马来西亚

吉隆坡大学洪天赐从事中国数学史研究，对勾股术、[⑧]《海岛

---

① Lam, L. Y. & Ang, T. S. Circle Measurement in Ancient China, Historia Mathematica. vol. 13. 325～340

② ——. The Geometrical basis of the Ancient Chinese Square－root method. Isis, vol. 61. 96～102

③ ——. Yang Huis Comentary on Ying Nu Chapters of the Nine Chapters. Historia Mathematica, 1974. 47～64

④ ——& K. S. Shen. The Chinese concept of Cavalieri's Principle and its Applications, Historia Mathematica, vol. 12. 219～228

⑤ ——. Methods of solving linear Equations in Traditional Chinese Mathematics. Historia Mathematica, vol. 16. 107～122

⑥ ——. Right－angled Triangle in ancient China. Archive for History of Sciences, vol. 37. 87～112

⑦ ——. Mathematical problems in surveying in ancient China. Archive for History of Sciences, vol. 39. 1～20

⑧ Ang, T. S. Chinese interest in right-angled Triangles. History Mathematica, vol. 5. 253～266

算经》[1]都有专题研究。

第二节 欧 洲

英国

李约瑟于 1959 年出版巨著《中国科学技术史》第 3 卷。此卷含数学、天文学和地学三部分。数学部分计 118 页，分 11 章。他认为在整部中国历史中，人们代代相传地研究《九章算术》，它可能是所有中国数学著作中影响最大的一部书。他还对《九章算术》的成就，在世界数学发展史中的地位和作用提出论据可靠、有说服力的看法：开平方和开立方的近似方法欧洲直到 1340 年前后 Planades 才发现。在印度婆罗摩笈多（7 世纪）最先提到负数。在欧洲第一部圆满论述负数的著作是 1545 年卡当的《重要的艺术》(Ars Magna)。关孝和 1683 年在著作中对行列式的概念和它的展开已经有了清楚的叙述，而在欧洲莱布尼兹才第一次提出行列式。所以提出行列式的功勋应该是归于关孝和。而关孝和思想的产生多半受惠于中国。双假设法可能起源于中国。这个方法的确就是中国的盈不足术。葭生池中题也出现在后来印度著作中，并且还传到中世纪的欧洲。李约瑟的学生王铃 1955 年在剑桥大学三一学院写博士论文，题为"《九章算术》以及汉代中国数学史。"我们将在第四章讨论。

李约瑟研究所所长何丙郁对中算有精湛的研究。在 C. C. Gillispie 主编《科学家传记辞典》中他写了"刘徽传"（第八卷，418～425 页）

① Ang, T. S. The Sea Island Mathematical Manual. Historia Mathematica, vol. 13. 69～77

古克礼（C. Cullen）①，伦敦大学教授。他研究中国数学史已有15年历史，已发表论文多篇，其中许多篇与《九章算术》有关，而且反映出他对《九章算术》的深入理解。

俄国

前苏联数学史家对《九章算术》研究较有基础。研究工作起步于20世纪50年代。A. П. 尤什凯维契所作的题为“中国著者在数学领域内的成就”的论文，载于《数学史研究》第8卷（1955年）。这篇论文用较多篇幅论述《九章算术》以及刘徽的工作。他认为《九章算术》是公元前2至1世纪所作。其中第八章破天荒地首次在科技史上指出正量与负量的区分。正量及负量运算法则的发明是大约生活在二千年前或更早的中国学者的最伟大的成就。中国数学家超出了其他国家的科学几世纪之久。尤什凯维契还在1961年出版了《中世纪数学》，第一章以近20页篇幅介绍《九章算术》及其刘徽注。这部书不久被译为德文和英文，在向西方传播《九章算术》的成就，无疑起了重要作用。

前苏联研究《九章算术》的代表是Э. И. 别列兹金娜。她于1957年把《九章算术》译成俄文（只译经文，未及刘、李注），发表在《数学史研究》第10卷上。1974年在《数学史研究》第19卷又刊登她的《海岛算经》俄译本。她的《九章算术》俄译本，华罗庚作序，全文160页，我们将在第四章第一节介绍。1980年她发表专著《中国古代数学》。对《九章算术》有独到见解。她把更相减损术与《几何原本》辗转相除作比较。说后者是线段互减，而前者是自然数互减。并论述这一工具在求数的最大公约数与最小公倍数、解同余式中的作用。她对分数除法法则推崇备至，认为

① C. Cullen. How can we Do, the comparative History of Mathematics ? Proof in Liu Hui and The Zhoubi, Philosophy and the History of Science，台北：vol. 4. 1995. 59～94

中国人很早已具备的运算规则，欧洲却历经漫长艰辛的道路。三率法源自中国，她说其他各国后出的三率法无一不是中国方法的翻版和补充。她认为盈不足术，即双假设法至今有其现实意义。例如漆三油四、良马驽马、贷人千钱三题用现代方法并不比双假设法方便。她对“方程”术评说：“19 世纪高斯的研究成果：乘、减图式与中国‘方程’术一致。在这电子计算机时代，不论方程个数是多少，用这种图式终能得解。不料中国人在古老的年代里能在筹算板上获得这种解法”。她赞扬“方程”术内容是统一的，结构是严谨的，叙述是简洁的。她对《九章算术》某些面积公式解释得很得体。例如对弓形近似公式$\frac{1}{2}(h^2+ah)$，她把弓形理解为以弦（a）、矢（h）分别为上下底，矢为高的梯形。这一处理方法新颖，也助人记忆，也符合中国先民创制这一公式的造术原意。她的理解也存在缺点。主要原因是没有重视包括刘徽注在内的历代注释。例如书中欠缺刘徽所创出入相补原理，刘徽原理。缺少这些命题，各种面（体）积公式的研究就丧失了中算特色。对某些问题，刘注原已有完善回答，她还不断提问、责难。例如，她认为“方程”章五家共井题的答案只是一个特解，是不合理的；对勾股章葭生池中题提出“怎样会知道这一公式，无人知晓”等等。

A. K. 伏尔可夫，V. K. 崔洛夫是后起之秀，在《数学史研究》已发表中算论文多篇。伏尔可夫发表了对方田章刘注有关面积计算的论文，建立许多方法复原刘注造术原意，很有新见[①]。

德国

上世纪末 1899 年，著名数学史家 M. 康托完成巨著《数学史

① Volkov. A. K. Area Calculation in Ancient China. Istoriko Matematiches Kie issledovaniya, Vol. 29. 28～43——Supplementary Data on the Values of π in the History of Chinese Mathematics. Philosophy and the History of Seience, 3 (2) Taibei: 1994. 95～110

讲义》，全书4卷，多达4 000页。其第一卷论古代（上古至公元后1200年止）数学。在巴比伦、埃及、希腊数学之后讲中国数学，计30页，以孔子语录："知之为知之，不知为不知，是知也"开篇，对先秦、汉至唐、宋、金、元、明、清各时期数学都作重点介绍。对我国知名数学家刘徽、祖冲之、秦九韶名号及其重要发明俱有恰当叙录。书中简要介绍《九章算术》：全书问题数，九章章名。这是西方最早接触到的有关《九章算术》的材料。

1968年，K. 福格德文译本《九章算术》出版。所译的也只是经文，未及刘、李注。此书是弗里德尔《东方世界自然科学及技术经典丛书》第四卷，在慕尼黑出版。全书159页，有译者注412条，这些译者注颇有新意，比较接近或符合古人造术意旨，我们将在第四章进一步介绍。

1980年，柏林出版J. 特洛夫凯巨著：《初等数学史》第三版，其中第四章专章讨论世界著名算题155页，大量收录K. 福格译本中的《九章算术》算题。

法国

法国科学院中国文化研究所J. C. 马若安，1988年在巴黎出版《中算史导论》，全书375页。全面介绍中算，并以16页篇幅详细介绍《九章算术》，又在全书多次论述刘徽业绩。书中对《九章算术》评价说："当今大多数数学史家认为《九章算术》是中算的圣经。《九章算术》与欧几里得《原本》等价。《九章算术》事实上不仅是中国，而且是朝鲜、日本和越南传统数学的真实源泉。《九章算术》的学术水平比之后时期类似著作为出类拔萃之作。"马若安还在I. 格拉顿所编巨著二卷本《哲学与数学史百科全书》（伦敦1994）中，以10页篇幅介绍中国数学，并介绍《九章算术》在中国数学发展史中的重要作用。

法国自然科学研究中心（CNRS）K. 林力娜，1979年来中国学习中算，以后又多次访华，她与中国学者合作计划：用法文译

《九章算术》。

丹麦

哥本哈根大学东亚研究所D. B. 华道安从事中国科学技术史研究已多年。他曾经重点研究刘徽在数学中的论证。他的代表作之一是1978年发表的“刘徽和祖暅论球的体积”。文中指出祖暅明确地使用了一个等价于Cavalieri原理的假定，并认为在祖暅之前，他的先辈刘徽已经多次以一种含蓄的形式运用过它。另一篇论文1979年发表：“3世纪时刘徽关于锥体积的推导”，文中对商功章第15题求阳马体积问题中的刘注（刘徽原理）[①]作了详细探索，圆满地解决了钱宝琮校点本所提问题：“阳马术中意义难于理解尚不能句读的文字。”华道安这一工作的基本观点与20世纪30年代日本三上义夫有关论述相一致。但是对西方世界了解《九章算术》精神，显然起了很大作用。

瑞士

1983年苏黎世大学数学系B. L. 范德瓦尔登在柏林出版《古代文化中的几何和代数》，书中多次引用了华道安所译《九章算术》中最有趣的部分英文稿（未发表）。全书对《九章算术》中的代数和几何概念、理论和算法都作了选介。还详细比较了古世界各地区同类成果。

瑞典

凯慕尔技术大学、哥得堡大学数学系马丽1993年出版《假设法、它的早期应用及其传播设想》，全书128页，分七章。她以二整章论述盈不足章及其刘徽注。她以刘徽名言：“错综度数，动之斯谐。其犹佩觿解结，无往而不理焉”作为书名页箴语。1994年又出版《九章算术》“方程”章英文译释本。

---

① 吴文俊. 出入相补原理. 中国古代科技成就. 北京：中国青年出版社，1978. 80～100

第三节　美　洲

美国

D. E. 斯密思于1914年与日本三上义夫合著《日本数学史》。由于和算以中算为师，该书以63页篇幅介绍中算，其中有6页专论《九章算术》。1925年他又发表二卷本《数学史》。书中他认为《九章算术》是中国古代数学经典中影响最大、长时间在东亚保持最高声誉之作。他认为许多事实证明中华民族富有才华，中国人是建立早期数学的先行者。

斯密思的同代人，F. 卡约黎所著《数学史》1922年出版。对《九章算术》有简明介绍。他从《九章算术》有关算题推断中国、印度数学的对比和交流。他说中国古代为印度支付过一笔文化财富。当谈到弓形面积近似公式时，他说后来摩诃毗罗著作中可以找到同一表达式。谈到折竹问题时，他说在8世纪印度书中也可以找到。

1948年D. J. 斯特洛伊克在纽约出版《数学简史》。全书言简意赅，出版后成为畅销书，已有多种语言译本。其中第二章介绍中国数学。正如他所说那样，当时“研究中国古代数学缺乏令人满意的译作而大大受到限制。”

20世纪后半个世纪以来的情况已有改观。缅因州H. 伊夫斯，宾州F. J. 斯卫兹，以及斯特洛伊克本人先后发表有关《九章算术》研究成果多篇。国际数学史委员会前主席J. W. 道本周在中算研究方面做了许多有益的工作。在他主编的《国际数学史杂志》上多次组稿发表研究中算、特别是《九章算术》的成果。在他指导的研究生中以中算研究作为博士论文课题。1985年，他出版《文献选编：古今数学历史》，书中设专章节介绍中国数学。当他为K. 福格德文版《九章算术》作提要时，恰当地比喻《九章算术》是中国数学的脊梁骨。1991 年起他以美国国家人文科学基金（NEH）约请中国学者进行英文翻译，包括《九章算术》在内的名著《算经十书》。

加拿大

多伦多大学 B. G. 吉仑于 1977 年在《国际数学史杂志》发表“《周髀算经》，赵爽的勾股圆方图注的英译和讨论”40 页。论说详细、正确，对研究赵爽同代人刘徽勾股术提供方便。

第四节 澳 洲

澳大利亚

澳洲第一次数学史会议于 1981 年 12 月 21 日在维多利亚州摩纳西大学召开。出席会议 60 余人，会议论文 14 篇，含中算论文 2 篇。摩纳西大学数学系有较好的数学史研究队伍和学术水平。1976 年以来已发表数学史论文 66 篇（1996 年止），专著一部：《中国数学》。这是李俨和杜石然《中国古代数学简史》的英文译本。由 J. N. 郭树理和 A. W. C. 伦译，李约瑟作译序，1987 年英国牛津大学出版社出版。为西方学者研究中算提供了方便，已为有关专著及论文多次引用。美国斯卫兹 1988 年在《国际数学史杂志》作书评予以好评。对《九章算术》投入较大力量深入研究。1992，1994～1995 前后两次邀请中国学者沈康身到该校访问，合作英译并今释《九章算术》及其刘徽与李淳风注。此书由中国科学出版社和英国牛津大学出版社联合出版，我们将在第四章介绍。

新西兰

瓦开托大学 J. 豪已发表中算论文、专著多种。他的兴趣热点是元代朱世杰的工作，但是人们由此不难测度他的深邃的《九章算术》钻研功底。

第四章　《九章算术》的外国文译本

第一节　俄文译本

书名

《Математика в Девнягти Книгах》(数学九章)

前苏联《数学史研究》第10卷，1957①，前苏联科学院自然科学与技术史研究所主编。

译者

Э. И. Березкина (别列兹金娜) 从事中国数学史研究已40多年。她曾全文俄译《孙子算经》(1963)、《张丘建算经》(1969)、《五曹算经》(1969)、《缉古算经》(1975)，并发表学术论文多篇：论《九章算术》(1957)②，论《孙子算经》(1960)③，《中国小数简史》(1963)④，论《张丘建算经》(1969)⑤，刘徽的两篇几何著作

① Историко-Мат. Исследование. х. 1957. 424～584. 华罗庚序，425～426. 译者自序. 427～438，经文. 439～513，译注. 514～584

② Ъерезкина，Э. и.，О Математпке в девяти кнпчахюист. -Мат. -иссяед.. 1957，Вып. X

③ Ъерезкина，Э. Н.，О Математическом Труде Сунв-упзы，цз историн Науки ц Технцкц В Странах Востокаю1960，Вып. Ⅲ

④ Ъерезкина，Э. Н.，У Чсторцц Десятцчныхц Дроьей В кцтае，МатеМатика В ЩБоле. 1963，НО. 3

⑤ Ъерезкина，Э Ц.，О трактате ЧЖан пю-пзяня ои Математике，физ-Мат. Науки в Странах Востокаю，1969，Вып. Ⅱ

(1974)① 等。1974 年第十四届国际科学技术史会议(东京、广岛),她宣读了有关中国数学史的论文。她的专著《中国古代数学》(Математика Древнего китая) 于 1980 年由莫斯科科学出版社出版。

《九章算术》俄文译本由中国著名数学家华罗庚作序。她在自序及译注中多次提到她的译作曾得到中国数学史研究的奠基人之一李俨的通信帮助,也提到钱宝琮和许莼舫的工作。

МАТЕМАТИКА В ДЕВЯТИ КНИГАХ

九章算術

Перевод Э. И. Березкиной

Книга I. Измерение полей [1]

1. Имеется поле шириною в 15 [2] бу [3], длиною в 16 бу. Спрашивается, каково поле?
   Ответ: 1 му.
2. Имеется другое поле шириною в 12 бу, длиною в 14 бу. Спрашивается, каково поле?
   Ответ: 168 бу [4].

Измерение поля

Правило: перемножь количества бу ширины и длины, получишь площадь [5] в бу. Чтобы выделить му, раздели на 240 бу, это и будет количество му. 100 му есть 1 цин.

3. **Имеется поле шириною в 1 ли, длиною в 1 ли. Спрашивается, каково поле?**
   Ответ: 3 цина 75 му.
4. **Имеется другое поле шириною в 2 ли, длиною в 3 ли. Спрашивается, каково поле?**
   Ответ: 22 цина 50 му.

《九章算术》俄文译本书影

① Ъерезкина, Э Ч., Два текста Лю Хуэя по Геометрин, ист. —мат. исслед, 1974. Вып. X1X

她的译和释都做得很踏实。译文信达。从70页释文中可见她对《九章算术》的深邃认识。

对《九章算术》专门术语的理解

1. 九个章名的译法

方田　Измерение полей（量地）

粟米　Соотношение между различными видами зерновых кулътур（粮食比值）

衰分　Деление по ступеням（按级分摊）

少广　Щао-гуан

商功　Оценка работ（劳动定值）

均输　Пропорциональное распреде ление（比例分配）

盈不足　Избыток-недостаток（过剩与不足）

方程　Фан-чэн

勾股　Гоу-гу

其中少广、方程、勾股译音，其余按各章数学内容译意。

2. 某些术语的译法

约分　сокращение дробей（正确）

等数　равные числа（等数）

课分　сравнение дробей（分数的比较）

平分　уравнение дробей（使分数相等）

实如法而一　Об'едини делимое и Делитель（计算分子中含多少个分母）

全　цетая часть（整数部分）

重有分　Если ещё иметьк дроби，…（如果还有分数，…）

斜田　косое поле（斜田）

宛田　кивие поле（曲面田）

率　норма，соотнршение，коэфицент　术　правило（法则）

其母同者，直相从之　Если их зnаменателин одинаковы，то

прямо складывай（分母相同，直接相加）

有分者通之　Если имеются дробп，то приведи их кобшему знаменателю.（如有分数就取公分母）

蜀　княжество щу（蜀国）　门（ворота（双扇）

秉　снопа（捆，束）　户　двель（单扇）

维乘　перемножь крест-накрест（交叉相乘）

大广田　обшее измерение полеЙ（一般量地法）

上下辈之　Если имеются дробные，то округли их.（如果有分数，就凑整数）

评论

上引20条，俄译一般都达原意。“重有分”应译为繁分数，说是“如果还有分数……”不确切。“率”含义很深刻[1]，她的俄译都失实。在秦汉时“蜀”为国名，如译为四川省，就与历史条件相背。“门”、“户”、“秉”、“大广田”、“上下辈之”都恰如其分。

对《九章算术》术文及其造术的理解

1. 约分术

她指出两数的等数就是二者的最大公约数。而求等数的约分术就是辗转相除法，就是欧几里得算法。

2. 弧田术　她精辟地解释弧田术

$$A=\frac{1}{2}h\ (a+h)$$

把其中矢（h）和弦（a）看成是箕田的舌和踵，又把箕田的正纵也看成是矢。这种解释较符合古人造术原意（图2. 3. 2）。

3. 少广术　在译注中可见她对少广术也有深入理解：以少广章第7题为例，对于{1、2、3、4、5、6、7、8}，少广术的算法步骤为：

---

① 参见第二编第一章第二节.

① 1 1 1 1 1 1 1 1

1 2 3 4 5 6 7 8

②以最大数 8 遍乘上行各数

8 8 8 8 8 8 8 8

1 2 3 4 5 6 7 8

③以最大公约数分别约同列两数，删去下行中的 1

8 4 8 2 8 4 8 1

3 5 3 7

④以最大数 7，遍乘上行各数，

56 28 56 14 56 28 56 7

3 5 3 7

⑤以最大公约数分别约同列两数，删去下列中的 1，

56 28 56 14 56 28 8 7

3 5 3

⑥以最大数 5 遍乘上行各数，又约简同列两数，

280 140 280 70 56 140 40 35

3 3

⑦以最大数 3 遍乘上行各数，又约简同列两数。

840 420 280 210 168 140 120 105

于是 $1+\frac{1}{2}+\frac{1}{3}+\frac{1}{4}+\frac{1}{5}+\frac{1}{6}+\frac{1}{7}+\frac{1}{8}$

$=\frac{840+420+280+210+168+140+120+105}{8\times 7\times 5\times 3}$

$=\frac{2283}{840}$[①]。

① 参见第二编第二章第三节.

对少广术的理解与中国学者梅荣照不约而同①。

4. 盈不足章第 16 题即石中有玉题，她敏锐地指出原题解法并不是盈不足术，这一判断无误，事实上原题解法运用了其率术②。

5. 别列兹金娜对“方程”术的解释是完整的。她认为“方程”18 个算题，都是解线性方程组：

$$\begin{cases} a_{11}x_1+a_{12}x_2+\cdots+a_{1n}x_n=b_1 \\ a_{21}x_1+a_{22}x_2+\cdots+a_{2n}x_n=b_2 \\ \cdots \quad \cdots \\ a_{n1}x_1+a_{n2}x_2+\cdots+a_{nn}x_n=b_n \end{cases}$$

“方程”术就是列“方程”：

$$\begin{pmatrix} a_{n1}\cdots a_{21} & a_{11} \\ a_{n2}\cdots a_{22} & a_{12} \\ \cdots\cdots & \\ a_{nn}\cdots a_{2n} & a_{1n} \\ b_n\cdots b_2 & b_1 \end{pmatrix}$$

通过遍乘直除，逐步消元：

$$\begin{pmatrix} a_{n1}\cdots a_{21} & a_{11} \\ a_{n2}\cdots a_{22} & a_{12} \\ \cdots\cdots & \\ a_{nn}\cdots a_{2n} & a_{1n} \\ b_n\cdots b_2 & b_1 \end{pmatrix} \rightarrow \begin{pmatrix} \cdots 0 & a_{11} \\ \cdots \bar{a}_{22} & a_{12} \\ \cdots\cdots & \\ \bar{a}_{2n} & a_{1n} \\ \cdots \bar{b}_2 & b_1 \end{pmatrix}$$

其中　$\bar{a}_{2i}=a_{2i}a_{11}-a_{1i}a_{2i}$

① 梅荣照.《九章算术》少广章中求最小公倍数问题. 自然科学史研究，1984(3)：203～208

② 参见第四编第二章第二节.

$$\bar{b}_2=b_2a_{11}-b_1a_{21}$$

最终使方程组化为

$$\begin{cases} a_{11}x_1+a_{12}x_2+\cdots+a_{1n}x_n=b_1 \\ \bar{a}_{22}x_2+\cdots+\bar{a}_{2n}x_n=\bar{b}_2 \\ \qquad\qquad\cdots\cdots \\ \qquad\qquad\bar{a}_{nn}x_n=\bar{b}_n \end{cases}$$

作为例子，她把“方程”章五家共井题正确地列出“方程”，并运用“方程”术最终使系数矩阵成为下三角矩阵

$$\begin{pmatrix} 1 & 0 & 0 & 0 & 2 \\ 0 & 0 & 0 & 3 & 1 \\ 0 & 0 & 4 & 1 & 0 \\ 0 & 5 & 1 & 0 & 0 \\ 6 & 1 & 0 & 0 & 0 \\ a & a & a & a & a \end{pmatrix} \cdots \begin{pmatrix} 0 & 0 & 0 & 0 & 2 \\ 0 & 0 & 0 & 3 & 1 \\ 0 & 0 & 4 & 1 & 0 \\ 0 & 5 & 1 & 0 & 0 \\ 721 & 1 & 0 & 0 & 0 \\ 76a & a & a & a & a \end{pmatrix}$$

6. 对勾股章葭生池中题术文的造术解释说，图 3.4.1 中 $AB=c$，$BE=b$，则

$a^2=c^2-b^2=$曲尺形 $AEFGCD$ 面积

$=(c-b)^2+2b(c-b)$，借此得到

$b=\dfrac{a^2-(c-b)^2}{2(c-b)}$，而 $c=c+(c-b)=\dfrac{a^2+(c-b)^2}{2(c-b)}$

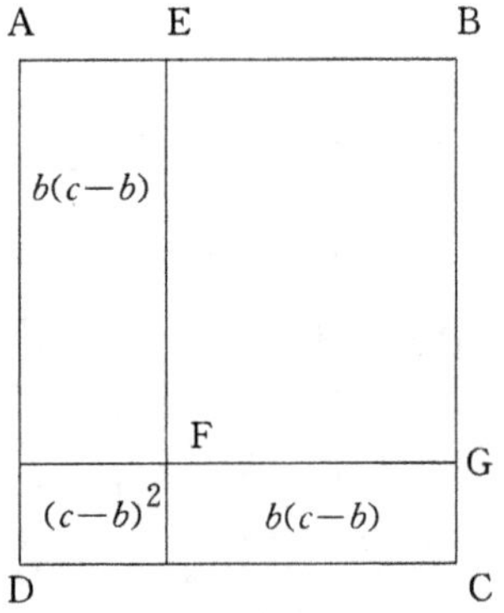

A　E　B
$b(c-b)$
F　G
$(c-b)^2$　$b(c-b)$
D　C

图 3.4.1

7. 对勾股章竹折抵地题术文的造术也有很好理解。图 3.4.2中 $a^2=c^2-b^2=$曲尺形 $KBNMLF$ 面积$=$长方形 $ABED$ 面积$=(b+c)^2-2b(b+c)$，因此

$$b=\frac{(b+c)^2-a^2}{2\ (b+a)}$$

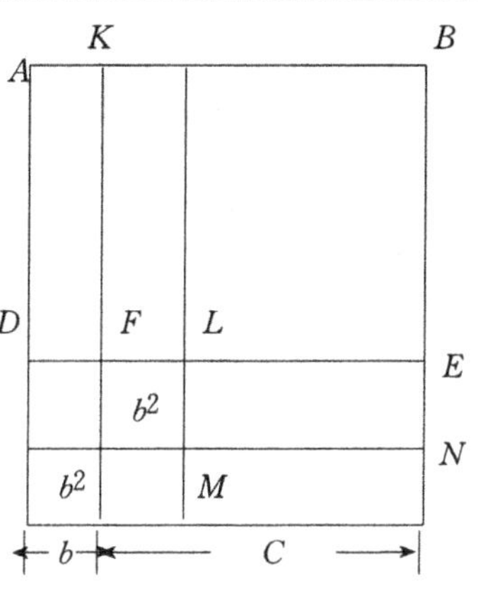

图 3.4.2

8. 对勾股章二人同立题中即有关勾股数的讨论，别列兹金娜尤有精辟的见解，她认为《九章算术》已具有勾股数概念。她说："如果设 $z=\frac{\alpha^2+\beta^2}{2}$，$y=\frac{\alpha^2-\beta^2}{2}$，$x=\alpha\beta$，显然对于一切 α，β 都满足 $z^2=x^2+y^2$，x，y 是毕达哥拉斯数，这些数给出直角三角形上一切有理数。题中 $\alpha=7$，$\beta=3$，则数 29，20，21 对应于 $z=\frac{\alpha^2+\beta^2}{2}=29$，$y=\frac{\alpha^2-\beta^2}{2}=20$，$x=\alpha\beta=21$。事实上，题设 $\frac{x}{y+z}=\frac{3}{7}$，以 x、y、z 代入得 $\frac{\alpha\beta}{\alpha^2}=\frac{3}{7}$，这里最小整数解是

$$\alpha=7,\ \beta=3。$$

这样看来，中国古代数学家已熟知毕达哥拉斯数及其应用。"（图 3.4.3）

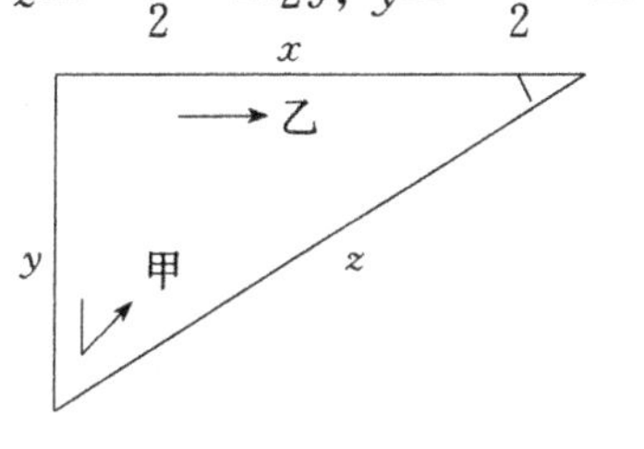

图 3.4.3

别列兹金娜的比较数学史工作

1. 对于方田章中分数运算法则，她认为如此好的算法欧洲直到中世纪在斐波那契（13 世纪）、鲁道尔夫（16 世纪）、斯梯弗尔（16 世纪）数学专著中才出现，而且可能是受到阿拉伯花拉子米的影响，而后者很可能又受到中国的影响。

2. 对于商功章中许多正确的立体体积公式，她指出古埃及古巴比伦相应工作远远不如，特别指出堤的一般表达式，巴比伦有

术而误[①]。

3. 对盈不足章有竹九节题，她与巴比伦泥版文书中十兄弟分100个金币题[②] 相比较。

4. 对勾股章竹折抵地题与印度婆罗笈多专著，葭生池中题[③]与婆什迦罗专著比较，使《九章算术》更增添具有世界意义的光采。

别列兹金娜译作的不足处

1. 粟米章其率术和反其率术

她以第38题为例，说此题要解含四个未知数的方程组

$$\begin{cases} x+y=78 \\ ux+vy=578 \end{cases}$$

其中 x、y 是两种不同品种竹子数，u、v 为相应单价。根据原题答数知 $v=u+1$，又增加一个条件，于是得整数解是

$$u+\frac{y}{78}=7+\frac{30}{78}$$

其中唯一解是 $u=7$，$y=30$，因此 $v=8$，$x=48$

类似地她对反其率术也作出误导[④]。

2. 在商功章把刍甍的图形误为羡除。

3. 在均输章对牡瓦和牝瓦只译为两种不同品种的瓦，由于建筑材料不同，牡（俯）瓦所用材料是牝（仰）瓦材料的一倍，因此工时也增多一倍[⑤]。民俗相异，影响了译笔。

4. 我们已对均输章持金五关题[⑥] 肯定《九章算术》原术是优

---

① 参见第三编第二章第二节.

② 参见第四编第九章第一节.

③ 参见第四编第十章第二节.

④ 参见第二编第二章第七节.

⑤ 参见第二编第一章第二节.

⑥ 参见第四编第三章第四节.

美解，比其他解法简洁。别列兹金娜对此没有体会，而是设原带黄金 x 斤，据题意，列出方程

$$\left(1-(1-\frac{1}{2})(1-\frac{1}{3})(1-\frac{1}{4})(1-\frac{1}{5})(1-\frac{1}{6})\right)x=1$$

于是

$$x=\frac{1}{1-\frac{(2-1)\ (3-1)\ (4-1)\ (5-1)\ (6-1)}{2\cdot3\cdot4\cdot5\cdot6}}$$

$$=\frac{1\cdot2\cdot3\cdot4\cdot5\cdot6}{2\cdot3\cdot4\cdot5\cdot6-(2-1)(3-1)(4-1)(5-1)(6-1)}$$

$$=\frac{6}{5}$$

这样考虑，一方面走了弯路；另一方面，列方程解题有悖《九章算术》历史条件。

5. 对勾股章户高于广题所作造术的译注不符合历史条件。她设门高为 x，门宽为 y，于是据题意列出方程

$$\begin{cases}c^2=x^2+y^2\\k=y-x\end{cases}$$

化为 $2x^2+2kx+k^2-c^2=0$，然后从求根公式得

$$x=\sqrt{\frac{c^2-2\ (\frac{k}{2})^2}{2}}-\frac{k}{2},$$

$$y=\sqrt{\frac{c^2-2\ (\frac{k}{2})^2}{2}}+\frac{k}{2}$$

在户高于宽题中，三国刘徽用出入相补原理作过很好的解释，读者可查阅本《大系》第三卷。

6. 对勾股章纵横不出题，别列兹金娜又以解方程组解释术文造术，这是误导。

设 x 为门宽，y 为门高，z 为对角线长，据题意

$$\begin{cases} z=c \\ x=c-a \\ y=c-b \end{cases}$$ [1]

于是　$z^2=(z-a)^2+(z-b)^2$

$$(z-(a+b))^2=2ab$$

答数是　$z=\sqrt{2ab}+(a+b)$

$$x=\sqrt{2ab}+b$$

$$y=\sqrt{2ab}+a$$

刘徽对本题术文在他的注中已有过使人信服的推导，见本《大系》第三卷有关章节。

第二节　德文译本

著称于世的M·康托著四卷本《数学史讲义》于19世纪末1899年出版。[2] 在第一卷介绍了《九章算术》。书中对九章章名作出第一次德文翻译：

方田　Viereckige Felder（长方形田）

粟米　Reis and Geld（米与钱币）

衰分　Verschiedene Teilungen（分配）

少广　Eng and Weit（狭与宽）

商功　Körpermessung（立体度量）

均输　Gerechte Verteilung（公平分摊）

盈不足　Uberschuss and Mangel（过剩与不足）

方程　Vergleichen and Rectmachen（比较与平衡）

---

① 她的方程列错，应是$z=c$，$z-x=c-a$，$z-y=c-b$.

② M. Cantor. Vorlesungen über Geschichte der Mathematik. 4 vols. Leipzip: 1880～1908

勾股 Dreickslehre

其中粟米与少广与原义有悖。

完整的德文译本直至20世纪60年代末期才问世。

书名

《Neun Bücher Arithmetischer Technik》(算术九章)[①]

德国《东方世界自然科学及技术经典丛书》第四卷，1968年慕尼黑 Friedr. Vieweg 父子出版社出版，德意志博物馆主编。

译者

Kurt Vogel (福格，1887～1988) 著名数学史家，对埃及《莱因得纸草》[②]，对巴比伦泥版文书[③]，对拜占庭数学[④]，对阿拉伯数学[⑤]，对中世纪欧洲数学[⑥] 都有过论著。特洛夫凯巨著《初等数学史》第一卷算术与代数 (1902年第一版，1930年第二版，1980年第三版) 由福格执笔。

在序中福格认为，虽然三上义夫、李约瑟和尤什凯维契有过几篇力作，介绍中国数学的成就，但西方对中国数学的认识仍很肤浅。这是因为中算原著的西国文字译本当今仅有法国赫师慎 (Van Hee) 的法文译本《海岛算经》和苏联别列兹金娜的俄文译本《孙子算经》和《九章算术》。他推崇这俄文译本《九章算术》

---

① pp. 1－2 序，pp. 5－97 经文及译注，98～161 综述.

② K. Vogel. Die Grundlagen der Ägyptishen Arithmetik. University of Munich, 1929.

③ K. Vogel. Ist die Babylonische Mathemati k Sumerish oder aKKadisch? Mathematische Nachriehten, 1958. 377～382

——. Vorgriechische Mathematk, Hannover: 1959. 93

④ ——. Ein Byzantinisches Rechenbuch. Vienna: 1968

⑤ ——. Muhommed ibn Musa Alchwarizmis Algorismus. Aalen: 1963

⑥ ——. Die erste deutsche Algebra. 1481, Bayerische Akademie der Wissenschaften: 1981. 52

九 章 算 術

CHIU CHANG SUAN SHU

NEUN BÜCHER ARITHMETISCHER TECHNIK

Ein chinesisches Rechenbuch
für den praktischen Gebrauch aus der frühen Hanzeit
(202 v. Chr. bis 9 n. Chr.)

Übersetzt und erläutert
von
Kurt Vogel
Forschungsinstitut des Deutschen Museums
für die Geschichte der Naturwissenschaften
und der Technik, München

FRIEDR. VIEWEG & SOHN · BRAUNSCHWEIG

《九章算术》德文译本书影

是杰出的作品。《九章算术》是中算中最重要的专著。其中所含246道算题，就其丰富内容来说，其他任何传世的古代数学教科书，埃及也好，巴比伦也好，是无与伦比的。这种以算题形式出现的数学专著就我们所知，只有亚历山大时期希腊的海伦有一本限于几何领域；另一部是拜占庭时代（东罗马）的《希腊箴言》。印度数学文化有系统文献传世者始自阿耶波多，其《文集》第二卷论数学，凡33节，也未录应用题。《九章算术》内容很充实，讲到线性方程组的矩阵解法，分数运算法则，负数，十进制分数，开平方和开立方，测量术，双假设法等等。这部经典有另一种欧洲语言译本是非常必要的。在序的末了，他特别感谢别列兹金娜那译笔流畅的俄文译本是他阅读研习汉文原本的良师益友。

福格的德文译本写得很好，有特色。

对《九章算术》专门术语的理解

1. 九个章名的译法

方田　Ausmessen von Feldern（量地）

粟米　Feldfrüchte——Regelung des Tausches von Feldfrüchten（粮食——粮食交换法则）

衰分　Proportionale Verteilung（比例分配）

少广　Kleinere [and grössere] Breite（短（长）边）

商功　Beurteilung der Arbeitsleistung（劳动定额）

均输　Gerechte Steuereinshützung（合理纳税）

盈不足　Uberschuss und Fehlbetrag（过剩与不足）

方程　Rechteckige Tabelle（方形表格）

勾股　Das rechtwinkelige Dreieck（直角三角形）

其中除“少广”译法不妥外，其余都可以通过。

2. 某些术语的译法

约分　Küzen von Brüchen[①]

等数　gleich Zahl

课分　vergleichen von Brüchen

平分　gleichmachen von Brüchen

实如法而一　Teile den Dividenden durch den Divisor.（被除数除以除数）

全　ganze

重有分　Wenn man wiederholt Brüche hat.（如果还有分数）

斜田　schifes Feld

宛田　Kreissektor（扇形）

率　Messzahl（量数，指数）

术　Regel（法则）

其母同者，直相从之　die Nenner gleich，dann addiere es direkt hinternander.（分母相同，直接相加）

有分者通之　Wenn man Brüche hat，dann bringe sie auf den gleichen Nenner.

蜀　Szechwan　四川

户　Türe　　　　门　Doppeltüre（双扇）

秉　Garbe（捆，束）

维乘　Kreuz multiplizieren（十字相乘）

大广田　allegemeine feldermessung（一般量地法）

上下辈之　Wenn man Brüche hat，runde sie nach oben unten ab.（如果有分数，就凑整数）

评论　上引20条，德译一般都达原意，但“宛田”译误。“实如法而一”是自由译法，较别列兹金娜与汉文原意有较大距离。“重有分”和“率”重蹈俄文译文的缺陷。“蜀”译为四川，与历

---

① 未用括弧说明的词，德汉词义等价.

史背景不符。

对《九章算术》术文及其造术的理解

1. 约分术　福格认为约分术与欧几里得算法同义，并在译注中对方田章第6题写出算法的运算过程，对更相减损的真实意义通过演算解释得非常清楚。

49	49	7	7	7	7	7	7
91	42	42	35	28	21	14	7

2. 其率术和反其率术　福格在译注中表达，符合原意。

对于其率术，设商品总价是A，商品个数是N，那么商品单价是

$$\frac{A}{N}=u+\frac{x}{N}$$

x 是不足 N 的余数。按照原题答数要求，其中 x 个值 $u+1$，其余 $N-x$ 个值 u。

因此共付钱：$(N-x)\ u+x\ (u+1)\ =A$，而共买商品个数：$N-x+x=N$，检验完毕。

对于反其率术，假设 $N>A$，于是$\frac{A}{N}<1$，就改取1个钱能买商品数

$$\frac{N}{A}=v+\frac{y}{N}$$

y 是不足 A 的余数。按照原题答数要求，其中 y 个钱每钱买 $v+1$ 个商品，其余 $A-y$ 个钱每钱买 v 个商品。

因此共买物 $y\ (v+1)\ +(A-y)\ v=y+Av=N$ 而共用去钱　$y+A-y=A$.

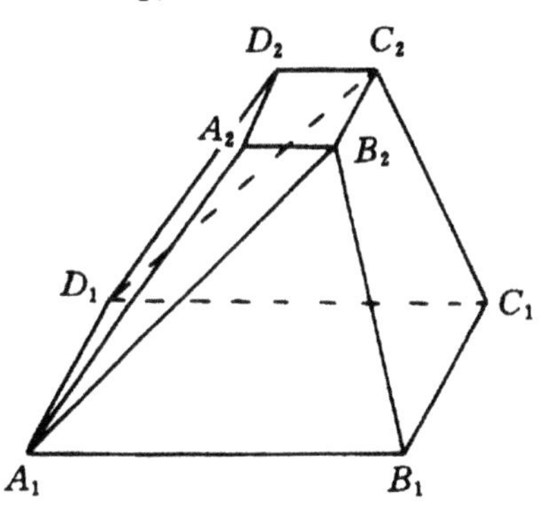

图 3.4.4

3. 对商功章刍童术造术

的二种推测很具新意：其一、把刍童视为二羡除 $D_1A_1-B_2C_2D_2A_2$，$D_1A_1-C_2C_1B_1B_2$，图 3.4.4 中

$$V=\frac{1}{6}(2a_1+a_2)b_1h+\frac{1}{6}\cdot(2a_2+a_1)b_2h$$

$$=\frac{1}{6}[(2a_1+a_2)b_1+(2a_2+a_1)b_2]h$$

这种推导的缺点是《九章算术》羡除定义中有两个梯形面互相垂直，这里的剖分结果正确，但有悖羡除定义。其二，他用二个垂直于底的平面通过上底对边剖分全体为二羡除，一长方台①。这三个立体体积总和刚好等于刍童体积公式。（图 3.4.5）

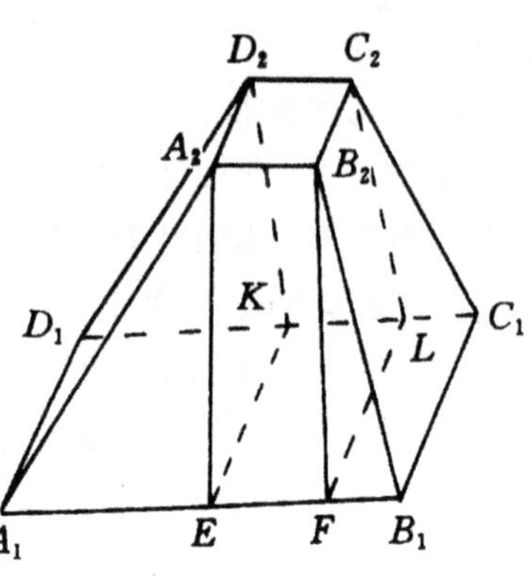

图 3.4.5

4. 对“方程”术的理解是深刻的，他把“方程”章第 18 题立出矩阵和变换为下三角矩阵，然后回代，这完全符合《九章算术》“方程术”原意

$$\begin{pmatrix}1&2&3&7&9\\3&5&5&6&7\\2&3&7&4&3\\8&9&6&5&2\\5&4&4&3&5\\95&112&116&128&140\end{pmatrix}\rightarrow\begin{pmatrix}0&0&0&0&9\\0&0&0&5&7\\0&0&-30&15&3\\0&-1440&-168&31&2\\2790&810&99&-8&5\\16740&-2340&-336&172&140\end{pmatrix}$$

5. 对“方程”章五家共井题，当别列兹金娜通过“方程”术最终取得下三角矩阵后，福格作注解说：戊绠长$=76S/721$，当 $S=721$ 时，方程组有最小正整数解：戊绠长 76 寸，借此指出本题

① 长方台 $A_2B_2C_2D_2-A_1B_1C_1D_1$ 又剖分为二堑堵、一棱柱.

的不定方程属性。

6. 对勾股章勾股容方题的造术，福格有新的见解：从矩形余形相等这一命题，他设直角三角形内容正方形边长为 x（图 3. 4. 6），从正方形 $ABCD$ 与长方形 $BEFG$ 得到 $(a-x)(b-x)=x^2$，其中 a，b 分别是已给勾和股，稍作整理，就得到本题术文所说

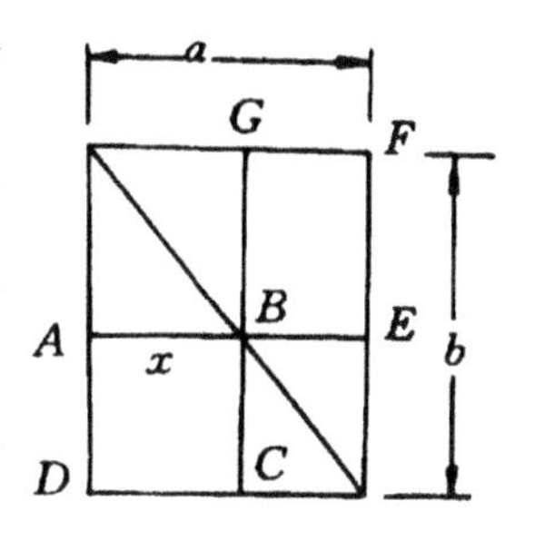

图 3.4.6

$$x=\frac{ab}{a+b}$$

虽然还不完全符合当时数学背景，但是这不失为一优美解。

7. 对勾股章山居木西题术文的两种造术设想都很出色，特别是后者用出入相补原理推导，更与中算传统相一致。其一，从勾股比例得 $\Delta ABC\backsim\Delta EAF$，得 $y=(95-7)\cdot 53\div 3$，而所求山高 $x=y+95$（图 3. 4. 7）

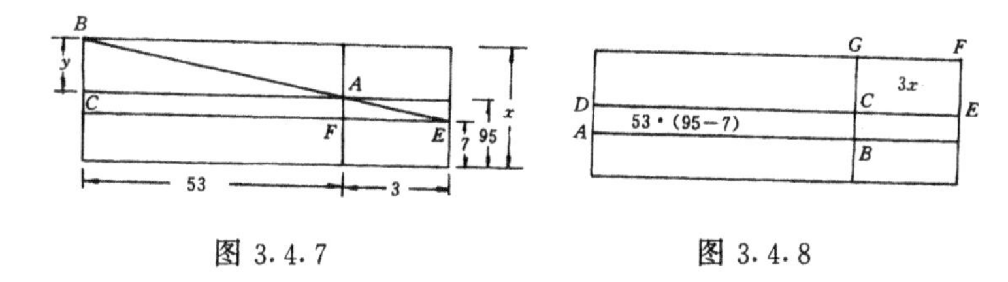

图 3.4.7　　图 3.4.8

其二，从出入相补原理得长方形 $ABCD$ 与长方形 $CEFG$ 等积，于是 $53\cdot(95-7)=3x$，而所求山高 $y=53\cdot 88\div 3+7$（图 3.4.8）

其他特色

在译文译注之后，福格又对《九章算术》作出几种提纲挈领式综述。

1. 《九章算术》的数学内容：算筹与筹算、分数、四则运算、

开平方与开立方、几何知识。

2. 度量衡制度。

3.《九章算术》解题方法：双假设法、“方程”术、二次方程、几何方法[①]。

4.《九章算术》的应用题分为两类：

（1）日常生活：买卖、交换、分配、关税等十二类。

（2）数学游戏：犬兔追逐、凫雁对飞等七类。

这是福格在写特洛夫凯巨著《初等数学史》世界著名算题专章的雏型。

第三节　日文译本

书名

《刘徽注九章算术》

日本朝日出版社，1980年出版。本书是薮内清编《科学の名著》第二集《中国天文学、数学》的第二部分[②]。其中第一集《印度天文学数学》，第三集《欧几里得原论》。

译者

川原秀成（1951～　），日本东京大学教授。20世纪80年代在我国北京大学学哲学，发表过数学史论著多篇，是多卷本《数学の历史》第二卷《中世の数学》[③] 执笔人之一。

本书特色

由于日本文源自汉文，对《九章算术》的日译带来极大方便，其中专门术语、普通用语几乎可以一成不变地成为日文，只需前

① 《九章算术》解题方法福格列举的很片面，参见第二编第一章至第四章.

② 解说，47～74，《九章算术》及其刘注，78～272

③ 伊东俊太郎. 中世の数学. 东京：1～671

后缀以假名即可，当然要使成为日本学术界通畅可读读物，确也不是一件易事。例如《九章算术》中的“术”，川原就译为计算法，我们认为是正确的译法。因为事实上全书所有术文没有一个例外，都是计算法。川原所译“刘徽注《九章算术》”，在对其术文及造术理解上比仅译经文者又提高一个台阶。尤其是和算源自中算，日本自20世纪之始就已有像三上义夫等前辈的丰硕成果。川原都能反映到他的译作中，例如阳马术、圆田术、立圆术的造术设想，我们将在本《大系》第三卷深究，这里不重复了。

本书引经据典考证《九章算术》各种专门术语出处，工作做得很细致，超越前人①。例如：

亩《广韵》卷三：“司马法六尺为步，百步为亩。秦孝公制二百四十步为亩。”汉桓宽《盐铁论》：“古者田百步为亩，先帝（昭帝）怜民衣食不足，改二百四十步为亩。”

里 春秋《谷梁传·宣十五》：“古三百步为里”。

圭 《礼记》：“圭者博三寸，厚半寸。剡上、左右寸半之玉。”

匹 《说文》：“匹、四丈”。《汉书·食货志》：“布帛，广二尺二寸，长四丈为一匹。”

等等。

本书附准确插图是另一特色，所有几何图形（平面或立体）都设计周到，立体的都用轴测图或分面投影，这是《九章算术》版本中前所未有的。例如对立方体、阳马、堑堵、鳖臑间的从属关系，阳马术的造术、鳖臑在直角坐标系三平面上的投影，通过图形读者有一目了然之感。（图3.4.9）

本书再一特色是川原所作译文前的长达27页的解说，使读者全面理解《九章算术》及其在数学发展史中的重要地位与作用。解说分前后两编，前编专论《九章算术》本身，分12个问题，介绍

---

① 类似工作如（宋）李藉《九章算术音义》.

它的源流和历代研究实况。合编论算筹和筹算，因为《九章算术》是以算筹为算具的数学，这一后篇显然也是研究《九章算术》所必须。

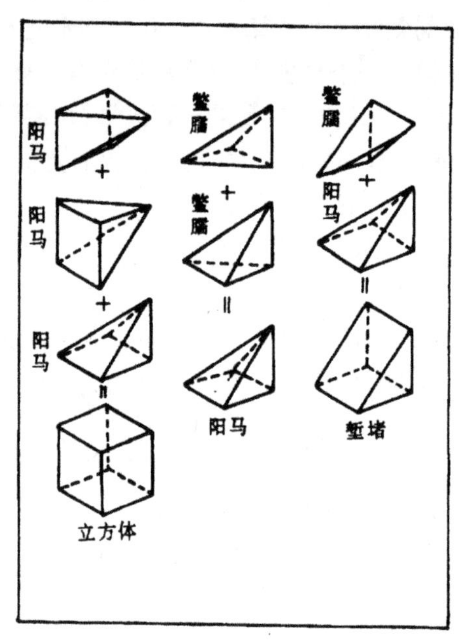

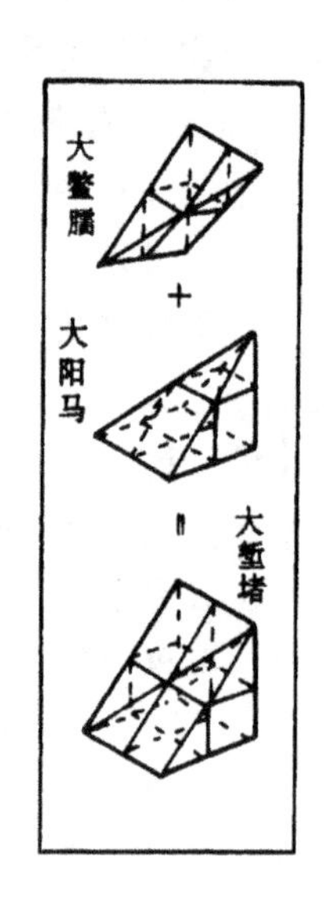

图 3.4.9

第四节 英文译本

本节述《九章算术》书名、章名以及经文的英文节译、全译工作。

卡约黎（F. Cajori）

《九章算术》的英文节译最早出现在美国加州大学卡约黎的专

著《数学史》[①]，此书1893年初版。他译《九章算术》为Arithmetic in Nine Sections（九节算术），因经文篇幅不多，译“章”为“节”。卡约黎书中未译九章章名。

三上义夫

三上义夫在1910年所著《中国与日本的数学发达史》（英文），《九章算术》书名仍承卡约黎。九章章名分别译为

方田 Field Measurement（量地）

粟米 Percentage and Proportion（百分比和比例）

衰分 Distribution among Partners（比例分配）

少广

商功 Volume of various Solids（不同立体的体积）

均输 Alligation（运输）

盈不足 Surplus and Deficiency（过剩与不足）

方程

勾股

三上义夫有三个章名未译，其余的译法也值得商榷。

斯密思（D. E. Smith）

美国纽约哥仑比亚大学斯密思于1923年发表二卷本《数学史》[②]，列专章讨论中国数学，他那时与三上义夫有很好合作关系。在《数学史》中，《九章算术》书名译法承旧，而九章已有完整译名：

方田 Squaring the Farm（把土地规整成正方形）

粟米 Calculating the Cereals（粮食计算）

衰分 Calculating the Shares（分配计算）

少广 Finding Length（求长度）

---

① F. Cajori. A History of Mathematics. New York：1893.

② D. E. Smith. History of Mathematics. 2 vols. 1923.

商功 Finding Volumes（求体积）

均输 Alligation（运输）

盈不足 Excess and Deficiency（过剩与不足）

方程 Equation（方程）

勾股 Right Triangle（直角三角形）

其中方田、少广、方程三条与原意有出入。

王铃

英藉华人，祖籍江苏南通，中央大学历史系毕业。四十年代在英国剑桥大学三一学院作科学史研究，1955 年向剑桥大学递交的博士论文，题为“《九章算术》与汉代中国数学史”。①

全文七章：导言、《九章算术》成书年代，数系、分数、比例及其应用，霍纳法和《九章算术》的一般特点。附录是对正文的注释，侧重面是历史文献的考证。

论文主要涉及数量关系，很遗憾，基本上没有接触到空间形式。所涉及的数量关系又仅及方田、粟米、衰分、和少广四章。均输、盈不足和方程三章都未介绍。

在《九章算术》英译工作上尤其做得少。书名及九章章名都译音。各术文内容仅对约分、合分、减分、经分、乘分、今有、衰分、开方作出英译，其开方术另有单行本发表②。

李约瑟（J. Needham）

---

① Wang Ling (L. Wang), The Chiu Chang Suan Shu and the History of Chinese Mathematics during the Han Dynasty, Dissertation for the Degree of Doctor of Philosophy. Trinity College, Cambridge: 1955. 1～299. notes 1～255

② Wang Ling and J. Needham, Horner's method in Chinese mathematics: its origins in the root-extraction procedures of the Han dynasty. Toung Bao, vol. 43. 345～401

李约瑟巨著《中国科学技术史》第三卷有专章论数学①。他对“九章算术”书名译为Nine Chapters on the Mathematical Art。他肯定《九章算术》研究范围并不限于算术，而是接触到数学许多领域。另外他肯定全书是九章，而非九节。这一译法现已为英语世界所通用。他译九章章名为

方田　Surveying of Land（量地）

粟米　Millet and Rice（粟与米）

衰分　Distribution by Progressions（按数列分配）

少广　Diminishing Breadth（缩小宽度）

商功　Consultations on Engineering Works（工程定值）

运输　Impartial Taxation（分摊税额）

盈不足　Excess and Deficiency（过剩与不足）

方程　The Way of Calculating by Tabulation（用表格计算）

勾股　Right Triangles（直角三角形）

蓝丽蓉（Lam Lay Yong）

蓝丽蓉　国立新加坡大学数学系教授，祖籍福建。20世纪60年代起她就从事中国数学史研究，很有成绩，1994年在《科学史记录》发表《九章算术综览》。②《科学史记录》系SCI级杂志。全文分四部分：算术的起始，中国算术的起始，《九章算术》，《九章算术》分析。其中第三部分是《九章算术》的英文节译本。《九章算术》书名承李约瑟译法，九章章名及其各章内容分类如下：

方田　Rectangular Field（长方形田）

算术四则运算　公约数　面积

---

① J. Needham. Science and Civilization in China. vol. 3，Mathematics. Cambridge：1～168

② Lam Lay Yong，Jiu Zhang Suanshu（Nine Chapters on the Mathematical Art）An Overview，Archive for Histrory of Exact Sciences. vol. 47，no. 1，1994. springer-Verlag：1994. 1～51

粟米 millet and Rice（粟与米）

三率法 购物

衰分 Distribution by Proportional parts（分配比例）

分配比例 三率法的应用

少广 Short width（短边）

单分数 开平方与开立方

商功 Discussing Work（劳力评估）

体积与劳力

均输 Fair Transportation（合理运输）

比例与反比例的应用、相对距离与相对速度分配比例的进一步问题。

盈不足 Surplus and Deficit（过剩与不足）

盈不足（假设法）

方程 Rectangular Tabulation（长方形表格）

矩阵 负数（线性方程组）

勾股 Short and Long orthogonal Sides of a Right-angled Triangle（直角三角形的长、短直角边）

上面九章章名都是意译，很贴切，就是“勾股”译文太长。

本文第三部分虽是《九章算术》的节译本，其中所删的算题都是次要的，例如粟米章1～31题都是同型题，举一就可以反三。由于蓝丽蓉在专业上（汉语、英语、数学和数学史）的扎实根底，对《九章算术》的理解是深入的，译笔自然信达。例如对《九章算术》中的术（method）认为有两种：一般的（general）术，都具专门名称：方田术、衰分术、今有术等等；有个别的术（individual），是针对个别问题的解法。又如她对正负术的理解用现代数学语言表达为

对于有理数减法是指

$a-b=(|a|-|b|)\operatorname{sgn} a\ (\operatorname{sgn} a=\operatorname{sgn} b)$,

$$a-b=(|a|+|b|)\operatorname{sgn} a\ (\operatorname{sgn} a=-\operatorname{sgn} b),$$

而 $0-b=-|b|\operatorname{sgn} b$。

对于有理数加法是指

$$a+b=(|a|-|b|)\operatorname{sgn} a\ (\operatorname{sgn} a=-\operatorname{sgn} b),$$

$$a+b=(|a|+|b|)\operatorname{sgn} a\ (\operatorname{sgn} a=\operatorname{sgn} b),$$

而 $0+b=|b|\operatorname{sgn} b$。

解释得很精辟。

文中也有不足之处，例如方田章大广田术误译为“特长宽度的田”，粟米章第5题中应作人头税的算字误译为算筹。对翻译难度较大的而且是重点的术文如少广术、开方术、开立方术、委粟术等都没有译出；对某些应该详细解释的术文如少广术、勾股术等却被忽略。我们深信上述缺憾毕竟瑕不掩瑜，如果再给进一步整理加工，就不难完成一部满意的《九章算术》经文英文译本。

道本周（J. W. Dauben）

1991年，道本周获得美国国家人文科学基金，约请新加坡及中国海峡两岸专家学者英文翻译包括《九章算术》在内的《算经十书》。

第五节 英文译本（续）

在西方文化东来以前，《九章算术》一直是中国及其近邻国家的标准教科书和数学研究学者的必读书。其历代注释特别是刘徽、李淳风注为完成当时教学和科研起了很大作用。20世纪80年代以来，国内外学术界人士都希望有一部刘徽及李淳风注释《九章算术》的英文译本。中国科学院院士、中国数学会理事长吴文俊首先创导此事。中国科学院自然科学史研究所所长严敦杰教授、科学技术史界泰斗李约瑟博士，李约瑟研究所所长何丙郁教授都议论过此事。

1983年11月，经李迪教授（内蒙）、李文林教授（北京）推荐，科学出版社委托沈康身教授（杭州，下简称译者）担任英文译并释《九章算术》及其刘、李注。要克服古汉语与现代汉语、古时数学表达手段和现代数学语言、汉语与英语之间既统一又矛盾的许多困难，确实是一件很有份量的重任。译者工作步骤：把应译材料先写成现代汉语，并作今释。（书名《九章算术导读》，湖北教育出版社，1997）然后作英文翻译，这是第一稿。

1986年5月，科学出版社与译者签订约稿合同。

1988年8月，译者出席中国科学史第五届国际会议（美国加州大学，San Diego）聆听与会代表论文宣读和口头交谈，深受启发。认为英译并释《九章算术》及其刘、李注必须详细、周到，应该以英国希思（T. L. Heath）所作英文译并释欧几里得《原本》为榜样，写好这部书。

为写好这部书，译者多处、多次征询国际同行合作，他们都热情赞许，提出宝贵意见，或寄给参考材料，他们是：

洪天赐教授（Ang，T. S.，马来西亚）

林力娜博士　Chemla，K.（法国）

古克礼博士　Cullen，C.（英国）

白安雅博士　Eberhart，A.（德国）

伊夫斯教授　Eves，H.（美国）

何丙郁教授　Ho Peng-yoke（英国）

川原秀成教授　Kawahara，S.（日本）

金容云教授　Kim Yong Woon（韩国）

蓝丽蓉教授　Lam Lay Yong（新加坡）

马丽博士　Ma Li（瑞典）

李倍始教授　Libbrecht，U.（比利时）

马若安博士　Martzloff，J. -C.（法国）

李约瑟博士　Needham，J.（英国）

席文教授 Sivin，N（美国）

斯卫之教授 Swetz，F. J.（美国）

福格教授 Vogel，K.（德国）

范德惠顿教授 Waerden，B. L. van（瑞士）

华道安教授 Wagner，W. B.（丹麦）

黄婉莉副教授 （Huang，A. L.，马来西亚）

尤什凯维契教授 Юшкевич，А. П.（俄国）

予以勉励、支持、帮助的国内学者人数更多，不能一一列举，特别应该指出的是已故挚友白尚恕教授（北京）对译者工作的大力相助。

1988 年底至 1989 年初，英国牛津大学出版社有兴趣出版《九章算术》英译本，与科学出版社协商，科学出版社以译者样稿（方田章）作为洽谈依据之一，经审阅，通过，就签订了出版合同。

1988 年春天，澳大利亚墨尔本摩纳西大学 J. N. Crossley 教授访问北京师范大学，向王世强教授了解译者近况，由白尚恕教授转言愿意学术交流。当牛津与科学出版社签约后即邀请译者携稿到澳洲合作。不久因众所周知的原因，此事延搁。译者继续以精益求精态度完成第二稿。

两年以后，1991 年 5 月，摩纳西大学数学系主任邀请译者赴澳合作。

1992 年春天，译者携《九章算术》及其刘、李注英译释稿到澳洲与 J. N. Crossley 教授和 A. W. C. Lun 博士讨论一个半月，得到修改共识后，回国整理。

两年以后，1994 年秋天，携第三稿，再次到澳洲，工作 4 个月，全稿讨论完毕，并把结果输入计算机。

回国后逐章校订，1996 年 7 月，校订稿软盘寄到科学出版社。1996 年 10 月译者与科学出版社签订出版合同，商定 1997 年由牛津大学出版社出版。

书名

《A Companion to Nine Chapters on the Mathematical Art》《九章算术导读》

署名

沈康身　J. N. Crossley　A. W. C. Lun

吴序与何序

吴序（汉文摘要）

中国科学院吴文俊院士为本书作序：

《九章算术》是最重要的中国数学经典，是中国传统数学的里程碑，对全世界数学发展也具有深远影响。中国传统数学有具独特理论体系，与欧几里得的公理系统有着显著差异。《九章算术》和欧几里得《几何原本》形成强烈对比，东西交相辉映。毫无疑问，两大杰作是现代数学的重要源泉。

《九章算术》刘徽注有着杰出的成就，在他的注释中不但有所发明，而且还提出许多根本性设想，他运用过综合、分析，甚至反证法。《九章算术》仅提出结果，而刘徽给予严格证明。刘徽以古代几何传统手段使中算逐步发展成为有特色的完善的数学。

刘徽的创造发明使后人世世代代受到启迪，甚至直到今天，在他的注释中还能取得教益。就他们对数学科学的贡献来说，刘徽与欧几里得应具相等国际盛誉。

非常遗憾，由于语言障碍，当代学者不论是中国人或是外国人，不能随心所欲地赏析这部经典。我深信对包括刘徽注和唐朝李淳风注的《九章算术》作今释，并给全文英文翻译是适当的。我荣幸地介绍沈康身教授（中华人民共和国杭州大学），J. N. Crossley 教授（澳大利亚摩纳西大学），A. W. C. Lun 博士（澳大利亚摩纳西大学）这一工作。我祝贺这部书的出版。

何序（汉文摘要）

英国剑桥李约瑟研究所所长何丙郁教授作序，摘要如下：

《九章算术》对中国传统数学的影响有如欧几里得《几何原本》对工业革命前欧洲有同样深厚。《九章算术》对中国数学史研究者有极大吸引力。虽然剑桥大学20世纪50年代有以《九章算术》为文题的论文，但这并不是全文英文译本。

本书对数学家、对数学史家提供了《九章算术》及其刘徽李淳风注并今释的英文全译本。这是三位居住在东半球的学者所提供的国际合作成果：中国杭州大学沈康身教授是知名的中国数学史学者，他已发表了许多在这一领域内精湛的论文。他愿意传播东方学术于海外，要写出流畅的英文是有难度的。J. N. Crossley是澳大利亚一所有名望的大学——摩纳西大学教授，数学是他的专长，但毕竟他不是汉学家。A. W. C. 伦博士过去曾是香港大学讲师，现在与J. N. Crossley教授同校，任讲师。他俩已译成李俨和杜石然的《中国数学简史》(英文本)在英国牛津大学出版社出版(1988)。A. W. C. 伦博士在本书孕育过程中所起作用正是沈康身与J. N. Crossley进行学术交流的必不可少的桥梁。

三位学者辛勤的努力，将使此书为数学史学者热爱，也为数学家所热爱。

对《九章算术》及其刘李注英译释的理解

译者与合作者前后6个月在澳洲面对面讨论中对译事取得共识：译释本读者是英国人、美国人或其他英语世界人士，写书时必须充分考虑到这一最基本的事实。译者原稿对专门术语大多都音译，就留给读者诸多不便。然而要寻找汉英对应词汇确是不易。Crossley与译者为此常常各执己见，争论不已。正如何丙郁在序中所说“A. W. C. 伦博士过去曾是香港大学讲师……在本书孕育过程中所起作用正是沈康身与J. N. Csossley进行学术交流的必不可少的桥梁”。经过他平衡、调节，使所译词汇既不失《九章算术》原义，又能为英语世界人士接受，这一工作已取得比较满意的结果，我们举一些例：

1. 生活用语

农事：发（翻土）dig，耕 plough，�櫌（播种）sow

工艺：矫矢 straighten，羽矢，pack feathers，筈矢 install heads

织物：生丝 raw silk，练丝 boiled silk，青丝 dyed silk，素 white silk，缣 fine silk

土木工：坚土 rammed earth，壤土 loam，墟 excavation of mud，牡瓦 prostrate tile，牝瓦 Supine tile，四注屋 hipped roof，门 gate，户 door

饮食：粟 millet，粝米（糙米，去壳的谷子）hulled millet，粺米（去糠秕的糙米）milled millet，糳米（精制米）highly milled millet，御米（贡米）imperial millet，稻 paddy，舂 husk，醇酒 spirit，行酒 wine

2. 数学用语

整数运算：全 integer，实 diridend，法 divisor，实如法而一，diviue，等数 greatest common divisor，遍乘直除 multiply…and from the product subtract，维乘 cross-multiply，正负术 sign rule，同名 Like sign，异名 contrary sign。

分数运算：分 fraction，重有分 mixed fraction，经分 division of fraetions，课分 comparison of fractions，通分纳子 multiply The integral by its dinominator and then add the product to its numerator，有分者，上下辈之 If it contains fractions，round them，其母同者，直相从之 In case of equal denominators，the numerators are to be added together immediately，命母入者还须出之，故令分母相乘为法而连除之 the product of numerators is increased by multiplying by the product of the denominators，So the product of the denominators is regarded as the divisor，i. e. continued division

率、比、比例：率 rate，所有数 given number 所求数 sought number，所有率 given rate，所求率 sought rate，今有术 rule of three，列衰 rates for distribation，衰分 proportional distribution，重差 double difference，重今有术 compound rule of three，相当率 relative rate，各当率 individual rate 凡数相与者谓之率 A set of correlated numbers are called rates。

图形：牟合方盖，joined umbrella，委粟 pile of cereal，宛田 bowl-like field 大广田术，general rule for rectangular field

测绘用具：规 compass，矩 gnomon，表 pole，三相直 aligned

3. 刘徽、李淳风的注文是对《九章算术》经文的独特见解，是用古汉语写成的一篇篇论文，其精警之句更应译好，例如

刘注约分术："等数约之，即除也。其所以相减者，皆等数之重叠，故以等数约之。" To reduce a fraction by the GCD means to divide. We subtraet the smaller number from the greater repeatedly, because the remainders are nothing but the over of the GCD，therefore divide by the GCD.

刘注合分术："约而言之者，其分粗；繁而言之者，其分细。虽则粗细有殊，然其实一也。众分错杂，非细不会。乘而散之，所以通之，通之，则可并也。凡母互乘子谓之齐，群母相乘谓之同。……乘以散之，约以聚之，齐同以通之，此其算之纲纪乎？" A simple fraction indicates rough division，while a reducible fraction means fine division whether rough or fine，they are all of equal value. Forms of fractions are too complex to share a common denominator without fine division. Multiplication leads to fine division，and only by reducing fractions to a common denominator can we add them together，In general，multiplying the denominators by a numerator is called homogenizing，and taking the continued product of the denominators is called uniformizing

… Multiplication means the division and reduetion rough division. the rules of homogenizing and uniformizing are used to get a common denominator. Are they not the key rules of arithmetic?

刘注开立圆术："取立方棋八枚，皆令立方一寸，积之为立方二寸。规之为圆囷，径二寸，高二寸。又复横规之，则其形有似牟合方盖矣。……按合盖者，方率也。凡居其中，即圆率也。推此言之，谓夫圆囷为方率，岂不缺哉?……观立方之内，合盖之外，虽衰杀有渐，而多少不掩。判合总结，方圆相缠，浓纤诡互，不可等正。欲陋形措意，惧失正理。敢不缺疑，以俟能言者。"Take eight cubic blocks with 2—cun sides to form a cube with 2—cun side. If we cut the cube horizontally by two identical cylindrical surfaces perpendicular to each other, 2 cun both in diameter and in height, then their common part looks like two four-ribbed umbrellas put together. This solid is called joined umbrellas. … the joined umbrellas have the square rate, and the inscribed sphere has the circle rate. Is there no defect in thus attributing to the cylinder the square rate?…Now we consider the space outside the joined umbrellas and inside the cube. It narrows down gradually, but is difficult to quantify. The solid is formed by a mixture of squares and circces The sections vary in thickness so irrigularly that the solid cannot be compared to any regular block. I am afraid that it would be unreasonable to make conjectures neglecting the shape. Let us leave the problem to whoever can tell the truth.

李注开立圆术引祖暅语："于是立方之棋分而为四。……更合四棋，复横断之。以勾股言之，令余高为勾，内棋断上方为股，本方之数，其弦也。勾股之法，以勾幂减弦幂，则余为股幂。若令余高自乘，减本方之幂，余即内棋断上方之幂也。本方之幂即内外四棋之断上幂。然则余高自乘，即外三棋之断上幂矣。不问高卑，势皆然也。……按阳马方高数三等者，倒而立之，横截去上，则高自乘与断上幂数亦等焉。夫叠棋成立积，缘幂势既同，则积不容异。……” Now the cubic block is divided into four parts，… Again put the blocks together，and cut them horizontally. Now we explain in terms of right-angled triangles. Let the height be gou，the side of the section of the inner block be the gu and the side of the original cube be the hypotenuse，According to the Gougu Rule，subtract the square on the hypotenuse，and we obtain the difference as the square on the gu，Therefore，subtract the square on the height from the square on the side of the cube，and we obtain the difference as the area of the section of the inner block. The area of the horizontal face of the cube is the total area of the sections of the four blocks. So the square on the height is the total area of the sections of the three outer blocks. And this is true whatever the height… Take a yangma of equal sides and height，and set it inverted cut a horizontal section and take away its upper part. Then the square of the height of the section is equal to the area of the section. Combine the three outer blocks together，and the corresponding sections areas of the two solids are equal everywhere，so their volumes cannot be unequal. …

刘注阳马术：“其使鳖臑广袤高各二尺，用堑堵鳖臑之棋各二，皆用赤棋。又使阳马之广袤高各二尺，用立方之棋一、堑堵阳马之棋各二，皆用黑棋。棋之赤黑，接为堑堵，广袤高各二尺。于是中效其广，又中分其高。令赤黑堑堵各自适当一方，高一尺，方一尺，每二分鳖臑则一阳马也。其余两端各积本体，合成一方焉。

是为别种而方者率居三，通其体而方者率居一。虽方随棋改，而固有常然之势也。按余数具而可知者有一、二分之别，即一、二之为率定矣。”Suppose a bienao 2 chi each in breadth, length and altitude, which is composed of 2 right triangular prisms and 2 bienao all red. Suppose again a yangma 2 chi in each of breadth, length and height, consisting of 2 cube, 2 right triangular prisms and 2 yangma, all black. We combine the red and black blocks into a right triangular prism, 2 chi each in breadth, length and height, and then halve its breadth and length, and also its height, so that the red and black right triangular prisms constitute, in such a case, a cube with an altitude at 1 chi and a square base of 1 [square] chi. Every two bienao make one yangma. The remaining two kinds of blocks, smaller in shape to their corresponding originals, constitnte a cube. In sum, cubes with blocks different from the originals have a rate of 3, while a cube with the original form of blocks has a rate of 1. Even with right triangular prisms of different breadth, length and height the same conclusion holds. In the remaining blocks are still in the ratio of one part to two parts, the rates of 1 and 2 are fixed.

刘注圆田术：“以六觚之一面乘半径，因而三之，得十二觚之幂，若又割之，…割之弥细，所失弥少。割之又割，以至于不可割，则与圆合体，而无所失矣。觚面之外，犹有余径。以面乘径，则幂出弧表。若夫觚之细者，与圆合体，则表无余径，表无余径，则幂不外出矣。”3 times the product of the side of the hexagon by its radius, yields the area of the inscribed regular dodecagon. Dividing the circle again…The larger the number of sides, the smaller the difference between the area of the circle [and that of its inscribed polygons]. Dividing again and again until we can continue no further yields a regular polygon coinciding with the circle, with no portion whatever left out. As we know, outside a regular polygon there are co-apothem by which we multiply the sides. The area of the polygon [plus these co-apothem rectangles] is larger than that of the circle. As the number of sides increases [without limit] the polygon coincides with the circle and no co-apothem exists, so that the polygon is no longer larger than the circle.

第 四 编

《九章算术》与世界著名算题及其解法的比较

在生产、生活实践中发生的事件经人们为数学教学目的的需要而加工编写的文字题，习惯上称为应用题（我们简称为算题）。德国人特洛夫凯（J. Tropfke）《初等数学史》[①]卷 1 前三章分别论数、运算及代数（pp. 1～513），而第 4 章专章讨论自古以来世界著名算题（Das angewandte Rechnen），即指这类应用题（pp. 515～660）。

《九章算术》是应用题题集，我们据以比较世界上、上古以来对应的有关算题是饶有趣味和很有意义的事。古埃及纸草、巴比伦泥版文书都以算题形式出现。希腊数学长于几何学，而昧于算术。公元 3 世纪时丢番图虽以《算术》专著知名，但其中没有出现应用题。所以德国人福格（K. Vogel）在其德文译本《九章算术》序文中说："《九章算术》所含 246 道算题，就其丰富内容来说，其他任何传世的古代数学教科书，埃及也好，巴比伦也好，是无与伦比的。这种以算题形式出现的数学专著就我们所知，只有亚历山大时期希腊的海伦有一部，限于几何领域；另一部是拜占庭时代（东罗马）的《希腊箴言》。印度数学文化有系统文献传世者始自阿耶波多，其《文集》第二卷论数学，凡 33 节，也未录应用题。"

---

① J. Tropfke, Geschichte der Elementarmathematik. 4tbed. vol. 1. Berlin: 1980

中国文化屹立东方，丝绸之路上驼铃铿锵声中除商货贸易以外，文化交流自难避免。阿拉伯世界综合东西方学术、艺术，发达一时。在上一编，我们已陈述欧洲中世纪虽文物沉沦，但算术专著犹存，其中米特洛道斯《希腊箴言》、阿尔昆《益智题集》，保存不少算题。特别是13世纪之初，比萨斐波那契《计算之书》可谓算题题库。15世纪之时，中国印刷术传入欧陆，算术教科书如雨后春笋，在各地纷纷出版，其中也有不少算题。中西文化各自独立发生和发展，其中著称于世的数学名题经过久远岁月，从创制、改进、流布，已成为烩炙人口、口碑载道具有吸引力的数学重要组成部分。这些算题源自何方？各家都有揣测和议论。

斯密思（D. E. Smith）在其两卷本《数学史》说："米特洛道斯《希腊箴言》中所收算题，看来东方色彩较希腊风味为重。应用题的创作，东方优于西方；在印度与中国，比在地中海国家有更多较高层次的作品。"①

卡尔宾斯基（L. C. Karpinski）在《算术史》说②："1202年斐波那契的巨著中所出现的许多算术问题，其东方源泉不容否认。不只是问题的类型与早期中国及印度相同，有时甚至所用数字也相同，因此其东方根源是显然的。这些算题后来为意大利算术家选用，后来又为其他欧洲国家的人选用。从这条通道，古代中国和印度的算题也流进美国教科书中。"

福格在他的德文译本《九章算术》序中还说："好多欧洲中世纪的算术教科书中的算题都可以在《九章算术》中找到。"③

所以我们对一些典型的算题及其解法作出分析比较，可以从

① D. E. Smith. History of Mathematics. New York：1923～1925. vol. 2，534

② L. C. Karpinski. The History of Arithmetic. New York：1965（2nd Edition）. 30

③ K. Vogel. Neun Bücher Arithmetischer Technik. München：1968. 1～2

另一个角度体会《九章算术》这部不朽之作的杰出贡献。

传统应用题形式繁多，千变万化，很难确定一个标准以合理分类，使各类算题既不重复，又无遗漏。特洛夫凯《初等数学史》把算题分为两大类，各又给分类：

1. 日常生活算题：

买卖、交换、利息、租赁、折扣、分配等 14 类。

2. 益智算题：

一元一次、多元一次、互给、数列、余数、其他等 7 类。

每类又有子目，例如一元一次算题中有上帝祝愿、水池问题、余数问题、犬追兔子、杂题。我们觉得这样分类有缺点，本编另定标准分类，对自古以来中外所发生的重要算题几乎都可以一一介入各类。这样分类，有其长处。同类算题又按照其出现的年代先后为序列出，并述作者当时对解法的认识及置答情况，以作出比较。

本编所作的比较工作还有一层意义是：在学校引入代数方法之前，要求把应用题纯用算术运算求解，学生每视为畏途。因此人们认为"在小学可以不必多此一举，一切待在代数中解决。"其实，各级学校数学教学过程，是人类对数学认识演进的重现，只是在时间上加以浓缩，所认识的内容、次序、详略、深浅可由教育家作出合理选择和分配。在代数教学之前，纯用算术方法解应用题确使学生困惑，但它也有启迪开发智慧的作用，功过也不能骤定。究竟应如何处理，仍值得研究，而是有意义的教育问题。本编为此提供素材：在代数方法（设未知数、列方程、合并同类项、移项等手段）引进之前人们是怎样解题的。

本编所做工作的另一层意义是：我国自编（译）近代数学教科书已有整一百年历史。期间参考蓝本全盘舶来。都以英、美、日本、前苏联同类教科书为据。中小学算术教科书所选应用题对包括《九章算术》在内的中国古典算书反而很少问津。今天我们回过头来仔细检视《九章算术》有关内容，其中实在有许多“明珠”。如果我们善于选择、数典及祖，自当产生积极影响。1980 年版德文特洛夫凯《初等数学史》第 1 卷第 4 章 150 多页的世界著名算题介绍中，正如福格所指出那样：“好多欧洲中世纪的算术教科书中的算题都可以在《九章算术》中找到。”在几十类子目中都以显著的地位写出对应的《九章算术》算题题文、答数以至术文，还作了插图和述评。而今“墙内开花墙外俏”，在我们自己编写的读物中应有选择地有所反映。

在本编所集国内外各个历史时期大量不同类型的算题中，不难发现《九章算术》所设题的范围、性质和形式非常广泛，几乎已渗透到各类算题之中，这也说明《九章算术》的特殊意义。

第一章　四则运算

本章所选算题，原作作者根据题意，直接以四则运算解出。

1. 1 年内用油脂 10 海卡（hekat）①。问：每日用油脂多少？

解法：10 海卡=10×320=3 200 罗，1 年作 365 日计，答数是 8 $\frac{2}{3}$ $\frac{1}{10}$ $\frac{1}{2190}$罗

（日）	（罗）
1	365
2	730
4	1 460
\8	2 920
\\$\frac{2}{3}$	243 $\frac{1}{3}$
\\$\frac{1}{10}$	36 $\frac{1}{2}$
\\$\frac{1}{2190}$	$\frac{1}{6}$
和 8 $\frac{2}{3}$ $\frac{1}{10}$ $\frac{1}{2190}$	3 200

其他各题都照同法计算。②（《莱因得纸草》第 66 题，公元前 1650 年）

2. 牧场上有牛群，其中$\frac{1}{3}$的$\frac{2}{3}$是 70 只。问：牧场上有牛多少

① hekat 是古埃及容量单位，经检定，1hekat=292.24 立方英寸≈4789 立方厘米. 容量的导出单位罗（ro）=1 海卡÷3 200≈1.5 立方厘米.

② 参见第三编第二章第一节古埃及四则运算有关内容.

只？

解法：先算：[单假设法]

1	1		
$\frac{2}{3}$	$\frac{2}{3}$		
$\frac{1}{3}$	$\frac{1}{3}$		
$\frac{1}{3}$的$\frac{2}{3}$	$\frac{1}{6}$	$\frac{1}{18}$	

再计算

1	$\frac{1}{6}$	$\frac{1}{18}$	
2	$\frac{1}{3}$	$\frac{1}{9}$	
$\backslash 4$	$\frac{2}{3}$	$\frac{1}{6}$	$\frac{1}{18}$
$\backslash \frac{1}{2}$	$\frac{1}{9}$		
和 $4\frac{1}{2}$	1		

70 乘以 $4\frac{1}{2}$，得 315（只，答数）

验算 315 的$\frac{1}{3}$的$\frac{2}{3}$：

1	315
$\frac{2}{3}$	210
$\frac{1}{3}$	105
$\frac{1}{3}$的$\frac{2}{3}$	70（《莱因得纸草》第 67 题）

3. 如果 10 只鹅每日喂饲料 $1\frac{1}{4}$海卡，10 日 $12\frac{1}{2}$海卡，40 日

50 海卡。加工 1 海卡饲料，需大麦 $1-\frac{1}{15}$海卡。问：饲养 10 只鹅，40 日需要用多少大麦？

答数：23 $\frac{1}{4}$ $\frac{1}{16}$ $\frac{1}{64}$海卡 $1\frac{2}{3}$罗的 2 倍。
（《莱因得纸草》第 82 题 B）

4. 有钱 13 500，买 2 350 枝竹。问：每枝竹值多少钱？答数：$5\frac{35}{47}$钱

解法：做一次除法（《九章算术》出钱买竹题）。

5. 有钱 576，买 28 枝竹。要按照粗细搭配论价。问：每枝竹的单价是多少：答数：其中 48 枝（较细）每枝 7 钱，其余 30 枝（较粗）每枝 8 钱。解法，用其率术解（《九章算术》买竹大小题）。

6. 今有九里渠，三寸鱼，头头相次（一条接一条）。问：鱼得几何？①

解法：$6\times10\times300\times9\div3=54\ 000$②
（《孙子算经》卷下第 32 题，公元 4、5 世纪之交）

7. 今有器，容九斗，中有米不知其数。满中粟（把器中空处用粟加满）。舂之，得米五斗八升。问：满粟几何（加了多少粟）？

答数：8 斗。本题改编自《九章算术》米粟同舂题。但不用盈不足术解，而是纯用算术思考：以题意应有糠秕 $9-5.8=3.2$ 斗，反算应添加粟 $3.2\div(1-\frac{3}{5})=8$（斗）③（《张丘建算经》卷上第 30

① 为引用方便，除《九章算术》以外的中算数字专著算题，一般我们录写原文。为便于读者理解，《大系》编者添加的字外用［ ］记号，作为解释的字外用（ ）括号为记.

② 1 里=300 步，1 步=6 尺，1 尺=10 寸

③ 按《九章算术》粟米章粟米之法 1 斗粟（谷）出$\frac{3}{5}$斗米，$\frac{2}{5}$斗糠秕.

题，5 世纪）

8. 今有差丁夫① 五百人，合共重② 车一百一十三乘③。问：各共重几何？

答数：其中 65 乘，每乘坐 4 人，其余 48 乘、每乘坐 5 人，算题是说 500 人分坐 113 辆车，怎样分配？原题术文："置人数为实，车数为法而一，得四人共重。又置一于上方命之。实余反减法讫，以四加上方一，得五人共重。法余即四人共重车数，实余即五人共重车数。"这里车数小于人数，张丘建按《九章算术》反其率术解题。（《张丘建算经》卷下第 19 题）

9. 燕子邀蜗牛赴宴，宴会地点在一英里外。蜗牛每日爬行 1 英寸。问：它为赴宴要爬行几日？

解：1 英里＝1 500 双步＝7 500 英尺＝90 000 英寸。多少英寸就有多少日：246 年 210 日。（英国阿尔昆《益智题集》第 1 题，8 世纪）

10. 眼神明眸的姑娘，如果你知道还原法，请求一数：此数乘以 3，加上乘积的$\frac{3}{4}$，除以 7，减去商的$\frac{1}{3}$，乘方，减去 52，开方，加上 8，除以 10，得 2。

解：乘数 3，加数$\frac{3}{4}$，除数 7，减数$\frac{1}{3}$，平方，减数 52，开方，加数 8，除数 10，已给数 2。按还原法则，答数是 28。

这就是说，所求数是

$$\left[\sqrt{(2\times10-8)^2+52}\div\left(1-\frac{1}{3}\right)\times7\right]\div\left(1+\frac{3}{4}\right)\div3=28$$

（印度《丽罗娃祇》第 49 题，1150）

① 丁夫，健壮劳动力.

② 重，乘坐.

③ 乘，辆.

11. 一旅行者带着 4 普拉塞斯 (Prasthas)① 装瓶酒出发。旅行分 4 个行程。在每行程之末，他饮 1 普拉塞斯，然后用水灌满。问：在旅行终了，瓶里还有多少［纯］酒？有多少水？

解：第一行程之末，有酒 $4(1-\frac{1}{4})$

第二行程之末有酒 $4(1-\frac{1}{4})(1-\frac{1}{4})$

第三行程之末有酒 $4(1-\frac{1}{4})(1-\frac{1}{4})(1-\frac{1}{4})$

旅行终了有[纯酒]

$4(1-\frac{1}{4})(1-\frac{1}{4})(1-\frac{1}{4})(1-\frac{1}{4})=1\frac{17}{64}$,有水 $2\frac{47}{64}$。(《巴克赫里手稿》G 组算题，12 世纪)

12. 三寸鱼儿九里沟，口尾相衔直到头。试问鱼儿知多少？敢请诸君来推求。(程大位，《算法统宗》第 10 卷，1592)

此题按《孙子算经》九里渠题改编成诗歌体裁，另又摹拟一题：

13. 庐山高有八十里，山峰顶上一粒米。米粒一转只三分，几转转到山脚底？答数：480 万转②。(程大位，《算法统宗》第 10 卷)

评论

纯用四则运算解题，是今日小学数学教育的主要内容，从本章所选 13 个算题中我们可以得到不少历史教益。

第 1、2 两题中可以完整地看到古埃及以乘代除的计算方法：表列若干项乘数及其对应的乘积，挑选乘积之和等于被除数，那么所挑选的乘积所对应的乘数和就是所求商。我们也看到以加代乘的计算方法：表列若干项乘数及其对应的乘积，挑选乘积之和

---

① prasthas 是中世纪印度重量单位.

② 明代 1 里=300 步，1 步=4 尺.

等于被乘数，那么所挑选的乘积所对应的乘积和就是所求的总乘积。以求和为基调的乘除法运算虽然很古老了，但是在今日计算机科学中仍有其用处，例如加倍折半法，以 137×424 为例，把二者之一如 137 不断加倍，而把 424 不断折半。以折半后奇数项所对应的加倍积之和就是所求乘积：

	424	137
	212	274
	106	548
\	53	1096
	26	2192
\	13	4384
	6	8768
\	3	17536
\	1	35072
		58088=137×424

第 4、5、8 三题是《九章算术》其率和反其率术的应用，是有中国特色的凑整近似法则。

第 6、9、12、13 四题都是游戏笔墨，寓教于趣味，古今中外教育家都乐于采用。

第 7 题《九章算术》盈不足术解，而张丘建却以纯算术考虑。第 10 题用还原法。这些算题并不拘泥于一种解法。一题多解可以拓广思路，可以发掘优美解，可以加深对理论的认识。在历史发展中所产生的这些变化，可以作为我们数学教育设计中的参考。

第二章 定和问题

定和问题是指算题含用（几个）未知数，在已知条件中有一个是：这些未知数的和① 已知为定值。再根据其他条件推算其他未知数是多少。这种算题所涉内容十分广泛，是传统算术教科书中常见，如流水（上下行舟）问题，鸡兔同笼问题（日本称为龟鹤算）等等。本章所收算题有的是适定的（答数唯一），有的是不适定的（答数不是唯一）。我们根据算题中含未知数个数分类。

第一节 一元问题

1. 某量加上它的$\frac{1}{7}$，得和 19。问：此量是多少？

解法［单假设法］：假设所求量是 7，

$$\begin{array}{lcc} & 1 & 7 \\ & \frac{1}{7} & 1 \\ \hline 和 & 1\frac{1}{7} & 8 \end{array}$$

假设数应扩大：$[19\div8=2\frac{3}{8}=2\ \frac{1}{4}\frac{1}{8}$倍］

$$\begin{array}{cc} 1 & 8 \\ \backslash\ 2 & 16 \\ \hline \frac{1}{2} & 4 \end{array}$$

---

① 少数例是部分未知数的和.

$\backslash\frac{1}{4}$ 2

$\backslash\frac{1}{8}$ 1

和 $2\ \frac{1}{4}\frac{1}{8}$ 19

因此所求量：[$7\times2\frac{3}{8}=16\frac{5}{8}=16\frac{1}{2}\frac{1}{8}$]

$\backslash 1$ $2\frac{1}{4}\frac{1}{8}$

$\backslash 2$ $4\frac{1}{2}\frac{1}{4}$

$\backslash 4$ $9\frac{1}{2}$

和 7 $16\frac{1}{2}\frac{1}{8}$

验算：[$16\frac{5}{8}$（$1+\frac{1}{7}$）$=19$]

1 $16\frac{1}{2}\frac{1}{4}$

$\frac{1}{7}$ $2\frac{1}{4}\frac{1}{8}$

和 $1\frac{1}{7}$ 19

（《莱因得纸草》第 24 题，公元前 1650 年）

2. $\frac{2}{3}$堆加上$\frac{1}{2}$堆，加上$\frac{1}{7}$堆，再加上 1 堆，四者共重 33。问：1 堆重是多少？

答数：$14\ \frac{1}{4}\frac{1}{56}\frac{1}{97}\frac{1}{194}\frac{1}{388}\frac{1}{679}\frac{1}{776}$

（《莱因得纸草》第 31 题。）

原件有完整用单假设法的解法，原答用单分数，十分繁琐，如用常用分数表示是 $14\frac{48}{97}$。

3. 我找到一块石头，先不称它。我添加$\frac{1}{7}$，又添加$\frac{1}{11}$石头的重，然后称它。它重1码那（mana）。问：这块石头原重多少？答数：$\frac{2}{3}$码那8斤（gin）22$\frac{1}{2}$色（se）。（巴比伦泥版YBC4652）①

原件有答数，无解法。如果我们设所求原重为x，此题要求解

$(1+\frac{1}{7})(1+\frac{1}{11})x=1$，据当时文物考查：

$1\text{gin}=\frac{1}{60}\text{mana}$，$1\text{se}=\frac{1}{180}\text{gin}$，原答数准确无误。

4. “上帝祝愿您，一百位学者”。“我们没有一百人。重复我们的人数，加上一半，再加上四分之一，连我在内才是一百人。我们有多少人？”答数：36人。（阿尔昆《益智题集》第36题，8世纪）

4a. 一人见山上羊群，他自言自语说：“我如果有这许多羊，再加上这许多，折半，再折半，再加上我家里的一只羊，一共有一百只羊。问：羊群有多少只羊？”答数：36只。（《益智题集》第40题，此题集上还有同类型三题，都有答，无解法）

4b. 甲赶群羊逐草茂，乙拽肥羊一只随其后。戏问：“甲及一百否？”甲云“所说无差谬：若得这般一群凑，再添半群、小半群②，得你一只来方凑。玄机奥妙谁参透？”答数：36只。（程大位《算法统宗》第10卷，1592）

程大位在题后用分配比例方法解题：100－1＝99作为被除数。一群作为10分，半群是5分，小半（四分之一）群是2分半。那么原来的一群，加同样一群，半群又小半群，一共是27.5分作

① B. L. Van der Waerden. Geometry and Algebra in Ancient Civilisations. Springer Verlag：1983. 159

② 中算术语：太半$\frac{2}{3}$，少半$\frac{1}{3}$，小半$\frac{1}{4}$，中半$\frac{1}{2}$.

为除数。做除法运算，所得商的10倍就是答案。据特洛夫凯《初等数学史》统计，欧洲有6本算术教科书出现这类问题，18世纪传入俄罗斯。

4c. 有人问教师："我要送儿子来上学，请问您现在有多少学生?"教师回答说："如果再来一批与现在一样多的学生，加上现有数的一半，再加四分之一，连您儿子在内，总数才是一百人"。问：教师现有学生多少人?答数：36人。(俄罗斯麦格尼兹基. Л. Ф. Магницкий《算术》，1703)

麦格尼兹基在题后用天秤算法，即双假设法解题，他作三组双假设

$x_1=24$，$f_1=33$（－）；$x_2=32$，$f_2=11$（－）。

$x_1=52$，$f_1=44$（＋）；$x_2=40$，$f_2=11$（＋）。

$x_1=60$，$f_1=66$（＋）；$x_2=20$，$f_2=44$（－）

他分别算出结果

$$\frac{32\times33-24\times11}{33-11}=36，$$

$$\frac{40\times44-52\times11}{44-11}=36，$$

$$\frac{60\times44+20\times66}{66+44}=36。$$

4d. 空中飞过一群雁。迎面又飞来一只雁，说："您好，是100只吗?"雁队队长答："我们不是100只，现有数加上现有数，再加现有数的一半，再加它的四分之一，连您算在内，才是100只。"问：雁群有多少雁?答数：36只。(原苏联拉里切夫《初中代数习题汇编》，1957)

5. 一人经商每年财产增加$\frac{1}{3}$倍，但从中要花去家用100英镑。经过3年后，他的财产翻了一番。问：他原有财产是多少?答数：1 480英镑。(牛顿《广义算术》Arithmetical Universalis. 1701)

牛顿在讲稿中提出用“式子”翻阅“文字”的对照表，以帮助代数的初学者。

文　字	式　子
商人原有财产	x
第一年花去家用100英镑	$x-100$
财产增加$\frac{1}{3}$倍。	$x-100+\frac{x-100}{3}=\frac{4x-400}{3}$
第二年又花去100英镑，	$\frac{4x-400}{3}-100=\frac{4x-700}{3}$
财产又增加$\frac{1}{3}$倍。	$\frac{4x-700}{3}+\frac{4x-700}{9}=\frac{16x-2\ 800}{9}$
第三年又花去100英镑，	$\frac{16x-2\ 800}{9}-100=\frac{16x-3\ 700}{9}$
财产又增加$\frac{1}{3}$倍。	$\frac{16x-3\ 700}{9}+\frac{16x-3\ 700}{27}=\frac{64x-14\ 800}{27}$
他的财产增加2倍。	$\frac{64x-14\ 800}{27}=2x$
所求数是1 480英镑	$10x=14\ 800$，$x=1\ 480$

评论

上引各例都是一元定和问题。广义说，定和含定差。这类问题内容千变万化，但变中也有相同处。1～3三题是已知某数的几分之几是多少，求此数。第**4**题中各题，从结构到数据完全相同，但覆盖时间久远，绵延地域辽阔，而在解法上各异其趣：程大位用比例，麦格尼兹基用双假设法，拉里切夫显然是作为解一元一次方程应用题而设。这些题及其解法对于今日代数开头课很有参考价值。

第二节 二元问题

1. 两块地共有面积 30 沙尔。第一块地单位产量$\frac{40}{60}$果耳，第二块地单位产量$\frac{30}{60}$果耳。已知第一块地比第二块地产量多 $8\frac{20}{60}$果耳，问：两块地各有面积多少？答数：各有 20 沙尔，10 沙尔[①]（巴比伦泥版 VAT8389）。

我们设两块地各有 x，y 沙尔，题意是要解

$$\begin{cases}\frac{2}{3}x-\frac{1}{2}y=8\frac{1}{3}\\ x+y=30\end{cases}$$

泥版解法："把面积 30 折半，每块各是 15。" 接着计算当 $x=y=15$ 时的产量是 $2\frac{1}{2}$，与题设条件 $8\frac{1}{3}$有差 $8\frac{1}{3}-2\frac{1}{2}=5\frac{5}{6}$。"记住 $5\frac{5}{6}$!" 接着计算$\frac{2}{3}+\frac{1}{2}=1\frac{1}{6}$。解法又说："我不知道 $1\frac{1}{6}$的倒数是多少，也就是说，$1\frac{1}{6}$乘上多少能得到 $5\frac{5}{6}$。这是 5，因为 $5\times1\frac{1}{6}=5\frac{5}{6}$。""从 15 减去 5，是第二块地的面积，15 加上 5，是第一块地的面积。"

这一萌芽状态的代数思维是说：先假设 $x=y=15$，产量之差：$\frac{2}{3}\cdot15-\frac{1}{2}\cdot15=2\frac{1}{2}$。与题设 $8\frac{2}{3}$差 $5\frac{5}{6}$。第一块地每增加 1 沙尔，第二块地每减少 1 沙尔，这种差就缩小$\frac{2}{3}\cdot1+\frac{1}{2}\cdot1=1\frac{1}{6}$。

---

① B. L. van der Waerden. Geometry and Algebra in Ancient Civilisation. Springer Verlag：158～159，沙尔 sar，面积单位. 果耳 gur，重量单位.

那么两块地各应增加或减少多少沙尔，才使差成为零？这就引起分数除法。古人没有这种知识，凑出商数是 5，于是成功地获到准确答数。

2. 上等稻 7 捆脱的稻谷，减去 1 斗，加上下等稻 2 捆脱的稻谷，共有稻谷 10 斗。下等稻 8 捆的稻谷，加上 1 斗，再加上等稻 2 捆的稻谷，也共有稻谷 10 斗。问：上、下等稻每捆各脱多少稻谷？答数：上等稻每捆 $1\frac{18}{52}$ 斗，下等稻每捆 $\frac{41}{52}$ 斗。

解法："方程" 术[①]。(《九章算术》"方程" 章第 2 题.)

3. 5 头牛、2 只羊，值银 10 两。2 头牛、5 只羊，值银八两。问：牛、羊各值银多少？答数：牛每头 $1\frac{13}{21}$ 两，羊每头 $\frac{20}{21}$ 两。

解法："方程" 术：

$$\begin{pmatrix} 2 & 5 \\ 5 & 2 \\ 8 & 10 \end{pmatrix} \rightarrow \begin{pmatrix} 10 & 10 \\ 25 & 4 \\ 40 & 20 \end{pmatrix} \rightarrow \begin{pmatrix} 0 & 10 \\ 21 & 4 \\ 20 & 20 \end{pmatrix} \rightarrow \begin{pmatrix} 0 & 21 \\ 21 & 0 \\ 20 & 34 \end{pmatrix}$$

本题解法没有要求用正负术。在刘徽注释时就避免负数运算，改用齐同术，今称互乘相消法解题。(《九章算术》牛五羊二题.)

4. 浓酒 1 斗值 50 钱，淡酒 1 斗值 10 钱。现有 30 钱，买酒 2 斗。问：其中有浓酒、淡酒各多少？答数：浓酒 $2\frac{1}{2}$ 升，淡酒 1 斗 $7\frac{1}{2}$ 升。

解法：盈不足术。(《九章算术》醇酒行酒题)[②]

5. 4 份油可以换 3 份漆，4 份油可以稀释 5 份漆。现有漆 3 斗，分出其中一部分换油，以稀释余下的漆。问：应分出多少漆？可

---

① 参见第二编第四章.

② 我们已在第二编第四章第一节介绍.

以换多少油？又可以稀释多少漆？答数：分出1斗$1\frac{1}{4}$升漆，可以换1斗5升油，刚好稀释余下的漆1斗$8\frac{3}{4}$升。

解法：盈不足术（《九章算术》漆三油四题）。

如果我们考虑在30升漆中取出x升用来换油，以稀释剩下的漆y升。根据题意便可列方程组

$$\begin{cases}x+y=30\\ \frac{5}{4}\cdot\frac{4}{3}x=y\end{cases}\rightarrow\begin{cases}x+y=30\\ x:y=3:5\end{cases}$$

是一道已知二数之和及其比，求此二数的问题。刘徽在本题注中敏锐地看出，并以这一观点用比例方法解题。

6. 玉每立方寸重7两，石每立方寸重6两。现有边长为3寸的立方体，重11斤，是含玉的石块。问：其中玉、石各重多少？答数：其中玉重6斤2两，石重4斤14两。（《九章算术》石中有玉题）

我们如设立方体中玉、石各含x、y立方寸，据题意要解

$$\begin{cases}x+y=27\\ 7x+6y=11\times16\end{cases}$$

本题是二元定和算题。本题在盈不足章，但并未按盈不足术解。本题术文说："假令皆玉，多十三两，令之皆石，不足十四两。不足为玉，多为石。各以一［立方］寸之重乘之，得玉、石之积重。"这实在是按照其率术解题。玉、石共重$11\times16=176$（两），共有体积27立方寸，那么每立方寸平均重

$$176\div27=6\cdots14$$

按照其率术把余数14（立方寸）视为贵率（质量较好——玉的体积），其余$27-14=13$（立方寸）视为贱率（质量较次——石的体积）。分别以比重相乘，就得到所求数。

7. 今有雉兔同笼，上有三十五头，下有九十四足。问：雉、

兔各几何？答数：雉 23 只，兔 12 只。（《孙子算法》卷下第 31 题，公元 4、5 世纪之交）

原题后有两种解法：

其一，“上置三十五头，下置九十四足。半其足，得四十七。以少减多，再命之：上三除下四，上五除下七；下有一，除上三，下有二，除上五，即得。”这好理解，在 47 对足中除去 35 对，其中有雉足也有兔足。之所以有余数，因为兔数大于雉数，显然余数就是兔数。这里所做两次减法：$\begin{array}{r}47\\ -35\\ \hline 12\end{array}$，术文说：“上三除下四，上五除下七”，得 12，作为兔数。而另一次减法$\begin{array}{r}35\\ -12\\ \hline 23\end{array}$，术文说：“下有一，除上三；下有二，除上五”，得 23，作为雉数。

其二，“上置头，下置足。半其足。以头除足，以足除头，即得，”令人费解。其实这可以理解为《九章算术》其率术的应用。把每 1 只雉有一对足作为“贱率”，1 只兔有 2 对足作为“贵率”。于是 47÷35＝1…12。带余除法中的余数 12（“不满法者”）作为贵率，即兔头数，35－12＝23（“反以实减法”）作为贱率，即雉头数。所以术文说“半其足”：94 足折半为 47 对足。“以头除足”，除指除法运算：47÷35，而“以足除头”指减法运算：35－12。

宋杨辉《续古摘奇算法》卷下把此题作为第 1 题，解法又有改变：“倍头减足，折半为兔”。“四因只数，以共足减之，余皆雉足，折半为雉。”在此，杨辉纯算术作解，对解法第一句话，他自注相当于说，把兔子也看成有 2 足，所以 35 头，应有 70 足；但题设总足数为 94，因此还有 94－70＝24 足是 12 只兔子所有。对第二句话，他自注说，如果把 35 头都看成是兔子，有 140 足；但题设为 94 足，可见 35 头不全是兔子，其中 140－94＝46 是雉所有，所以有 23 只是雉。

杨辉算书传入日本，和算著作中很多录此题，如今村知商《因归算歌》(1640)，: 礒村吉德《算法阙疑抄》(1661)。1810 年后改称龟鹤算。

8. 某人遗产分配方案：4 个儿子每人平均得 1 份。友人得儿子一样 1 份，还加一个金币，还要给他$\frac{1}{3}$全部财产，其中除去儿子一样一份后的$\frac{1}{4}$。

问：每个儿子得多少？友人得多少？

解法：题后用文字叙述，相当于说：

设全部财产是 a，友人得 x，每个儿子得 y，

那么
$$\begin{cases} a-x=4y, \\ x=y+\frac{1}{4}\left(\frac{1}{3}a-y\right)+1 \end{cases}$$

$$\frac{2}{3}a+\frac{1}{3}a-y-\frac{1}{4}\left(\frac{1}{3}a-y\right)-1=4y$$

$$\frac{2}{3}a+\frac{3}{4}\left(\frac{1}{3}a-y\right)-1=4y$$

$$\frac{2}{3}a+\frac{1}{4}a-1=\left(4+\frac{3}{4}\right)y$$

$$\frac{11}{12}a-1=\frac{19}{4}y$$

$$\frac{11}{57}a-\frac{12}{57}=y\text{，每个儿子所得。}$$

而
$$\frac{13}{57}a+\frac{48}{57}=x\text{，友人所得。}$$

(花拉子米《代数》第 86 节[①]，9 世纪)

9. 9 个李子、7 个苹果值 107。7 个李子、9 个苹果值 101。算

① Mohammed Ibn Musa. Algebra，F. Rosen 英译本，London：1831. 116

术家，快告诉我，每个果子值多少？答数：李子、苹果分别值8、5。

解法：单假设法。（摩诃毗罗《文集》第6章第$140\frac{1}{2}\sim142\frac{1}{2}$节，[①] 850年）

10. 木工劳动一日收入5.5个钱币，怠工一日赔偿6.6个钱币。30日内他收入和赔偿数相等。问：他劳动了几日？答数$\frac{180}{11}$日。（许凯. N. Chuquet.《算术三编》. 1484）

11. 宝石盒的底座和盒盖共重27英两，盒盖是底座重的$\frac{2}{7}$。问：底座和盒盖各重多少？（唐士陶，1522[②]）

12. 一百馒头一百僧，大和尚一人分三个，小和尚三人分一个。大小和尚各几人？答数：大和尚25人，小和尚75人。（程大位《算法统宗》第10卷，1592）

题后解法：按1比3分配率把100人比例分配。

13. 为鼓励儿子学好算术，每解对一道题父亲给他8分钱，做错一道题罚5分钱。做完26道题后结算，谁也不给谁钱。问：这孩子解对了多少题？答数：10（克拉维乌斯，1583）。

14. 商人买112只大羊和小羊，共花了49卢布20阿登。已知大羊每只15阿登2巾戈，小羊每只10阿登。问：商人买了几只大羊、几只小羊？答数：大羊100，小羊12（麦格尼兹基《算术》1703）[③]。

原题解法：先按1卢布＝100戈比，1阿登＝3戈比，1戈比＝2巾戈，把大羊、小羊单价分别折算成46，30戈比，二者差价

① Mavavira，Ganita-sara-sangraha. M. Rangacarya 英译本. Madras，1912.

② 在第三编第二章第七节已列的专著，只记作者，不记书名.

③ л. ф. магницкий，Арифмеика. москва：1703

为 16 戈比。如果全部买小羊，共需 30×112=3 360 与实付 4 960 相差 4 960－3 360=1 600（戈比）。如果每只小羊换 1 只大羊，就减少差价 16 戈比。因此 1 600÷16=100 是大羊数，而小羊数是 112－100=12。

评论

在第 1 题中巴比伦泥版解题的原始思考，至今还是可取的。事实上，第 14 题麦格尼兹基还用这种模式解题：先求差价、再求差价的倍数，导致得出答案。所以范德瓦尔登（B. L. van der Waerden）在其《古代几何和代数》一书中介绍此题时，还设计这一教学方案，建议中学教师在课堂中引进。

从上引二元定和算题 14 例，我们看到《九章算术》最早提出一般解法——盈不足术和“方程”术，而且还善于灵活运用：今日中学生用的互乘相消法和代入法都已出现。

其率术是富有中国特色的近似凑整方法，第 6、7 两题解法都是其率术的应用。

第 7、9，第 7、14，第 10、13 是三对同型题，很难说他们间没有亲缘、衍生关系。由于同型，所以在解法上也可以互相交替运用。

以第 7，14 两题来说，第 7 题就可以改编为：“商人买 35 只大羊和小羊，共花了 94 卢布。已知大羊每只 4 卢布，小羊每只 2 卢布。问：商人买了几只大羊，几只小羊？”按照麦格尼兹基的解法：如果商人买的全是小羊，只需 2×35=70 卢布，与实付 94 卢布相差 24 卢布。而大羊、小羊间差价是 2 卢布，因此大羊数是 24÷2=12 只，而小羊是 23 只。我们如再把大羊、小羊数、共买羊数、实付款数“翻译”为第 7 题所对应的兔、雉数、头数、足数，那么麦氏的算式

$$(94-2\times 35)\div 2=12$$

恰恰就是杨辉的解法：“倍头减足，折半为兔”。

在此我们还看到一题多解的不少佳例。

花拉子米《代数》中设有计算遗产专栏，列算题十多个。其中所反映的人际关系与今不同，但其解题运算中，移项与合并同类项已很熟练，是当时同类专著第一，在第 8 题解法中我们可以鉴赏。

第三节　三元问题

1. 上等稻 3 捆，中等稻 2 捆，下等稻 1 捆，共得稻谷 39 斗；上等稻 2 捆，中等稻 3 捆，下等稻 1 捆，共得稻谷 34 斗；上等稻 1 捆，中等稻 2 捆，下等稻 3 捆，共得稻谷 26 斗。问：上、中、下等稻每捆各得稻谷多少？答数：上、中、下等稻每捆分别是 $9\frac{1}{4}$、$4\frac{1}{4}$、$2\frac{3}{4}$斗。

解法：“方程”术，详见第六编第二章第一节及第四章第二节。(《九章算术》三禾同实题)

2. 卖掉 2 头牛、5 只羊，然后买回 13 头猪，还余 1 000 钱。卖掉 3 头牛、3 头猪，刚好买回 9 只羊。卖掉 6 只羊、8 头猪，想买回 5 头牛，不足 600 钱。问：牛、羊、猪每头价值多少？答数：牛单价 1 200，羊 500，猪 300。

解法：“方程”术。(《九章算术》买卖三畜题)

原题解法明确指出矩阵各元素，然后按照今称矩阵初等变换法，使系数矩阵成为三角矩阵然后回代。

$$①\begin{matrix}牛\\羊\\猪\\钱\end{matrix}\begin{pmatrix}-5 & 3 & 2\\ 6 & -9 & 5\\ 8 & 3 & -13\\ -600 & 0 & 1\,000\end{pmatrix}\xrightarrow{②}\begin{pmatrix}-5 & 6 & 2\\ 6 & -18 & 5\\ 8 & 6 & -13\\ -600 & 0 & 1\,000\end{pmatrix}\xrightarrow{③}$$

$$\begin{pmatrix} -5 & 0 & 2 \\ 6 & -33 & 5 \\ 8 & 45 & -13 \\ -600 & -3\ 000 & 1\ 000 \end{pmatrix} \xrightarrow{④} \begin{pmatrix} 0 & 0 & 2 \\ 37 & -33 & 5 \\ -49 & 45 & -13 \\ 3\ 800 & -3\ 000 & 1\ 000 \end{pmatrix} \xrightarrow{⑤}$$

$$\begin{pmatrix} 0 & 0 & 2 \\ 37 & 0 & 5 \\ -49 & 48 & -13 \\ 3\ 800 & 14\ 400 & 1\ 000 \end{pmatrix}$$

3. 甲乙丙三商人各持一笔财产。已知甲乙之和为13，乙丙之和为14，甲丙之和为15。问：三人各有多少财产？答数：甲为7，乙为6，丙为8。[①]（《巴克赫里手稿》，12世纪）

本题我们如设甲、乙、丙三商人各有财产 x_1，x_2，x_3，则题意是要解

$$\begin{cases} x_1+x_2=13 \\ x_2+x_3=14 \\ x_3+x_1=15 \end{cases}$$

《巴克赫里手稿》对于解形如 $x_1+x_2=a_1$，$x_2+x_3=a_2$，……，$x_n+x_1=a_n$。线性方程组都用假设法求解。设 $x_1=p$，分别求出 $x_2=x_2'$，…，$x_n=x_n'$，然后代最后一方程。设 $x_1+x_n=p+x_n'=b$，则所求

$$x_1=p+\frac{1}{2}(a_n-b).$$

手稿对本题假设 $x_1=5$，依次得 $x_2'=8$，$x_3'=6$，最后获得答数。

我们知道手稿对上述特殊线性方程组的假设法是正确的。因为 $(a_2-a_1)+(a_4-a_3)+\cdots+(a_{n-1}-a_{n-2})+2x_1=a_n$，当假设 $x_1=p$，使 $(a_2-a_1)+(a_4-a_3)+\cdots+(a_{n-1}-a_{n-2})+2p=b$，

① G. R. Kaya. The Bakhshali MS. Calcutta：1927. 39～40

易知 $x_1=p+\frac{1}{2}(a_n-b)$。

4. 甲、乙、丙三人一共花了204盾买了一所房子。甲花的是乙的3倍，乙花的是丙的4倍。问：他们三人各花了多少钱？答数：甲144，乙48，丙12盾。（里斯，1522）

5. 三个桶共容79加仑。已知第二桶比第一桶的一半还多3加仑。第三桶比第二桶少7加仑。问：三个桶各容多少加仑？答数：甲桶40，乙桶23，丙桶16。（特仑享，1566）

6. 某人买了三颗宝石。第二颗较第一颗贵4金币。第三颗较前两颗所值之和还多5金币。已知三颗宝石总值81金币，问各值多少？答数：依次值17，21，43金币。

解法：双假设法，设第一颗值24，则总值有盈28；设为20，有盈12

$$\begin{array}{cc} 24 & 28 \\ 20 & -12 \\ \hline & 16 \end{array} \qquad \begin{array}{r} 560 \\ -288 \\ \hline 272 \end{array} \qquad 272\div16=17$$

（奥诺夫列 Onofrio《算术》，1670）①

7. 某人买了三种呢料，共106俄尺，第一种比第二种多12俄尺，第二种比第三种多9俄尺。问：三种呢料各有多少俄尺？（麦格尼兹基《算术》，1703）

评论

在历史文献中我们看到的适定三元定和问题较少。从上引7例观察，《九章算术》的解法最为完整。第1题所列方程以及运算全过程所有系数都是非负数，而第2题所列方程以及运算过程都有负数，对负数的加减法，从理论到计算结果都准确无误，这在

---

① L. L. Jackson. The Educational Significance of Sixteenth century Arithmetic. 1905. 154

古世界是绝无仅有的纪录。从题型看，西方出现的算题除了三未知数总和为已知这一条件外，其余都是三未知数中两未知数间的倍数或和差关系，我们没有看到过三未知数之间的一般线性关系。

《张丘建算经》中出现的百鸡问题属不定分析，是《九章算术》三元定和适定问题的发展，我们将在本《大系》第四卷详细讨论。在中世纪以后，欧洲对此也深感兴趣，在各个时期多次出现，我们对照东方文献，列简表如下：

算题	商品	单价	商品	单价	商品	单价	商品总数	共价	年代
张丘建	母鸡	5	公鸡	3	鸡雏	$\frac{1}{3}$	100	100	5 世纪
阿尔毗	公猪	10	母猪	5	小猪	$\frac{1}{2}$	100	100	8 世纪
斐波那契	麻雀	$\frac{1}{3}$	斑鸠	$\frac{1}{2}$	鸽	2	30	30	1202
杨辉	温柑	7	桔	3	金桔	$\frac{1}{3}$	100	100	1275
喀西	鸭	4	雀	$\frac{1}{5}$	鸡	1	100	100	1427
松永良弼	桃花	$\frac{3}{31}$	李花	$\frac{5}{2}$	杏花	$\frac{13}{7}$	3 000	3 000	18 世纪

第四节　四元（及）以上问题

1. 现有 5 羊、4 狗、3 鸡、2 兔共值钱 1 496，4 羊、2 狗、6 鸡、3 兔值钱 1 175，3 羊、1 狗、7 鸡、5 兔值钱 958，2 羊、3 狗、5 鸡、1 兔值钱 861。问：羊、狗、鸡、兔的单价各是多少？答数：羊价 177，狗价 121，鸡价 23，兔价 29。

解法："方程"术（《九章算术》"方程"章第 17 题。）

2. 现有芝麻 9 斗、麦 7 斗、大豆 3 斗、小豆 2 斗、玉米 5 斗共值钱 140，芝麻 7 斗、麦 6 斗、大豆 4 斗、小豆 5 斗、玉米 3 斗共值钱 128，芝麻 3 斗、麦 5 斗、大豆 7 斗、小豆 6 斗、玉米 4 斗共值钱116，芝麻2斗、麦5斗、大豆3斗、小豆9斗、玉米4斗共值钱112，芝麻1斗，麦3斗、大豆2斗、小豆8斗、玉米5斗共值钱95。问：五种粮食每斗值多少？答数：芝麻每斗7钱，麦4钱，大豆3钱，小豆5钱，玉米6钱。

解法："方程"术（《九章算术》"方程"章第18题）。

3. 王冠重60米奈①，是金、铜、锡、铁的合金。已知其中金和铜占$\frac{2}{3}$，金和锡占$\frac{3}{4}$，金和铁占$\frac{3}{5}$。问：金、铜、锡、铁各重多少？答数：金重$30\frac{1}{2}$，铜重$9\frac{1}{2}$，锡重$14\frac{1}{2}$，铁重$5\frac{1}{2}$。（米特洛道斯《希腊箴言》第49题，6世纪）

4. 五人各有财产：已知甲乙共有16，乙丙共有17，丙丁共有18，丁戊共有19，甲戊共有20。问：甲乙丙丁戊五人各有多少财产？答数：五人依次有9，7，10，8，11。②（《巴克赫里手稿》，12世纪）

解法：假设法，参看上节第3题。

5. 甲乙丙丁四人合股经商南洋。资本各是106 000千文，各以实物入股，计：甲入黄金200两，盐40袋；乙入白银800两，盐264袋；丙入定额支票15张，白银1 670两；丁入定额支票52张，黄金$58\frac{1}{3}$两。问：黄金、白银每两、定额支票每张、盐每袋各值多少？

答数：黄金每两480千文，白银每两50千文，定额支票每张1 500千文，盐每袋250千文（秦九韶《数书九章》第9章第2题，1247）。

我们如设定额支票每张值x_1千文，白银每两值x_2千文，盐每

---

① 米奈minae，重量单位.

② G. Q. Kaye. The Bakhshali MS. Calcutte：1927. 40

袋值 x_3 千文，黄金每两值 x_4 千文。题意是要解线性方程组

$$\begin{cases}58\frac{1}{3}x_4+52x_1=106\ 000\\1\ 670x_2+15x_1=106\ 000\\264x_3+800x_2=106\ 000\\200x_4+40x_3=106\ 000\end{cases}$$

秦九韶用“方程”术解题。他在题后列有用中国数码字记录解题的筹算全过程，计算式15个：列出增广矩阵，然后逐步经过初等变换，把系数矩阵变换为单位矩阵，问题得解。我们将在《大系》第五卷详细讨论。

6. 四商人合股经商，分别向海关申报各自的股本。四人各只说他们的股本抽走后，总资金将分别余下22，23，24，27。朋友，请告诉我他们各有多少股本？答数：10，9，8，5。（印度中世纪数学专著）

解法：印度阿耶波多《文集》（5世纪）第2卷第29节已指出某些特殊线性方程组的解法，这在3世纪时丢番图也有相同见解（参看第三编第二章第三节）而有推广，相当于说：①

如果

$$\begin{cases}(x_1+x_2+\cdots+x_n)\ -x_1=a_1\\(x_1+x_2+\cdots+x_n)\ -x_2=a_2\\\cdots\cdots\\(x_1+x_2+\cdots+x_n)\ -x_n=a_n\end{cases}$$

那么 $x_1+x_2+\cdots+x_n=\dfrac{a_1+a_2+\cdots+a_n}{n-1}=w$

因此 $x_1=w-a_1$，$x_2=w-a_2$，…，$x_n=w-a_n$。

本题是阿耶波多命题的特例：$n=4$，$a_1=22$，$a_2=23$，$a_3=24$，

① Aryabhata. Aryabhatiya. Calcutta：1979. 71

$a_4=27$；于是 $w=32$，就易于获得答数。

7. 齐军有 1 000 辆战车。其中前卫与中锋合为前军。左锋、右锋为两翼。辎重、副车合为中军。后卫殿后。已知前军是余军$\frac{3}{7}$，两翼、副车、后卫之和比余下的战车多 40 辆；前军、两翼之和比中军、后卫之和多 20 辆；前军、后卫之和比两翼、中军之和少 20 辆；前卫、后卫之和比余下的战车半数少 5 辆。问：各军种有战车多少辆？答数：前锋 140、中锋 160、左锋、右锋各 105 辆、辎重 180、副车 120、后卫 190 辆。（梅文鼎《"方程"论》第 6 卷，17 世纪）

我们如设前卫、中锋、两翼、辎重、副车、后卫依次各有战车 x_1，x_2，x_3，x_4，x_5，x_6 辆，题意是要解方程组

$$\begin{cases} x_1+x_2=\dfrac{3}{7}(x_3+x_4+x_5+x_6) \\ x_3+x_5+x_6=x_1+x_2+x_4+40 \\ x_1+x_2+x_3=x_4+x_5+x_6+20 \\ x_1+x_2+x_6=x_3+x_4+x_5-20 \\ x_1+x_6=\dfrac{x_2+x_3+x_4+x_5}{2}-5 \\ x_1+x_2+x_3+x_4+x_5+x_6=1\,000 \end{cases}$$

梅文鼎在题后用"方程"术作完整计算，当系数矩阵变换为三角矩阵后，即回代，获得准确答数。我们用阿拉伯数字抄录如下：

$$\begin{array}{cc} & \begin{array}{cccccc} 左 & ⑤ & ④ & ③ & ② & 右 \end{array} \\ \text{(i)}\ \begin{array}{c} x_1 \\ x_2 \\ x_3 \\ x_4 \\ x_5 \\ x_6 \\ \\ \end{array} & \left(\begin{array}{cccccc} 1 & 2 & 1 & 1 & 1 & 7 \\ 1 & -1 & 1 & 1 & 1 & 7 \\ 1 & -1 & -1 & 1 & -1 & -3 \\ 1 & -1 & -1 & -1 & 1 & -3 \\ 1 & -1 & -1 & -1 & -1 & -3 \\ 1 & 2 & 1 & -1 & -1 & -3 \\ 1000 & -10 & -20 & 20 & -40 & 0 \end{array}\right) \xrightarrow[\substack{③-④ \\ ④\times 2-⑤ \\ 左\times 2-⑤}]{\substack{右-②\times 7 \\ ③-②}} \end{array}$$

(ii)
$$\begin{array}{c} \\ x_2 \\ x_3 \\ x_4 \\ x_5 \\ x_6 \\ \\ \end{array}\begin{array}{ccccc} 左 & ④ & ③ & ② & 右 \\ \end{array}$$

$$\text{(ii)}\quad \begin{matrix} x_2 \\ x_3 \\ x_4 \\ x_5 \\ x_6 \\ \\ \end{matrix}\begin{bmatrix} 3 & 3 & 0 & 0 & 0 \\ 3 & -1 & 2 & 2 & 4 \\ 3 & -1 & 0 & -2 & -10 \\ 3 & -1 & 0 & 0 & 4 \\ 0 & 0 & -2 & 0 & 4 \\ 2010 & -30 & 40 & 60 & 280 \end{bmatrix} \xrightarrow{左-④}$$

$$\begin{array}{cccc} 左 & ③ & ② & 右 \end{array}$$

$$\text{(iii)}\quad \begin{matrix} x_3 \\ x_4 \\ x_5 \\ x_6 \\ \\ \end{matrix}\begin{bmatrix} 4 & 2 & 2 & 4 \\ 4 & 0 & -2 & -10 \\ 4 & 0 & 0 & 4 \\ 0 & -2 & 0 & 4 \\ 2040 & 40 & 60 & 280 \end{bmatrix} \xrightarrow[\substack{③-② \\ (左-③\times 2)\div 2}]{(右-②\times 2)\div 2}$$

$$\text{(Ⅳ)}\quad \begin{matrix} \\ x_4 \\ x_5 \\ x_6 \\ \\ \end{matrix}\begin{bmatrix} 左 & ③ & 右 \\ 2 & 2 & -3 \\ 2 & 0 & 2 \\ 2 & -2 & 2 \\ 980 & -20 & 80 \end{bmatrix} \xrightarrow[左-③]{(③\times 3+右\times 2)\div 2}$$

$$\text{(V)}\quad \begin{matrix} \\ x_5 \\ x_6 \\ \\ \end{matrix}\begin{bmatrix} 左 & 右 \\ 2 & 2 \\ 4 & -1 \\ 1000 & 50 \end{bmatrix} \xrightarrow{(左-右)\div 5} \text{(Ⅵ)}\quad x_6\begin{bmatrix} 1 \\ 190 \end{bmatrix}$$

综合上述运算，就得到三角矩阵：

$$\begin{array}{c} \\ x_1 \\ x_2 \\ x_3 \\ x_4 \\ x_5 \\ x_6 \\ \\ \end{array}\left(\begin{array}{cccccc} (\text{VI}) & (\text{V})\text{右} & (\text{IV})③ & (\text{iii})② & (\text{ii})④ & (\text{i})⑤ \\ 0 & 0 & 0 & 0 & 0 & 2 \\ 0 & 0 & 0 & 0 & 3 & -1 \\ 0 & 0 & 0 & 2 & -1 & -1 \\ 0 & 0 & 2 & -2 & -1 & -1 \\ 0 & 2 & 0 & 0 & -1 & -1 \\ 1 & -1 & -2 & 0 & 0 & 2 \\ 190 & 50 & -20 & 60 & -30 & -10 \end{array}\right)$$

梅文鼎的回代工作做得也很有头绪。他认为在三角矩阵中从（Ⅵ）列可得所求 $x_6=190$。由（Ⅵ）＋（Ⅴ）右可得 $2x_5=240$，$x_5=120$。由 2（Ⅵ），得 $x_4=180$。由 $2x_4+$（iii）②，$x_3=420$。又由 $x_3+x_4+x_5+$（ii）④；$x_2=160$。最后由 $x_2+x_3+x_4+x_5-2x_6+$（i）⑤$=280$，得 $x_1=140$[①]。从梅题可见齐军前锋后卫，前呼后拥，气势磅礴，力拔山河。齐为战国七雄之首，近年秦陵始皇兵马俑有文物可以作证，梅题真实可信。

评论

从上引 7 例，可见我国数学家自秦汉以来结合正负术，用《九章算术》“方程”术解多元线性方程组，已达到非常熟练的境界。有的把系数矩阵变换，直到单位矩阵(第 5 题)；有的得到三角矩阵，然后回代(第 7 题)，就得准确答数。四元以上定和算题，在国外文献中很少出现，解法也比较后进。6 世纪《希腊箴言》一例，有答数，但无解法。上引印度二例，所给方程类型也极特殊，这样只能凭假设法，或代丢番图公式获解。如所周知，像《九章算术》“方程”术那样解一般线性方程组，欧洲直到 19 世纪才出现：最早纪录是德国

---

① 法国人 J. C. Martzloff 对此题用法文作专题介绍，见其 Recherches sur L'oeuvre Mathemat. que de Mei Wending. Paris：1981. 202～208

高斯(C. F. Gauss,1777～1855)在其天文数据计算中用之[1]。

① C. F. Gauss. Werke. vol. 4 Berlin:1826. 55～93

第三章 余数问题

款项或商品等因纳税、买卖、馈赠等原因逐步减少。已知其余下部分，要求根据题设条件反算原来数量是多少的问题，我们称为余数问题。这是古世界数学领域内热门的话题。《九章算术》有好几例，米特洛道斯《希腊箴言》中不少是这类问题。本类问题中很多是以过关纳税形式出现，现在就根据以过关卡次数多少来分类。

第一节 一关问题

1. 某量加上它的$\frac{2}{3}$，从其和中减去$\frac{1}{3}$，余下 10。问：此量是多少？答数：9

解法：10 的$\frac{1}{10}$是 1，从 10 中减去其$\frac{1}{10}$，余下 9，这是所求量。

验算：它的$\frac{2}{3}$是 6，加上 9，是 15。从 15 中减去其$\frac{1}{3}$，余下 10。

（埃及《莱因得纸草》第 28 题，公元前 1650 年）。

第二节 二关问题

1. 某人舍去财产$\frac{1}{13}$，再舍去其余$\frac{1}{17}$，余下 150 个钱币。问：

此人原有财产是多少？[①] 答数：$172\frac{1}{2}\frac{1}{8}\frac{1}{48}\frac{1}{96}$（$172\frac{21}{32}$）。（《阿克明纸草》，公元6～9世纪）

2. 一棵树，它的$\frac{1}{4}$又$\frac{1}{3}$是根，已知共长21巴米[②]。问：这棵树全长是多少？答数：36巴米。（斐波那契《计算之书》第12章，1202）

3. 二酒商到巴黎。甲买64桶酒，乙买20桶酒。他们没有带足够的钱交关税。甲交5桶酒和40法郎，乙交2桶酒，找回40法郎。问：每桶酒值多少？每桶酒应付关税多少？答数：酒每桶120法郎，每桶税10法郎。（许凯，1484）

4. 窃贼在某城堡作案。贼以所窃金镑的$\frac{1}{2}$贿赂卫兵，又以所余的$\frac{1}{3}$贿赂另一卫兵后，逃脱，身边还乘15金镑。问：城堡主丢失金镑多少？答数：45金镑。（唐士陶，1522）

第三节　三关问题

1. 有人带米经过三个关卡，分别交税：外关3份中取一份，中关5份中取1份，内关7份中取1份。最后余米5斗。问：原来他带了多少米？答数：10斗$9\frac{3}{8}$升。

解法：还原法。（《九章算术》持米三关题）

按题意，我们如设原来持米x斗，需解方程

$$\frac{2}{3}\cdot\frac{4}{5}\cdot\frac{6}{7}x=5$$

---

① T. L. Heath, A History of Greek mathematics, Oxford: vol. 2. 1921. 544.

② 巴米，palmi，长度单位.

按照还原算法，所求

$$x=5\times3\times5\times7\div(2\times4\times6)$$

与本题术文所说："置米五斗，以所税者三之、五之、七之为实，以余不税者二、四、六相乘为法，实如法得一斗"同义。

2. 有人携款到四川经商，获取利润：本10利3。第一次回家，他留下14 000钱。第二次回家，留下13 000钱。第三次回家留下12 000钱。第四次回家留下11 000钱。第五次回家又留下10 000钱后，本利刚好用完。问：他原来携款多少？一共获了多少利润？答数：

本 $30\,468\frac{84\,876}{371\,293}$，利润 $29\,531\frac{286\,417}{371\,293}$。

解法：双假设法：假设原来携款30 000，不足1 738.5；原来携款40 000，有余35 390.5。因此原携款钱数 $=\frac{30\,000\times35\,390.5+40\,000\times1\,738.5}{35\,390.5+1\,738.5}$（《九章算术》持钱之蜀题）

刘徽对本题改用还原法解。

3. 今有负他钱，转利偿之。初去转利得二倍，还钱一百。（向别人借钱去放高利贷，第一次得本利和是本的2倍。还人100后，再去放息。）第二转利得三倍，还钱二百。第三转利得四倍，还钱三百。第四转利得五倍，还钱四百。还毕皆转利，倍数皆通本钱。今除初本，有钱五千九百五十。问：初本几何？答数：150。（《张丘建算经》卷下第34题，公元5世纪）

原题有完整解法（还原法）。我们如设向别人借 x 钱，题意是说：

$$\{[(2x-100)\times3-200]\times4-300\}\times5-400-x=5\,950$$

这就是 $2\times3\times4\times5x-((100\times3+200)\times4+300)\times5-400-x=5\,950$。张丘建用逆推法解题，所求

$x=(5\,950+((100\times3+200)\times4+300)\times5+400)\div(2\times3\times4\times5-1)$。正如本题术文所说："置初利还钱，以三乘之，并第二

还钱。又以四乘之，并第三还钱。又以五乘之，并第四还钱。讫，并余钱为实。以四转得利倍数相乘，得一百二十，减一，余为法。实如法得一。”

4. 某商人经过三城。甲城向他征税，征他所带财产的$\frac{1}{2}$又$\frac{1}{3}$，乙城征他剩余财产的$\frac{1}{2}$又$\frac{1}{3}$，丙城又征他剩余财产的$\frac{1}{2}$又$\frac{1}{3}$。三次纳税后，他还剩 11 个钱币。问：他原有财产多少？答数：2 376 钱币。（阿奈尼《算术》第 11 题，7 世纪）

5. 甲、乙、丙三人养了一只猴子。一天，他们找来一堆芒果。甲给猴子吃了一个芒果，自己取走剩下的$\frac{1}{3}$。乙也给猴子吃了一个芒果，自己也取走剩下的$\frac{1}{3}$。丙也给猴子吃了一个芒果，自己也取走剩下的$\frac{1}{3}$。第二天，他们又给猴子一个芒果，剩下的三个人平分。问：原先那堆芒果至少有多少？[①] 答数：79 个。

6. 有人过三关。第一关纳税所有$\frac{1}{3}$，第二关纳税所余$\frac{1}{4}$，第三关纳税所余$\frac{1}{5}$。纳税总额是 24 个钱币。问：他原有财产是多少？答数：40。（《巴克赫里手稿》，12 世纪）

7. 三个乞丐向牧师要求布施。牧师把口袋中所有$\frac{1}{2}$又 2 个钱币给第一个乞丐。余钱的$\frac{1}{2}$又 3 个钱币给第二个乞丐。余钱的$\frac{1}{2}$又 4 个钱币给第三个乞丐后，还剩下 1 个钱币。问：他口袋里原

---

① 此题最先在印度摩诃毗罗《文集》Ganita-Sara-Sangraha，Madras：1919，第五章第 131 $\frac{1}{2}$节．后经多次改编．可参阅：“猴子分苹果与函数的迭代．”（《数学通报》1980 第 4 期，“怀德海的过人才智”《科学画报》1979．第 6．7 期）

有钱币多少？（唐士陶，1522）

8. 某人给孩子买三件玩具。第一件花去钱总数的$\frac{1}{5}$，第二件花去余钱的$\frac{3}{7}$，第三件花去余钱的$\frac{3}{5}$。回家后发现钱包还剩下 1 卢布 92 戈比。问：钱包里原来有多少钱？三件玩具各值多少钱？答数：原有 1 050，各值 210，360，288（戈比）。（麦格尼兹基《算术》，1703）

第四节　四关（及）以上问题

1. 有人带黄金经过五个关卡。交税税率：第一关 2 份取 1 份，第二关 3 份取 1 份，第三关 4 份取 1 份，第四关 5 份取 1 份，第五关 6 份取 1 份。五个关卡共交税黄金 1 斤。问：此人带黄金多少？答数：1 斤 3 两 4 $\frac{4}{5}$铢。（《九章算术》持金五关题）

我们如设原带黄金为 x 斤，按题意就是要解方程：$\frac{x}{2}+\frac{x}{3}\cdot(1-\frac{1}{2})+\frac{x}{4}(1-\frac{1}{2})(1-\frac{1}{3})+\frac{x}{5}(1-\frac{1}{2})(1-\frac{1}{3})(1-\frac{1}{4})+\frac{x}{6}\cdot(1-\frac{1}{2})(1-\frac{1}{3})(1-\frac{1}{4})(1-\frac{1}{5})=1$。

从《九章算术》已具有的解题能力看，此题如选用还原法，很不适当。如选用单假设法：设原带黄金为 1 斤，分别计算在关卡纳税款，依次是$\frac{1}{2}$，$\frac{1}{2}\times\frac{1}{3}=\frac{1}{6}$，$(\frac{1}{2}-\frac{1}{6})\times\frac{1}{4}=\frac{1}{12}$，$(\frac{1}{3}-\frac{1}{12})\times\frac{1}{5}=\frac{1}{20}$，$(\frac{1}{4}-\frac{1}{20})\times\frac{1}{6}=\frac{1}{30}$。纳税总数$=\frac{1}{2}+\frac{1}{6}+\frac{1}{12}+\frac{1}{20}+\frac{1}{30}=\frac{5}{6}$。因此所求原带黄金数为

$$1\div\frac{5}{6}=1\frac{1}{5}\text{（斤）}=1\text{ 斤 }3\text{ 两 }4\frac{4}{5}\text{铢。}$$

《九章算术》作者却别立蹊径，不一一计算各关卡纳税数，而是计算持金人每过一关前后持金数之比，可以设想：

关卡	1	2	3	4	5	
持金数	a	b	c	d	e	f

$a:b=2:1$，$b:c=3:2$，$c:d=4:3$，$d:e=5:4$，$e:f=6:5$。化为连比，则

$$a:f=2\times3\times4\times5\times6:1\times2\times3\times4\times5$$

也就是说，原持金数与纳税金总数之比是

$(2\times3\times4\times5\times6-1\times2\times3\times4\times5):(2\times3\times4\times5\times6)=5:6$。于是所求持金数正如本题术文所说“置一斤，通所税者以乘之为实。亦通其不税者，以减所通。余为法。实如法，得一斤。”

2. “孩子，你的苹果哪里去了？”“Ino 拿走两个$\frac{1}{6}$；Semale 拿走$\frac{1}{8}$；Autonoe 拿走$\frac{1}{4}$；Agaxe 拿走$\frac{1}{5}$；你那里留 10 个。我自己只剩下 1 个。”

解法：一共有 120：40+15+30+24+11

（《希腊箴言》第 117 题，6 世纪）

3. 丢番图长眠于此。斯人睿智颖敏。墓志铭告知吾人哲人年龄：上帝赋予其中$\frac{1}{6}$为童年，$\frac{1}{12}$少年。再度过其$\frac{1}{7}$成婚。5 年后生子。子先于其父 4 年早逝，年龄是父亲享年的$\frac{1}{2}$。问：丢番图活了几岁？

解法：他度过童年 14 岁，少年 7 年，33 岁结婚，38 岁生子。儿子 42 岁时逝世，4 年后父亲在 84 岁时死去。（《希腊箴言》第 120 题）

4. 一堆净洁的莲花，其中$\frac{1}{3}$，$\frac{1}{5}$，$\frac{1}{6}$分别奉献给湿婆、维色

奴和太阳神，其中$\frac{1}{4}$献给婆娃尼神。余下 6 朵留给尊敬的教师。快告诉我，莲花总数是多少？

解法：$\frac{1}{3}$ $\frac{1}{5}$ $\frac{1}{6}$ $\frac{1}{4}$，已给数 6。

假设总数是 1 朵，〔$1-\left(\frac{1}{3}+\frac{1}{4}+\frac{1}{6}+\frac{1}{5}\right)=\frac{1}{20}$，$1\times6\div\frac{1}{20}=120$〕按照法则计算，总数是 120。(婆什迦罗《丽罗娃祇》第 3 章第 52 题，1150)

5. 朝圣旅行者在 Prayago 布施财产的$\frac{1}{2}$。在 Casi 布施所余的$\frac{2}{9}$。途中用去过境税占所余的$\frac{1}{4}$。在 Gaya 又布施所余的$\frac{6}{10}$。实余 63 尼索。[①] 如果你已学会从余数求整的方法，请告诉我，原来他带了多少钱？

解法：$\frac{1}{2}$，$\frac{2}{9}$，$\frac{1}{4}$，$\frac{6}{10}$，已给数 63。

假设他带了 1 尼索，分母减分子，分母连乘，余数是$\frac{7}{60}$，以此数除 63，乘所设数，答数：540。

本题可以用还原法解。

本题也可以用分数四则运算，把$\frac{1}{1}$，$\frac{1}{2}$，$\frac{2}{9}$，$\frac{1}{4}$，$\frac{1}{10}$化为齐式〔$1-\frac{1}{2}=\frac{1}{2}$，$\left(1-\frac{1}{2}\right)-\left(\frac{1}{2}\right)\left(\frac{2}{9}\right)=\frac{7}{18}$，$\frac{7}{18}-\left(\frac{7}{18}\right)\left(\frac{1}{4}\right)=\frac{7}{24}$，$\frac{7}{24}-\left(\frac{7}{24}\right)\left(\frac{6}{10}\right)=\frac{7}{60}$〕(《丽罗娃祇》第 3 章第 53 节)

6. 有人经过七道门进入果园摘苹果。出第一道门时，他给门岗所有的$\frac{1}{2}$，还添加 1 个苹果。出第二道门时给门岗所有的$\frac{1}{2}$，也

① 尼索，钱币单位.

添加 1 个苹果。照此方式给其余五个门岗苹果。当离开果园时，他只剩下 1 个苹果。问：他在果园摘了多少个苹果？答数 382 个。（斐波那契《计算之书》第 12 章，1202）

我们如设他摘了 x 个苹果，按题意就是要解方程：

$$((((((x(1-\frac{1}{2})-1)\frac{1}{2}-1)\frac{1}{2}-1)\frac{1}{2}-1)\frac{1}{2}-1)\frac{1}{2}-1)\frac{1}{2}$$

$-1=1$，斐波那契在题后用文字说明的解法，相当于说 $x-\frac{1}{2}$，$\frac{x}{4}-\frac{3}{2}$，$\frac{x}{8}-\frac{7}{4}$，$\frac{x}{16}-\frac{15}{8}$，$\frac{x}{32}-\frac{15}{16}$，$\frac{x}{64}-\frac{31}{32}$，$\frac{x}{128}-\frac{63}{64}-1=1$，$\frac{x}{128}=2\frac{63}{64}$，因此 $x=382$。

可以看到，斐波那契已具备阿拉伯代数的基本运算法则——合并同类项和移项的能力。

7. 有人留给长子 1 个金币和余下财产的 $\frac{1}{7}$。从余下的财产中给次子 2 个金币和余下财产的 $\frac{1}{7}$。又从余下的财产中给第三个儿子 3 个金币和余下财产的 $\frac{1}{7}$。照此方式给其余儿子。最小的儿子分得余财的全部。如果所有儿子分得金币数相等。问：此人有多少财产？他有几个儿子？答数：他有 36 个金币，6 个儿子。（斐波那契《计算之书》第 12 章，1202）

评论

本章算题第一节 1 题、第二节 4 题、第三节 8 题、第四节 7 题，共引 20 题。

本章有些题一再被改编为数学游戏题，（第三节第 5 题，第四节第 7 题。而第二节第 3 题我们就选自美国《数学游戏》[①]。）

本章同类问题在各个历史时期显示了不同的解法：

---

① M. Kraitchik. Mathemetical Recreation. New York：1942. 23

埃及纸草看来用单假设法，本题最适当的假设是9. 当得到结果后，就进行验算，无误，就以9作为答数。(第一节第1题)

印度学者用单假设法，又用还原法，还用分数四则运算，直接算出初始与终了两值的比，从而获解（第四节第5题)。

比萨斐波那契用的是阿拉伯数学家花拉子米发明的代数方法(第四节第6题)。

《九章算术》中有三题属余数问题，三题情况有殊，《九章算术》作者所采用解法量体裁衣，因地制宜，三题有其突出历史地位。德国人特洛夫凯巨著《初等数学史》第1卷以155页篇幅讨论历史著名算题，在余数问题一节中全文介绍持钱之蜀题及持米三关题，也述及张丘建负钱转利题①。持钱之蜀题用双假设法，刘徽改用还原法，持米三关题用还原法，而持金五关题则用连比法，已集古世界解法之大成。

此外值得引人注意的是，这类问题都以过关纳税为题材，这是从《九章算术》开始的。

另一方面，我们知道产生余数的原因影响答数的个数。虽然除法是减法的简便运算，但就他们的结果（余数）反算原来数据时，情况就不一样。当问：某数减去3，余2，此数是多少。答案显然是肯定的。而某数除以3，余2，问：此数是多少？答案就不是唯一的。如果没有分清余数来自减法还是除法，答数就要出差错。以第三节第5题而论，我们如设那堆芒果原来有x个，根据题意：甲喂猴子一个，自取余数的$\frac{1}{3}$后，剩下

$\frac{2}{3}(x-1)$ 个，乙采取同样方式取芒果，剩下

$\frac{2}{3}\left(\frac{2}{3}(x-1)-1\right)$ 个，丙取芒果后，剩下

① J. Tropfke. Geschichte der Elementarmathematik. 582～584

$\frac{2}{3}\left(\frac{2}{3}\left(\frac{2}{3}(x-1)-1\right)-1\right)$ 个。当三人在一起，将剩下的芒果再喂给猴子一个后，三等分，就是说，$\frac{2}{3}\left(\frac{2}{3}\left(\frac{2}{3}(x-1)-1\right)-1\right)$，除于 3，有余数 1，这里 x 应是正整数，这个余数 1 是从除法产生的。所求 x 就不是唯一解。用同余式来表示，上述算题就是解同余式：

$$\frac{2}{3}\left(\frac{2}{3}\left(\frac{2}{3}(x-1)-1\right)-1\right)\equiv 1 \pmod 3$$

化简后，等价于解不定方程

$$8x-81y=65$$

它的通解是

$$x=79+81t,\quad y=7+8t\ (t\text{ 是整数})$$

所以原题答数——79，只是特解（最小正整数解），而非通解。在我国历史算题中很多是源于除法的余数问题，孙子物不知数题就是其中的一个。解这些属于不定分析的余数问题，是我国传统数学中的强项。秦九韶发明了大衍求一术和大衍总数术，作出一般解法，与 19 世纪初德国人高斯的设想完全一致[①]。这类余数问题我们在《大系》第五卷（论两宋数学）讨论。

---

① 沈康身. 秦九韶大衍术与高斯《算术探讨》. 数学研究与评论，1992 (5)：307～312

第四章　盈亏问题

我们已在第二编第四章第一节① 介绍了双假设法解一般一次方程问题，这里选一些典型算题。这类算题对未知数作两次假设，与题设结果比较，有盈或有亏。就根据两次假设数 x_1，x_2，盈 f_1，亏 f_2，则所求数就是：

$$\frac{x_1f_2+x_2f_1}{f_1+f_2}$$

1. 合款买物。每人出 8、盈 3；每人出 7、不足 4。问：人数、物价各是多少？答数：7 个人，物价 53。解法：盈不足术。

2. 合款买鸡。每人出 9、盈 11；每人出 6、不足 16。问：人数、鸡价各是多少？答数：9 个人，鸡价 70。解法：盈不足术。

1、2 两题均据《九章算术》盈不足章。

3. 今有人盗库绢，不知所失几何？但闻草中分绢：人得六匹，盈六匹；人得七匹，不足七匹。问：人、绢各几何？答数：贼 13 人，绢 84 匹。

解法："先置人得六匹于右上，盈六匹于右下，后置人得七匹于左上，不足七匹于左下。维乘之，所得，并之为绢。并盈、不足为人。"（《孙子算经》卷中第 28 题）公元 4、5 世纪之交）

这相当于说，设 $x_1=6$，$f_1=6$；$x_2=7$，$f_2=-7$，孙子用公式（6）绢数与人数之比

$$\frac{x_1f_2+x_2f_1}{f_1+f_2}$$

---

① 本节用第二编第四章第一节公式.（1）～（6）

的分子、分母分别作为绢数与人数。参见第二编第四章第一节公式（6），这一做法有悖同节公式（4）与公式（5），南宋杨辉颇有微词："孙子算经贼人盗绢题目，不云九章本法……为答，盖其数差一，偶同也。若差数二、三、……不同用矣。"批评是适当的，于是他另拟题：

4. 贼人盗绢，各分一十二匹，多一十二匹；各分一十四匹，少六匹。问：贼人与绢各几何？答数：贼 9 人，绢 20 匹。

解法：用上述公式（4），（5）。（杨辉《续古摘奇算法》，1275）

5. 隔墙听得客分银，不知人数不知银。七两分之多四两，九两分之少半斤。答数：6 人，银 46 两。

解法：盈不足术。（程大位《算法统宗》，1592）

6. 门前有一群乞丐。每人给 7 分，余 24 分；每人给 9 分，不足 32 分。问：有多少乞丐，有多少钱？答数：28 人，220 分。（克拉维乌斯（C. Clavius）《代数》，1608）

7. 桥下盗人分绢，每人分八匹，少七匹；每人分七匹，多八匹。问：有多少人、有多少绢？（图 4.4.1）答数：15 人，113 匹绢。（吉田光由《尘劫记》，1627）

图 4. 4. 1

评论

从上引七例可见从中国《九章算术》开始迄日本《尘劫记》止，在近两千年数学发展史中，盈亏类算题盛行不衰。这类算题的传布流程尤为明显：

《九章算术》——孙子—杨辉—程大位—吉田光由

《九章算术》——阿拉伯—欧洲

起源于中国的盈不足术有可能经过丝绸之路西传中亚细亚阿拉伯国家，他们称此术为 hisab al khatayym 或 regula augmenti etdiminitionis，前者为契丹法，后者意为增损术，“亦意中事也。”[①]“文艺复兴数学家都以契丹（阿拉伯国家对中国的称谓）来命名这种算法，他们是斐波那契：elchatayym，帕契沃里：elcataym，塔尔塔利亚：Regula Helcataym，帕格南尼（Pagnani，16 世纪）：Regula Catdaina）[②] 等等，这个方法可能起源于中国，……这个方法的确是中国的盈不足术。”

另一条路线是从西向东传布的，日本和算以中算为师，《孙子算经》盗人分绢题被改编后入吉田光由《尘劫记》第 3 卷第 10 节也是顺理成章的事，大矢真一在对此题校注中全文引孙子原题后说：“我们通称为盗人算”[③]。

上引七题都用盈不足术作解。但是盈不足术并不局限于解盈亏类算题，它的解题能力远不止此。我们已在第二编第四章第一节详列《九章算术》中一般一元一次方程的各种解法，都有条件牵掣，不够理想。唯独盈不足术是万能解法。这是一项杰出的创造发明，难怪中亚和西欧学者都称为中国算法。从历史文献得知，欧洲学者确实在盈不足术方面深下功夫，比萨斐波那契《计算之书》第 13 章专题讨论此术，给出理论证明：

---

① 钱宝琮．盈不足术西传欧洲考．《科学》，1927．701～714

② 李约瑟．中国科学技术史．北京：科学出版社，1978．265～266

③ 大矢真一校注本．尘劫记．东京：岩波书店，1977．222～223

设 ab 为所求线段的长（x）。

a g d b

c i z

设一数 ag（a_1），据题意计算，比题设结果小 cz（e_1）。

另设一数 ad（a_2），据题意计算，比题设结果小 ci（e_2），由此知两假设数之差为 gd，（a_2-a_1），两不足数之差为 iz，（e_1-e_2）。

从比例式 $ci:iz=gd:db$ （1）

$(e_1-e_2):e_2=(a_2-a_1):(x-a_2)$

因此所求 $$x=a_2+\frac{e_2(a_2-a_1)}{e_1-e_2}=\frac{e_1a_2-e_2a_1}{e_1-e_2}$$

这就是《九章算术》两不足术。斐波那契这一推导是正确的，我们作一补充说明。在直角坐标系 xoy 中已知点坐标 $A(a_1, -e_1)$，$B(a_2, -e_2)$（如图4.4.2）从直角三角形

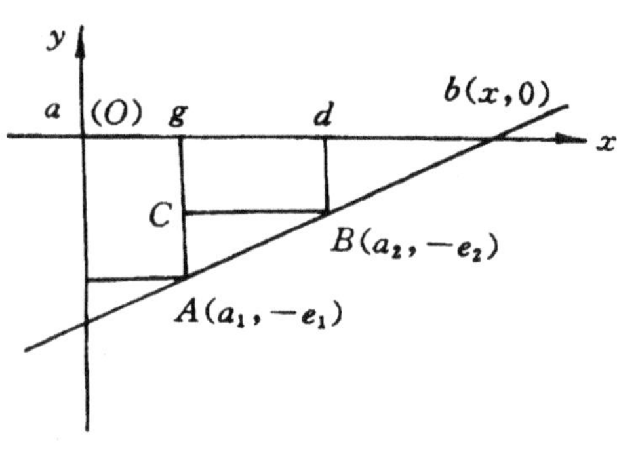

图4. 4. 2

$\Delta bdB \backsim \Delta BCA$ 得到

$CA:dB=BC:db$

这就是（1）式。斐波那契同时还推导了两盈术或盈不足术。他还借此像《九章算术》那样解一般算题，可参见下一章第二节选题。尔后欧洲学者常用盈不足术即双假设法解题，第二章三元问题第5题（奥诺夫列，1670）。一元问题第7题（麦格尼兹基，1703）我们已抄录其原始解题过程。可以说在16、17世纪时欧洲代数学还没有发展到充分利用符号的阶段，这种万能算法很是流行。16世纪之末，利玛窦来华，李之藻跟他学习西洋数学，合编《同文算指》，其中通编第4卷叠借互征法，就是利玛窦的老

师克拉维乌斯原著 Regola del falso di doppia positione（拉丁文）的译文。

第五章 互给问题

在古代算题中不约而同地出现过另一类问题：二人（或几人）原持有钱、物，经过互相馈赠后，从各人所余，反算他们原有钱、物是多少。我们称这类问题为互给问题。根据题设有几人互给，分类为二人问题、三人问题等。

第一节 二人问题

1. 一驴一骡各负酒坛于途。骡不胜重荷，呻吟不绝。驴见状慰问她："老妈妈，你为何如此长吁短叹？你给我 1 坛，我所负将 2 倍于你所负。我给你 1 坛，我们所负重相同。"先生，请告诉我，他们各自负了几坛酒？答数：驴 7 坛，骡 5 坛①。（欧几里得，公元前 4 世纪）

2. 甲乙二人有钱不知其数。甲加上乙的$\frac{1}{2}$，甲就有 50 钱。乙加上甲的$\frac{2}{3}$也有 50 钱。问：甲乙各有多少钱？答数：甲 $37\frac{1}{2}$钱，乙 25 钱。

解法：如"方程"，损益之。（《九章算术》二人持钱题）解法相当于说，先据题意写出矩阵，然后初等变换如下：

---

① Heiberg 等编欧几里得全集第 8 卷. 1916. 转引自 D、E、Smith. 数学史. 第 2 卷，552

$$\begin{pmatrix} \frac{2}{3} & 1 \\ 1 & \frac{1}{2} \\ 50 & 50 \end{pmatrix} \to \begin{pmatrix} 2 & 2 \\ 3 & 1 \\ 150 & 100 \end{pmatrix} \to \begin{pmatrix} 0 & 2 \\ 2 & 1 \\ 50 & 100 \end{pmatrix} \to \begin{pmatrix} 0 & 4 \\ 2 & 2 \\ 50 & 200 \end{pmatrix} \to$$

$$\begin{pmatrix} 0 & 4 \\ 2 & 0 \\ 50 & 150 \end{pmatrix} \to \begin{pmatrix} 0 & 1 \\ 1 & 0 \\ 25 & 37\frac{1}{2} \end{pmatrix}。$$

3. 5只麻雀，6只燕子放在天秤上，麻雀一端重，燕子一端轻。麻雀、燕子从两端各交换1只，天平秤就平衡。已知麻雀、燕子总重1斤。问：麻雀、燕子每只重多少？答数：麻雀每一只重$1\frac{13}{19}$两，燕子每只重$1\frac{5}{19}$两。

解法：如“方程”，交易质（称）之，各重八两。（《九章算术》五雀六燕题）我们如设麻雀、燕子分别重x、y两，解法后两句意思是指

$$4x+y=5y+x=8$$

然后如“方程”，列出矩阵解题：

$$\begin{pmatrix} 1 & 4 \\ 5 & 1 \\ 8 & 8 \end{pmatrix} \to \begin{pmatrix} 4 & 4 \\ 20 & 1 \\ 32 & 8 \end{pmatrix} \to \begin{pmatrix} 0 & 4 \\ 19 & 1 \\ 24 & 8 \end{pmatrix} \to \begin{pmatrix} 0 & 76 \\ 19 & 19 \\ 24 & 152 \end{pmatrix} \to \begin{pmatrix} 0 & 19 \\ 19 & 0 \\ 24 & 32 \end{pmatrix}。$$

4. 甲对乙说：“你给我2米奈，我所有是你的2倍。”乙说：“你给我同样个数米奈，我所有是你的4倍。”问：甲乙二人各有多少钱？答数$3\frac{5}{7}$，$4\frac{6}{7}$。（米特洛道斯《希腊箴言》，6世纪）

5. 二人运牛在途。甲对乙说，“你给我2头，我所有与你相等。”乙对甲说：“我把2头还给你，我所有是你的2倍。”问二人原各有牛多少？答数：甲4，乙8。（阿尔昆《益智题集》，8世纪）

6. 一群鸽子飞过一棵高高的树。一部分落在树上，另一部分

停在树下。在树上的一只鸽子对树下的同伴说："假使你们飞 1 只上来，你们的只数是整群只数的$\frac{1}{3}$。假使我们飞 1 只下去，树上、树下只数相同。"问：树上、树下各有多少只鸽子？答数：7 只在上，5 只在下。(《天方夜谈》第 458 个故事，8 世纪)

7. 甲乙二人为斗鸡下赌注。巫师对甲说："如果你的鸡取胜，赌注归我，如果你的鸡败了，我赔你赌注的$\frac{2}{3}$。"巫师对乙说："如果你的鸡取胜，赌注归我；如果败了，我赔你赌注的$\frac{3}{4}$。"在任何情况下，巫师都取得 12 金币。问：甲乙二人各下多少赌注？答数：甲 42，乙 40。

解法：对于一般形如

$$x-\frac{c}{d}y=p, \qquad y-\frac{a}{b}x=p，\text{所求}$$

$$x=\frac{(c+d)bp}{(c+d)b-(a+b)c}, \qquad y=\frac{(a+b)dp}{(a+b)d-(c+d)a}$$

(摩诃毗罗《文集》第 6 章第 $270\sim272\frac{1}{2}$ 节，9 世纪)

8. 甲从乙得到 7 个第纳尔，则甲所有是乙所余的 5 倍。乙从甲得到 5 个第纳尔，则乙所有是甲所余的 7 倍。问：甲乙二人各有多少钱？答数：甲$\frac{121}{17}$；乙$\frac{167}{17}$。

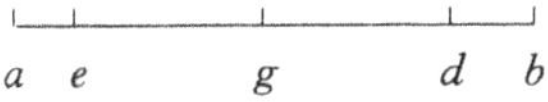

a　e　　g　　d　b

图 4.5.1

解法：单假设法，(图 4.5.1) 设 ag，gb 分别是甲、乙原有第纳尔个数，ab 为其总和。乙给甲 7，甲所有 ad 是乙所有 db 的 5 倍，因此 db 是 ab 的$\frac{1}{6}$。甲给乙 5，乙所有 eb 是甲所有 ae 的 7 倍，因此 ae 是总和的$\frac{1}{8}$。这意味着 $db+ae=\frac{1}{6}+\frac{1}{8}$；这是总和中减去 $5+7=12$ 的余数。从分母 6，8 想起，假设总和是 24，而

$\frac{24}{6}+\frac{24}{8}=4+3=7$，则余数 $24-7=17$ 不是 12。因此事实上，总和应是 12 的$\frac{24}{17}$。这一缩小数同样应施于 4、3，即施于 db，ae：$db=4\times\frac{12}{17}=2\frac{14}{17}$，而 $ae=3\times\frac{12}{17}=2\frac{2}{17}$。于是所求

甲所有$=2\frac{2}{17}+5=7\frac{2}{17}$，

乙所有$=2\frac{14}{17}+7=9\frac{14}{17}$。

（斐波那契《计算之书》第 12 章，1202）

9. 甲得乙所有的$\frac{1}{3}$，就有 14 个第纳尔。乙得甲所有的$\frac{1}{4}$，就有财富 17 个第纳尔。问：二人原有财富各是多少？答数：甲 $9\frac{1}{11}$，乙 $14\frac{8}{11}$。

解法：双假设法：

设甲有 $a_1=4$，则乙所有是 30，乙与$\frac{1}{4}$甲之和与题设之差 $e_1=31-17=14$。

设甲有 $a_2=8$，则乙所有是 18，乙与$\frac{1}{4}$甲之和与题设之差 $e_2=20-17=3$。所求甲所有

$$\frac{a_2e_1-a_1e_2}{e_1-e_2}=9\frac{1}{11}。$$

（斐波那契《计算之书》第 13 章）

10. 甲乙隔河把羊放，二人暗里参详：甲云，得乙九只羊，多你一倍之上。乙说，得甲九只羊，两家之数恰相当。两边闲坐恼心肠。画地算了半晌。答数：甲 63，乙 45。

解法：盈不足术。（程大位《算法统宗》第 10 卷，1592）

11. 甲乙二人分银不知其数。只云，甲取乙银少半（三分之

一)，满一百五十两。乙取甲银中半（二分之一），亦满一百五十两。问：各得多少？答数：甲，120；乙，90。（朝鲜洪正夏《九一集》，17 世纪）

12. 甲乙二农妇共带 100 个鸡蛋上市场。二人所带蛋数不同，出售单价也不同，而总售价相同。甲说："你的蛋照我的单价卖，可以卖 15 个克勒采①。"乙说："你的蛋照我的单价卖可以卖 $6\frac{2}{3}$ 个克勒采。"问：二人各带多少个蛋？答数：甲 40 个，乙 60 个。（欧拉，L. Euler《代数基础》，18 世纪）

我们如设妇女甲带 x 个鸡蛋，则乙带 $100-x$ 个。按题意，甲所定的出售单价是 $\frac{15}{100-x}$，而乙所定的单价是 $\frac{20}{3x}$。那么原来自有蛋所值

$$\frac{15x}{100-x}=\frac{20(100-x)}{3x}$$

舍去负根，$x=40$。

欧拉认为下面的解法是最巧妙的：

乙的蛋数是甲的 m 倍，而二人售价相同，因此甲出售单价是乙的 m 倍。现在在出售之前把鸡蛋互换，那么甲的蛋数和单价分别是乙的 m 倍，甲得总售价是乙的 m^2 倍：$15=6\frac{2}{3}m^2$，$m=\frac{3}{2}$。于是得乙带鸡蛋 60 个。

第二节 三人问题

1. 现有一匹强马，2 匹中马，3 匹弱马，各负 40 石载重，上坡时都爬不上去。如果这三种情况依次各增添 1 匹中马、弱马、强

---

① 克勒采 Kpeuzer，德国货币单位.

马，都恰能爬上去。问：这三种马各能负载多少？答数：强马能负载 $22\frac{6}{7}$ 石，中马 $17\frac{1}{7}$ 石，弱马 $5\frac{5}{7}$ 石。

解法：按“方程”术列出矩阵，用正负术运算。（《九章算术》“方程”章第 12 题）

2. 今有甲、乙、丙三人，持钱不知多少。甲言：“我得乙太半（$\frac{2}{3}$），得丙少半（$\frac{1}{3}$），可满一百。”乙言：“我得甲太半，得丙中半，可满一百。”丙言：“我得甲、乙各太半，可满一百。”问：甲、乙、丙持钱各几何？答数：甲 60，乙 45，丙 30。（《张丘建算经》，公元 5 世纪）

3. 甲说：“我所有，恰是乙所有以及丙所有的 $\frac{1}{3}$。”乙说：“我所有恰是丙所有以及甲所有的 $\frac{1}{3}$。”丙说：“我所有恰是乙所有的 $\frac{1}{3}$，加上 10 个钱币。”答数：45，$37\frac{1}{2}$，$22\frac{1}{2}$。（米特洛道斯《希腊箴言》，6 世纪）

4. 甲有 16 颗祖母绿，乙有 10 颗蓝宝石，丙有 8 颗钻石。如果每人依次给别人 2 颗宝石，那么他们所有宝石价值相同，问：每种宝石值多少？答数：甲每颗值 8，乙 20，丙 40。

解法：相当于说如甲、乙、丙，各持宝石 m，n，p 颗，每人依次给别人 a 颗宝石，那么甲、乙、丙的宝石每颗分别值 $(n-3a)(p-3a)$，$(m-3a)(p-3a)$，$(m-3a)(n-3a)$。（摩诃毘罗《文集》第 6 章第 164～166 节，9 世纪）

5. 三商人相遇，见一钱包掉在路上。甲说：“如我获得，我的财富是你二人和的 2 倍。”乙说：“如我获得，我的财富是你二人和的 3 倍。”丙说：“如我获得，我的财富是你二人和的 5 倍。”问：钱包中有多少钱？三商人各有多少钱？答数：钱包，15；甲、乙、丙分别有 1、3、5。

解法：相当于说，如甲、乙、丙分别获得钱包后，财产是另外二人的 a，b，c 倍，则所求甲、乙、丙财富之比是：

$(S-2(b+1)(c+1))$: $(S-2(c+1)(a+1))$: $(S-2(a+1)\cdot(b+1))$ 其中 $S=(b+1)(c+1)+(a+1)(c+1)+(a+1)(b+1)$，而钱包中钱币数是：$(a+1)$(乙＋丙)，$(b+1)$(丙＋甲)或$(c+1)$(甲＋乙)与三人财富总和之差。取其中最小值作为答数。(摩诃毘罗《文集》第 6 章第 233～235 节，9 世纪)

6. 甲、乙、丙三人共有一笔钱，甲占$\frac{1}{2}$，乙占$\frac{1}{3}$，丙占$\frac{1}{6}$。每人从中各取一些钱，使无剩余。甲又归还他取的$\frac{1}{2}$，乙归还他取的$\frac{1}{3}$，丙还他取的$\frac{1}{6}$。把归还的钱平均分给三人。他们发现每人所有刚好是各自原占有的钱。问：原来共有多少钱？每人从中各取多少钱？答数：47；33，13，1（斐波那契《花朵》，1225)。

7. 甲、乙、丙三人中，如甲从乙、丙那里共取 7 个钱币，他所有是乙丙所余 5 倍多 1。如乙从甲、丙那里共取 9 个钱币，他所有是甲丙所余 6 倍多 2。如丙从甲、乙那里共取 11 个钱币，他所有是甲乙所余 7 倍多 3。问：三人原有多少钱？(许凯，1484)

许凯解法相当于设甲原有 x 个钱币，则三人共有$\frac{8}{5}x+8\frac{1}{5}$。又设乙原有 y 个钱币，据题意得 $y=\frac{36}{35}x-\frac{59}{35}$。又设丙原有 z 个钱币，$z=\frac{21}{20}x-3\frac{9}{20}$。最后得答数：甲、乙、丙原有 $7\frac{26}{263}$，$5\frac{162}{263}$，$4\frac{1}{263}$。

8. 一匹马值 12 金币。有三个人都想买，但钱都不够。甲对乙丙二人说，“你俩把各自钱的$\frac{1}{2}$给我，我就能把马买下来。”乙对甲丙二人说：“你俩把各自钱的$\frac{1}{3}$给我，我就能把马买下来。”丙对甲乙二人说:“你俩把各自钱的$\frac{1}{4}$给我,我就能把马买下来。”问:三人各有多少钱?答数:甲$3\frac{9}{17}$,乙$7\frac{13}{17}$,丙$9\frac{3}{17}$。

解法:列方程组

$$x+\frac{1}{2}(y+z)=y+\frac{1}{3}(x+z)=z+\frac{1}{4}(x+y)=12$$

(里斯,1522)

第三节 四人(及以上)问题

1. 现有白禾[①] 2方步,青禾3方步,黄禾4方步,黑禾5方步,四者所含谷子各都不满1斗。如果白禾取青、黄禾各1方步,青禾取黄、黑禾各1方步,黄禾取黑、白禾各1方步,又黑禾取白、青禾各1方步,四者所含的谷子刚好都是1斗。问:四种禾各取1方步,含多少谷子?答数:白禾每方步$\frac{33}{111}$斗,青禾$\frac{28}{111}$斗,黄禾$\frac{17}{111}$斗,黑禾$\frac{10}{111}$斗。

解法:先按题意列出矩阵,然后用正负术解题。

$$\begin{matrix}\text{白禾}\\ \text{青禾}\\ \text{黄禾}\\ \text{黑禾}\\ \text{谷子}\end{matrix}\begin{pmatrix}2&0&1&1\\1&3&0&1\\1&1&4&0\\0&1&1&5\\1&1&1&1\end{pmatrix}$$

(《九章算术》方程章第14题)

2. 五家合用一口井。甲家的2根汲水绳头尾接起来,不够井深的长度,刚好是乙家的汲水绳长。乙家的3根汲水绳接起来,与

① 用不同颜色表示四种稻.

井深相差的长度刚好是丙家的汲水绳长。丙家的 4 根汲水绳接起来，与井深相差的长度刚好是丁家的汲水绳长。丁家的 5 根汲水绳接起来,与井深相差的长度刚好是戊家的汲水绳长。戊家的 6 根汲水绳接起来，不够井深的长度，刚好是甲家的汲水绳长。问：井深、各家汲水绳各长多少？答数：井深 7 丈 2 尺 1 寸。甲、乙、丙、丁、戊家的绳分别长 2 丈 6 尺 5 寸，1 丈 9 尺 1 寸，1 丈 4 尺 8 寸，1 丈 2 尺 9 寸，7 尺 5 寸。

解法：按方程术、及正负术求解。据清代李潢《九章算术细草图说》具体演算步骤为：

$$
\text{(i)}\quad
\begin{array}{c}
\\ 甲\\ 乙\\ 丙\\ 丁\\ 戊\\ 井深
\end{array}
\begin{array}{c}
左\ ④\ ③\ ②\ 右\\
\begin{pmatrix}
1 & 0 & 0 & 0 & 2\\
0 & 0 & 0 & 3 & 1\\
0 & 0 & 4 & 1 & 0\\
0 & 5 & 1 & 0 & 0\\
6 & 1 & 0 & 0 & 0\\
1 & 1 & 1 & 1 & 1
\end{pmatrix}
\end{array}
\xrightarrow{左\times 2-右}
\text{(ii)}
\begin{array}{c}
左\ ④\ ③\ ②\ 右\\
\begin{pmatrix}
0 & 0 & 0 & 0 & 2\\
-1 & 0 & 0 & 3 & 1\\
0 & 0 & 4 & 1 & 0\\
0 & 5 & 1 & 0 & 0\\
12 & 1 & 0 & 0 & 0\\
1 & 1 & 1 & 1 & 1
\end{pmatrix}
\end{array}
$$

$$
\xrightarrow{左\times 3+②}
\text{(iii)}
\begin{array}{c}
左\ ④\ ③\ ②\ 右\\
\begin{pmatrix}
0 & 0 & 0 & 0 & 2\\
0 & 0 & 0 & 3 & 1\\
1 & 0 & 4 & 1 & 0\\
0 & 5 & 1 & 0 & 0\\
36 & 1 & 0 & 0 & 0\\
4 & 1 & 1 & 1 & 1
\end{pmatrix}
\end{array}
\xrightarrow{左\times 4-③}
\text{(iv)}
\begin{array}{c}
左\ ④\ ③\ ②\ 右\\
\begin{pmatrix}
0 & 0 & 0 & 0 & 2\\
0 & 0 & 0 & 3 & 1\\
0 & 0 & 4 & 1 & 0\\
-1 & 5 & 1 & 0 & 0\\
144 & 1 & 0 & 0 & 0\\
15 & 1 & 1 & 1 & 1
\end{pmatrix}
\end{array}
$$

$$\xrightarrow{左\times 5+④}(\mathrm{v})\begin{array}{c} \\ 甲 \\ 乙 \\ 丙 \\ 丁 \\ 戊 \\ 井深 \end{array}\begin{array}{ccccc} 左 & ④ & ③ & ② & 右 \\ \left(\begin{array}{c} 0 \\ 0 \\ 0 \\ 0 \\ 721 \\ 76 \end{array}\right. & \begin{array}{c} 0 \\ 0 \\ 0 \\ 5 \\ 1 \\ 1 \end{array} & \begin{array}{c} 0 \\ 0 \\ 4 \\ 1 \\ 0 \\ 1 \end{array} & \begin{array}{c} 0 \\ 3 \\ 1 \\ 0 \\ 0 \\ 1 \end{array} & \left.\begin{array}{c} 2 \\ 1 \\ 0 \\ 0 \\ 0 \\ 1 \end{array}\right) \end{array}$$

(《九章算术》五家共井题)。

刘徽认为首先按照能达到一次井深的条件列出矩阵。最后得到的数据是在率的意义下讲的。也就是说答数只是一组比例关系，《九章算术》原答数只是特解。

3. 四商人，每人依次得其他三人所有钱的$\frac{1}{2}$，他们所有将相等。问：原来每人各有钱多少？答数：12，18，22，31。(摩诃毘罗《文集》第 6 章第 267 $\frac{1}{2}$节，9 世纪)

评论

互给问题在数学文献中一再重复地以不同题材显现，其发展流程也很明显。在西方，其最古算题史称欧几里得诗谜，或驴骡问题；在东方，《九章算术》二人持钱题是最早的例子，所以德人特洛夫凯《初等数学史》第一卷应用问题“给与取”一类算题选此题为首例[①]。从上引 3 节共 23 例中，我们看到不少算题的创作者，虽然在时间或地域相隔如此遥远，但就其题型、甚至数据却有惊人相同之处。因此其中渊源关系可谓不证自明：

——《九章算术》二人持钱题与朝鲜洪正夏二人分银题；

——《希腊箴言》驴骡问题与阿尔昆牧牛问题；

——《张丘建算经》与《希腊箴言》三人持钱题；

---

① J. Tropfke, vol. 1. 609

——摩诃毘罗《文集》钱包算题、在斐波那契《计算之书》第12章列专栏讨论，其中有一题与此完全重复，只把题中丙的独白改为："如我获得，我的财富是你二人和的4倍。"

本类问题在置答和解法方面，在各个历史时期、各地域表现不尽相同。置答一般正确，但也有谬误。有的有答数但无解法。各题题后所示解法详略、繁简、方式方法变化很大。

《九章算术》都用"方程"术、正负术解题，显示对一般线性方程组（与元数多少无关）的熟练解题能力。

印度摩诃毘罗对本类问题有突出研究成绩，而且不只就事论事，而是把数字问题推广到一般。但所给解题公式，如题中未知数个数、题给条件有变化所给公式还有很大局限性。

斐波那契选用单假设法和双假设法解题，而且结合图解，有直观意义，至今在数学方法上提供给我们有益的启发。

有的解法有技巧性，因其简洁，是优美解。欧拉对卖蛋问题所提出的巧妙方法，构思不落常套，至今仍新颖可爱。

本类问题，当条件数不及未知数个数时，就成为不定分析问题。三人问题中，摩诃毘罗钱包算题即为一例。《九章算术》五家共井题系六元问题，原答数仅示其特解，刘徽揭示其不定特征。本类问题四元以上的文献很少，本章提出三例。印度摩诃毘罗所设题不是成功的：其一，此题仅在四商人财富都相等情况下才符合题意；其二，因此答数谬误。

第六章　合作问题

已知甲乙二人（或几人）单独完成某事各需日数，计算他们合作此事所需日数；反过来已知某人单独做甲乙二事（或几事）一日内各可完成的件数，计算此人每日能完成的套数（含甲、乙等事各一件）。还有与时间无关的第三类问题。这三类问题我们合称合作问题，或工程问题。这类问题在世界数学发展史上表现形式多样，《九章算术》设题尤其绚丽多彩，共 8 例分属三种类型，都密集在均输章。西方这类算题都属第一类型。

第一类型　几人合作一事

这类问题的模式是：各人单独完成某事，各需 a_1，a_2，…，a_n 日，他们每日分别完成 $\frac{1}{a_1}$，$\frac{1}{a_2}$，…，$\frac{1}{a_n}$ 件。合作一日完成此事的 $\frac{1}{a_1}+\frac{1}{a_2}+\cdots\frac{1}{a_n}$，因此合作完成此事需

$$1\div\left(\frac{1}{a_1}+\frac{1}{a_2}+\cdots\frac{1}{a_n}\right)$$
$$=\frac{a_1a_2\cdots a_n}{a_2a_3\cdots a_n+a_1a_3\cdots a_n+\cdots a_1a_2\cdots a_{n-1}}\text{（日）}$$

第一节　二人问题

1. 有人在二驿站间输送粮食。空车每日行程 70 里，满车每日行程 50 里。在 5 日间打 3 个来回。问：二驿站（太仓至上林）

相去有多远？答数：$48\frac{11}{18}$（里）。(《九章算术》传程委输题)

据题意，空车行 1 里需$\frac{1}{70}$日，满车需$\frac{1}{50}$日。来回 1 里需 ($\frac{1}{70}+\frac{1}{50}$) 日，那么 1 日内可来回走$\frac{70\times50}{70+50}$里。又据题意太仓上林之间来回一次需$\frac{5}{3}$日，因此两地相去$\frac{70\times50}{70\times50}\times\frac{5}{3}=48\frac{11}{18}$里。这一解题过程正是本题术文所说：“并空、重（满）里数，以三返乘之为法。令空、重相乘，又以五日乘之为实。实如法得一里。”

2. 野鸭从南海起飞，经 7 日到达北海。大雁从北海出发起飞，经 9 日到达南海。如果他们相向、同时起飞，问：几日后在途中相遇？答数：$3\frac{15}{16}$（日）(《九章算术》凫雁对飞题)。

本题术文考虑二鸟每日分别飞完全程的$\frac{1}{7}$，$\frac{1}{9}$。在对飞时每日接近$\frac{1}{7}+\frac{1}{9}$全程，因此在起飞后 $1\div(\frac{1}{7}+\frac{1}{9})=\frac{7\times9}{7+9}=3\frac{15}{16}$（日）后相遇。所以术文说：“并日数为法，日数相乘为实，实如法得一日。”

3. 甲从长安（今西安）出发到齐州（山东北部），5 日到达，乙从齐州出发到长安，7 日到达。如果甲从长安出发时，乙已在 2 日前先发。问：他们几日后在途中相遇？答数：$2\frac{1}{12}$（日）。(《九章算术》甲发长安题)

题意二人相对而行只走了全程的 $1-\frac{2}{7}$。因此在甲出发后

$$\frac{1-\frac{2}{7}}{\frac{1}{5}+\frac{1}{7}}=\frac{(7-2)\times5}{5+7}=2\frac{1}{12}\text{（日）}$$

相遇。所以本题术文说：“并五日、七日以为法，以乙先发二日减

七日，余，以乘甲日数为实。实如法得一日。”

4. 某人在20日内喝完一桶酒，如果他与妻子共饮，14日喝完。问：这桶酒如果让他妻子一个人喝，几日喝完？答数：$46\frac{2}{3}$（日）。（弗里修士，1540）

5. 某人在14日内喝完一桶酒，如果他与妻子共饮，10日喝完。问：这桶酒如果让他妻子一个人喝，几日喝完？答数：35日。

解法：某人单独喝，每日喝$\frac{1}{14}$桶，与妻共饮每日喝$\frac{1}{10}$桶。因此妻子单独每日喝$\frac{1}{10}-\frac{1}{14}=\frac{1}{35}$桶，她喝一桶酒需35日。（麦格尼兹基《算术》，1703）

第二节　三人问题

1. 今有三女［孩］各刺［绣］文一方。长女七日刺讫（完），中女八日半刺讫，小女九日太半（$\frac{2}{3}$）日刺讫。今令三女共刺一方。问：几何日刺讫？答数：$2\frac{939}{1\,256}$（日）。

解法：相当于说所求日数

$$7\times8.5\times9\frac{2}{3}\div\left(1\times7\times8.5+1\times8.5\times9\frac{2}{3}+1\times7\times9\frac{2}{3}\right)$$

（《张丘建算经》卷中第15题，5世纪）

2. 右神从长翅注水入池，$\frac{1}{6}$日满池；左神以罐注水，4小时满池；中神从弓注水，$\frac{1}{2}$日满池。使三神同时注水，几日满池？答数：$\frac{1}{11}$（日）①。（《希腊箴言》第135题，6世纪）

① 1日作12小时计.

3. 制砖师傅，我急于建房。今天风和日丽，我不需要太多的砖，只要300块，你单独一人就能完成。你儿子每日能完成200块。你女婿每日完成250块，你们三人一齐合作，多少时间能完成？答数：$\frac{2}{5}$（日）。（《希腊箴言》第136题）

4. 雅典城里有个水池，用三条渠道引水。开甲渠1小时满池；乙渠2小时满池；丙渠3小时满池。问：三渠同开，多少时间满池？答数$\frac{6}{11}$小时。（阿奈尼《算术》第24题，7世纪）

5. 狮子在4小时内吃掉1只羊，豹在5小时内吃掉，熊在6小时内吃掉。把1只羊扔给它们，问：几小时内被吃掉。答数：$1\frac{23}{37}$（时）。

解法：狮子、豹、熊在1小时内分别吃掉$\frac{1}{4}$，$\frac{1}{5}$，$\frac{1}{6}$只羊；一起吃掉$\frac{1}{4}+\frac{1}{5}+\frac{1}{6}$只羊。60小时内吃掉$15+12+10=37$只羊，$1\frac{23}{37}$小时内吃掉1只羊。（斐波那契《计算之书》，1202）

6. 公牛吃完一堆干草需1小时，马需2小时，山羊需3小时。计算它们一起吃完这堆干草，需要多少时间？（俄罗斯数学手稿，17世纪）

7. 一个磨坊有三盘磨，第一盘每日磨60俄石[①]黑麦，第二盘磨54俄石，第三盘磨48俄石。问81俄石黑麦，三盘磨同时加工，多少时间磨完？（麦格尼兹基《算术》，1703）

---

① 1俄石＝209.92公升

第三节 四人（以上）问题

1. 有一水池，用五条渠道输水。单独开甲渠，$\frac{1}{3}$日把池灌满；开乙渠，1 日把池灌满；开丙渠，$2\frac{1}{2}$日把池灌满；开丁渠，3 日灌满；开戊渠，5 日灌满。如果同时开五渠，问：多少日把池灌满？答数：$\frac{15}{74}$（日）。

解法之一：据题意，计算单独开放一渠，一日内分别能灌满一池的 3，1，$\frac{2}{5}$，$\frac{1}{3}$，$\frac{1}{5}$倍；同时开放一日内能灌满 $3+1+\frac{2}{5}+\frac{1}{3}+\frac{1}{5}$池，于是灌满一池所需日数是 $1\div(3+1+\frac{2}{5}+\frac{1}{3}+\frac{1}{5})=\frac{15}{74}$。

解法之二：把对应日数和满池数都化为整数，这就是说在 75 日内单独开放五渠，它们分别能灌满 225，75，30，25，15。那么同时开放，就能灌满 370 池，就得到同样的答案。（《九章算术》五渠注池题）

2. 四水管向池灌水。开第一管 1 日池满；开第二管，2 日池满；开第三管，3 日池满；开第四管，4 日池满。问：四水管同开，多少日池满？答数：$\frac{12}{25}$（日）。（海伦 Heron《变量》，公元后 1 世纪）

3. 我是喷水铜狮。我的双眼、右掌和嘴巴都是喷水口。右眼 2 日注满水池，左眼 3 日注满水池，右掌 4 日注满水池。嘴巴 6 小时就注满水池。请告诉我，四个喷水口同时开放，多少时间注满水池？答数：$\frac{6}{17}$（日）。（《希腊箴言》第 132 题，6 世纪）

4. 单独开甲渠，1 日满池；开乙渠，$\frac{1}{2}$日满池；开丙渠，$\frac{1}{4}$日满池；开丁渠，$\frac{1}{5}$日满池。问：四渠同开，多少时间满池？[①]（婆罗摩笈多《文集》，7 世纪）

5. 朋友，请快回答：四渠同开，多少时间注满 1 池？如果它们各自开放，分别 1、$\frac{1}{2}$，$\frac{1}{3}$，$\frac{1}{6}$日注满 1 池。答数：$\frac{1}{12}$（日）。

解法：单位除以商数之和，其结果是渠道同时开放注满一池水所需时间。（婆什迦罗《丽罗娃祇》第 4 章第 3 节第 94,95 题）

6. 某磨坊有五磨。第一磨每时磨 7 袋粉。其余四磨每时分别磨 5，3，2，1 袋。问：五磨同时开，此磨坊要磨粉 60 袋，需要多少时间？　　　　（拉摩斯，1555）[②]

7. 某人雇用四个木匠造屋。甲说，如果我一个人造，需时 1 年。乙说，我一个人造，得 2 年。丙说，要我一个人造，非 3 年不可。丁说，我一个人造，没有 4 年是不行的。后来四个木匠合作造屋。问：多少时间将屋造成？（俄罗斯数学手稿，17 世纪）

第二类型　一人经营几事

这类问题的模式是：某人单独完成 n 件事，每日各可做 $a_1, a_2, \cdots, a_n$ 件，那么每件各需做$\frac{1}{a_1}$，$\frac{1}{a_2}$，…，$\frac{1}{a_n}$日。做一套（含 n 件事，各一件）需$\frac{1}{a_1}+\frac{1}{a_2}+\cdots+\frac{1}{a_n}$日。因此，此人每日可做

$$1\div\left(\frac{1}{a_1}+\frac{1}{a_2}+\cdots+\frac{1}{a_n}\right)$$

① B. Datta. History of Hindu Mathematics. Lahore：1935. lot. l. 234

② L. L. Jachson. The Educational Significance of Sixteenth Century Arithmetic.

$$=\frac{a_1 a_2\cdots a_n}{a_2a_3\cdots a_n+a_1a_3\cdots a_n+\cdots+a_1a_2\cdots a_{n-1}}\text{（套）}$$

第四节 二事问题

1. 某人1日制俯瓦38片，或制仰瓦76片。要求此人既作俯瓦又作仰瓦，并使二者数量相同。问：1日各可制瓦多少？答数：俯瓦、仰瓦各$25\frac{1}{3}$片。

解法：据题意，制每副瓦（俯、仰瓦各一片）需工时$\frac{1}{38}+\frac{1}{76}$日，因此每日制瓦

$$1\div(\frac{1}{38}+\frac{1}{76})=\frac{38\times76}{38+76}=25\frac{1}{3}\text{（副）}$$

（《九章算术》牡瓦牝瓦题）

第五节 三事问题

1. 某人1日能矫直箭杆50枝，或装羽毛30枝，或装箭头15枝。要求他一人同时完成矫直箭杆、装羽毛、装箭头。问：他1日可以制成箭多少？答数：$8\frac{1}{3}$（枝）。

解法之一：矫直箭杆、装羽毛、装箭头一枝，各需$\frac{1}{50}$，$\frac{1}{30}$，$\frac{1}{15}$日，制成1枝箭需$\frac{1}{50}+\frac{1}{30}+\frac{1}{15}$日，因此1日可制箭

$$1\div\ (\frac{1}{50}+\frac{1}{30}+\frac{1}{15})\ =8\frac{1}{3}\text{（枝）}$$

解法之二：1日制50枝箭，为矫直箭杆、装羽毛、装箭头各需1，$1\frac{2}{3}$，$2\frac{1}{3}$人，共需6人；因此1日1人能制成箭$50\div6=$

$8\frac{1}{3}$（枝）。术文正是这样考虑的："矫矢五十，用徒一人；羽矢三十，用徒一人，太半人，筈矢十五，用徒三人，少半人。并之，得六人，以为法。以五十矢为实，实如法得一矢。"（《九章算术》一人成矢题）

2. 农地劳动。某人 1 日能翻田 7 亩，犁田 3 亩，或播种 5 亩。如果翻田、犁田、播种，由他一人负担。问：他 1 日能完成多少亩农地？答数：1（亩）$114\frac{66}{71}$（方步）。

解法：据题意翻田、犁田、播种每亩各需$\frac{1}{7}+\frac{1}{3}+\frac{1}{5}$日，则一日能完成农地方步数：

$1\div(\frac{1}{7}+\frac{1}{3}+\frac{1}{5})=7\times3\times5\div(1\times3\times5+1\times7\times5+1\times7\times3)$本题术文说："置发（翻田），耕（犁田），耰（播种）亩数令互乘人数，并以为法。亩数相乘为实。实如法得一亩，"正是这个意思。（《九章算术》一人治田题）

第三类型　与时间无关

这类问题与时间无关，它的模式是：a_1，a_2，…，a_n 个人分别使用 n 种物品（每种 1 件），每人分别使用$\frac{1}{a_1}$，$\frac{1}{a_2}$，…，$\frac{1}{a_n}$。1 人使用 1 套（含 n 种物品，每种 1 件），使用了$\frac{1}{a_1}+\frac{1}{a_2}+\cdots+\frac{1}{a_n}$件物品。也就是 1 套可供 $1\div(\frac{1}{a_1}+\frac{1}{a_2}+\cdots+\frac{1}{a_n})$ 人使用。

第六节　一般问题

1. 租田的租金第一年 3 亩 1 钱，第二年 4 亩 1 钱，第三年 5

亩一钱。三年共付租金 100 钱。问：共租了多少田？答数：1（顷）$27\frac{31}{47}$（亩）。

（《九章算术》假田三岁题）

据题意，每亩田第一年付$\frac{1}{3}$钱，第二年付$\frac{1}{4}$钱，第三年付$\frac{1}{5}$钱。每亩田三年内共付$\frac{1}{3}+\frac{1}{4}+\frac{1}{5}$钱。共付租金 100 钱，因此共租田

$$100\div\left(\frac{1}{3}+\frac{1}{4}+\frac{1}{5}\right)=100\times3\times4\times5\div(1\times4\times5+1\times3\times4+1\times3\times5)$$

本题题后术文正是这样说："置亩数及钱数。令亩数互乘钱数，并以为法。亩数相乘，又以百钱乘之为实。实如法而一。"

2. 今有妇人［于］河上荡杯（洗碗）。津吏（河上官员）问曰：杯何以多？妇人曰：家有客。津吏曰：客几何？妇人曰：二人共饭［碗］，三人共羹（汤）［碗］，四人共肉［碗］。凡用杯六十五。不知客几何？答数：60（人）。（《孙子算经》卷下第 17 题，4、5 世纪之交）

每人用碗总数：$\frac{1}{2}+\frac{1}{3}+\frac{1}{4}=\frac{13}{12}$。于是所求人数是 $65\div\frac{13}{12}=65\times12\div13$。原题题后术文说：置六十五杯，以一十二乘之，得七百八十，以十三除之，即得。

3. 今有官猎得鹿，赐围兵，初围[①] 三人中赐鹿五只，次围五人中赐鹿七只，次围七人中赐鹿九只。并三围赐鹿一十五万二千三百三十三只少半（$\frac{1}{3}$）只。问：围兵几何？答数：35 500 人。（《张丘建算经》卷上第 7 题，5 世纪）

---

① 初围，第一次围猎.

据题意，官员率领士兵前后三次狩猎活动，每人共得鹿$\frac{5}{3}+\frac{7}{5}+\frac{9}{7}$只，反过来，作为战利品的鹿，每只鹿可供$1\div\left(\frac{5}{3}+\frac{7}{5}+\frac{9}{7}\right)$个士兵享用，因此题给三次狩猎$152\ 333\frac{1}{3}$只鹿，可供享用士兵数：

$$152\ 333\frac{1}{3}\div\left(\frac{5}{3}+\frac{7}{5}+\frac{9}{7}\right)$$

$$=152\ 333\frac{1}{3}\times(3\times5\times7)\div(5\times5\times7+7\times3\times7+9\times3\times5)$$

这就是原题术文所说所求人数应作如下计算："以三赐人数（3，5，7）互乘三赐鹿数（5，7，9），并之为法；三赐人数相乘并赐鹿数为实。实如法而一。"

4. 优质樟脑，1 巴拉[①] 值 2 尼希卡[②]，旃檀 1 巴拉值$\frac{1}{8}$突拉马[②]，沉香$\frac{1}{2}$巴拉值$\frac{1}{8}$突拉马。精明的商人，请告诉我，1 尼希卡按照 1∶16∶8 比值，去买这三种香料，各可买多少？

答数：樟脑$14\frac{2}{9}$巴拉，值$\frac{4}{9}$突拉马，

旃檀、沉香各$\frac{8}{9}$巴拉，分别值$\frac{64}{9}$，$\frac{32}{9}$突拉马。

解法	[樟脑]	[旃檀]	[沉香]
[突拉马]	32	$\frac{1}{8}$	$\frac{1}{8}$
[巴拉]	1	1	$\frac{1}{2}$

① 巴拉 pala，重量单位.

② 尼希卡 nishca，突拉马 drama，都是钱币单位，1 尼希卡＝16 突拉马.

[比值]	1	16	8
1 巴拉值	32	$\frac{1}{8}$	$\frac{1}{4}$
乘以加权后	32	2	2

樟脑重 $16\times32\div(32+2+2)=14\frac{2}{9}$（巴拉）

值 $14\frac{2}{9}\div32=\frac{4}{9}$（突拉马）

旃檀重 $16\times2\div36=\frac{8}{9}$（巴拉）

值$\frac{8}{9}\div\frac{1}{8}=\frac{64}{9}$（突拉马）

沉香重 $16\times2\div36=\frac{8}{9}$（巴拉）

值$\frac{8}{9}\div\frac{1}{4}=\frac{32}{9}$（突拉马）

（《丽拉娃祇》第 4 章第 3 节第 98 题 1150）

5. 兵士三千四百七十四人，每三人支［制］汗衫［用］绢七十尺；每四人支裤绢五十尺。问：共支［绢］几何应用？答数：2 963 匹[1] 3 丈 9 尺。（杨辉《续古摘奇算法》，1275）

题意每士兵用绢共（$\frac{70}{3}+\frac{50}{4}$）尺，因此答数是（$\frac{70}{3}+\frac{50}{4}$）$\times$ $3\,474=\frac{70\times4+50\times3}{3\times4}\times3\,474=124\,485$（尺）$=2\,963$ 匹 3 丈 9 尺。

杨辉在题后所拟术文正是这样说的："人数为分母，绢数为分子。母互乘子，并得四百三十，乘兵士总人为实，母相乘为法。除之，合问。

6. 今有粮一万三千四百七十七石一斗三分斗之一，欲给军人。

---

① 这里 1 匹=4 丈 2 尺.

只云马军（骑兵）六人给粮五十三斗，水军（海军）七人给粮五十四斗，步军九人给粮五十五斗。其马军如水军之半，步军多如马军三倍。问：三色军各给粮几何？

答数：马军 3 264 人，粮 2 794（石）8（斗）$\frac{2}{3}$（斗）

水军 6 328 人，粮 4 881（石）6（斗）

步军 9 492 人，粮 5 800（石）$6\frac{2}{3}$（斗）。

解法：相当于说把 13 477 石 $1\frac{1}{3}$ 斗粮食按分配率 $\frac{53}{6}$，$\frac{54}{7}\times 2$，$\frac{55}{7}\times 3$ 比例分配。（朱世杰《算法启蒙》，1299）

7. 八万三千短竹竿，将来要把笔头安。管三套五预先定，问君多少配成双？答数：可配 155 625 枝笔。

解法：相当于说，一竿竹可制 3 笔管或 5 笔套。一笔管、一笔套分别用竹 $\frac{1}{3}$，$\frac{1}{5}$ 竿，每枝笔用竹 $\frac{1}{3}+\frac{1}{5}$ 竿，每竿竹可制笔

$$1\div\left(\frac{1}{3}+\frac{1}{5}\right) \text{枝}$$

于是题给竹竿可制笔

$83\ 000\div\left(\frac{1}{3}+\frac{1}{5}\right)=155\ 625$（枝）（程大位《算法统宗》，1592）

8. 巍巍古寺傍山村，不知寺内几多僧。三百六十四只碗，恰合用尽并无存。三人共餐一碗饭，四人共尝一碗羹。请问高明能算者，寺僧多少算来真。答数：624 人。（程大位《算法统宗》）

评论

两卷本《数学史》作者美国学者斯密思论及本类问题时说："这是人们熟悉的算题。旅游到地中海，我们定会发现这里是水管问题的诞生地。因为罗马帝国权力所到之处，都有公共浴池，于

是造渠引水，成为不可避免之事。”① 他还认为海伦《度量》书中首先把算题定型。上引 28 例中确实有不少渠道问题。《希腊箴言》中即引 2 例，以后在印度、在中世纪欧洲一再出现。斯密思还论述说，“当印刷本发行后，此类算题为常规算题，而且发生很多变化：野兽吃羊、造房建墙等。在好饮的国度以喝酒入题，在商业迅速发展中以风帆入题，对农业有兴趣的又以碾磨入题。”

我们审视《九章算术》所载合作问题 8 例（本章已全引）在数学发展史上有突出成绩。

从时间看，五渠注池题远在海伦之前定型，所以中国才是水管问题的诞生地。德国人特洛夫凯在其巨著《初等数学史》水管问题节中，中肯地推崇说：“这类问题首例在中国数学中出现，实实在在地载在西汉成书的《九章算术》之中”②。接着他全文（含答数）引了五渠注池题。

从算题的类型看，《九章算术》均输章所载 8 例分属三种类型，即：几人合作一事，一人经营几事以及与时间无关的更一般问题。西方文献中算题内容的变化虽多，却局限于第一种类型。我们知道第三类型事实上是第一、二类型的一般化。《九章算术》能超脱时间，创作解一般问题是难能可贵的。下面我们列表说明（下页）：把第三类型的解题过程作对应变换，可以解前二型问题，以示第三型解法的统率作用。还必须指出的是这种解题方法在中国后继有人。杨辉、朱世杰与军需联系。程大位祖籍安徽休宁（今属黄山市），是竹之乡；制作毛笔是当地重要手工业，他的算题与之关联，当其来有自。

从解法看，本类问题都从分数除法入手。《九章算术》在解法上力图一题多解。一人成矢题解法之二，即刘徽命名的归一解法

---

① D. E. Smith. History of Mathematics. vol. 2. 539

② J. Tropfke. Geschichte der Elementar Mathematik. 578

类型	题名	a_i 个人分别使用 n 种物品	1 人分别使用 $\frac{1}{a_i}$ 个物品	1 人使用 1 套：$\frac{1}{a_1}+\frac{1}{a_2}+\cdots+\frac{1}{a_n}$	1 套可供 $1\div(\frac{1}{a_1}+\frac{1}{a_2}+\cdots+\frac{1}{a_n})$人用
3	假田三岁	第一年 3 亩田付 1 钱 第二年 4 亩田付 1 钱 第三年 5 亩田付 1 钱	1 亩田付 $\begin{cases}\frac{1}{3}\text{钱(第一年)}\\\frac{1}{4}\text{钱(第二年)}\\\frac{1}{5}\text{钱(第三年)}\end{cases}$	三年内 1 亩田共付 $\frac{1}{3}+\frac{1}{4}+\frac{1}{5}$钱	三年内 1 钱可租田 $1\div(\frac{1}{3}+\frac{1}{4}+\frac{1}{5})$亩
	妇人荡杯	2 人共用 1 饭碗 3 人共用 1 汤碗 4 人共用 1 肉碗	1 人用 $\begin{cases}\frac{1}{2}\text{饭碗}\\\frac{1}{3}\text{汤碗}\\\frac{1}{4}\text{肉碗}\end{cases}$	1 人使用 $\frac{1}{2}+\frac{1}{3}+\frac{1}{4}$个碗	1 个碗可供 $1\div(\frac{1}{2}+\frac{1}{3}+\frac{1}{4})$用
2	一人成矢	矫直箭杆 50 枝 装羽毛 30 枝 装箭头 15 枝	1 枝用 $\begin{cases}\frac{1}{50}\text{日(箭杆)}\\\frac{1}{30}\text{日(羽毛)}\\\frac{1}{15}\text{日(箭头)}\end{cases}$	1 枝箭用$\frac{1}{50}+\frac{1}{30}+\frac{1}{15}$日	1 日内可制箭 $1\div(\frac{1}{50}+\frac{1}{30}+\frac{1}{15})$枝
1	三女刺文	长女 7 日绣 1 方 中女 $8\frac{1}{2}$日绣 1 方 小女 $9\frac{2}{3}$日绣 1 方	1 日绣 $\begin{cases}\frac{1}{7}\text{方(长女)}\\\frac{2}{17}\text{方(中女)}\\\frac{3}{29}\text{方(小女)}\end{cases}$	1 日绣$\frac{1}{7}+\frac{2}{17}+\frac{3}{29}$方	1 方需 $1\div(\frac{1}{7}+\frac{2}{17}+\frac{3}{29})$日绣成

(第二编第四章第一节),五渠注池题解法之二,扩大入算数据,避免繁分数运算,起到简洁解法的作用,这与13世纪初斐波那契三兽食羊题解法不谋而合。

从数学教学效果看,为巩固知识,适当重复练习是必要的。为避免机械重复,《九章算术》所命题:输粟、鸟飞、人行、制瓦、作箭、租地、耕田、灌池可谓多样化,《九章算术》作者不以改变题材背景为满足,凫雁对飞题与甲发长安题型同而有异,这种差异体现作者命题的水平,也是提高初学者审题和解题能力的极好措施。均输章合作算题分隶三种类型,从数学教学方法考虑是很成功的设计。我们也欣赏弗里修士夫妻共饮题,题材结构的变化从已知各人做一事所需时间,求它们合作此事所需时间;改变为已知二人合作一事所需时间、一人做此事所需时间,求另一人单独做此事所需时间。印度婆什迦罗和中国朱世杰进一步把合作问题与加权分配比例相联系,都是引人入胜的教材。

应用题与实际密切结合,可以提高学习积极性。《九章算术》牡瓦牝瓦、一人成矢两题都是佳例。合作问题至今列入中学数学教材。例如:“一件工作甲单独做20小时完成,乙单独做12小时完成,现在甲单独做4小时,剩下部分由甲乙合做。剩下部分需要几小时完成?”就是现行初中代数题。反面的例子是离谱过远,例如德国人阿尔伯特(J. Albert)所命题:“三帆商船出海。扬起它最大的风帆航行全程需2星期。扬起次大风帆需3星期,扬起最小的帆需4星期。如果同时扬起三帆,问:航行全程需多少时间?”斯密思批评说:“可惜的是,许多其他因素被忽略,航行速率并非与帆力成正比。”①

数学游戏寓教于乐是常见的算题形式,上引28例中河上荡杯、巍巍古寺二题,前者源由《九章算术》合作问题,后来一再

① D. E. Smith. History of mathematics. vol. 2. 539～540

在《张邱建算经》、程大位《算法统宗》等数学专著中出现，可谓脍炙人口之作，后来又被程大位改编为巍巍古寺一题，可见影响之深。

最后值得注意的是，在上引28例中题材酷似，这说明其间有不可推卸的源流因袭关系：

——印度、阿尔美尼亚渠道问题与希腊海伦、米特洛道斯有关论著。

——17、18世纪俄罗斯数学书中三畜吃草与斐波那契三兽吃羊，夫妻共饮与弗里修士同内容题，三磨磨麦与拉摩斯五磨磨粉，四匠造屋与《希腊箴言》三人制砖题等等。从此可以追迹文化交流。

第七章　行程问题

动体速度、运行时间和运行行程之间关系有很多变化。动体运行如为直线，运动方向有相向、背向或同向，出发时间有前有后，速度有等速，有变速，中途停止或继续运行，往或返等等情况；动体运行如为曲线，即圆运动，条件更为复杂。这些有关算题我们总称行程问题。我们按直线运动（等速和变速）、圆运动分类叙述。

第一节　等速运动

相向运动

1. 墙高 9 尺。瓜蔓从墙顶往下延伸，每日长 7 寸；葫芦蔓从墙脚向上生长，每日长 1 尺。问：几日后二者相遇？二者各长多少？答数：$5\frac{5}{17}$日后二者相遇。瓜长 3 尺 $7\frac{1}{17}$寸，葫芦长 5 尺 $2\frac{16}{17}$寸。

解法：盈不足术："假令五日，不足五寸；令之六日，有余一尺二寸。"于是按术求得

$$(5\times12+6\times5)\div(5+12)=5\frac{5}{17}$$

（《九章算术》瓜瓠对长题）

2. 鼠在树顶，高地 60 英尺。猫窥伺树下。鼠白天下降$\frac{1}{2}$英尺，夜间回升$\frac{1}{8}$英尺。猫白天爬高 1 英尺，夜间下降$\frac{1}{4}$英尺。在鼠与

猫之间那段树，白天长$\frac{1}{4}$英尺，夜间缩短$\frac{1}{8}$英尺。问：几天后猫能捉到鼠？答数：$41\frac{1}{7}$（日）。（帕契沃里《总论算术、几何和比例》，1494）

3. 井深20英尺，蜗牛在井底。白天上爬7英尺，夜间回降2英尺。问：几日后蜗牛爬到井口？（里斯，1522）

4. 一旅行者从甲地到乙地走17日，另一旅行者从乙地到甲地走20日。问：两人同时出发，几日后相遇？（麦格尼兹基《算术》，1703）

同向运动

5. 阿契里斯（Achillis）每小时行10里。龟每小时行1里。龟先行10里后，阿契里斯追龟。1小时后，阿契里斯走10里到达龟的出发点，此时龟已向前爬前1里A处。过$\frac{1}{10}$小时后，阿契里斯到达A，而龟又在A前$\frac{1}{10}$里B处。再过$\frac{1}{100}$小时，当阿契里斯到达B处，龟又在B前$\frac{1}{100}$里C处……如此等等，阿契里斯永远追不上龟（希腊齐诺Zeno悖论，公元前5世纪）。

6. 走得快的人走100步（1步＝6尺），走得慢的人〔同一时间〕只走60步。假定慢者先走100步。问：快者走几步能赶上慢者？答数：250（步）。（《九章算术》善行百步题）

据题意，快者出发时两人相距100步。快者每走100步，两人相距缩短$100-60=40$步。因此快者走$100\div\frac{100-60}{100}=100\times 100\div(100-60)=250$（步）追上慢者。本题术文也如此说："置善行者一百步，减不善行者六十步。余四十步以为法。以善行者之一百步乘不善行者先行一百步为实，实如法而一。"

7. 走得慢的人先走10里，走得快的人追赶100里后，超过走得慢的人 20 里。问：快者只要追赶几里就已遇到慢者？答数：$33\frac{1}{3}$（里）。(《九章算术》不善行者题)

据题意，快者行走 100 里期间，慢者实走 100－10－20＝70 里。按上题所说，快者每走 100 里，二人相距缩短 30 里，所求数是：

$$10\div\frac{30}{100}=10\times100\div(10+20)=33\frac{1}{3}\text{（里）}$$

本题术文也正是这样理解的："置不善行者先行一十里，以善行者十里增之，以为法。以不善行者先行一十里乘善行者一百里为实，实如法得一里。"

8. 兔先走 100 步，狗追了 250 步还不及 30 步。问：如果狗继续追赶，多少步才追到兔？答数：$107\frac{1}{7}$（步）。(《九章算术》兔走犬追题)

据题意，在狗追赶 250 步期间，兔实走 250－100＋30＝180 步，也就是说，狗每走 250 步，二者缩短距离 100－30＝70 步，所以狗应继续追赶：

$$30\div\frac{100-30}{250}=30\times250\div(100-30)=107\frac{1}{7}\text{（步）}$$

这就是本题术文所示解法："置兔先走一百步，以犬走不及三十步减之，余为法。以不及乘犬追步数为实，实如法得一步。"

9. 狗追一兔。兔在它前面 150 英尺，已知狗跳一次为 9 英尺，兔跳 1 次为 7 英尺。问：狗跳几次能追到兔子？答数：75。

解法：取 150 的一半，75。狗跳一次 9 英尺，9×75 得 675〔跳〕是狗行总距离，而 7×75＝525〔跳〕是兔行距离。
(阿尔昆《益智题集》第 26 题，8 世纪)

10. 前线部队打了胜仗，应当尽量早到首都报捷。派遣快速通信员 3 人：甲于申末①（17：00）到达，乙于后几天未正（14：00）到达，丙于今天辰末（9：00）到达。已知甲日行 300 里，乙日行 240 里，丙日行 180 里。问：前线到首都〔至少〕有多少里？三人各行几日？答数：3 300（里）；甲 11（日），乙 13（日）$4\frac{1}{2}$（时辰），丙 18（日）2（时辰）。（秦九韶《数书九章》第 1 章第 6 题，1247）

我们如设所求前线到首都相距 x 里，本题是解同余式：

$x \equiv 0 \pmod{300} \equiv 240 \times \frac{3}{4} \pmod{240} \equiv 180 \times \frac{1}{3}$ (mod180) 秦九韶用大衍总数术完整解题。

11. 某人被派遣从莫斯科去沃罗达，每日行走 40 俄里。第二日另一人随后出发，每日行走 45 俄里。问：几日后后者赶上前者。（麦格尼兹基《算术》，1703）

先同向后异向

12. 客人骑的马日行 300 里。客人离去后$\frac{1}{3}$日，主人才发觉客人有衣忘记带走，就骑马追赶。把衣交还后，立刻骑马回家，到家已是〔客人离去后〕$\frac{3}{4}$日。问：主人骑的马日行多少里？答数：780（里）。

这是另一形式的追及问题。追及之前二人同向，追及之后则背向而行。据题意，主人往返各一次所需时间是$(\frac{3}{4}-\frac{1}{3})\div 2$ 日。客人在主人追及时已花时间$\frac{1}{3}+\frac{1}{2}(\frac{3}{4}-\frac{1}{3})$日，行程因此是 300

---

① 我国古代规定白天从卯初（5：00）开始，申末（17：00）完毕，夜间不工作．甲于申末到达，已走了整日数．乙走了比整日数多$\frac{9}{12}=\frac{3}{4}$日，丙走了比整日数多$\frac{4}{12}=\frac{1}{3}$日．

$\times(\frac{1}{3}+\frac{1}{2}(\frac{3}{4}-\frac{1}{3}))$ 里。借此可算出主人马速为日行 $300\times[\frac{1}{3}+\frac{1}{2}(\frac{3}{4}-\frac{1}{3})]\div\frac{1}{2}(\frac{3}{4}-\frac{1}{3})=780$（里）。

《九章算术》作者有相同审题和解题能力：本题术文这样说："置四分日之三，除（减）三分日之一。半其余以为法。副（别）置法，增三分日之一，以三百里乘之为实。实如法，得主人马一日行。"

评论

上引等速直线运动12例复盖历史时期甚广：从公元前5世纪迄公元18世纪，达二千多年。题材内容不一，深浅程度不一。其中所引《九章算术》4题，同向、异向、先同向后异向类型齐全、解法正确、完整。在此基础上引出秦九韶同余式算题是很自然的。

印度阿耶波多《文集》数学卷对等速直线运动行程问题在第31节说："相反方向动体间距离除以二者速度之和，相同方向动体间距离除以二者速度之差，这两个差分别是二者从出发点到相遇所需时间或从相遇到出发前已经过的时间"。如果两动体同时启动，我们设速度分别是 v_1，v_2，则命题相当于说：

$$t=\frac{s}{v_1+v_2}\text{（相向运动）}$$

$$t=\frac{s}{v_1-v_2}\text{（同向运动）}$$

s 是二者在启动前的距离。事实上，上引《九章算术》4题，题后术文对阿耶波多在5世纪时所揭露的运动学规律早已熟练掌握。

关于直线等速运动算题，美国学者斯密思论述说："这是日常生活中最普遍问题。历史上恐怕以阿契里斯与龟赛跑题为最早的了。奇怪的是，最简单的情况：一人追赶另一人的算题在希腊著作中竟然找不到。但是在中国数学专著中则远远早于西方出现。在西方恐怕在阿尔昆《益智题集》中才第一次记录狗追兔子题。”[①] 事实上齐诺悖论的要害是：“无穷项的和总是无穷大。” 而本题

$$1+\frac{1}{10}+\frac{1}{10^2}+\cdots\cdots\frac{1}{10^n}+\cdots=1\frac{1}{9}\text{（小时）。}$$

也就是说，$1\frac{1}{9}$小时后阿契里斯已追上乌龟。这一正确判断直到1647年法国人圣文生（G. St. Vincent，1584～1667）专著《圆与圆锥曲线求积的几何学》(1647) 才发表。我们感到有兴趣的是《九章算术》善行百步题与阿契里斯题恰属同一模式。按照《九章算术》的逻辑：阿契里斯与龟开始相距10里，前者每走10里，二者相距缩短$10-1=9$里。因此阿契里斯走$10\div\frac{10-1}{10}=\frac{100}{9}$里追到乌龟，他每小时走10里，就得到与圣文生相同的答数。

阿尔昆题与《九章算术》兔走犬追题同以狗兔入题，但就数学模式看，应与善行百步题同型，所以视兔走犬追题为易。阿尔昆在题后只示答数，并作验算，但解法不完整。

麦格尼兹基《算术》2题中，两人相遇题与《九章算术》善行百步题同型，而二旅行者题与《九章算术》凫雁对飞题同型，显然也可以用合作问题考虑解题。

秦九韶所拟题已属不定分析范畴，我们将在《大系》第五卷两宋数学中详论。

第二节 变速运动

同向运动

1. 已知蒲草第一日长高3尺。莞草第一日长高一尺。此后蒲草每日长高数是前一日的半数，而莞草是前一日的2倍。问：几

① D. E. Smith. History of mathematics. Vol. 2. 546～547

日后两种草有相等的高度？答数：$2\frac{6}{13}$（日）。各高4（尺）$8\frac{6}{13}$（寸）。(《九章算术》蒲莞等长题)

据题意，设想蒲草、莞草增长速率在同一日内是均匀的。我们作图4.7.1，以表示这两种水草增长速率与日数的关系：

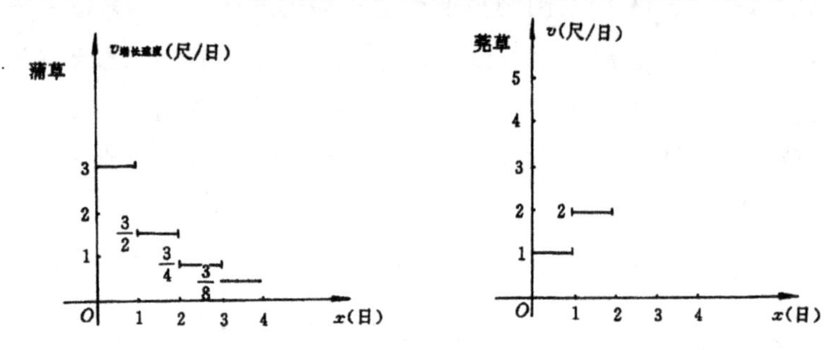

图 4.7.1

$$v_{蒲}=\begin{cases}3\ (0\leqslant x<1)\\ 3\times\frac{1}{2}\ (1\leqslant x<2)\\ 3\times\frac{1}{2^2}\ (2\leqslant x<3)\\ \cdots\end{cases}\qquad v_{莞}=\begin{cases}1\ (0\leqslant x<1)\\ 2\ (1\leqslant x<2)\\ 2^2\ (2\leqslant x<3)\\ \cdots\end{cases}$$

因此两种水草生长长度与日数的关系如图 4.7.2.

$$y_{蒲}=\begin{cases}3x(0\leqslant x<1)\\ 3+\frac{3}{2}(x-1)(1\leqslant x<2)\\ 3+\frac{3}{2}+\frac{3}{2^2}(x-2)(2\leqslant x<3)\\ \cdots\end{cases}$$

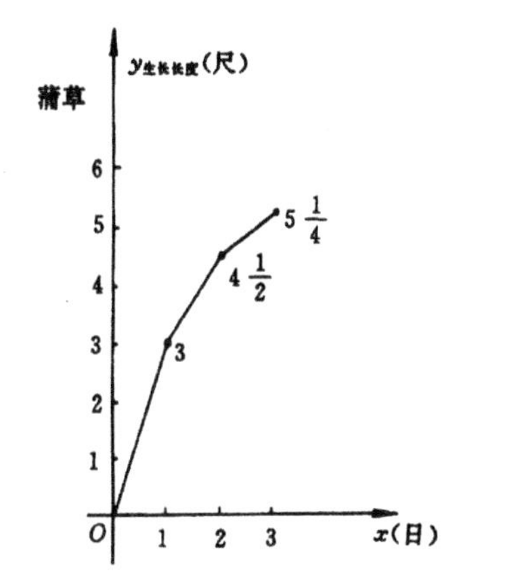

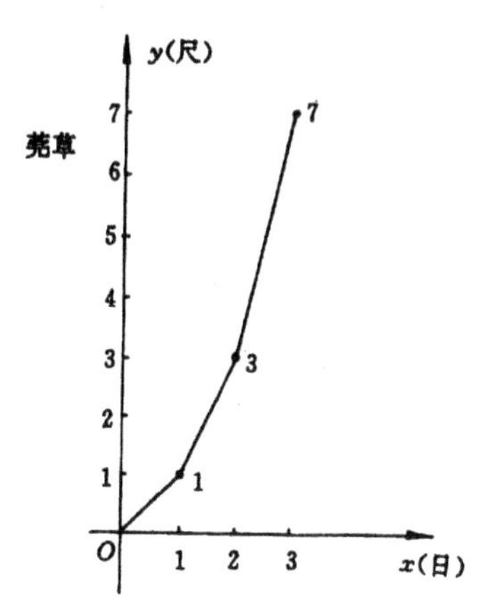

图 4.7.2

$$y_{莞}=\begin{cases}x(0\leqslant x<1)\\1+2(x-1)(1\leqslant x<2)\\1+2+2^2(x-2)(2\leqslant x<3)\\\cdots\end{cases}$$

从生长情况看，在 $2<x<3$ 区间二者出现长度相等，即

$$3+\frac{3}{2}+\frac{3}{4}(x-2)=1+2+4(x-2)$$

$$x=2\frac{6}{13}\text{（日）}$$

古人也看到这一关系，《九章算术》此题术文也是对 2 日、3 日作两次假设：“假令二日，不足一尺五寸；令之三日，有余一尺七寸半”，于是用盈不足术得到同样结果

$$\frac{1.75\times2+1.5\times3}{1.75+1.5}=2\frac{6}{13}\text{（日）}$$

2. 一个邮递员从甲城出发。第一日行程 10 法里，以后每日比前一日多走$\frac{1}{4}$法里。三日后，第二个邮递员从距甲城 40 法里的乙城沿与第一个邮递员同向前进，第一日行程 7 法里，以后每日比

前一日多走$\frac{2}{3}$法里。问：在第一个邮递员出发几日后二人相遇？答数：第一次相遇在5日后（5.72日、约），第二次相遇在19日后（19.27日、约）。

解法：第一个邮递员出发后x日两人相遇，则他的总行程是等差数列前x项之和：$10+\left(10+\frac{1}{4}\right)+\cdots+\left(10+\frac{x-1}{4}\right)=\frac{(79+x)x}{8}$（法里）

第二个邮递员走了$x-3$日，总行程为

$$7+\left(7+\frac{2}{3}\right)+\cdots+7+\frac{(x-4)2}{3}=\frac{(17+x)(x-3)}{3}\text{（法里）}$$

据题意知$\frac{(79+x)x}{8}-\frac{(17+x)(x-3)}{3}-40=0$

$$5x^2-125x+552=0$$

解二次方程$x_1=5.72^+$，$x_2=19.27^+$。（斯图姆C. F. Sturm，1803～1855）

相向运动

3. 墙厚5尺，两鼠相向对穿，大鼠第一日穿1尺，小鼠也穿1尺，以后大鼠每日加倍，小鼠每日折半。问：几日后两鼠相遇？又各穿多少？答数：$2\frac{2}{17}$（日）。大鼠穿3（尺）$4\frac{12}{17}$（寸），小鼠穿1（尺）$5\frac{5}{17}$（寸）。（《九章算术》两鼠对穿题）

据题意，大鼠穿进速率以及穿进距离与日数关系与上题莞草相同，而小鼠穿进速率与日数关系是

$$v=\begin{cases}1 \quad (0\leqslant x<1)\\ \dfrac{1}{2} \quad (1\leqslant x<2)\\ \dfrac{1}{2^2} \quad (2\leqslant x<3)\\ \cdots\end{cases}$$

小鼠穿进距离与日数关系是

$$y=\begin{cases}x & (0\leqslant x<1)\\ 1+\dfrac{1}{2}\ (x-1) & (1\leqslant x<2)\\ 1+\dfrac{1}{2}+\dfrac{1}{4}\ (x-2) & (2\leqslant x<3)\\ \cdots\end{cases}$$

我们作图 4.7.3 如下：

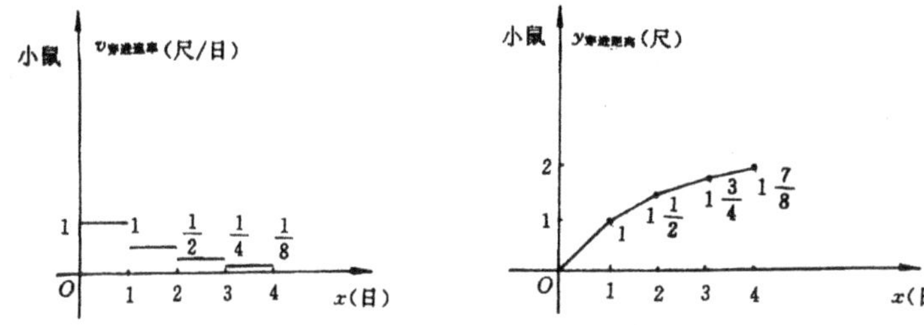

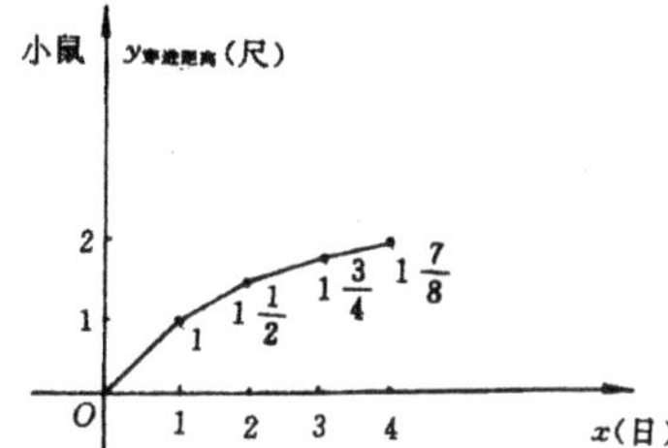

图 4.7.3

在区间 $2<x<3$ 两鼠相遇，即：

$$1+2+4(x-2)+1+\frac{1}{2}+\frac{1}{4}(x-2)=5$$

解得 $x=2\dfrac{2}{17}$。

原题应理解为一次方程，所以用盈不足法则是恰当的。

古人有相同的看法：本题术文也是对 2 日、3 日作两次假设："假令二日，不足五寸；令之三日，有余三尺七寸半。"用盈不足

术得到相同结果 $\frac{3.75\times2+0.5\times3}{3.75+0.5}=2\frac{2}{17}$（日）。期间大鼠穿进 3 尺 $4\frac{12}{17}$寸，小鼠穿进 1 尺 $5\frac{5}{17}$寸。

先同向后异向

4. 现有良马、劣马各一匹，都从长安出发到齐州。两地距离 3 000 里，良马第一日走 193 里，此后每日加速 13 里。劣马第一日走 97 里，此后每日减速 1/2 里。良马到齐州后，就立刻返回，与劣马相向行走。问：两马从出发后几日相遇？又各走了多少里？

答数：$15\frac{135}{197}$（日）后相遇。

良马走 4 534 $\frac{45}{191}$（里），劣马走 1 465 $\frac{145}{191}$（里）。（《九章算术》良马驽马题）

据题意，二匹马各自速度、时间；行程、时间关系可示为图 4.7.4，图 4.7.5：

速率与时间的关系：

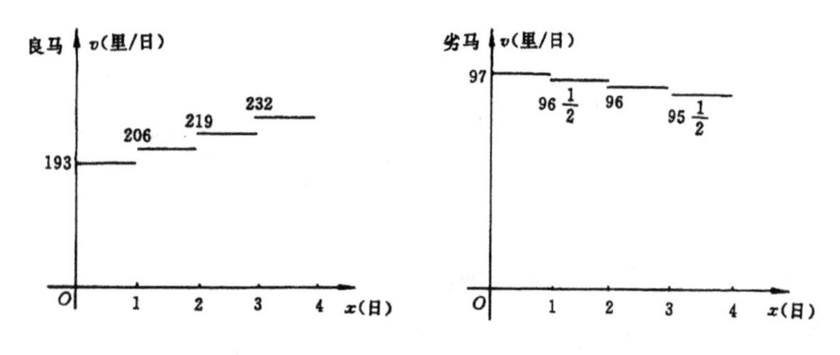

图 4.7.4

$$v_{良马}=\begin{cases}193 & (0\leqslant x<1)\\ 193+13 & (1\leqslant x<2)\\ 193+13\times 2 & (2\leqslant x<3)\\ \cdots & \\ 193+13n & (n\leqslant x<n+1)\end{cases}$$

$$v_{劣马}=\begin{cases}97 & (0\leqslant x<1)\\ 97-\dfrac{1}{2} & (1\leqslant x<2)\\ 97-\dfrac{1}{2}\times 2 & (2\leqslant x<3)\\ \cdots & \\ 97-\dfrac{n}{2} & (n\leqslant x<n+1)\end{cases}$$

行程与时间的关系：

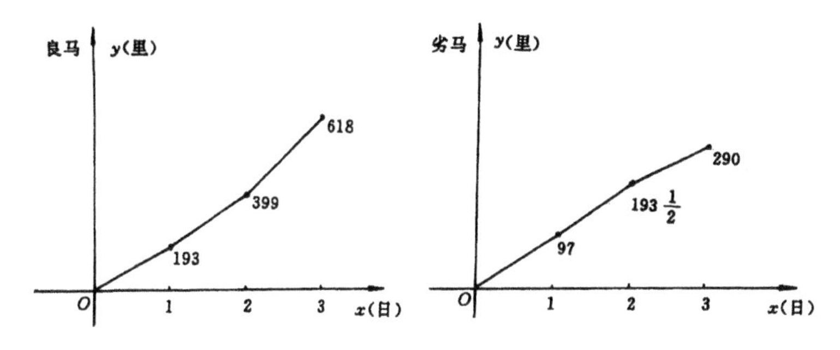

图 4.7.5

$$y_{良马}=\begin{cases}193x & (0\leqslant x<1)\\ 193+(193+13)(x-1) & (1\leqslant x<2)\\ 193+193+13+(193+13\times 2)(x-2) & (2\leqslant x<3)\\ \cdots & \\ \left(193+\dfrac{13(n-1)}{2}\right)n+(193+13n)(x-n) & (n\leqslant x<n+1)\end{cases}$$

$$y_{劣马}=\begin{cases}97x & (0\leqslant x<1)\\ 97+\left(97-\dfrac{1}{2}\right)(x-1) & (1\leqslant x<3)\\ 97+97-\dfrac{1}{2}+\left(97-\dfrac{1}{2}\times 2\right)(x-2) & (2\leqslant x<3)\\ \cdots & \\ \left(97-\dfrac{n-1}{4}\right)n+\left(97-\dfrac{n}{2}\right)(x-n) & (n\leqslant x<n+1)\end{cases}$$

《九章算术》作者检验，两马相遇在区间 $15<x<16$，得 $x=15\frac{135}{191}$（日）。由于方程是线性关系，作者所作术文说："假令十五日，不足三百三十七里半；令之十六日，多一百四十里。以盈不足维乘假令之数，并而为实，并盈不足为法。实如法而一，得日数"。这就是：$\dfrac{15\times 140+16\times 337\frac{1}{2}}{140+337\frac{1}{2}}=15\dfrac{135}{191}$

5. 伦敦到 C 市相距 200 英里。甲从伦敦到 C 市，第 1 日走 1 英里，第 2 日走 2 英里，第 3 日走 3 英里，…每日增 1 英里。乙从 C 市到伦敦，第 1 日走 2 英里，第 2 日走 4 英里，第 3 日走 6 英里，…，每日增 2 英里。问：这两人几日后在途中相遇？（贝克，1562）

评论

上引变速度直线运动 5 例。在历史文献中这类算题出现频率稀少。古希腊阿基米德在静力学、流体力学有过开创性工作，至今仍是力学圭臬。但在动力学方面没有什么建树。有关行程问题：从已知条件求相遇时间，在西方文献中几乎都是等速运动，都可以用阿耶波多公式求解。

西方直至16、17世纪动力学鼻祖伽利略（Galileo，1564～1642）在《关于两门新科学的对话》（1638）才指出："在等加速（a）运动中，速度（v）正比例于通过的距离"，"速度正比例于经过的时间。"他用实验证实这二命题没有矛盾，这就是

$$v=at$$

伽利略还指出："动体从静止开始以等加速运动，经过给定的距离（s）所需时间和这个动体以相当于它的实际末速度（v'）的一半的等速运动同样距离所需时间相等。"这相当于说，

$$v'=at，而\ s=\frac{1}{2}v't=\frac{1}{2}at^2。$$

我们对照《九章算术》上引3例及历代注释，特别是刘徽的有关工作，其中运动学的丰硕材料十分感人：中华学者先声夺人，定量地、正确无误地论述了：匀加速、匀减速、同向或异向，先同向后异向，同时启动或异时启动。此彪炳历史成果不减西方，在时间上胜似西方。

从《九章算术》术文可见，古人以一日取作时间间隔，以考察动体运动规律。也就是说，以此作为"瞬时"。因此速度与时间、距离之间都是离散的阶梯函数，我们已作图象表示。清末人蔡毅在《同文馆课艺》对两鼠对穿题视为连续函数。他设两鼠在x日后相遇：

$$大鼠穿进：1+1\times2+1\times2^2+\cdots+1\times2^x$$

$$小鼠穿进：1+1\times\frac{1}{2}+1\times\frac{1}{2^2}+\cdots+1\times\frac{1}{2^x}$$

按等比数列求和，二者之和等于5尺，于是

$$2^{2x}-4\cdot2^x-2=0$$

$$=\frac{\lg(2+\sqrt{6})}{\lg 2}\neq 2\frac{2}{17}$$

在此影响下，有人对蒲莞等长题也作类似解释。设蒲长 x 日后长

$$3+\frac{3}{2}+\frac{3}{2^2}+\cdots+3\times\frac{1}{2^x}=6(1-\frac{1}{2^x})$$

莞草长 $1+2+2^2+\cdots+2^x=2^x-1$

得指数方程 $(2^x)^2-7\cdot 2^x+6=0$

于是 $x=1+\frac{\lg 3}{\lg 2}\neq 2\frac{6}{13}$

对此认为《九章算术》答数只是近似解并提出指责。其实这种议论是值得商榷的。因为等比数列求和是在项数 x 是正整数条件下有意义，把变量 x 不断对分，甚至作为连续量来考虑，这是对古人的苛求。此外指数函数与对数函数直到 18 世纪才进入数学研究领域，对《九章算术》动用这些工具，也是对古人的苛求。

同样，《九章算术》良马驽马题所拟术文用双假设法结果是精确解，无可非议。

但是如果设两马在 x 日相遇，接着运用等差数列求和公式，使

$$(193+\frac{13(x-1)}{2})x+(97-\frac{x-1}{4})x=6\ 000,$$

即 $$5x^2+227x=4\ 800,$$

得到 $x=\frac{\sqrt{147529}-227}{10}\approx 15.71\neq 15\frac{135}{191}$

而说《九章算术》所作答数仅是近似解也有悖于历史背景。莫绍揆著文指出：“在盈不足章中有三例用到阶梯函数，未受到人们认出，遂致以为算法有误，或只得近似解。其实阶梯函数之提出是

有很深的见识的。”①

迟至16世纪西方始出现异向变速直线运动算题，但按等差递增数列加速；至19世纪又有同向直线运动算题，都按等差递增数列加速。二者较《九章算术》算题先相向，后同向，一增加速，另一负加速为简易。法国人斯图姆算题解时，已有条件考虑为连续函数，且有两解。至今仍是颇有新意的问题：第二个邮递员出发在后、出发点在前，而初速度低，因此在第一个邮递员出发后5日相遇；但第二个邮递员加速度高，因此在19日后追上第一个邮递员，而有第二次相遇。

第三节 圆周运动

1. 今有环山道路一周长325里。甲乙丙三人环山步行。他们每日步行150、120、90里。如果步行不间断。问：从同一起点出发，几日后再遇于出发点？答数：$10\frac{5}{6}$（日）。

解法：先求甲、乙、丙三人每日步行里数的“等数”取作分母，以环山路一周长里数取作分子，所得分数就是答数。

（《张丘建算经》卷上第10题，5世纪）

2. 周天有$365\frac{1}{4}$度。今有甲、乙、丙、丁、戊五星，共会于同度。已知甲星每日行$28\frac{13}{16}$度，乙星$19\frac{1}{4}$度，丙星$13\frac{5}{12}$度，丁星$11\frac{1}{7}$度，戊星$2\frac{7}{9}$度。问：五星几日后会于同度？各走周天几次？答数：再会日数368 172日。期间甲、乙、丙、丁、戊星分别行29 043，19 404，13 524，11 232，2 800次。②（日本会田安明

① 莫绍揆．对九章算术的一些研究．《北京师范大学学报》，1991（3）：38

② 加藤平左门．和算の整数论．台北：1944．70

《算法交会术》，18～19 世纪。）

上引二例都是作等速圆周运动动体公共周期。我们知道已知 n 个动体各自周期为$\frac{b_1}{a_1}$，$\frac{b_2}{a_2}$，…，$\frac{b_n}{a_n}$，那么它们的公共周期是

$$\frac{\{b_1, b_2, \cdots b_n\}}{(a_1, a_2, \cdots a_n)}$$

在《九章算术》少广术更相减损术基础上，中算、和算都研究了这种问题。

以上引第 1 例来说，三人各自周期（绕环山道路一周所花时间）分别是$\frac{325}{150}$，$\frac{325}{120}$，$\frac{325}{90}$。所以所求公共周期是

$$\frac{325}{(150, 120, 90)}=\frac{325}{30}=10\frac{5}{6}\text{（日）}$$

这与本例解法所说相同。

第 2 例明显是第 1 例的推广，会田安明的解法是：先求五星各自周期

$$\frac{365\frac{1}{4}}{28\frac{13}{16}}=\frac{1461\times 4}{461}, \qquad \frac{365\frac{1}{4}}{19\frac{1}{4}}=\frac{1461}{77}$$

$$\frac{365\frac{1}{4}}{13\frac{5}{12}}=\frac{1461\times 3}{161}; \qquad \frac{365\frac{1}{4}}{11\frac{1}{7}}=\frac{1461\times 7}{4\times 78}$$

$$\frac{365\frac{1}{4}}{12\frac{7}{9}}=\frac{1461\times 9}{4\times 25}$$

然后求出公共周期是：

$$\frac{\{1461\times 4, 1461, 1461\times 3, 1461\times 7, 1461\times 9\}}{(461, 77, 161, 4\times 78, 4\times 25)}$$

$$=1461\times 4\times 7\times 9=368\ 172\text{（日）。}$$

为制订历法需要，中国古代天文、数学工作者对于求几个周期的公共周期等与同余式组有关的问题有杰出贡献，我们将在《大系》第五卷两宋数学中详细介绍。

德国人特洛夫凯《初等数学史》第四章应用题内辟专节论行程问题计 11 页（pp. 588～598）内分 5 小节：中国、印度、阿拉伯国家、拜占庭帝国、西方世界。中国算题列在第 1 小节，《九章算术》有关算题录 13 例，含本章的瓜瓠对长、两鼠对穿、良马驽马 3 题。

第八章 比例问题

自古以来，经济生活与比例密切相关。以下现象导致产生各种比例：

互易 上古时以物易物，后来以某种商品为中介互换商品，直至货币出现，以钱币为中介交换商品。

粮食加工 原粮、半成品与成品食品间的折合。

利息 货币进入社会之前已有利息现象。巴比伦泥版文书迭有记载。古希腊利率为12%～18%，罗马法定利率为$8\frac{1}{3}$%。《九章算术》有很多与计算利息有关的算题，含复利计算。17世纪时英国人称复利（interest upon interest）为利滚利。

折扣，裁剪，栽种等活动产生正比、反比和复比例。

钱币兑换是连比例产生的源泉，后来总结了连锁法则这一解法。

集体劳动按劳取酬，商业入股按股分红是比例分配产生的原因。

古往今来，比和比例总是算术教科书重要组成部分。《九章算术》有二章专论比例，在其他各章的解法中，比例算法也占很大比重。各国数学文献中和算术教科书上比例问题总是大块文章。

在德国人特洛夫凯《初等数学史》第四章应用问题中分两大类，其第1类，日常生活算题：买卖、交换、劳作、比值、利息、折扣、租赁、借贷、分配、含金成色等14种，说它全与比例有关，也不为过。每种都列举历史名题。《九章算术》频频被引算题达78道。

本章我们按简单比例、反比例、复比例、连比例和比例分配分为五类。

第一节　简单比例

1. 100个标号[①]为10的面包能换标号为45的面包多少个？答数：450个

解法：100个面包用原粮100÷10＝10海卡。10海卡原粮可制标号是45的面包45×10＝450个。（《莱因得纸草》第72题，公元前1650年）

2. 100个标号是10的面包可以换标号是2的啤酒多少坛？答数：20坛。

解法：计算标号10的100个面包需要原粮10海卡。2×10得20，这是可换得的啤酒坛数。（《莱因得纸草》第78题）

3. 8斗$6\frac{3}{7}$升麦可以换多少面粉？

答数：2（斗）$5\frac{13}{14}$（升）。

解法：已知等值的麦与面粉是3与10之比。所求面粉量：$86\frac{3}{7}\times 3\div 10=25\frac{13}{14}$（升）。（《九章算术》粟米章第30题）

4. 雇工1年（354日），年酬2 500钱。已预支1 200钱。问：应做工多少日？答数$169\frac{23}{25}$（日）。

---

① 在古埃及莱因得纸草文书中的“pefsu”我们译为标号。标号是指1海卡（hekat）原粮能制造面包只数（或啤酒坛数）．

$$\text{标号}=\frac{\text{制面包只数}}{\text{用原粮 Hekat 数}}=\frac{\text{制啤酒坛数}}{\text{用原粮 Hekat 数}}$$同样的原粮，标号与制成面包只数成正比．相同的标号，原粮海卡数与制面包只数成正比；制成面包的只数相同时，标号与所用原粮海卡数成反比．

解法：$1200\times354\div2500=169\frac{23}{25}$（日）

（《九章算术》取保一岁题）

4a. 雇工 1 年，年酬 100 元及大氅一件。工作 7 个月后辞职。他获得报酬除一件大氅外，还补给 20 元。问：大氅值多少？答数：92 元。（克拉维乌斯，1583）

4b. 某人雇用一个工人，约期 1 年，年工资 12 卢布和一件外套。这个工人做了 7 个月就要求回家。某人共付给他应得的 5 卢布和外套。问：外套值多少钱？答数：48 格里文[①]。（俄罗斯数学手稿，17 世纪）

5. 货物重 100 罗多里[②]，值 40 里拉。[③]。问：买 5 罗多里，应付多少钱？答数：2（里拉）。

解法：　40L ╲ 100R　　　40L　100R ╱
　　　　　　　5R　　　　2L

检验　$\frac{100\times2}{40}=5$（里拉）

（斐波那契《计算之书》第 8 章，1703）

6. 一桶烙饼 180 个，值 18 个钱币。问：1 个钱币买几个烙饼？答数：10 个。（寇培尔，1514）

7. 今有程途二千七，十八人骑马七匹。言定十里轮转骑，各人骑行怎得知？答数：人行 6 650（里），骑马 1 050（里）。

7a. 行程 6 里，有四人、三马。问：各骑行、步行多少里？答数：一马行 6 里，三马行 18 里，每人可骑行 4.5 里。（吉田光由《尘劫记》卷下第 16 节，1627）

8. 甲有九成金金钏重 2 两，乙有七成金金钗也重 2 两。两人

---

① 格里文 Гривеник 货币单位：1 卢布＝24 格里文.

② 罗多里（rotuli），比萨重量单位.

③ 里拉（Lira），比萨货币单位.

在李银铺相遇，要求改成别的首饰。李银铺儿子误把二者铸成一块。李匠只好请算师计算，合理分给两人。问：每人应分多少？答数：甲 $2\frac{1}{4}$两，乙 $1\frac{3}{4}$两。

解法：相当于说甲金钏含纯金 $2\times\frac{9}{10}=1.8$ 两，乙金钗含纯金 $2\times\frac{7}{10}=1.4$ 两。二者共含纯金 3.2 两。二者铸成合金成为 $3.2\div4=\frac{8}{10}$八成金。甲应得 $1.8\times8\div10=2\frac{1}{4}$（两），乙应得 $1.4\times8\div10=1\frac{3}{4}$（两）。（程大位《算法统宗》第 10 卷，1592）

9. 买布一尺半的一倍半，付两个半银币的二倍半。问：买 8 尺半的 8 倍半，要付多少钱？答数：20 卢布 2 铜币和 $3\frac{7}{9}$面值为 $\frac{1}{4}$戈比的铜币。[①]（麦格尼兹基《算术》，1703）

评论

在古埃及《莱因得纸草》时代，还没有比例算法。我们从上引第 1、2 两例可见上古质朴的解法，分两步走：先算出第一种成品含原粮多少；再计算这些原粮能制第二种成品多少。《九章算术》已有完整的比例算法理论及实践，外国称为三率法。解题一步到位，是一大进步。人誉为金法：三率法在算术中最受人瞩目，犹如黄金是金属至尊，因此称为金法。[②]

印度是三率法的故乡，但由于度量衡制度进制非常复杂，算题虽只需用乘法、除法各一次，而计算工作量特繁，小题大作，因此印度简单比例问题我们未予采录。

历史名题中，简单比例互相因袭现象层出不穷。上引第 4、4a、

① 一铜币＝3 戈比，一卢布＝100 戈比.

② 卡约黎（F，Cajori，曹丹文译）. 初等算学史. 上海：商务印书馆，1925. 165

4b，第 7、7a 题都是典型。

上引第 7、8、9 三例属于数学游戏，有一定教学意义。《尘劫记》为此还画了插图，以增加小学生学习兴趣。

第二节 反比例

1. 10 坛标号是 2 的啤酒能换多少只标号是 5 的面包？答数：25（只）。

解法：标号是 2 的 10 坛啤酒需要原粮 5 海卡。这 5 海卡原粮可以制标号是 5 的面包 5×5=25（只）。（《莱因得纸草》第 77 题。公元前 1650 年）

2. 1 坛标号是$\frac{1}{2}$的原装啤酒，倒去$\frac{1}{4}$〔坛〕后，加清水稀释。问：稀释后的啤酒标号是多少？答数：$2\frac{2}{3}$。

解法：$\frac{1}{2}$减去$\frac{1}{8}$说明原来含$\frac{1}{2}$海卡原粮，而$\frac{1}{2}-\frac{1}{8}=\frac{1}{4}+\frac{1}{8}$。所求标号是$1\div(\frac{1}{4}+\frac{1}{8})=2\frac{2}{3}$。（《莱因得纸草》第 71 题）

3. 今有七百人造浮桥，九日成。今增加五百人。问：日几何（多少日完成）？答数：$5\frac{1}{4}$日。

解法：相当于说所求日数是

$9\times700\div(700+500)=5\frac{1}{4}$（《张丘建算经》卷上第 31 题。5 世纪下半叶）

4. 2 岁公牛值 4 卢比。问：6 岁公牛值多少？答数：$1\frac{1}{3}$（卢比）。

解法：与阿耶波多三率法作比较：如果要求项增加，所求项反而减少；而要求项减少，所求项增加，这种关系称为反三率法，

即所求项是 $4\times2\div5=1\frac{1}{3}$（卢比）（婆什迦罗《丽罗娃祇》第3章第74、75节，1150）

5. 1个面包在麦价每蒲式耳① 价1.8英镑时重14英两。问：当麦价每蒲式耳价2.2英镑时1个面包重多少？（弗里修士，1540）

6. 麦价7先令6便士②，面包重9英两。问：麦价6先令6便士时，面包重多少？答数：$10\frac{15}{39}$英两。（达博 Daboll《算术》，1837）

评论

上引第1、2两例可见在原始社会时古埃及无反比例知识，因此就事论事，仍分步解题。这种思考方法对今日小学教学在引进反比例时可以作为解题过渡手段。

《九章算术》在衰分章列有反衰术解决按反比分配问题，我们将在本章第五节引入。

第3例是典型的反比例问题。第4例显示印度在12世纪对反比例已总结出解题法则。他们把有生命的商品，以年龄标价，年龄与所值成反比，颇有人老珠黄不值钱之意。

在中世纪时，欧洲因麦价变化，人们主粮制品面包价格涨落不定。当时市场上面包有两种规格，其一，面包价格恒定，随麦价变化定面包重量。其二，面包重量恒定，随麦价变化定面包价格。显然第一种规格麦价与面包重量成反比。在12世纪时英王亨利二世明文规定用反比例计算第一种规格的面包价格③。我们有兴趣地看到公元3世纪时刘徽注释《九章算术》“方程”章第18题，

---

① 蒲式耳（bushel）英国容量单位.

② 先令（shilling），便士（pence），英国货币单位，1先令=12便士.

③ D. E. Smith. History of Mathematics. Vol. 2. 566～567

曾提出相当率和各当率二概念。

相当率：价格一定时，不同粮食的重量数，如粟米章开始所列 20 种粮食重量比率为相当率。

各当率：重量一定时，不同粮食的价格，如粮食的单价间比率。

所以中世纪欧洲面包规格中第一种变化率就是相当率，而第二种就是刘徽的各当率。

这种对物品售价、重量之间的关系反映在上引第 5、6 两例。

第三节 复比例

1. 借给人 1 000 钱，借期 30 日，得利息 30 钱。如果借给人 750 钱，借期 9 日，问：得利息多少？答数：$6\frac{3}{4}$（钱）。(《九章算术》贷人千钱题)

《九章算术》作者已经意识到前后两次利息正比于借钱数与借期，是二者乘积的复比，相当于说，如设所求利息为 x 钱，要用复比例式解题：$x:30=\begin{cases}750:1\,000\\9:30\end{cases}=750\times9:1\,000\times30$

$$x=30\times750\times9\div(30\times1\,000)=6\frac{3}{4}\text{（钱）。}$$

所以本题术文说："以月三十日乘千钱为法，以息三十乘今所贷钱数，又以九日乘之为实。实如法得一钱。"

2. 有人背篓重 1 石 17 斤。背上，可以打 50 个来回。每个来回行程 76 步。现在有人背篓重 1 石，每个来回 100 步。问：他可以打几个来回？答数：$43\frac{23}{60}$。(《九章算术》负笼一石题)

来回次数与背篓重成反比，也与来回行程成反比，其间复比关系为（x 为所求来回次数）

$$50:x=\begin{cases}120:137\\100:76\end{cases}$$

$$x=50\times137\times76\div(120\times100)=43\frac{23}{60}。$$

本题术文也说："以今所行步数乘今笼重斤数为法；故笼重斤数乘故步数，又以返数乘之为实。实如法得一返。"，

3. 雇人运盐 2 斛，行程 100 里，付报酬 40 钱。现运盐 1 斛 7 斗 3 $\frac{1}{3}$升，行程 80 里。问：应付报酬多少？答数：27 $\frac{11}{15}$钱。（《九章算术》取佣负盐题）

据题意，所付报酬之比是负盐重与行程的复比。如设所付报酬为 x 个钱，需解复比例

$$x=40\times173\times80\div(200\times100)$$

这就是本题术文说："置盐二斛升数，以一百里乘之为法；以四十钱乘今负盐升数又以八十里乘之为实。实如法得一钱。"

4. 中国绸 300 块，每块 6 哈斯达[①] 宽和长，现在改裁 5×3 哈斯达，问：有多少块？
答数：720 块。（《摩诃毗罗《文集》第 5 章第 18 节，9 世纪）

5. 运麦子 9 迈黎[②]，行程 3 育亚那[③]，得 60 个钱币；运麦子 180 迈黎，行程 10 育亚那，问：可得多少钱币？答数：4 000。（摩诃毗罗《文集》第 5 章第 36 节）

6. 100 钱 1 $\frac{1}{3}$月的利息是 5 $\frac{1}{5}$钱；问：62 $\frac{1}{2}$钱 3 $\frac{1}{5}$月的利息是多少？答数：4 $\frac{4}{5}$（婆什迦罗《丽罗娃祇》第 3 章第 81 节，1150）。

---

① 哈斯达，hastas，长度单位.

② 迈黎，manis，重量单位.

③ 育亚那 yoyana，长度单位.

7. 8 条优质花头巾，3 肘尺宽，8 肘尺长，值 100 尼希卡①。商人，快告诉我，你如果精于计算，同样质地的头巾，$3\frac{1}{2}$肘尺长$\frac{1}{2}$肘尺宽，每条值多少尼希卡？答数：14 突拉马 9 巴那 1 卡西尼$6\frac{2}{3}$子安贝。（婆什迦罗《丽罗娃祇》第 3 章第 82 节）

8. 国王派 30 人到果园植树，如果他们 9 日能植树 1 000 棵，问：36 人多少日能植 4 400 棵？答数：33（日）。（斐波那契《计算之书》第 9 章，1202）

9. 5 匹马驮 6 袋大麦，行路 9 日，问：10 匹马驮 16 袋大麦，应行路几日？答数：12（日）。

解法：行路日数与驮袋数为正比关系，与马数为反比关系：

日数	袋数	马数
9	6	5
	16	10

所求行路日数是：$\frac{9\times16\times5}{6\times10}=12$（日）

（斐波那契《计算之书》第 9 章）

10. 六十四人，八日开河一千六百积（立方）尺；今添夫三十六人，令开十二日。问：开几积尺？答数：3 750（立方尺）。

解法：相当于说，所求立方尺数是

$$12\times(64+36)\times1\ 600\div(8\times64)$$

（杨辉《续古摘奇算法》卷下，1275）

11. 托人运输 20 磅，行程 30 英里，付酬金 4 个钱币，问：运输 50 磅，行程 40 英里，应付酬金多少？答数：$13\frac{1}{3}$钱币。（弗里修士，1540）

---

① 尼希卡 nishca，钱币单位，当时钱币进制很复杂：1 尼希卡＝16 突拉马，1 突拉马＝16 巴那（pana）1 巴那＝4 卡西尼（cacini）1 卡西尼＝20 子安贝.

12. 100英镑[①] 12个月得利息6英镑。问：356英镑18个月得利息多少？答数：32（英镑）$9\frac{3}{5}$（便士）。（赫德 Hodder，《算术》，1719）

评论

从历史文献看，中国《九章算术》最早提出复比例算题，全书有三例，俱已引入本节。除负笼一石题有误（经后人沈钦裴订正）外，已掌握复比例式解法。《九章算术》称解简单比例式为今有术，三国刘徽称解复比例式为重今有术，并总结解复比例式的一般方法，我们将在《大系》第三卷详细介绍。重今有术对后世很有影响，《张丘建算经》有不少算题，解法正确。上引第10例南宋杨辉在解法中的见解值得注意。他在解法中加自注，把解法算式中的被除数（分子）(64+36)×12和除数（分母）64×8分别说："即1 200工，512工。"这就轻而易举地、通俗易晓地把复比例化为简单比例：我国传统习惯，直至今日仍把1人1日工作量称为1工。

印度从5世纪阿耶波多开始，称解简单比例为三率法，三率是指比例式中三个量为已知量。对复比例中有五个量为已知，如上引4、5、6三例的解法，印度称为五率法；而复比例中有七个量为已知，如上引第7例，则称为七率法。最多达十一率法。后来复比例传到阿拉伯国家，后又传到欧洲，他们都承印度习惯命名。

上引第4例，可见9世纪中国丝织品已远销印度，为中印交通史提供重要史料。上引第7题，可见中世纪印度币制进制非常复杂，但另一方面可以看到他们计算技术精良，工作审慎，能够接受今日我们检验而无可指责。

---

① 1英镑=20先令，1先令=12便士.

自斐波那契以后，复比例题为欧洲各地各时期算术教科书必修教材，上引第11、12两例，其题材虽都重复前人旧作，但从此可见一时之盛。

第四节 连比例

1. 有生丝1斤，可得练丝12两。练丝1斤可染成青丝1斤12铢。问：青丝1斤需用生丝多少？答：1斤4两16 $\frac{16}{33}$铢。（《九章算术》三丝互换题）

据题意，这里生丝：练丝＝16：12，练丝：青丝＝24×16：(24×16＋12)。按照连比化法，生丝：青丝＝16×24×16：12×(24×16＋12)。于是借助于解比例式，从已知青丝1斤求出所需用生丝数。本题术文正是这样解题："以练丝十二两乘青丝一斤十二铢为法；以练丝一斤铢数乘络丝（生丝）一斤两数，又以络丝一斤乘之为实。实如法得一斤。"

2. 劣粟20斗舂得糙米9斗。如果要舂成9折米10斗，问：需要多少劣粟？答24（斗）6 $\frac{74}{81}$（升）。（《九章算术》恶粟舂米题）

据题意，等值劣粟与糙米容量比是20：9，而糙米与9折米容量之比是10：9，因此劣粟与9折米之比是20×10：9×9。从比例关系就得到所求劣粟数是

$$20\times 20\times 10\div 9\times 9=24(\text{斗})6\frac{74}{81}(\text{升})$$

查考本题术文，以同法获解："置粝米（糙米）九斗，以九乘之为法。亦置粺米（9折米）七斗，以十乘之，又以恶粟二十斗乘之为实。实如法得一斗。"

3. 20 艾仑[1] 的布值 3 里拉，42 罗多里棉花值 5 里拉。今有布 50 艾伦，问：可以换多少罗多里棉花？答数：63（罗多里）。

解法：

罗多里	里拉	艾仑
	3	20
42	5	50

所求棉花罗多里数是

$$\frac{42\times3\times50}{5\times20}=63$$

（斐波那契《计算之书》第 9 章，1202）

4. 糯谷 7 石出糯米 3 石，糯米 1 斗换小麦 1 斗 7 升，小麦 5 升制曲 2 斤 4 两，11 斤曲酿糯米 1 斗 3 升。现在有糯谷 1 759 石 3 斗 8 升。问：应取出多少谷用来舂米、换麦、制曲，刚好用来酿余下谷子所舂的米？

这是一道反映在酿造过程中从糯谷经舂米、换麦、制曲、酿造等工序的算题，其中已知：

糯谷（石）：出糯米（石）$=7:3$

糯米（升）：换小麦（升）$=10:17$

小麦（升）：制曲（斤）$=5:2\frac{1}{4}=5:2.25$

曲（斤）：酿糯米（升）$=11:13$

把五种量化为连比

取谷：舂米：换麦：制曲：酿造需用谷

$=abcd:a'bcd:a'b'cd:a'b'c'd:a'b'c'd'$

$=7\times10\times20\times33:3\times10\times20\times33:3\times17\times20\times33:3\times17\times9\times33:3\times17\times9\times91$

[1] 艾仑（ellen），长度单位，罗多里（rotuli），重量单位.

$=46\ 200:19\ 800:33\ 660:15\ 147:41\ 769$ 如果有谷 46 200+41 769=87 969，那么在其中取出 46 200，通过一系列舂米、换麦、制曲等手续，刚好可以酿造所留下的谷 41 769 所舂的米。

因此借助于解比例式，在现在有糯谷 1 759 石 3 斗 8 升中应取谷：

$$175\ 938\times\frac{46\ 200}{87\ 969}=\frac{8\ 128\ 335\ 600}{87\ 969}=92\ 400\text{（升）}$$

$$175\ 938\times\frac{19\ 800}{87\ 969}=\frac{3\ 483\ 572\ 400}{87\ 969}=36\ 900\text{（升）}$$

（秦九韶《数书九章》第 9 章第 5 题，1247）

5. 7 巴都阿镑=5 威尼斯镑，

10 威尼斯镑=6 纽仑堡镑，

100 纽仑堡镑=73 科隆镑，

问：1 000 巴都阿镑合多少科隆镑？

答数：$312\frac{6}{7}$（科隆镑）

解法：

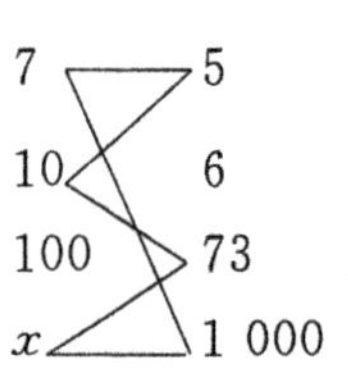

$$x=\frac{5\times6\times73\times1\ 000}{7\times10\times100}=312\frac{6}{7}$$

（里斯，1522）

评论

欧几里得《原本》第 8 卷命题 4 说："已知一组比 $a:b$，$c:d$，…，要求一串最小数，p，g，r，…，使 $p:g=a:b$，$g:r=c:d$，…。先取 b，c 的最小公倍数，然后求其他各对数的最小公倍数"，《原本》最先提出几对比的连比的构造性算法。《九章算术》用连比例解算题有四例，本章所引第 1、2 两例而外，持米三关、持金出关两题我们已在第三章余数问题中论及。三国刘徽对连比例问题有深刻研究，我们将在本《大系》第三卷详论。《九章算术》漆三油四题原题术文用盈不足术解，南宋杨辉在《详解九章算法》中指出，此题已给出漆率、换油率、调漆率依次是 3，4，5。在 3+5=8 份漆中取出 3 份，换为油刚好能稀释余下的 5 份漆。他的解题设想相当于说，如果分出的漆是 x 升，换油数是 y 升，能稀释的漆是 z 升，据题意

$$8:3=30:x,\quad x=30\times3\div8=11\frac{1}{4}\text{（升）}$$

$$8:4=30:y,\quad y=30\times4\div8=15\text{（升）}$$

$$8:5=30:z,\quad z=30\times5\div8=18\frac{1}{4}\text{（升）}$$

杨辉这一解题思路正与上引第 4 例秦九韶解法一致。

中世纪欧洲由于城邦国家林立，各自发行货币，货币交换活动中，从某种货币辗转折算为另一种货币时，就必须借助于这种连比例算法。斐波那契《计算之书》设专题讨论，上引第 3 例为其中一题，第 5 例为 16 世纪一题。货币兑换计算至今仍是经济生活要事。

第五节 分配比例

按比例分配

1. 700 个面包按 $\frac{2}{3}$，$\frac{1}{2}$，$\frac{1}{3}$，$\frac{1}{4}$ 分给四人。问：每人分多少？

答数：$266\frac{2}{3}$，200，$133\frac{1}{3}$，100。

解法：把 $\frac{2}{3}$，$\frac{1}{2}$，$\frac{1}{3}$，$\frac{1}{4}$ 加起来，得 $1\ \frac{1}{2}\ \frac{1}{4}$ $1\div\left(1+\frac{1}{2}+\frac{1}{4}\right)=\frac{1}{2}+\frac{1}{14}$。700 的 $\frac{1}{2}+\frac{1}{14}$ 是 400。400 的 $\frac{2}{3}$，$\frac{1}{2}$，$\frac{1}{3}$，$\frac{1}{4}$ 就是各人相应分得数。（埃及《莱因得纸草》第 63 题，公元前 1650

年）

2. 1 000个标号是 5 的面包，其中一半换成标号是 10，另一半换成标号是 20 的面包。问：各可换得多少个？答数：1 000，2 000。

解法：标号是 5 的 1 000 个面包用原粮 200 海卡。取其中一半，即 100 海卡可换得标号是 10 的面包 1 000 个；另一半 100 海卡可换得标号是 20 的面包 2 000 个。（《莱因得纸草》第 74 题）

3. 标号是 10 的面包 1 000 个要求换成数量相等的两种面包，其中一种标号是 20，另一种标号是 30。问：各有多少面包？答数：1 200 个。

解法：每种取一个 [成为一副] 需原粮$\frac{1}{20}+\frac{1}{30}$海卡。30 副需原粮 $2\frac{1}{2}$海卡。什么数乘 $2\frac{1}{2}$能得到 30？

1	$2\frac{1}{2}$
\10	25
\2	5
和 12	30

这就是说，$2\frac{1}{2}$是 30 的$\frac{1}{12}$，每副面包需原粮$\frac{1}{12}$海卡。也就是说 1 海卡可以做 12 副面包。

标号是 10 的面包 1 000 个，含 100 海卡原粮，可以换 $12\times100=1\ 200$ 副。

验算：1 200 个标号是 20 的面包，用原粮 60 海卡；1 200 个标号是 30 的面包用原粮 40 海卡，二者和是 100 海卡。（《莱因得纸草》第 76 题）

4. 甲有钱 560，乙有钱 350，丙有钱 180。三人同过一关卡，共付税 100 钱。按各人所有钱数分摊税款，问：各应付多少钱？答数：甲 $51\frac{41}{109}$，乙 $32\frac{12}{109}$，丙 $16\frac{56}{109}$。

解法：按三人所有取作分配率，把分配率之和作为除数，以100分别乘以分配率各项作为被除数。做除法运算。（《九章算术》三人持钱题）

5. 一人建房雇用6个工人：5个师傅、1个学徒，每日给报酬共25第纳尔①。学徒报酬是师傅的一半。问：各人分得多少？答数：师傅$4\frac{6}{11}$，徒弟$2\frac{3}{11}$（第纳尔）。

解法：取22个第纳尔分成6份，5个师傅每人4第纳尔，4×5＝20。余下2第纳尔给徒弟，2是4的一半。现在取余下的3个第纳尔，每一第纳尔分成11份。师傅每人取6份，除去6×5＝30份，还有3份给徒弟，这是6份的一半。（阿尔昆《益智题集》第37题，8世纪。）

6. 120件金制品按$\frac{1}{2}$，$\frac{1}{3}$，$\frac{1}{4}$，$\frac{1}{6}$分给四人。问：各人得多少？答数：48，32，24，16。

解法：分配比例是使被分配的数先除以已化为公分母的分配率［分数］的分子和，然后分别乘以分子。（摩诃毗罗《文集》第6章第79～81节，9世纪）

7. 数学家，你说，三个商人各应分得多少？如果他们的股本分别是51，68，85，而经商后现在已增资到300。答数：75，100，125。

解法：分配率乘所要分配的数，除以分配率的和，就是所求数。（婆什迦罗《丽罗娃祇》第4章第92，93节，1150）

8. 赵嫂自诩善织麻，李宅、张家雇佣她。李宅6斤12两，二斤四两是张家，共织七丈二尺布。二人分布闹喧哗。请问高明算学士，如何分得布无差？答数：李宅5（丈）4（尺），张家1（丈）8（尺）。

---

① 第纳尔（denari），货币单位.

解法：衰分术。(程大位《算法统宗》第10卷，1592)

9. 四个商人在货船上分别装货54，72，124，150拉司特（每拉司特合12吨）。起航后遇到暴风雨，水手把过重荷载投海。如共投海46拉司特又4吨。问：每人应分担多少？答数：$75\frac{6}{100}$，$100\frac{8}{100}$，$172\frac{36}{100}$，$208\frac{1}{2}$（吨）。(苏浮士，1593)

10. 三人合股经商共本160贯[①]，三人分别出款69贯800钱，52贯300钱，42贯900钱。共赚货物：人参250斤，沉香70斤，绸280斤，丝8 400斤。问：按入股出款分派，各人得多少？(吉田光由《尘劫记》，卷2第2节，1627)

按反比分配

11. 谷子7斗分给三人舂。甲舂成糙米，乙舂成九折米，丙舂成八折米。要使三人所得米数相等。问：三人各应取多少谷子？答数：甲取$2\frac{10}{121}$（斗）；乙取$2\frac{38}{121}$（斗）；丙取$2\frac{73}{121}$（斗）。(《九章算术》三人舂粟题)

据题意，并按粟米章规定糙米、九折米、八折米之间的相当率是30，27，24，三人各应取得谷子数之间应是各当率——相当率的倒数，《九章算术》称为反衰，即7斗谷子应按30，27，24的反比$\frac{1}{30}$，$\frac{1}{27}$，$\frac{1}{24}$，即27×24，30×24，30×27比例分配，三人分别应取谷子斗数是

$$甲：\frac{7\times27\times24}{27\times24+30\times24+30\times27}=2\frac{10}{121}$$

$$乙：\frac{7\times720}{648+720+810}=2\frac{38}{121}$$

$$丙：\frac{7\times810}{2178}=2\frac{73}{121}$$

---

① 1贯=1 000钱.

借此还可算出三人都舂得质量不同的米 $1\frac{151}{605}$ 斗。本题后术文正是说："列置粝米（糙米）三十，粺米（九折米）二十七，糳米（八折米）二十四，而反衰之。副并为法。以七斗米乘未并者。各自为取粟实。实除法得一斗。"

12. 五级不同职称的官员五人，共支付钱100，要使官阶高的支付少，依次渐多。问：各应支付多少？答数：$8\frac{104}{137}$，$10\frac{130}{137}$，$14\frac{82}{137}$，$21\frac{123}{137}$，$43\frac{109}{137}$。（《九章算术》五官分钱题）

解法相当于说，把100钱按1，2，3，4，5五级反比例分配，即按1，$\frac{1}{2}$，$\frac{1}{3}$，$\frac{1}{4}$，$\frac{1}{5}$分配。术文说："置爵数（级数）各自为衰，而反衰之。副并为法。以百钱乘未并者，各自为实。实如法得一钱。"

13. 三个工人每月工资分别是5，4，3个钱币。他们合作30日，要求每人得到相同报酬。问：每人各应工作几日？答数：$7\frac{31}{47}$（日），$9\frac{27}{47}$（日），$12\frac{36}{47}$（日）。

原题解法相当于说，三人各工作日数如分别为x，y，z。则$x:y:z=\frac{1}{5}:\frac{1}{4}:\frac{1}{3}=1:1\frac{1}{4}:1\frac{2}{3}$，$x+y+z=30$，因此所求

$$x=\frac{30\times 1}{1+1\frac{1}{4}+1\frac{2}{3}},\quad y=\frac{30\times 1\frac{1}{4}}{1+1\frac{1}{4}+1\frac{2}{3}},\quad z=\frac{30\times 1\frac{2}{3}}{1+1\frac{1}{4}+1\frac{2}{3}}$$

还列出表格，示答案及验算。

工　人	甲	乙	丙
每月工资	5	4	3
工作日数	$7\frac{31}{47}$	$9\frac{27}{47}$	$12\frac{36}{47}$
验算	每人每月工资乘工作日数，除以 30，得相同结果：		$1\frac{13}{47}$

（喀西《算术钥》第 5 章第 4 节，1247）。

按加权分配

14. 有人去仓库领 2 斛谷子。仓库里没有谷子，改用 1 份糙米、2 份豆子折成谷子，问：各应领多少？答数：糙米，5（斗）$1\frac{3}{7}$（升）；豆子，1（斛）$2\frac{6}{7}$（升）。（《九章算术》禀粟二斛题）

据题意，又从粟米章规定的谷子、糙米、豆子的相当率是 50，30，45。去仓库领糙米、豆子时，既受数量（1∶2）的制约，又受二种粮食所值——折成粟（$\frac{50}{30}:\frac{50}{45}$）各当率的制约。因此原领 2 斛粟应按 $1\times\frac{50}{30}$，$2\times\frac{50}{45}$分配，即各应取粟

$$\frac{2\times\frac{5}{3}}{\frac{5}{3}+\frac{10}{9}\times 2}=\frac{\frac{10}{3}}{3\frac{8}{9}},\quad \frac{2\times\frac{20}{9}}{\frac{5}{3}+\frac{20}{9}}=\frac{\frac{40}{9}}{3\frac{8}{9}}$$

分别折为糙米及豆子：

$$\text{糙米：}\frac{2\times\frac{5}{3}\times\frac{3}{5}}{3\frac{8}{9}}=\frac{2\times 1}{3\frac{8}{9}}=5\text{（斛）}1\frac{3}{7}\text{（升）}$$

$$\text{豆子：}\frac{2\times\frac{20}{9}\times\frac{9}{10}}{3\frac{8}{9}}=\frac{2\times 2}{3\frac{8}{9}}=1\text{（斛）}2\frac{6}{7}\text{（升）}$$

这就是本题术文所说："置米一，菽（豆子）二，求为粟之数，并之得三、九分之八为法。亦置米一、菽二，而以粟二斛乘之，各自为实，实如法，得一斛。"

15. 现需从五个县抽调人员去边寨服役。甲县紧靠边寨，有 1 200 人。乙县去边寨行程 1 日，有 1 550 人。丙县行程 2 日，有 1 280 人。丁县行程 3 日，有 990 人。戊县行程 5 日，有 1 750 人。五县共需抽调 1 200 人，服役 1 个月（作 30 日）。如按行程远近，人数多少分摊任务，问：各县应出多少人？答数：甲县 229 人，乙县 286 人，丙县 228 人，丁县 171 人，戊县 286 人。（《九章算术》五县输卒题）

解法：题意，行程与服役为等价劳动，行程一日作服役一日计。分配率正比例于各县人数，反比例于服役日数，因此五县分配率分别是

$\frac{1\,200}{30}$，$\frac{1\,550}{31}$，$\frac{1\,280}{30+2}$，$\frac{990}{30+3}$，$\frac{1\,750}{30+5}$，这就是 4，5，4，3，5。借此对 1 200 人比例分配得，

甲县应出 $1\,200\times\frac{4}{4+5+4+3+5}=228\frac{4}{7}$；乙县：$1\,200\times\frac{5}{21}=288\frac{5}{7}$；丙县，$1\,200\times\frac{4}{21}=228\frac{4}{7}$；丁县，$1\,200\times\frac{3}{21}=171\frac{3}{7}$；戊县，$1\,200\times\frac{5}{21}=285\frac{5}{7}$。[①] 本题术文作同样处理："令县卒（人数）各如其居所（在边寨服役日数）及行道日数而一，以为衰。甲衰四、乙衰五、丙衰四、丁衰三、戊衰五，副并为法。以人数乘未并者，各自为实。实如法而一。"

16. 甲乙丙丁戊己六县共有国家任务：交纳谷子 60 000 斛，并自输送到粮仓（设在甲县）。六县具体情况是：

① 尾数凑整参见第二编第二章第八节.

县	成人数	每斛谷子价（钱）	每日输送工价（钱）	到粮仓（里）
甲	42 000	20	/	/
乙	35 272	18	10	70
丙	19 328	16	5	140
丁	17 700	14	5	175
戊	23 040	12	5	210
己	19 138	10	5	280

题中规定用车输送谷子，每车载 25 斛。每车雇用输送工 6 人。满车日行 50 里，空车日行 70 里，来回搬运。装粮卸粮各计一日工资。题要求每一成年人所出费用相等，每县应分配多少斛任务？(《九章算术》六县赋粟题)

据题意，各县分配率正比于成年人数而反比于每斛谷子成本(含产地粮价及运输费)，后者需经计算，分步骤进行：

①算出各县到粮仓所需工时，从传程委输题，已知来回 1 里需$\frac{6}{175}$日。

②从各县到粮仓来往一次所需日数：

甲县，0； 丁县，$\frac{6}{175}\times175=6$；

乙县，$\frac{6}{175}\times70=2.4$； 戊县，$\frac{6}{175}\times210=7.2$；

丙县，$\frac{6}{175}\times140=4.8$； 己县，$\frac{6}{175}\times280=9.6$。

③装卸工资各加 2 日。

④每人日工资乘以每车人数，乘以各县至粮仓总日数，得每车的运输费。

⑤每车载谷子斛数除④，得各县每斛谷子运输费（钱），分别是：甲县 0；乙县 10.56；丙县 8.16；丁县 9.6；戊县 11.04；己

县 13.92。

⑥各加每斛产地谷子价，得每斛成本，分别是 甲县 20；乙县 28.56；丙县 24.16；丁县 23.6；戊县 23.04；己县 23.92

⑦各县分配率依次是：

$$\frac{42\,000}{20},\ \frac{34\,272}{28.56},\ \frac{19\,328}{24.16},\ \frac{17\,700}{23.6},\ \frac{23\,040}{23.04},\ \frac{19\,136}{23.92}$$

约简后，依次是 42，24，16，15，20，16。

⑧按衰分术各县分配任务（谷子斛数）应是：

甲县，$18\,947\frac{49}{133}$；乙县，$10\,827\frac{9}{133}$；丙县，$7\,218\frac{6}{133}$；

丁县 $6\,766\frac{122}{133}$；戊县，$9\,022\frac{74}{133}$；己县，$7\,218\frac{6}{133}$。

17. 借给人 94 个尼希卡。分三段时间计息，利率分别为 5%，3%，4%，依次借 7，10，5 个月。要使它们生相等利息。数学家，请告诉我，每段时间应借多少钱？答数：24，28，42。（婆什迦罗《丽罗娃祇》第 4 章第 91 节，1150）

此题与喀西算题（上引第 13 例）类似而多一层次。前者仅受月工资 5，4，3 制约，后者除受利率 5%，3%，4%制约外，还受借期 7，10，5 月的制约。前者当报酬一定，工作时间与每人月工资成反比；后者当利息一定，借钱数与利率成反比，也与借期成反比。因此对于总额 94 尼希卡的分配率，应取 $7\times5\%$，$10\times3\%$，$5\times4\%$的反比，也就是说所求数分别是 94 按

$\frac{100}{35}$，$\frac{100}{30}$，$\frac{100}{20}$或$\frac{20}{7}$，$\frac{10}{3}$，5，比例分配。婆什迦罗就根据分配比例法则求出答数。

评论

分配比例是生产、生活中最常见的算题。上引 17 例又分为三类：按比例分配，按反比分配，按加权分配。后两种在国外历史文献很少出现，我们各引一例。还有一类，按数列分配，我们将

在第九章数列问题中继续论述。

我们从上引 17 例中可以看到分配比例解法的历史演变：

古埃及时已有比例分配的事实背景，但还未总结为解题一般法则。第 1 例本质上是单假设法。第 2、3 两例就事论事，把问题涉及的所求量和已知量都折成原粮后，进行比较。欧洲中世纪早期时，如第 7 例阿尔昆把已给数划出大部分，据题意作出答数。然后考虑剩下的较小部分，就易于获得最后结果。这些方法在引入分配比例开头课时，都可以作为过渡材料；再在讲授法则后进行比较，说明法则的简便及其一般意义。印度在 5 世纪时阿耶波多《文集》已专题总结出三率法。9 世纪摩诃毗罗、12 世纪婆什迦罗对分配比例都作出解法法则（第 6、7 两例），《九章算术》则设专章——衰分章讨论比例分配，其中衰分术、反衰术分别解第一、第二种问题。均输章均输术解决第三种问题。

从上引 16 例中我们还可以得到其他教益：

例 2、例 3 同样是 1 000 个标号是 5 的面包，前者要求按质均分，后者是按量均分。

例 10 吉田光由《尘劫记》题，如与秦九韶《数书九章》第 9 章均货摊本题相比较，秦题是说："四人合股经商，分别出款 124 千贯，76 千贯，123. 5 千贯，100. 5 千贯。共赚货物沉香 5 088 两，胡椒 10 430 包，象牙 212 盒。问：按入股出款分派，各人得多少？"二者承袭关系，至为明显。

例 13 喀西所拟题异军突起，是按反比分配题中之佳例。在他所列表中我们看到中国古代、印度和阿拉伯国家在中世纪分数的记法完全一致：带分数整数部分在上、分子在中间、分母在下。此外他的验算工作也值得我们注意。一份完整的答卷应包含验算。中国魏晋时刘徽对上引例 15、16 都作出验算，前者各县每人平均服役 $5\frac{5}{7}$ 日，后者各县每成年人出 $9\frac{3}{133}$ 钱。而例 17 婆什迦罗也作了验算：94 尼希卡分作 24，28，42 三份，确实各生相同利息，$8\frac{2}{5}$尼希卡。

例 16 是按加权分配题中佳例。题设很多条件，层次复杂，但很紧凑，没有多余的话。命题背景逻辑性强。每斛谷子产地价与运输费总和与粮仓所在地甲县产地价基本相同，符合经济规律，这反映命题人的周到思维。

第九章 数列问题

数列也是古世界算题中的常见者，本章着重论述：分配比例(续、按等差数列分配、按等比数列分配)、等差数列和等比数列。

第一节 分配比例（续）

按等差数列分配

1. 100个面包按算术数列分给5人，多得的三人面包和的$\frac{1}{7}$等于少得的二人面包和。问：他们的公差是多少？

解法和答数：

如果公差是$5\frac{1}{2}$，则五人所得分别为

23，$17\frac{1}{2}$，12，$6\frac{1}{2}$，1。五者之和是60，比［已给］总和缩小$1\frac{2}{3}$倍，因此所求各数是：

$38\frac{1}{3}$，$29\frac{1}{6}$，20，$10\frac{2}{3}\frac{1}{6}$，$1\frac{2}{3}$。

(埃及《莱因得纸草》第40题，公元前1650年)

2. 请写出等差数列，假使告诉您：有10海卡大麦分给10个人，使他们的公差是$\frac{1}{8}$海卡。

解法：如果平均分配，每人1海卡。人数减1是9。取公差的$\frac{1}{2}$是$\frac{1}{16}$海卡，乘以9，得$\frac{1}{2}\frac{1}{16}$海卡。加到平均分配1海卡上，

$1\frac{1}{2}\frac{1}{16}$海卡是最大分配额。从此逐次减去公差，直至最后一人，就得每人应得数。

答数：

$1\frac{1}{2}\frac{1}{16}$，$1\frac{1}{4}\frac{1}{8}\frac{1}{16}$，$1\frac{1}{4}\frac{1}{16}$，$1\frac{1}{8}\frac{1}{16}$，$1\frac{1}{16}$，$\frac{1}{2}\frac{1}{4}\frac{1}{8}\frac{1}{16}$，$\frac{1}{2}\frac{1}{4}\frac{1}{16}$，$\frac{1}{2}\frac{1}{8}\frac{1}{16}$，$\frac{1}{2}\frac{1}{16}$，$\frac{1}{4}\frac{1}{8}\frac{1}{16}$。

（《莱因得纸草》第 64 题）

3. 10 兄弟分 100 个金币。哥哥比弟弟依次多分。已知每一级相差都一样，还知道八弟分得 6 个金币。问：每一级相差多少？

解法：如果平均分配，每人 10 金币。八弟和三哥应共得 20 个金币，也就是说三哥得 14 个金币，他们相差 8 金币。三哥比八弟高 5 级，因此每级相差$\frac{8}{5}$金币。①（巴比伦泥版，公元前 1000～2000 年）

4. 五个官员猎得 5 只鹿，要求按官阶高低〔5，4，3，2，1〕作比例分配。问：各人得多少？

解法：衰分术："列置爵数，各自为衰。副并为法，以五鹿乘未并者。各自为实，实如法得一鹿。"这是说，五人分别得

$\frac{5\times5}{5+4+3+2+1}=1\frac{2}{3}$，$\frac{5\times4}{15}=1\frac{1}{3}$，$\frac{5\times3}{15}=1$，$\frac{5\times2}{15}=\frac{2}{3}$，$\frac{5\times1}{15}=\frac{1}{3}$。（《九章算术》）五官分鹿题）

4a. 今有五等诸侯，共分桔子六十颗。人别加三颗，问：五人各得几何？答数：公 18 颗，侯 15 颗，伯 12 颗，子 9 颗，男 6 颗。

解法：相当于说：$3+6+9+12+15=45$，$60-45=15$，$15\div$

① O. Neugebauer. Mathematische Keilschrifttexte. Berlin：1935～1937. 转引自 А. А. Вайман. Шумеро-Вавилонская Математика，Москва：1961. 95～96

5＝3。所求数分别是3＋3，6＋3，9＋3，12＋3，15＋3。（《孙子算经》卷中第25题，公元4、5世纪之交）

4b. 国王生日，把容量为100的酒按功勋（1，2，3，…9，10）分赐十个大臣。问：每人分得多少？答数：$1\frac{9}{11}$，$3\frac{7}{11}$，…，$12\frac{8}{11}$，…

解法：按功勋的意思是说第一个人所得对第二人所得是1∶2，第二人对第三人是2∶3，依此类推。第一人得$1\frac{1}{2}\frac{1}{5}\frac{1}{10}\frac{1}{55}$，…，第七人得$12\frac{1}{2}\frac{1}{10}\frac{1}{20}\frac{1}{30}\frac{1}{33}\frac{1}{55}$。（阿尔美尼亚、阿奈尼《算术》第22题，7世纪）

5. 五人〔按等差级数〕分5钱。要求前二人所得和等于后面三人所得和。问：各人得多少？答数：$1\frac{2}{6}$，$1\frac{1}{6}$，1，$\frac{5}{6}$，$\frac{4}{6}$。

（《九章算术》五人分钱题）

我们设所求数列为$\{a_i\}$，$i=1$，2，3，4，5。据题意使$a_1+a_2=a_3+a_4+a_5$。又$a_5=a_1+4d$，$\frac{5}{2}(a_1+a_5)=5$，解得$d=\frac{1}{6}$，$a_1=\frac{4}{6}$，$a_2=\frac{5}{6}$，$a_3=1$，$a_4=1\frac{1}{6}$，$a_5=1\frac{2}{6}$（钱）。

本题术文用单假设法解题。假设五人分别得5，4，3，2，1，则前面二人所得和较后面三人所得和多3钱。使每人都增加3钱，分别得8，7，6，5，4钱，已满足题设部分条件，但五人总和大于题设6倍。就以$\frac{4}{6}$，$\frac{5}{6}$，1，$1\frac{1}{6}$，$1\frac{2}{6}$钱作答案。

本题术文说："置钱锥行衰，并上二人为九，并下三人为六。六少于九、三。以三均加焉，副并为法。以所分钱乘未并者，各自为实，实如法得一钱。"（《九章算术》五人分钱题）

6. 克雷色斯王制碗6个。总重6米奈，每个较另一个重1突拉赫马。各碗分别重几何？

解法：第一个重 $97\frac{1}{2}$突拉赫马[1]，依次增重。（《希腊箴言》第 12 题，6 世纪）

6a. 今有金八两一钱，欲挨次制套钟五个，各重若干？

解法：相当于说，按分配率 5，4，3，2，1，把 8 两 1 钱金子分开。答数：大号钟 2 两 7 钱，二号钟 2 两 1 钱 6 分，三号钟 1 两 6 钱 2 分，四号钟 1 两零 8 分，五号钟 5 钱 4 分。（程大位《算法统宗》第 5 卷，1592）

6b. 8 个锅子，分别容 1，2，3，4，5，6，7，8 升，共值银 43 钱 2 分。如按容量大小递增锅价，问：各锅值银多少？

答数：1 钱 2 分，2 钱 4 分，

3 钱 6 分，4 钱 8 分，6 钱，

7 钱 2 分，8 钱 4 分，9 钱 6 分。

解法：$1+2+3+4+5+6+7+8=36$，$43.2\div36=1.2$ 钱——1 升锅子值银数。（吉田光由《尘劫记》卷中第 1 节，1627）

7. 14 个街坊合资兴建两座桥梁。其中 4 个街坊在两桥之间，7 个街坊在桥北，其余 3 个在桥南。建桥费用 7 000 钱，由街坊分摊支付。规定两桥之间街坊支付相同费用，桥外街坊按离桥距离递减。如果递减率是 43 钱，问：每街坊应支付多少？（图 4. 9. 1）

解法：我们设两桥之间每街坊支付 a 钱，则三处街坊各自支付数为：

两桥之间街坊　　$4a$

桥北街坊　　$7(a-43\cdot\frac{1+7}{2})$

---

① 突拉赫马，（drahma）重量单位，1 米奈＝20 突拉赫马.

桥南街坊　　$3(a-43\cdot\frac{1+3}{2})$

据题意得方程　　$14a=7\,000+43(7\times4+3\times2)$

解得　　$a=604\frac{6}{14}$（钱）

原题后也作相同理解，认为桥北、桥南递减总数为$43\times((1+2+3+4+5+6+7)+(1+2+3))$。

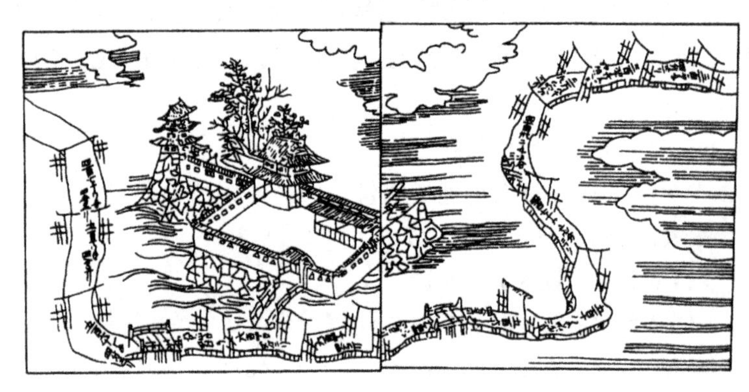

图 4.9.1

题后详记答数：两桥中间各街坊支付$604\frac{6}{14}$（钱）；桥北各街坊支付依次为$561\frac{6}{14}$，$518\frac{6}{14}$，$475\frac{6}{14}$，$432\frac{6}{14}$，$389\frac{6}{14}$，$346\frac{6}{14}$，$303\frac{6}{14}$（钱）；桥南各街坊支付依次为$561\frac{6}{14}$，$518\frac{6}{14}$，$475\frac{6}{14}$①（钱）。（《尘劫记》卷下第 2 节）

按等比数列分配

8. 牛马羊把人家青苗吃了，苗主人提出罚谷子 5 斗。羊的主人说："羊所吃是马的一半。马的主人说：马所吃是牛的一半。问：

① 插图中尾数折为过剩近似值 4 分 2 厘.

各应罚多少谷子？答数：羊 $7\frac{1}{7}$（升），马 $14\frac{2}{7}$（升），牛 $28\frac{4}{7}$（升）。（《九章算术》三畜食苗题）

解法：相当于说按等比数列 4，2，1 比例分配所罚的谷子，于是

$50\times\frac{4}{4+2+1}=28\frac{4}{7}$，$50\times\frac{4}{7}=14\frac{2}{7}$，$50\times\frac{1}{7}=7\frac{1}{7}$。本题术文说："置牛四、马二、羊一，各自为衰。副并为法。以五斗乘未并者，各自为实。实如法得一斗。"

8a. 八马九牛十四羊，赶在村南牧草场。吃了人家田中稻，议定赔偿六石粮。一牛好比羊二只，四牛二马适相当。答数：8 马共赔 3 石，9 牛共赔 1.687 5 石，14 羊共赔 1.312 5 石。（程大位《算法统宗》第 10 卷，1592）

解法：相当于说以 8×4，9×2，14×1 为分配率比例分配赔偿谷子 6 石。

9. 织女 5 日内织 5 尺布。织布数每日是前一日所织的 2 倍。问：她每日织多少？（《九章算术》女子善织题）

答数：$1\frac{19}{31}$（寸），$3\frac{7}{31}$（寸），$6\frac{14}{31}$（寸），1（尺）$2\frac{28}{31}$（寸），2（尺）$5\frac{25}{31}$（寸）。

解法：相当于说，按等比数列 1，2，4，8，16 比例分配已给 5 尺布，于是得解。本题术文说："置一、二、四、八、十六为列衰，副并为法。以五尺乘未并者，各自为实。实如法得一尺。"

10. 用天平秤称由金、银、铜、锡组成的合金块，计重 32 磅。其中银是金的 3 倍，铜是银的 3 倍，锡又是铜的 3 倍。请问：合金块中含金、银、铜、锡各多少？

解法：金重 9 英两；银是 9 英两的 3 倍，2 磅 3 英两；铜，2 磅 3 英两的 3 倍，6 磅 9 英两；锡，6 磅 9 英两的 3 倍，20 磅 3 英

两。合共 32 磅。[①]（阿尔昆《益智题集》第 7 题，8 世纪）

11. 363 个弟纳尔分给五个人，其中第一人得 3 份，然后依次以 3 为公比递增分给。问：他们各得多少？答数：3，9，27，81，243（第纳尔）（摩诃毗罗《文集》第 6 章第 $81\frac{1}{2}$ 节，9 世纪）

12. 某商人借给某大学 2 814 个金币，每年归还 618 个金币，还 9 年本利都清。问：年利率多少？答数：16% 强。（塔塔里亚，1556）

13. 某商人出售 15 码布。第 1 码售 1 先令，第 2 码售 2 先令，第 3 码售 4 先令，每码加倍计值售布。问：他售完后共有多少收入？（贝克，1568）

评论

按等差数列分配，在远古埃及文献《莱因得纸草》中已明确记载，更使人感到兴趣和惊奇的是，其中第 40 题问题的提法居然与《九章算术》五人分钱题构思相同。当然在如此遥远的过去，交通条件和文化交流条件又如此严峻的形势下，我们绝不能作出如此大胆的设想：二者有因袭关系。只能说，是在类似经济环境下酝酿、孕育而成的两张独立完成的优美答卷。上引 13 个例中，例 1、例 5 应作这样理解，而另外例 4、例 4b、例 6、例 6a、两组算题，构思甚似，也应作如是观。7 世纪阿奈尼故乡在中亚细亚，虽有可能接触中国文化，但其答数用的是单分数，显然受到埃及文化影响。例 1、例 5 如从解法看，《九章算术》术文具体可行，可以解同类问题，三国刘徽在注中还引伸为七人分七钱，此术畅通无阻。事实上，本文的思路可以推广到 $m+n$ 人分 $m+n$ 个钱，使每人所得成等差数列，且使前面 m 个人所得和等于后面 n 个人所得和。我们据《九章算术》术文原意假使各人分别得

---

① 当时，1 磅＝12 英两.

$1, 2, 3, \cdots, m, m+1, m+2, \cdots m+n$

如果前面 m 项之和与后面 n 项之和相等，问题已解。如不相同，可以使各项各加上平均差

$d=\dfrac{\dfrac{m+1+m+n}{2}n-\dfrac{m+1}{2}m}{m-n}=\dfrac{n^2+2mn-n^2+n-m}{2(m-n)}$，则前面 m 项之和与后面 n 项之和相等。显然前者为 $\dfrac{n^2+2mn-m^2+n-m}{2(m-n)}+\dfrac{1+m}{2}m=\dfrac{mn(m+n)}{2(m-n)}$，而后者 $\dfrac{n^2+2mn-m^2+n-m}{2(m-n)}+\dfrac{m+1+m+n}{2}n=\dfrac{mn(m+n)}{2(m-n)}$。再以 $1+d, 2+d, \cdots, m+d, m+1+d, \cdots, m+n+d$ 作为分配率比例分配 $m+n$ 个钱。例 1 所示埃及《莱因得纸草》第 40 题借助于单假设法，其中先假设公差是 $5\frac{1}{2}$，这一关键性假设从何而来？此千古未解之谜历来十分迷人，美国人卡斯（A·B·Chace）在他为《莱因得纸草》[1] 所作解释有独到见解，大意是说，先假设公差是 1、首项是 1 的等差数列 1，2，3，4，5。其中前二项之和与后三项和的 $\frac{1}{7}$ 的差是 $3-\frac{12}{7}=1\frac{2}{7}$。再假设公差是 2、首项是 1 的另一等差数列 1、3、5、7、9。其中前二项之和与后三项和的 $\frac{1}{7}$ 的差是 $4-\frac{21}{7}=1$。前后两次差的差是 $1\frac{2}{7}-1=\frac{2}{7}$。问：$1\frac{2}{7}$ 内含有几个 $\frac{2}{7}$？也就是说在第一次假设公差应设多少才满足：前二项之和 $=\frac{1}{7}$ 乘以后三项之和？

$1\frac{2}{7}\div\frac{2}{7}=4\frac{1}{2}$，因此所求 $d=4\frac{1}{2}+1=5\frac{1}{2}$。

---

① A. B. Chace. The Rhine mathematical Papyrus. mathematical Association of America. vol. 1, 1927.12

下文我们记数列中

a_1——首项，a_i——第 i 项，

a_n——末项，d——公差

r——公比，S_n——数列前 n 项和。

上引例 2，即《莱因得纸草》第 64 题，是一道已知 d，n，S_n，求 a_i（$i=1$，2，…10）的问题。从原题解法观察，纸草是借助于已知条件先求出末项。令人惊叹的是纸草作者正是在运用公式

$$a_n=\frac{S_n}{n}+\frac{n-1}{2}d。$$

例 3，巴比伦泥版文书是一道已知 a_7、n、S_n，求 d 的问题，至今仍可以作为中学课堂内外补充习题。

例 4a《孙子算题》算题是模拟例 4 之作，他的解法没有用传统衰分术，在教学中作为过渡手段，也是可取的。

例 6a，6b 有因袭关系，《尘劫记》受程大位《算法统宗》影响非常深刻，大矢真一校注解说“我国数学都是从外国引入基础上成长起来的…《尘劫记》是以《算法统宗》为蓝本写成。”[①] 例 6b 原题称为入子算。“入子”为日语，义：重量或容量依次递增如锅钵之类的器皿。

例 7 是《九章算术》衰分术以来非常逗人的一道算题，原题还附有插图。

例 8a 程大位以诗歌体裁模拟《九章算术》三畜食苗题，并且加深要求，是一道加权等比数列比例分配算题，原答数位数多，却准确无误。

例 10 阿尔昆有答，有验算。事实上没有解法，说明在欧洲中世纪初期的实际数学水平。

---

① 吉由光由《尘劫记》大矢真一校注本．岩波文库．东京：1980．255～256

第二节 等差数列

1. 现有九节竹，下面3节总容积4升，上面4节总容积3升。问：如竹子自下而上均匀递减，则各节容积是多少？答数：自上而下各节容积依次是$\frac{39}{66}$，$\frac{46}{66}$，$\frac{53}{66}$，$\frac{60}{66}$，$1\frac{1}{66}$，$1\frac{8}{66}$，$1\frac{15}{66}$，$1\frac{22}{66}$，$1\frac{29}{66}$（升）。（《九章算术》有竹九节题。）

解法：我们如据题意，可列二方程：

$$\begin{cases}a_1+a_2+a_3+a_4=4a_1+6d=3\\a_7+a_8+a_9=3a_1+21d=4\end{cases}$$

于是$a_1=\frac{39}{66}$，$d=\frac{7}{66}$问题已解。

本题术文则另具一格，相当于说，各节容积x是关于竹节序数y的阶梯函数。据题意，$x_1+x_2+x_3+x_4=3$，其平均容积$\frac{3}{4}$在$y=2$处，而$x_7+x_8+x_9=4$，其平均容积$\frac{4}{3}$，在$y=7\frac{1}{2}$处。借此精确计算公差

$$d=\frac{\frac{4}{3}-\frac{3}{4}}{7\frac{1}{2}-2}=\frac{7}{66},$$

各节容积x是竹节序数y的阶梯函数（图4.9.2）

$$x=\begin{cases} x_1 & (0\leqslant y<1) \\ x_2 & (1\leqslant y<2) \\ x_3 & (2\leqslant y<3) \\ x_4 & (3\leqslant y<4) \\ x_5 & (4\leqslant y<5) \\ x_6 & (5\leqslant y<6) \\ x_7 & (6\leqslant y<7) \\ x_8 & (7\leqslant y<8) \\ x_9 & (8\leqslant y<9) \end{cases}$$

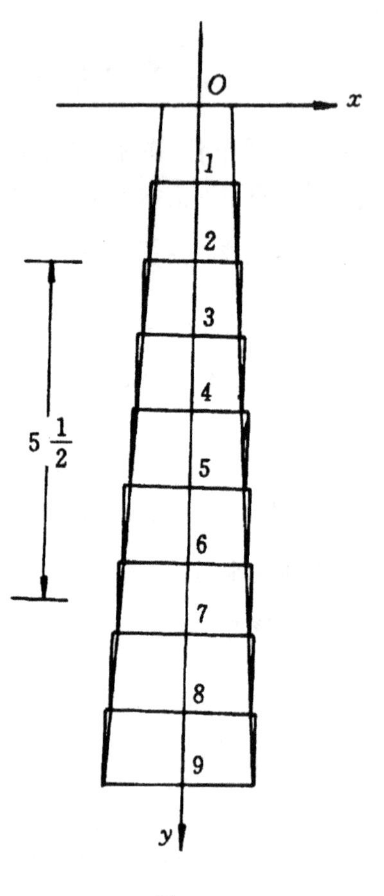

图 4.9.2

于是 $x_{7\frac{1}{2}}=x_8=\frac{4}{3}$，而 $x_9=x_8+\frac{7}{66}=1\frac{29}{66}$

依次递减 $d=\frac{7}{66}$，可求出各节容积，直至 $x_1=\frac{39}{66}$。这就是本题术文的全部含义："以下三节分四升为下率，以上四节分三升为上率。上下率以少减多，余为实。置四节三节各半之，以减九节，余为法。实如法得一升，即衰相去也（公差）。下率，一升少半升者，下第二节容（x_8）也。"

2. 锥状金鞭全长 5 尺，斩根部一尺重 4 斤，斩梢部一尺重 2 斤。问：其他三尺各重多少？答数：3 斤 8 两，3 斤，2 斤 8 两。

解法：相当于说已知等差数列 $a_1=4$，$a_5=2$，求 $d=\frac{a_5-a_1}{5-1}=-\frac{1}{2}$。（《九章算术》金棰五尺题）

3. 今有女善织，日益功疾（逐日均匀递增）。初［一］日织五尺。今一月［三十日］织九匹三丈①。问：日益几何？答数：$5\frac{15}{29}$（寸）。(《张丘建算经》卷上第22题，5世纪)

解法：相当于说，所求公差

$$d=\frac{2\left(\frac{S_n}{n}-a_1\right)}{n-1}。$$

4. 今有与人钱。初一人与三钱，次一人与四钱，次一人与五钱，以次与之，转多一钱。与讫，还敛聚，与均分之，人得一百钱。问：人几何？答数：195人。

术文：置人得钱数，以减初一钱数。余，倍之。以转多钱数加之，得人数。

这相当于说，所求人数

$$n=\frac{2\left(\frac{S_n}{n}-a_1\right)}{d}+1$$

(《张丘建算经》卷上第32题)

5. 梯有100级，第一级上有1只鸽子，第二级上有2只鸽子，……，第100级上，有100只鸽子。问：梯上共有多少只鸽子？

解法 第一级上有1只，第99级有99只，二者的和是100。第二级有2只，第98级有98只，二者的和是100。于是所求总数是

$100\times49+50+100=5\ 050$。

(阿尔昆《益智题集》第42题，8世纪)

6. 在破敌阵途中，王命初发日速为2育亚那②。问：应以多少增速，才能在一星期内到达80育亚那远处敌境？答数：$\frac{22}{7}$（育

---

① 这里，1匹=4丈.

② 育亚那，(yoyanas)，长度单位.

亚那)。

解法：和除以项数，减去初项。余数除以项数减 1 的一半，这就是公差。

题意 $a_1=2$，$n=7$，$S_n=80$，代入公式得答数。(婆什迦罗《丽罗娃祇》第 5 章第 124，125 节，1150)

7. 某人第一日奉献牧师 3 突拉马，以后每日增加 2 突拉马。他一共奉献牧师 360 突拉马。请快告诉我，他奉献了几日？答数：18（日）。

解法：和乘公差的 2 倍，加上初项与公差折半之差的平方。以平方根减去初项，加上公差折半，除以公差，就是所求项数。这相当于说

$$n=\left(\sqrt{\left(a_1-\frac{d}{2}\right)^2+2S_nd}-a_1+\frac{d}{2}\right)\div d$$

(婆什迦罗《丽罗娃祇》第 5 章节 125～126 节)

8. 人们走进果园，第一个人摘下 1 只石榴，第二人摘 2 只，第三人摘 3 只，依此类推，每人以后多增摘一只。石榴摘完后，平均分配每人得 6 个石榴，问：有多少人摘石榴？答数：11 人。(喀西《算术钥》，1427)

9. 卖 100 条毛巾，第一条售价 1 先令，以后每条增值 1 先令，问：一共卖了多少钱？(贝克，1568)

评论

在传统的等差数列课堂教学中，总是把 a_1，d，n，a_n，S_n 列为 5 个元素，彼此互求有 20 个公式，必须讲的有二：

$$a_n=a_1+(n-1)d$$

$$S_n=\frac{n}{2}(a_1+a_n)$$

历史算题中也以这两个公式为内容居多。在人类认识世界的初级阶段只考虑这二类问题。上引例 5 例 9 就是典型。传为佳话的德

国数学家高斯与启蒙老师的故事也是一个典型。事实上，在本章第一节按比例分配中，大量算题也涉及这二公式。

在上引 9 例中，例 2，例 3，从已知 a_1，n，S_n，求公差

$$d=\frac{2\left(\frac{S_n}{n}-a_1\right)}{n-1}$$

例 7 是从已知 a_1，d，S_n 求项数：

$$n=\left(\sqrt{\left(a_1-\frac{d}{2}\right)^2+2dS_n}-a_1+\frac{d}{2}\right)\div d$$

足证中国和印度数学家精湛的解题能力。

例 4，例 8 两算题结构相同，只是求项数的特殊情况，已知 a_1，d，$\frac{S_n}{n}$，$(d=1)$，其一般意义远逊于例 7 婆什迦罗公式。

《九章算术》有竹九节、金棰五尺两题很引人瞩目，特洛夫凯《初等数学史》应用问题等差数列节中列项论述。两题已知是 a_m，a_n 借助于公式

$$d=\frac{a_m-a_n}{m-n}$$

解题，m，n 为有理数，这在历史文献中所仅见。前者 a_m，a_n 也不直接给出，牵涉阶梯函数知识。

第三节 等比数列

以 2 为底的幂

1. 王命其征兵官在 30 个村庄征兵。第一村征 1 人，以后加倍。问：30 个村庄共征兵多少？

解法：出第 1 村庄时连同征兵官有 2 人，出第 2 村庄有 4 人，出第 3 村庄有 8 人，以后依次是：4 村，16；5 村，32；6 村，64；7 村，128；8 村，256；9 村，512；10 村，1 024；11 村，2 048；

12 村，4 096；13 村，8 192；14 村，16 384；15 村，32 768；16 村，65 536；17 村，131 072；18 村，262 144；19 村，524 288；20 村，1 048 576；21 村，2 097 152；22 村，4 194 304；23 村，8 388 608；24 村，16 777 216；25 村，33 554 432；26 村，67 108 864；27 村，134 217 728；28 村，268 435 456；29 村，536 870 912；30 村，1 073 741 824。

（阿尔昆，《益智题集》第 13 题，8 世纪）

2. 棋盘有 64 格，第一格放一粒麦，第二格放 2 粒，第三格放 4 粒，依次加倍。把所有 64 格都放满，问：共有麦多少粒？

解法：$2^{64}-1=18\ 446\ 744\ 073\ 709\ 551\ 615$（粒）（斐波那契《计算之书》，第 12 章，1202）

3. 一文（钱）日增一倍，倍至三十日。问：计钱几何？答数：1 073 741 824（文）。（程大位《算法统宗》第 7 卷，1592）

4. 某马贩卖出一匹马，得价 156 卢布。买方忽然反悔，将马退还，说："这匹马不值这些钱，所以退还你。"马贩就订出另一种马价，并对买方说："你既然觉得马价太高，你就买钉在马蹄上的钉子吧，我把马奉送给你。""每一马蹄铁上有 6 只钉子，总共才 24 只钉子。第 1 只钉子请付$\frac{1}{4}$戈比，第 2 只钉子付$\frac{1}{2}$戈比，第 3 只钉子付 1 戈比。这样计算下去，买所有的钉子吧！"买主暗想，钉子价钱如此便宜，总共化不了 10 个卢布，而且还白白得一匹马，就答应买钉。问：买主这笔交易是得了便宜，还是吃了亏？

解法：$1+2+\cdots+2^{21}$戈比又$\frac{3}{4}$戈比，折合 41 943 卢布 $3\frac{3}{4}$戈比。（俄罗斯数学手稿，17 世纪）

以 7、8、9 为底的幂。

5. 一份财产含 7 间房，每间房有 7 只猫，每只猫吃 7 只老鼠，每只老鼠吃 7 枝大麦，每枝大麦生产 7 海卡原粮。问：这些财产：房、猫、老鼠、麦、原粮（海卡）各有多少？答数：房 7，猫 49，

老鼠 343，大麦 2 401，原粮 16 807（海卡）。（埃及《莱因得纸草》第 79 题，公元前 1650 年）

6. 今有出门望见九堤，堤有九木，木有九枝，枝有九巢，巢有九禽，禽有九雏，雏有九毛，毛有九色。问：各几何？答数：木 81，枝 729，巢 6 561，禽 59 049，雏 531 441，毛 4 782 969，色 43 046 721。（《孙子算经》卷下第 34 题，公元 4、5 世纪之交）

7. 7 个妇女在去罗马的路上，每人有 7 匹骡子，每匹骡子驮 7 个袋子，每个袋子装 7 个面包，每个面包带 7 把小刀，每把小刀有 7 层鞘。在去罗马路上妇女、骡子、面包、小刀和刀鞘一共有多少？答数：妇女 7，骡子 49，面包 343，小刀 2 401，刀鞘 16 807；总和 19 607。（斐波那契《计算之书》第 12 章，1202）

8. 诸葛亮统领八员将，每将又分八个营，每营里面排八阵，每阵先锋有八人，每人旗头俱八个，每个旗头八队成，每队更该八个甲，每个甲头八个兵。答数：19 173 385（人）。

9. 我赴圣地爱弗司，路遇妇女数有七。一人七袋手中携，一袋七猫不差池。一猫七子紧相随。猫、猫子、布袋及妇人共有多少共赴圣地爱弗司？（美国亚当斯（D. Adams《学者算术》，19 世纪初）

评论

等比数列是十分古老的议题，古埃及《莱因得纸草》已有最早例（例 5）。

在传统的等比数列课堂教学中总是把 a_1，r，n，a_n，S_n 列为 5 个元素，彼此互求有 20 个公式，必须讲的有二：

$$a_n=a_1r^{n-1}$$

$$S_n=\frac{a_1\ (r^n-1)}{r-1}$$

在历史算题中，也以这两个公式为内容居多，上引 9 例无一例外。

从已知元素 a_1，n，S_n 求公比，需解方程

$$r^n-\frac{S_n}{a_1}r+\frac{S_n-a_1}{a_1}=0$$

在历史算题中我们仅见一例（上引第一节例12）。

从已知元素 a_1，r，S_n 求项数

$$n=\frac{\lg\ (a_1+\ (r-1)\ S_n)\ -\lg a_1}{\lg r}$$

格于条件，在历史算题中为空白。

以2为底的幂的等比数列是人们最熟悉的。棋盘问题最早见于阿拉伯历史学家约古比（al-Jaqubi，9世纪）专著，后来契利甘（Ibn Challikan，1211～1282）演变为故事：希拉姆（Shihram）王为奖励棋术发明人达伊（Sissah ibn Dahir），允诺达伊的请求，在棋盘第一格上放一颗麦子，第二格放2颗，第三格放4颗，等等。一本古老的德文手稿上说：没有一国王能支付这一财富。其实早于斐波那契在印度婆什迦罗《丽罗娃祇》第5章第129节有相同的题："某人初一日布施一双贝币，许愿以后每日加倍布施。问：一个月内他布施总值是多少？"婆什迦罗指出当 $r=2$ 时的等比数列前 n 项求和公式。并得出准确答案：2 147 483 646贝币。我国程大位也独立提出同一问题。马贩马蹄铁钉问题也是著名算题，里斯（Riese），鲁多尔夫（Rudolf）所著教科书中俱载此题。

自从《莱因得纸草》提出以7为底的幂的几何数列后，后人颇多摹仿，斐波那契从五项增至六项，直至19世纪美国教科书还以歌谣形式传布（降为四项）。我国数学专著则以8、9为底阐述同一构思。在我国数学文献上还有以3为底的幂，其指数达361。这就是北宋沈括棋局都数算题，我们将在本《大系》第五卷两宋数学讨论。

第十章　几何计算问题

本章分五节：图形面积及其反算、勾股定理、勾股比例二节、立体体积及其反算。

第一节　图形面积及其反算

长方形

1. 计算长方形面积：如果告诉你，它的长是 10 亥特，宽是 1 亥特。答数：1 000 肘尺方条。[①]

计算如下

1	1 000
10	10 000
100	100 000
$\frac{1}{10}$	10 000
$\frac{1}{10}$的$\frac{1}{10}$	1 000

这就是面积。(埃及《莱因得纸草》第 49 题，公元前 1650 年)

2. 现有长方形田，长 16 步，宽 15 步。问：田的面积是多少？答数：1（亩）。

解法：方田术。唐代李淳风解释说：有长方形田一亩。如果

① 亥特(khet)＝100 肘尺. 1 肘尺＝20.6 英寸　52.3 厘米. 1 肘尺方条：长 100 肘尺、宽 1 肘尺.

宽是 15 步，就沿长的方向分成 15 条，每条宽 1 步。长是 16 步，又把田沿宽的方向分成 16 行，每行宽一步，长是 15 步。经过如此纵、横分划，把田分成 240 个正方形，每块面积是 1 方步。1 亩地的方步数正是正方形的个数，因此方田术取得验证。(《九章算术》方田章第 1 题)

3. 现有长方形田，长$\frac{3}{5}$步，宽$\frac{4}{7}$步。问：田的地积是多少？答数：$\frac{12}{35}$（方步）。

解法：乘分术：$\frac{4}{7}\times\frac{3}{5}=\frac{4\times3}{7\times5}=\frac{12}{35}$。刘徽为此解释说：分子有所乘，则得数应除以这分数的分母。现在既然两分子相乘，则得数都应除以对应的分母。这就是说，以两分母的连乘积作为除数。(《九章算术》方田章第 19 题)

评论

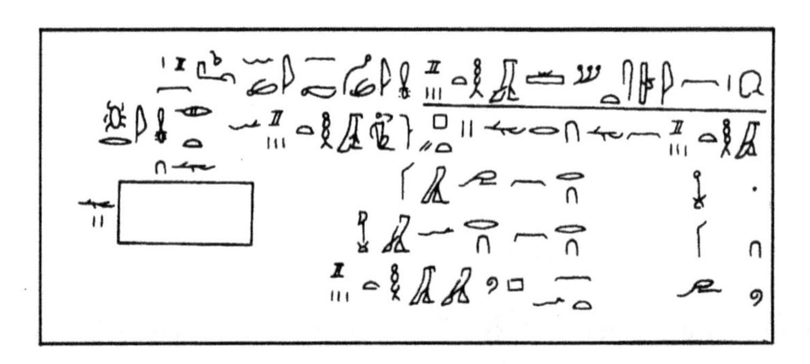

图 4.10.1

我们从图 4.10.1 可见《莱因得纸草》第 49 题上有长方形插图，其中上方注∩（10），而左侧注||（2），而其计算则是按 10×1 或 1 000 肘尺与 100 肘尺。其乘积是 100 000 平方肘尺，除以 100，得 1 000 肘尺方条。足见当时已有完整长方形面积计算思想。(图 4.10.1)

我们没有发现在巴比伦泥版文书中有关长方形面积的计算材料。

中国唐代李淳风关于《九章算术》方田术计算长方形面积的解释至为通（顺）、达（意）、透（彻）。刘徽所作分数边长长方形面积算法的论述也很得当。刘、李两家所说，至今对小学数学教学仍有重要指导意义。

四边形（近似）

4. 四边形两双对边平均的乘积就是它的面积。（埃及艾得府（Edfu）神庙石制门楼浮雕，公元前 4 世纪）[①]

5. 今有四不等田，东三十五步，西四十五步，南二十五步，北十五步。问：为田几何？答数：800（方步）。

解法：并东西得八十步，半之，得四十步。又并南北，得四十步，半之，得二十步。二位相乘，即得。（《五曹算经》第 1 卷第 14 题，5 世纪）

6. 四边形土地，两长边：34，32，两宽边：30，32。请问：它有多少面积？答数：1 023。

解法：两长相加得 66，折半得 33。两宽相加得 62，折半得 31。$31\times 33=1\ 023$。（阿尔昆《益智题集》第 23 题，8 世纪）

评论

当四边形四边依次长 a，b，c，d。上引三题都不约而同地取四边形面积

$$A_1\approx\frac{a+c}{a}\cdot\frac{b+d}{2}$$

我国农村也有取对边中点连线，取二者乘积作四边形面积。

$$A_2\approx AB\cdot CD\ （图\ 4.10.2）$$

① Lapsius. Abh. Preuss. Akal. Wiss. Berlin. Philose. Hist. Abteilung, 1855.

我们如取四边形面积准确值为 A，则

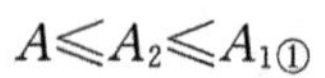

$$A \leqslant A_2 \leqslant A_1$$①

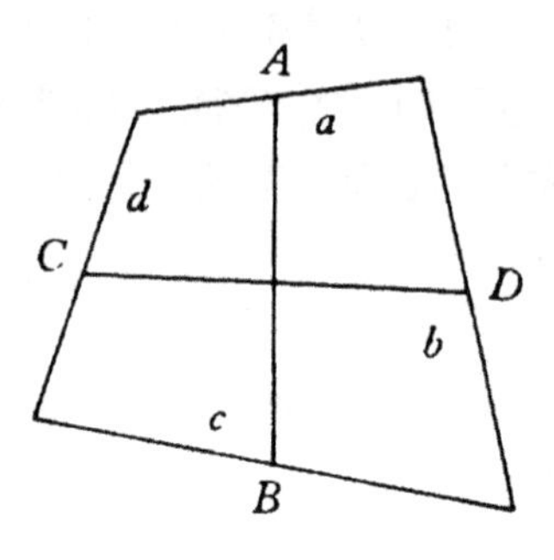

图 4.10.2

三角形

7. 有一块三角形田。假使它的边（高）是 10 亥特，底是 4 亥特。问：它的地积是多少？答数：20（塞塔）。②（图 4. 10. 3）

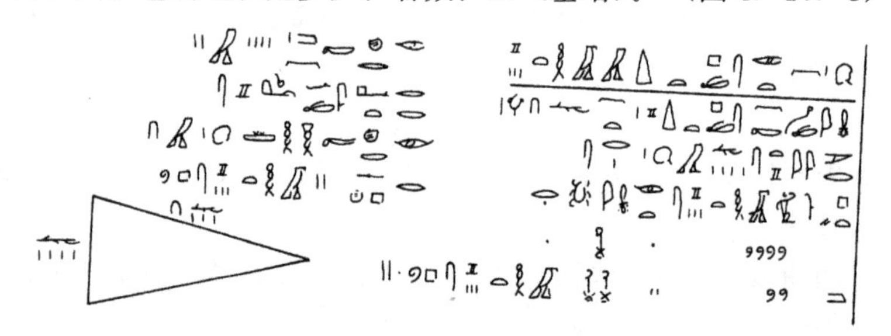

图 4.10.3

计算如下：

1　　　　　　400

① 华罗庚．全国中学数学赛题解前言．科学普及出版社，1978．1～10.

② 塞塔（Setat）＝1 平方亥特＝100 肘尺方条.

$\frac{1}{2}$	200
1	1 000
2	2 000

解法：取 4 的$\frac{1}{2}$，是为了得到长方形，10 乘以 2，这是面积。

（《莱因得纸草》第 51 题，公元前 1650 年）

8. 有一三角形，底长 15，高是 30。问：它的面积是多少？答数：225。（图 4.10.4）

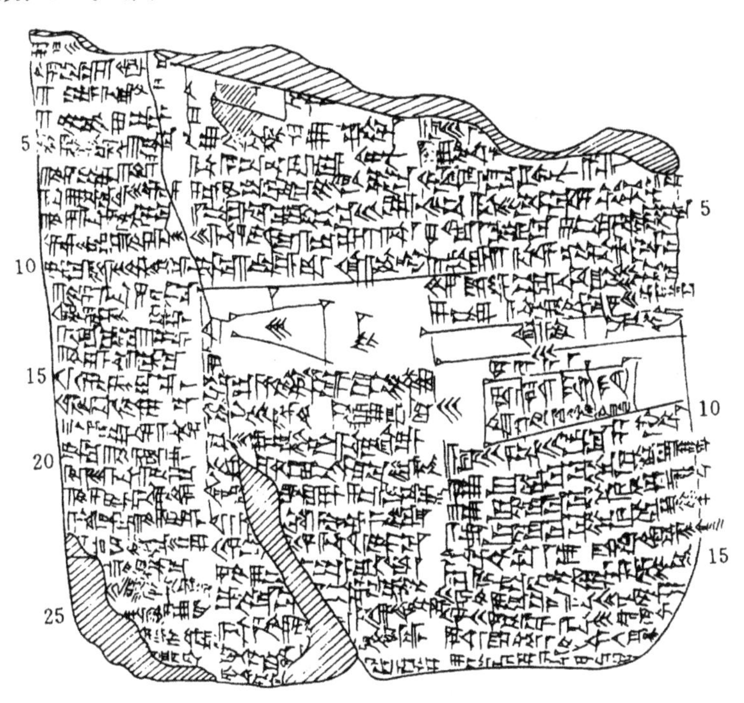

图 4.10.4

解法：三角形面积等于底与高乘积的一半[①]（巴比伦泥版：莫斯科珍品 15073）

9. 现有三角形田：底 $5\frac{1}{2}$ 步，高 $8\frac{2}{3}$ 步。问：它的地积是多少？答数：$23\frac{5}{6}$（方步）。

解法：圭田术（《九章算术》方田章第 26 题）。

10. 三角形三边长分别是 10，8，12，求它的面积。答数：$39\frac{1}{2}\frac{1}{8}\frac{1}{16}$。

解法一：用欧几里得《原本》第 2 卷命题 12，13 求出三角形的高，然后取与底乘积之半。海伦以 10 为底，求出其上的高是 $\sqrt{63}\approx 7\frac{1}{2}\frac{1}{4}\frac{1}{8}\frac{1}{16}$。

解法二：取三边之和的一半为 s，设三边分别长为 a，b，c，则三角形面积

$$A=\sqrt{s\ (s-a)\ (s-b)\ (s-c)}$$

世称海伦公式[②]。（海伦《度量》第 1 卷命题 9，公元 1 世纪）

11. 斜三角形中，已知三边分别是 13，14，15。求面积和底上的高。答数：84，12，5，9。

解法：三边或四边形面积公式：四个量相乘：四边和之半分别减去各边长。乘积的平方根就是所求面积。（摩诃毗罗《文集》第 7 章第 50～53 节，850）

11a. 问沙田一段，有三斜。其小斜一十三里，中斜一十四里，大斜一十五里。里法三百步。欲知：为田几何？答数：田积 315 顷。

解法：我们如设大斜（长边）、中斜、小斜分别长 a，b，c，原

---

① A. A. Вайман Шумеро Вавилонская Математика Москва, 1961. 109

② T. Heath. History of Greek Mathematics. vol. 2. 321

题所示解法相当于说，所求三角形面积

$$A=\sqrt{\frac{1}{4}(a^2c^2-\left(\frac{a^2+c^2-b^2}{2}\right)^2)}$$

（秦九韶《数书九章》第3章第2题，1247）

评论

三角形面积计算在埃及《莱因得纸草》及巴比伦泥版文书俱已著录。我们感到十分有趣的是，在插图（图4.10.3，4.10.4）中还可以看到相应的数据。由于当时制图技术较逊，除去底以外的另一数据是边还是高，很难辩识。《九章算术》圭田术中广（底）正纵（高）则说得很明确，但未点明这公式同样适用于一般三角形，也是憾事。

希腊海伦最早提出以三角形三边表达的面积公式，印度摩诃毗罗提出的四边形面积公式仅适用于四边形内接于圆。但其特殊情况，即其中一边长退缩为零时，即成为海伦公式。之后秦九韶又别造蹊径，建立另一与海伦公式等价的以三边表示三角形面积的公式，我们将在本《大系》两宋数学卷议论其有关事项。

梯形

12. 如果有人对你说，梯形两底长4亥特，6亥特，边长（高）20亥特。问：梯形的地积是多少？答数：100（塞塔）。

解法：把两底相加得10，10的一半是5，这是为了得到长方形。5的20倍，得100塞塔。（《莱因得纸草》第52题，公元前1650年）

13. 现有梯形田，上底5步，下底20步。高30步。问：它的地积是多少？答数：1（亩）135（方步）。

解法：箕田术。（《九章算术》方田章第29题）

评论

埃及《莱因得纸草》所用梯形面积公式与《九章算术》箕田术正相符合。在解法中，纸草还能点明："这是为了得到长方形"，

(图 4.10.5) 使具有上底a、下底b、高为h的梯形变换为上、下底平均$\frac{a+b}{2}$，高为h的长方形。足见古埃及人已具备出入相补以盈补虚原理，在四千年前能有此正确数学思维，至为难能可贵。

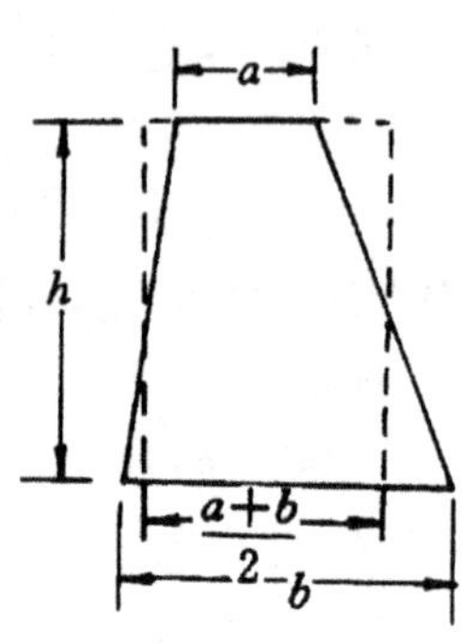

图 4.10.5

梯形 (从面积反算线段长度)

14. 图 4.10.6 中梯形已知

$d=52''-30$，$s_1=14'-3''-45$，$s_2=42'-11''-15$，$\frac{1}{5}h_2=h_1$。问：梯形的底a，b，梯形的高h_1，h_2各是多少？

答数：$a=1'$，$b=15''$，$h_1=15''$，$h_2=1'-15''$

(巴比伦泥版文书*YBC* 4608，公元前 1500 年)[①]

解法：原件分 21 道计算程序，另 3 道验算程序，我们如把已给数据以“1”作为单位,[②] 则题意要求解四元方程组：

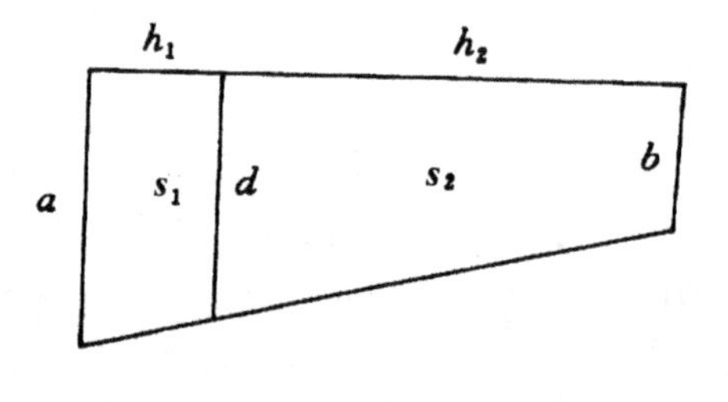

图 4.10.6

① O. Neugebauer, A. Sachs. Mathematical Cuneiform Texts. New Haven: 1945. 49～53

② $d=52''-30$ 视为 52.5 $s_1=14'-3''-45$

$=14\times60+3+\frac{45}{60}=843.75$ 等等.

$$\begin{cases}(a+b)\ h_1=2s_1=168\\(d+b)\ h_2=2s_2=5\ 062.5\\(a+b)\ (h_1+h_2)\ =2\ (s_1+s_2)\ =6\ 750\\h_2=5h_1\end{cases}$$

我们检验这21道程序计算无误，事实上，原件用的解法是单假设法，设 $h_1=1$，于是 $h_2=5$，算出 $d'=13'-7''-30$，较题设 $d=52''-30$ 缩小4倍，于是得到所求各数 a，b，h_1，h_2 的真值：$h_1=15''$，$h_2=1'-15''$。

15. 有等腰梯形田（如图4.10.7），已知其上底18、下底162，两侧边各长400。用与底平行的线段分给四人，使各有田面积比为1∶2∶3∶4。问：各得田多少？四块田各下底及各侧边长多少？答数：3 600，7 200，10 800，14 400；54，90，126，162；100，100，100，100。

解法：与底平行的直线EF，GH，KL把梯形ABCD分成面积分别为 m，n，p，q 四部分，那么，各截线

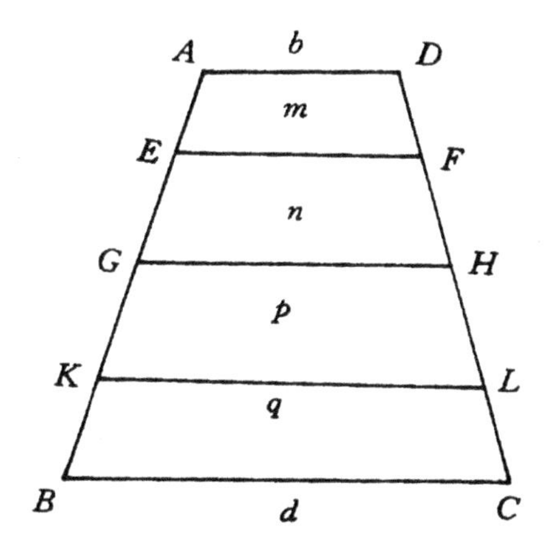

图4.10.7

$$EF=\sqrt{\frac{d^2-b^2}{m+n+p+q}m+b^2}$$

$$GH=\sqrt{\frac{d^2-b^2}{m+n+p+q}(m+n)+b^2}$$

$$KL=\sqrt{\frac{d^2-b^2}{m+n+p+q}(m+n+p)+b^2}$$

（摩诃毗罗《文集》第 7 章第 175～178 节，850）

16. 有一农户，兄弟三人合耕一梯形田。南底 34 步，北底 52 步，高 150 步，要求三等分这块田（如图 4.10.8）。问：各等分段尺寸是多少？

答数：梯形田面积 21 亩 210 方步。各人分得 8 亩 210 方步。所求尺寸：

$$h_1=43\frac{448886027045}{843370901905},$$

$$b_1=46\frac{6567454825283}{8482689572651},$$

$$h_2=49\frac{26276319}{412406309},\ b_2=40\frac{52284}{58709},$$

$$h_3=57\frac{853}{2043},\ b_3=34$$

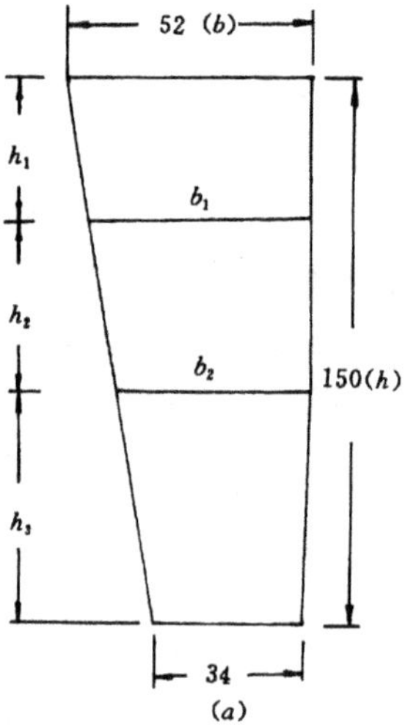

图 4.10.8

解法：相当于说，应用勾股比例，设梯形第一段高是未知数 x，则 x 是二次方程 $\frac{1}{2}(b-a)\ x^2+ahx=\frac{1}{6}(a+b)\ h^2$ 的正根。

（秦九韶《数书九章》第 3 章第 6 题，1247）

17. 今有梯田，高 90 步，上广 20 步，下广 38 步。截去小头 822.5 方步（图 4.10.9），问：截去的梯形下底及高各有多少步？答数：下底 27（步），高 35（步）。

解法　原题把解法归结为歌诀

梯田截积歌

梯田截积细端详，倍积（S）底差（$b-a$）乘最良，却用原高（h）为法则（除），归除乘数取为实（被除数）。若截大头（$EFCD$）田积多，大宽（b）自乘减实商。若截小头田积多，小宽（a）自乘并实商。俱用开方为截宽（x）。两广并来折半强，折半数来为法则，法除截积便知长（y）。

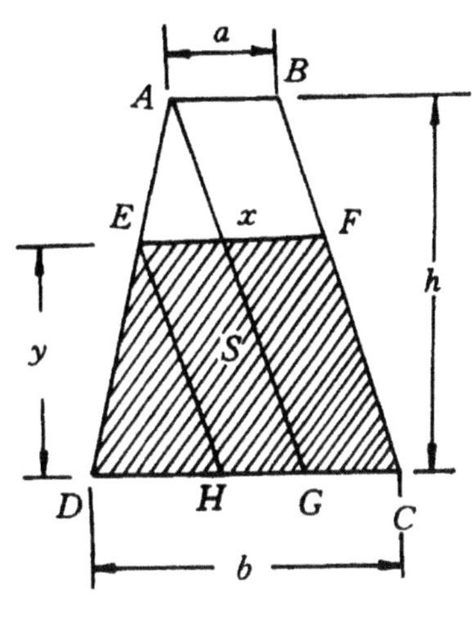

图 4.10.9

这就是说，当已给 a，b，h，S（大头），那么所求

$$x=\sqrt{b^2-\frac{2S(b-a)}{h}},\ y=\frac{S}{\frac{1}{2}(b+x)}$$

当已给 a，b，h，S'＝梯形面积$-S$（小头），那么

$$x=\sqrt{a^2-\frac{2S'(b-a)}{h}},\ y=\frac{S'}{\frac{1}{2}(a+x)}$$

（程大位《算法统宗》第 6 卷，1592）

评论

上引反算 4 例，是梯形面积公式的进一步深入探索。我们赞赏印度摩诃毗罗在 9 世纪时所创，把梯形分割为几块，计算各段尺寸的精确公式。显然在他 4 个世纪之后的秦九韶和 7 个世纪后的程大位所提问题仅是其特殊情况。

秦九韶用代数方法、立二次方程解题，运算繁多，所得结果用位数很多的分子分母表达。如果此题改代入摩诃毗罗公式，就

轻而易举：这里 $q=p=n=1$，所求

$$KL=b_1=\sqrt{\frac{52^2-34^2}{3}+34^2}=40.890\ 096$$

$$GH=b_2=\sqrt{\frac{52^2-34^2}{3}\times 2+34^2}=46.776\ 062$$

秦九韶所得结果如化为小数，分别是 40.890 561，46.774 221 1，与真值比还有相当误差。古时关山万重，学术交流维艰，他山之石，无以为借，良有以也。

摩诃毗罗《文集》所记公式有术无证，为一遗憾。程大位梯田截积歌也有术无证，我们对此作一推导：从勾股比例知

$$\frac{b-x}{y}=\frac{DH}{y}=\frac{DG}{h}=\frac{b-a}{h},$$

而

$$b+x=\frac{2S}{y},\ b^2-x^2=\frac{2S\ (b-x)}{y}$$

$$x^2=b^2-\frac{2S\ (b-x)}{y}$$

于是所求

$$x=\sqrt{b^2-\frac{2S\ (b-a)}{h}},\ y=\frac{S}{\frac{1}{2}\ (b+x)}$$

这一推导也同时说明摩诃毗罗公式为真，如对于图 4.10.7，我们把 $n+p+q$ 视为 S，即得 EF①；如把 $p+q$ 视为 S，得 GH；把 q 视为 S，得 KL。借此还不难把摩诃毗罗推广到一般情况，即把梯形分为 n 块的各块小梯形的尺寸公式。

圆

18. 已给圆田的直径是 9 亥特，问：它的面积是多少？答数：

---

① 注意 $d^2-b^2=(d+b)(d-b)$，又 $m+n+p+q=\frac{1}{2}(d+b)h$（图 4.10.7）.

64（塞塔）。

解法：减去直径的九分之一，这就是 1，余数是 8。8 自乘，得 64。所以所求面积是 64 塞塔。（《莱因得纸草》第 48 题，公元前 1650 年）

19. 现有圆田，周长 181 步，直径 $80\frac{1}{3}$ 步。问：它的地积是多少？答数：11（亩）$90\frac{1}{12}$（方步）。

解法：圆田术。（《九章算术》方田术第 32 题）

评论

我们非常有兴趣地看到《莱因得纸草》第 48 题原件附图（图 4.10.10），在插图中央还记着古埃及文写的 9 字（直径）。

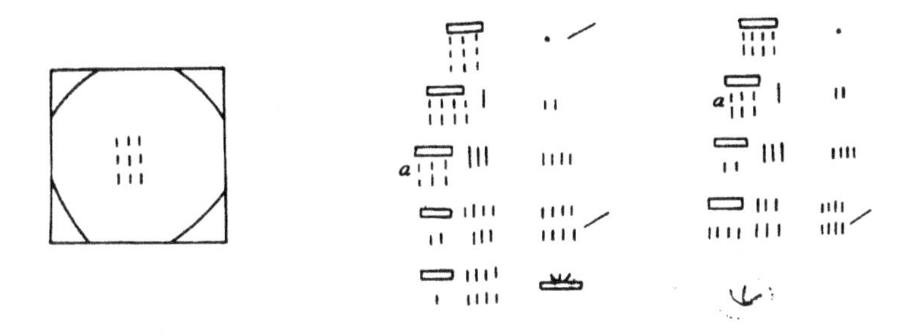

图 4.10.10

古埃及人近似地把圆看成是八边形，把边长是 9 的正方形割去四个等边直角三角形（图 4.10.11），于是圆面积是

$$\left(81-4\times\frac{9}{2}\right)=63=(\sqrt{63})^2\approx 8^2$$

也就是说正方形面积与其内切圆面积之比是 $9^2:8^2$，可以考虑埃

及人取 $\pi \approx \frac{64\times 4}{81} = \left(\frac{4}{3}\right)^4$①

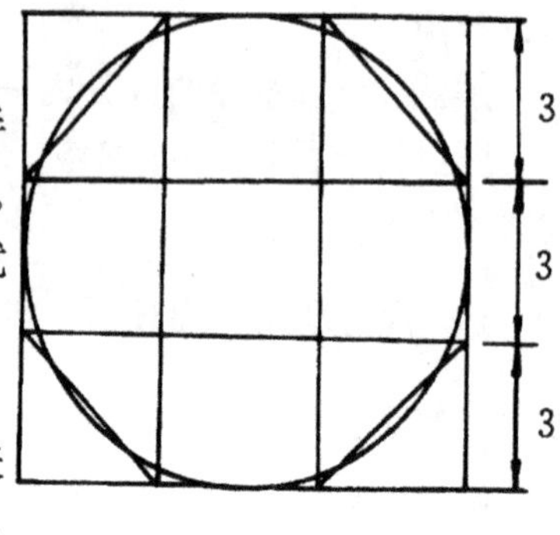

图 4.10.11

《九章算术》圆田术："半周半径相乘，得积步，"这是正确公式。当时取 $\pi\approx3$，每亩是 240 方步，就得题后答数。

弓形

20. 现有弓形田，弦 30 步，矢 15 步。问：它的地积是多少？答数：1（亩）$97\frac{1}{2}$（方步）。

解法：弧田术。（《九章算术》方田章第 35 题）

21. 有一弓形，它的弦 26，矢 13。问：它的面积是多少？答数：$253\frac{1}{2}$

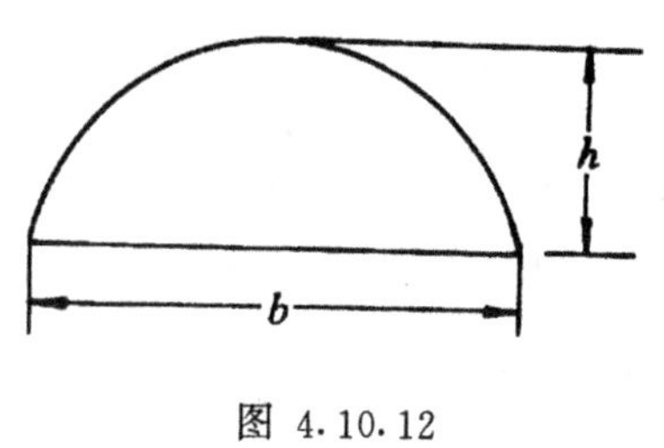

图 4.10.12

解法：如图 4.10.12，弓形面积是 $\frac{1}{2}(b+h)h$，（摩诃毗罗《文集》第 7 章第 43～44 节，850）

评论

摩诃毗罗的弓形面积公式与中国《九章算术》弧田术完全相同，钱宝琮为此议论说："此与中国《九章算术》同误，尤可为中国算学流传印度之确证。"②

弓形（从面积反算线段长度）

22. 今有弧（弓形）田，弦六十八步五分步之三，为田二亩

① K. Vogel. Vorgriechische Mathematik. vol. 1. 转引自 Peet. Rhind Math. Papyrus，141

② 钱宝琮. 中国算学史. 上海：商务印书馆，1932. 上卷. 189

三十四［方］步四十五分步之一。问：矢几何？答数：$12\frac{2}{3}$（步）。

解法：相当于说，设所求矢长是 x，则所求矢长是二次方程：

$$x^2+68\frac{3}{5}x=(2\times240+34\frac{1}{45})\times2$$

的正根。(《张丘建算经》卷中第 22 题，5 世纪)

23. 圆田一段，直径一十三步。今从边截积 32 方步。问：所截弦、矢各几何？

答数：矢 4（步）。

解法：相当于说，所求矢是四次方程

$$-x^4+52x^3+124x^2=4\ 096$$

的正根。(杨辉《田亩比类乘除捷法》卷下引中山刘先生《议古根源》，1275)

评论

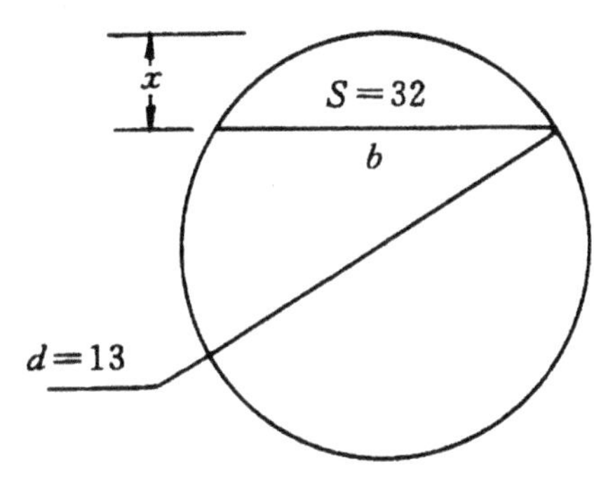

图 4.10.13

上引反算二例是《九章算术》弧田术的进一步探索。张丘建首次引入分数系数二次方程。杨辉所列四次方程借助于《九章算术》弧田术及勾股术。

我们设所求矢长是 x 步，弦长为 b（如图 4.10.13），则自弧田术知

$$x^2+bx=32\times2=64 \qquad (1)$$

又自勾股术知

$$(\frac{b}{2})^2=x(d-x)$$

$b^2=4x(13-x)$ (2)

综合方程（1），（2）得杨辉所立四次方程。杨辉数值解此四次方程，得 $x=4$。这就易于回代（1）式，求出所求 $b=12$（步）。

宛田

24. 现有宛田，下周 30 步，穿径 16 步。问：田的地积是多少？答：120（方步）。

解法：宛田术。（《九章算术》方田章第 33 题）

25. 有一向上凸如龟背曲面，其“直径”是 15，其周围是 36。求它的表面积。（如图 4.10.14）

答数：135

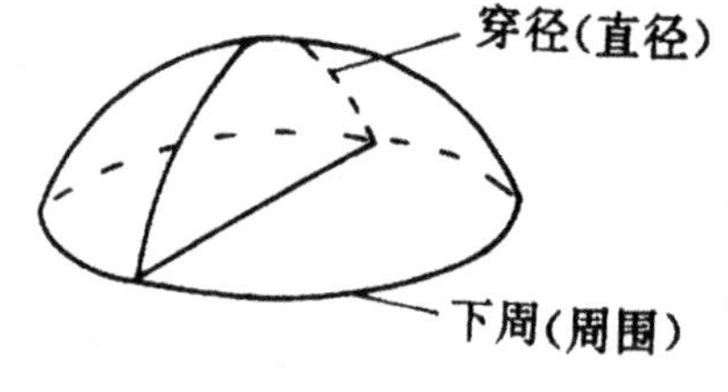

图 4.10.14

解法：向上凸或向凹曲面面积$=\frac{1}{4}$直径×周围。（摩诃毗罗《文集》第 7 章 26，27 两节，850）

评论

《九章算术》宛田，宛，碗同音，指山丘田上凸如碗。印度摩诃毗罗《文集》也载有同样图形，而且计算面积公式也相一致。

第二节 勾股定理

我们记直角三角形 ABC 的长直角边为股（b），短直角边为勾（a），斜边为弦（c）。

已知勾股求弦

1. 正方形边长为 1，求对角线长。答数：$\sqrt{2}=1+\frac{24}{60}+\frac{51}{60^2}$

$+\frac{10}{60^3}$（巴比伦泥版文书，耶鲁大学藏品 7289，公元前 1600 年）

2. 如图 4.10.15，圆周长 60，已知其中弓形的矢是 2，求弦长。答数：12

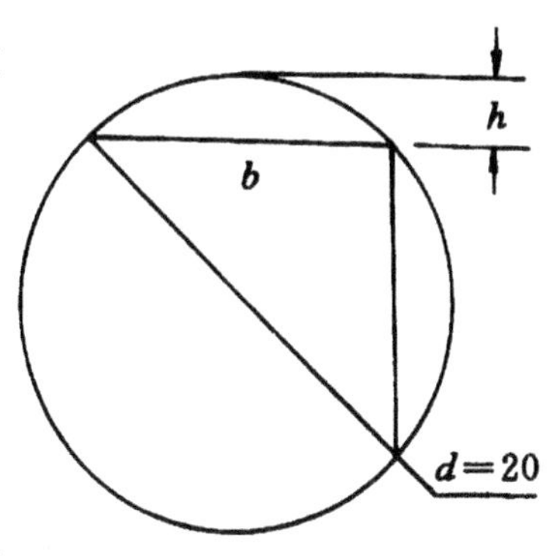

图 4.10.15

解法：相当于说，所求弦 $b=\sqrt{d^2-(d-2h)^2}$

取 $\pi\approx3$，$b=12$①（巴比伦泥版文书 BM85194，公元前 2000 年）

3. 有一圆材，直径是 2 尺 5 寸，要锯成厚为 7 寸的板。问：板的宽是多少？答数：2（尺）4（寸）（图 4.10.16）。

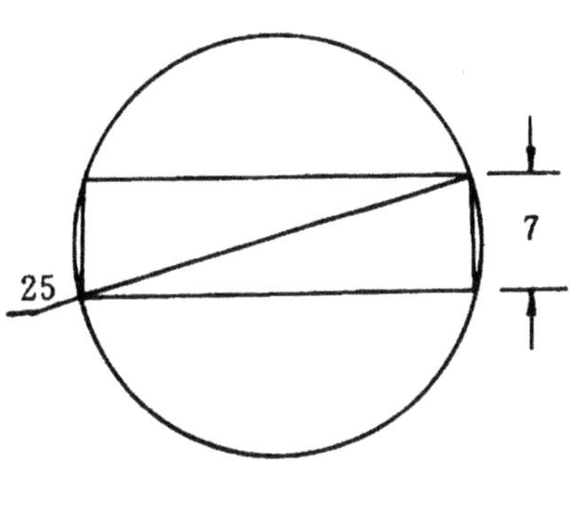

图 4.10.16

解法：勾股术（《九章算术》圆材方板题）。

4. 有一高 2 丈的圆木柱，柱围 3 尺。葛藤自下而上绕柱 7 周。问：藤长多少？答数：29（尺）。（图 4.10.17）

解法：勾股术（《九章算术》缠木七周题）

4a. 长 2 丈圆木，木周长 3 尺 5 寸。有藤自底与木绕八圈到顶，求藤长。（日本初坂重春《圆方》，1657）

5. 塔高 40 尺，塔下有河，对岸距塔基 30 尺，问绳索长多少？（图 4.10.18）

① А. А. Вайман. Щумеро-Вавилонская. Матемаtика. Москва：1961. 135

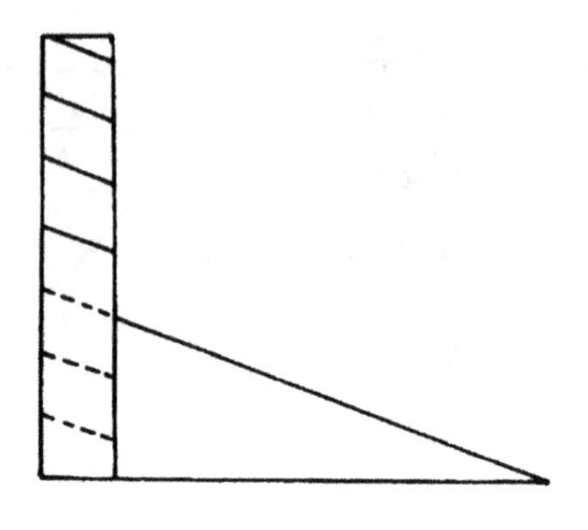

图 4.10.17

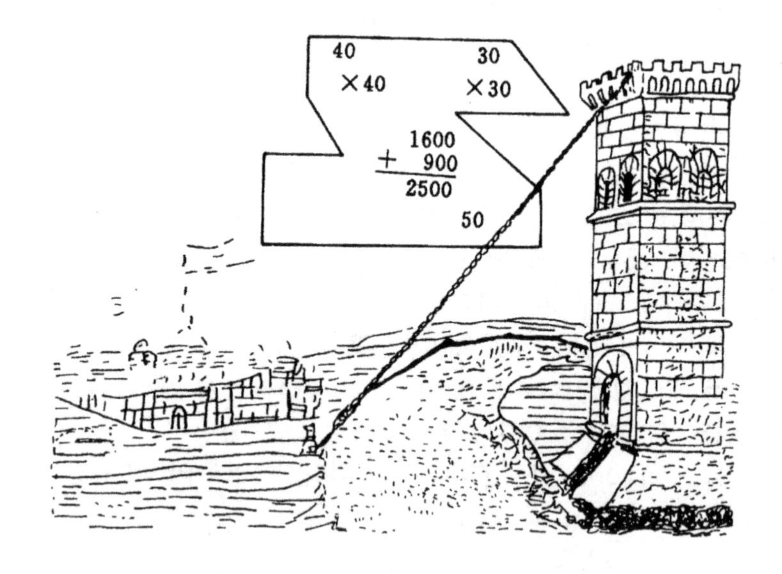

图 4.10.18

解法：图中有算式

40　　　　30

1 600

900

2 500

50

显然是勾股定理的运算。(凯仑德里，1491)

6. 三月清明节气，儿童争放风筝。绳长九十五尺，括在风中无剩。更有七十六尺，人身量至塔身。风筝适触塔尖，塔高请君细审。

答数：57（尺）。

解法：勾股术。(程大位《算法统宗》第11卷，1592)

评论

在巴比伦泥版文书中，我们发现有2例用勾股定理解题：上引第1例，对角线长如换算为十进位值制：$\sqrt{2}=1.414\,215\,5$，其中有六位有效数字。至今还没有发现在埃及古文献中有用勾股定理解题文献材料。

由上引各例可见勾股定理已渗透到生活、生产诸多领域，俱很生动，可以在某些场合作为启蒙教材，可以古为今用。

还有，值得我们注意的是上引7例，有5例都采用整勾股数，其中

《九章算术》：7，24，25；20，21，25。

《算法统宗》：57，76，95。

而巴比伦文献至欧洲中世纪凯仑德里，俱用最简单的3，4，5，足见中国数学家在命题时有过精湛的考虑。

已知勾、股弦差，求股、弦

7. 一根芦苇直立靠墙。如果芦苇下端离开墙脚9单位长，则

其顶端下滑 3 单位长。求芦苇长及顶端离地高度。答数：芦苇长 15，顶点离地 12 单位长。

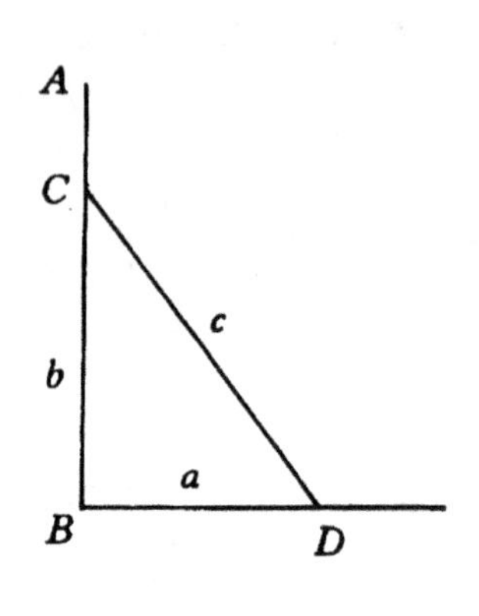

图 4.10.19

解法：相当于说，已给（图 4.10.19）$c=AB, c-b=3, a=9, c+b=\frac{a^2}{c-b}$ $=\frac{81}{3}=27$

所求 $c=(c-b+c+b)\div 2=15$

而　$b=15-3=12$（巴比伦泥版文书 BM85196）

7a. 墙高 1 丈。木秆斜靠于墙。秆顶齐墙。如果秆脚向外移 1 尺，秆顶就沿墙面落地。问：木秆长多少？答数：50.5（尺）。

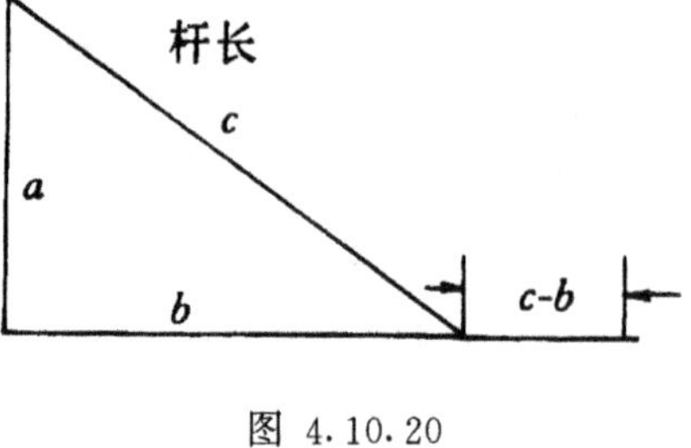

图 4.10.20

解法：圆材埋壁术。

相当于说：墙高（a）10 尺自乘，除以秆脚外移数（$c-b$）。所得，加外移数，折半，得所求秆长。（《九章算术》倚木于垣题）

8. 现有边长 1 丈的方池，芦苇生在池中心，露出水面 1 尺。把芦苇拉到池岸，芦苇的顶刚碰到岸边。问：水深、芦苇长各是多少？

答数：水深 1（丈）2（尺），芦苇长 1（丈）3（尺）。

解法：葭生池中术。相当于说（图 4.10.21）

$$c+b=\frac{a^2-(c-b)^2}{2(c-b)}=12$$

$$c=b+(c-b)=13$$（《九章算术》葭生池中题。）

8a. 一管子直立水中露出水面5寸，风吹管子倾侧。管顶在水面离原处10寸。问：水深及管长各多少？[①]（阿拉伯 阿尔·卡拉奇 al-Karagi，10、11世纪之交）

8b. 湖上鹅鹤成群，荷花蓓蕾露出水面$\frac{1}{2}$尺，微风吹花，花渐倾斜没入水面，离原地2尺，数学家，请快给计算水有多深？答数：水深$\frac{15}{4}$（尺）。（印度婆什迦罗《丽罗娃祇》第6章第151～153节，1150）

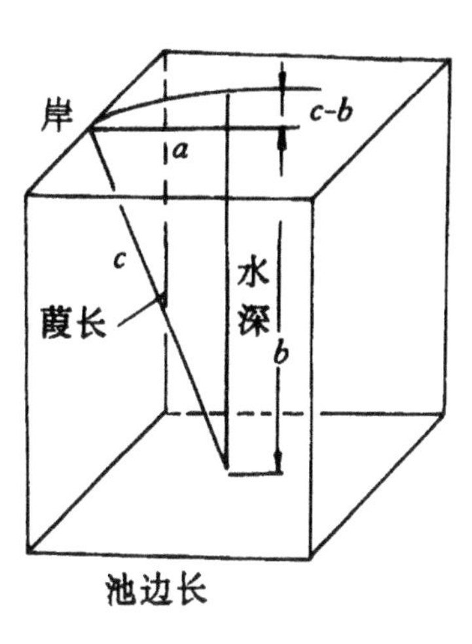

图 4.10.21

8c. 长矛直立水中，露出水面3肘尺。风吹长矛，偏离原位置5肘尺，矛尖适在水面。求矛长。

答数：$5\frac{2}{3}$（肘尺）。（阿拉伯 喀西《算术钥》第5编第4章第3节，1427）

8d. 今有方池一所，每边丈二无疑。中心蒲长一根肥。出水过于二尺，斜引蒲梢至岸齐。请君明算蒲长水深各几？ 答数：蒲长1丈，水深8尺。[②]（程大位《算法统宗》第11卷，1592）

9. 现有一圆柱砌在墙里。用锯锯一条缝，缝长1尺，深1寸。问：圆柱直径是多少？

答数：柱直径2（尺）6（寸）。

解法：缝长（a）之半自乘，除以缝深寸数（$\frac{c-b}{2}$）。加上缝深

---

① J. Tropfke. Geschichte der Elementar－mathematik. 621

② 8a～8d四题解法都与第7例解法相同.

寸数，就是所求柱的直径。(图 4.10.22)。(《九章算术》圆材埋壁题)

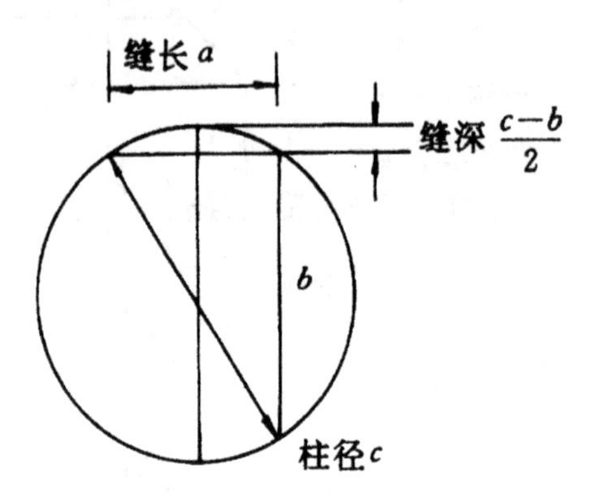

图 4.10.22

10. 现开门，距门槛 1 尺。门分开 2 寸。问：门框宽是多少？

答数：1 丈 1 寸。

解法：以距门槛 1 尺自乘 (a)，所得 (图 4.10.23)，除以两门分开数 2 寸 (g) 的一半，加上分开数的一半，就得所求门框宽。(《九章算术》开门去阃题)

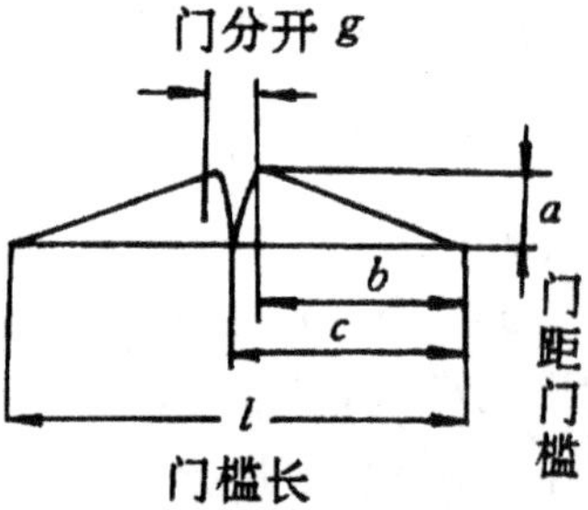

图 4.10.23

11. 现有木柱，柱顶系索，索长于柱高 3 尺拖在地上。引索退走，索端离开柱脚 8 尺，问索长是多少？

答数：1 (丈) $2\frac{1}{6}$ (尺)。

解法：以索端离柱脚数自乘 (a)，除以拖在地上数 ($c-b$)，所得加拖在地上之数，折半，得所求索长。(图 4. 10. 24) (《九章算术》立木系索题)

12. 平地秋千未起，踏板一尺离地。送行二步①与人齐。高五尺曾记。仕女争蹴，终朝笑语欢戏。良工高士素好奇，借问索长有几？答数：1（丈）4（尺）5（寸）。

解法：以送行数（a）自乘，除以高与离地之差（$c-b$）。商与差的一半，就是所求索长（图 4.10.25）（程大位《算法统宗》第 11 卷，1592）。

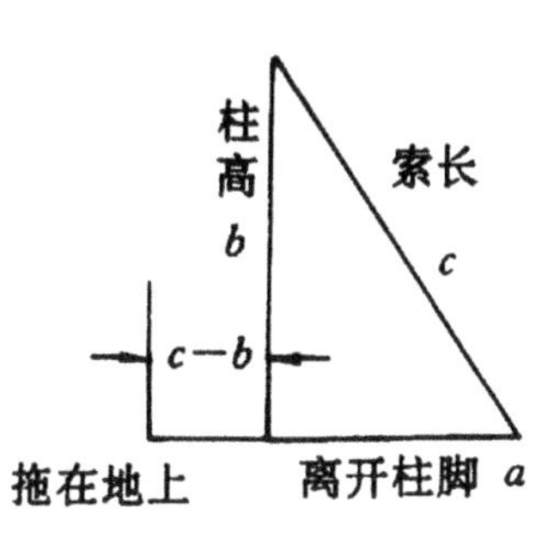

图 4.10.24

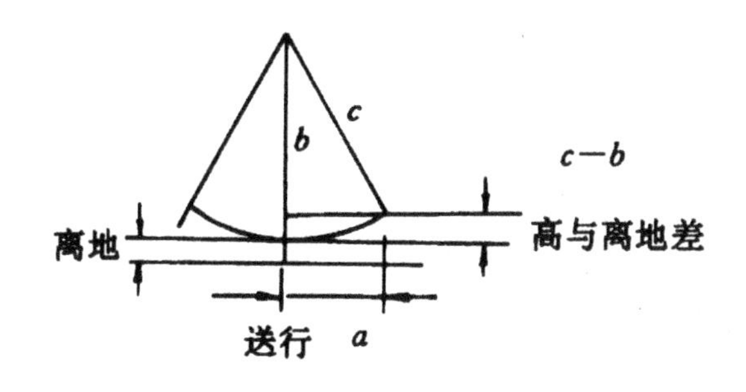

图 4.10.25

评论

上引 7 例是同一课题：已知勾、股弦差求股、弦应用于不同题材：依壁竖木、芦苇出水、圆柱锯缝、开门去槛、柱顶系索、秋千离地，题材可谓多样，而同一题材千百年来又有各种不同说法，例如芦苇出水，有的是荷花出水，有的是长矛出水……。本类问题常称印度莲花问题。② 其实 lotus（荷花），lily（百合花）是两种

① 1 步＝5 尺

② 钱宝琮．中国数学史．111

花卉，后者贴水开花，不存在“出水”。所以我们把《丽罗娃祇》题中所说译为荷花。本类问题长久脍炙人口，兴味盎然，至今编入中学教科书。[①]

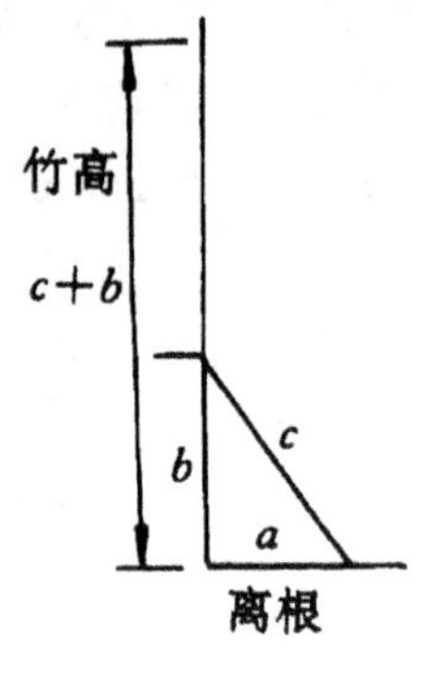

图 4.10.26

已知勾、股弦和，求股、弦

13. 现有竹，高1丈，梢部折断，触地，离根3尺，问：折断处的高是多少？答数：$4\frac{11}{20}$（尺）。

解法：以离根尺数（a）自乘，除以竹高（$c+b$），竹高减去所得商，折半，得所求折断处高。（图 4.10.26）

13a. 竹高32尺，风吹竹折、竹顶抵地、离根16尺。求折处高度？（图 4.10.27）与上例同一类型。同章。

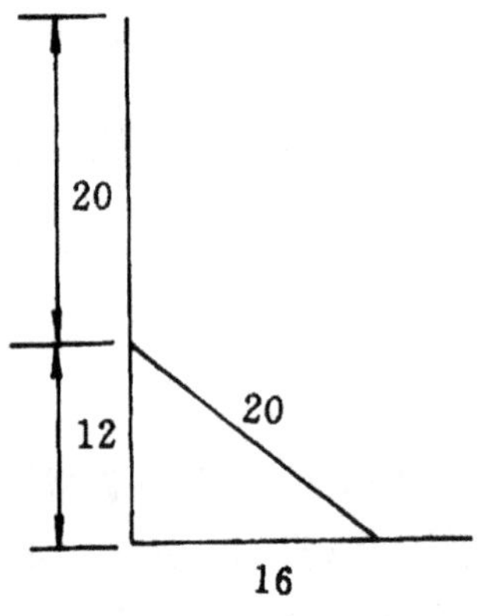

图 4.10.27

解法：法则：竹杆顶抵地与根距离自乘，除以杆长，以杆长减去商数之半，就是折处高度。答数：折处高12（尺）。（婆什迦罗《丽罗娃祇》第6章第147，148节，1150）

13b. 树高50尺，风吹树折，树顶距根30尺，求折处高。（凯仑德里，1491）

14. 树高9尺，树根有洞，孔雀踞树顶窥视，离开洞为树高的三倍处有蛇。孔雀斜飞袭蛇。请快告诉我，在洞口多远处孔雀与蛇遭遇，如果二者当时行相同距离。（图

① 见第二编第五章第一节.

4.10.28）

答数：13.5（尺）。

解法：树高 9 是勾（a），蛇距洞是股弦和（$b+c$），按照法则，相遇处是 12（b）。法则，树高平方，除以蛇与洞的距离。距离减去商，所求相遇处与洞的距离是差的一半。（婆什迦罗《丽罗娃祇》第 6 章第 147～148 节）

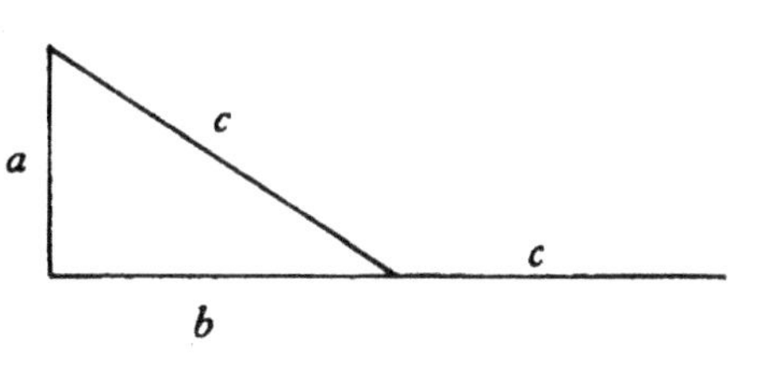

图 4.10.28

评论

本类问题就是著称的“折竹问题”，与“莲花问题”堪称姐妹篇章，前者已给勾、股弦和，而后者已给勾、股弦差。

已知弦、勾股差，求勾股

15. 现有门，其高多于宽 6 尺 8 寸。已知其对角相距 1 丈。问：门的高、宽各是多少？

答数：门宽 2（尺）8（寸），高 9（尺）6（寸）。

解法：取 1 丈（c）自乘作为实，又取高宽差（$b-a$）之半自乘，加倍后与实相减，余数折半，开方。所得数减去高宽差之半，即门宽，加上高宽差之半，得门高。（《九章算术》户高于广题）

已知勾弦差、股弦差，求勾、股、弦

16. 现有门不知宽、高，竹杆不知长短。竹杆横拿，比门宽 4 尺，竹杆纵拿，比门高 2 尺，竹杆斜拿刚好是门的对角线长（如图 4.10.29）。问：门的宽、高、对角线长各是多少？

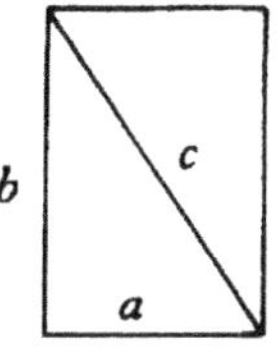

图 4.10.29

答数：宽 6（尺），高 8（尺），对角线长 1（丈）。

解法：竹杆比门宽尺数（$c-a$）、比门高尺数（$c-b$）乘积的二倍，开方。所得数加比门高尺数为门宽，加比门宽尺数为门高，加二相差尺数为门对角线长。（《九章算术》纵横

不出题）

16a. 笨伯持杆欲进屋，怎耐门框拦住竹。横多四尺竖多二，急得笨伯放声哭。旁边有个聪明人，教他斜杆对二角，勉强可进屋里去，算出杆长我佩服。答数：1（丈）。（程大位《算法统宗》第12卷，1592）

评论

上引第15，16，16a三例都以计算门的尺寸为题材。《初等数学史》的作者特洛夫凯在“毕达哥拉斯定理在几何应用题的应用”一节中说，巴比伦泥版文书VAT6598曾设题计算门的对角线长，而《九章算术》勾股章第10，11，12题都在计算门的有关尺寸上落笔。以第15例而言，它是勾股章第11题。我们如设门宽为x，据题意x是二次方程

$$x^2+(x+6.8)^2=10^2$$

的根，而本题解法另辟蹊径，从弦$c=10$，勾股差$b-a=6.8$（图4.10.29），按照解法，

$$\frac{a+b}{2}=\sqrt{\frac{c^2-2\left(\frac{b-a}{2}\right)^2}{2}}=6.2\text{（尺）},$$

而所求门宽为$a=\frac{a+b}{2}-\frac{b-a}{2}=2.8$（尺），

门高为$b=\frac{a+b}{2}+\frac{b-a}{2}=9.6$（尺）

以第16例而言，它是勾股章第12题，我们如设杆长为x，则据题意需解二次方程

$$(x-4)^2+(x-2)^2=x^2$$

然后进一步求门高和宽。而本题解法只需把已给勾弦差、股弦差代入公式，作一次开方运算分别得：

$$a=\sqrt{2(c-a)(c-b)}+c-b=6\text{（尺）}$$

$$b=\sqrt{2(c-a)(c-b)}+c-a=8\text{（尺）}$$

$$c=\sqrt{2(c-a)(c-b)}+c-a+c-b=10\ (尺)$$

第 15、16 两例及其解法在古世界是绝无仅有之佳作。

第 16a 例是经许莼舫改编的程大位歌谣体题①。他把数学题文学化，把算题变成有韵脚的诗，内容诙谐有趣，是寓教于乐的一好例。

本节共含五类问题，已知条件分别为 a，b 或 a，c，b，c；a，$c-b$ 或 b，$c-a$；a，$c+b$ 或 b，$c-b$；c，$b-a$；$c-a$，$c-b$。对之《九章算术》都提出正确解法，但未示证明。三国时刘徽在其《九章算术》注中都给出推导，我们将在第三卷全面讨论。

第三节 勾股比例
（天体测量）

日、月、星、辰，风、雨、雷、电，是与人类生活和生产最为关切的自然现象。天文和气象是农事、航海、宗教活动所必需，因此从太古时代开始就对之观察、实验、想象和探索。天体有多大、有多远，运动规律与时间的关系，是其中最常见的问题。

太阳远近

1. 周髀长八尺，夏至之日晷（影）一尺六寸。髀者，股也。正晷者，勾也。正南千里，勾一尺五寸。正北千里，勾一尺七寸。日益南，晷益长。候勾六尺，……，从髀至日下六万里而髀无影。从此以上至日，则八万里。…以日下为勾，日高为股。勾、股各自乘，并而开方除之，得以至日所十万里。（《周髀》卷上，公元前 100 年）

本题是说在东周京城洛阳夏至中午立一根 8 尺长标杆（周髀），实测日影（勾）长 1 尺 6 寸。同一时刻在洛阳正北 1 000 里

① 许莼舫．中算法之新研究．北京：中华书局，1936．202

处，测日影长 1 尺 7 寸，在正南 1 000 里处，日影长 1 尺 5 寸。太阳愈向南运行，日影愈长。日影每长 1 寸，日向南行 1 000 里，当某地夏至日中午 8 尺标杆影长（勾）6 尺，则日与此地平距为 $1\ 000\times 60=60\ 000$（里）。从此推断，日高 80 000 里。从勾股定理知，日与测日者距离为

$$\sqrt{60\ 000^2+80\ 000^2}=100\ 000\ (\text{里})$$

评论

我国古代对日、地距离的测算结果发生谬误[①]，这是由于在推导过程中忽略了地球曲率，竟视为平面；也忽略了测时光学条件等等。简陋的测器、不准确的读值也是谬误的原因。但这毕竟是间接测量的起步——从可以达到的两点间距离，通过数学计算以获得不可以达到两点间距离。就纯数学要求来看，《周髀算经》连续运用了勾股比例、勾股定理，其计算方法是正确的：对于一条很长的水平线 XX（图 4.10.30）。作 $SA\perp XX$，从 S 引出射线 SB，SC，SD，…，SE，又作 $B'B''=C'C''=D'D''=E'E''=8$（尺），分别垂直于 XX，则 $B'B$，$C'C$，$D'D$，$E'E$ 都是影（勾），其中

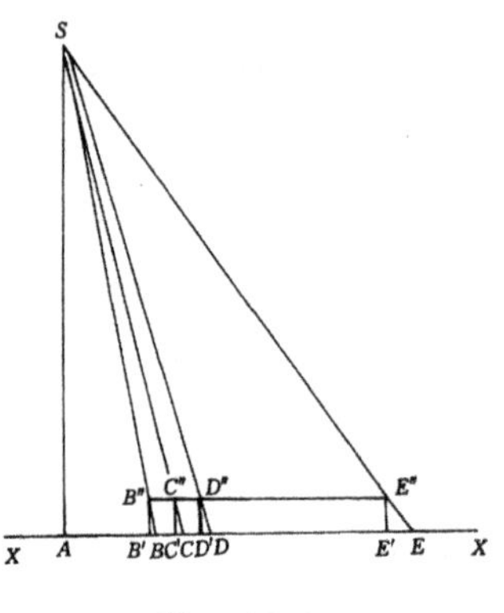

图 4.10.30

$$\Delta SAB\backsim\Delta B''B'B,\ \Delta SAC\backsim\Delta C''C'C,\ \Delta SAD\backsim\Delta D''D'D,\ \cdots,\ \Delta SAE\backsim\Delta E''E'E$$

显然 ΔSAB，ΔSAC，ΔSAD，…，ΔSAE 间各底与对应的影长成正比，例如 $AC:AB=CC':BB'$ 等等。从《周髀算经》所说数据，我们可以立式计算日高（SA）。可以不论选取任一比例式，如对于

① 今测地球至太阳平均距离为 1.496×10^8 公里.

ΔSAB，ΔSAC，并设SA为y（里），AB为x（里），则

$$\frac{y}{x}=\frac{8}{1.5}, \quad \frac{y}{x+1\,000}=\frac{8}{1.6}$$

解得$x=15\,000$（里），$y=80\,000$（里）[①] 由于地球表面不是水平线，所测数据又有谬误，所以日高差错就何止千里了。

太阳视角及其大小

2. 候勾六尺，即取竹，空径一寸，长八尺，捕影而窥之，空正掩日。由此观之，率八十寸而得径一寸。…从髀所斜至日所十万里，以率率之，八十里得径一里。十万里得径千二百五十里。故曰：日径千二百五十里。（《周髀算经》卷上，公元前100年）

这相当于说，竹筒长80寸（AC），口径1寸（DG）为已给，在标杆的影长为6尺时，太阳离测量人100 000里(AB)(图4.10.31)，于是从勾股比例（$\Delta ADG\backsim\Delta AFE$），太阳直径是

$$EF=\frac{AB\times DC}{AC}=\frac{100\,000\times 1}{80}=1\,250\text{（里）}$$

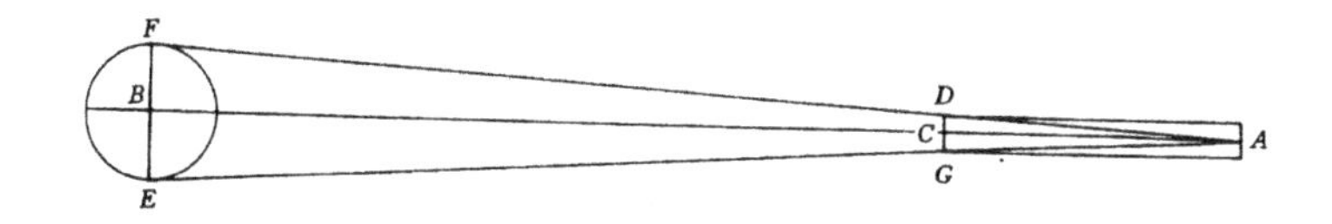

图 4.10.31

评论

《周髀算经》测太阳视角为

$$\frac{1}{80}=0.012\,5\text{ 弧度}$$

古希腊也有测日径记录。阿基米德（公元前287～212）所著

① 三国时数学家赵爽有“日高图注”，用独特的方法求出日高，参见本《大系》第三卷有关章节.

《数沙者》中说："我曾量太阳（直径）视角。不论用肉眼、用手、还是用仪器，测量精度都不够满意。……太阳视角小于$\frac{1}{164}$直角，大于$\frac{1}{200}$直角"（0.007 5～0.009 58 弧度）[①]。

今测太阳视角是32′04″=0.009 3 弧度。上引两种测量相对误差：《周髀算经》：0.34；阿基米德《数沙者》：0.02～0.19。虽然都有不小差错，古人全凭肉眼观察，有此精度可谓来之不易。

地球半径

中国古代对天地形状的看法受天圆地方说影响，地不是球，就不存在求其半径问题。西方古时对天体位置的看法是地心说，地静日动。西方很早就认为地是球，并设想如何求其半径。

3. 阿基米德说："在同一经线上的鲁西马契阿（Lysimachia）与西埃奈（Syene）距离 20 000 司太特（stades）[②]，测二者经度差为全圆$\frac{1}{15}$，因此地球周长为 300 000 司太特。（阿基米德）[③]

4. 埃拉托斯芬（Eratosthenes，公元前 276～195）夏至日正午在西埃奈竖井中测竖杆无日影。同一时刻在与西埃奈同一经线上的亚历山大（Alexandria）测竖杆长及其日影长，得到太阳光线与竖杆交角$\alpha=\frac{1}{50}$

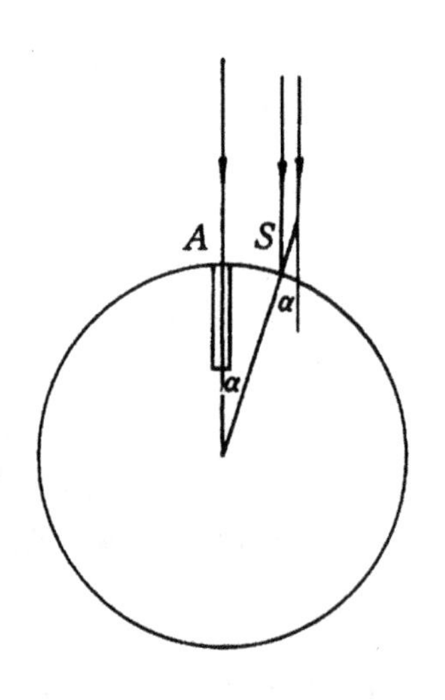

图 4.10.32

① T. L. Heath. The Works of Archimedes. Cambridge：1912. 224

② 1 司太特=157.5 米。

③ T. L. heath. History of Greek Mathemadics. vol. 2. 108

全圆。埃拉托斯芬认为西埃奈与亚历山大经度也是α，这是因为太阳光线彼此是平行的，于是经度差：弧$SA=\alpha$（图4. 10. 32）。他量得弧$SA=5\ 000$司太特，因此地球周长是250 000司太特。[1]（埃拉托斯芬）

5. 比鲁尼（al－Biruni，973～1050）提出简算而有创造性方法以测定地球半径：在距地表h处测出地平线俯角α（图4.10.33），如果用三角方法表示，所求地球半径 $R=\dfrac{h\cos\alpha}{1-\cos\alpha}$[2]（阿拉伯学者比鲁尼）。

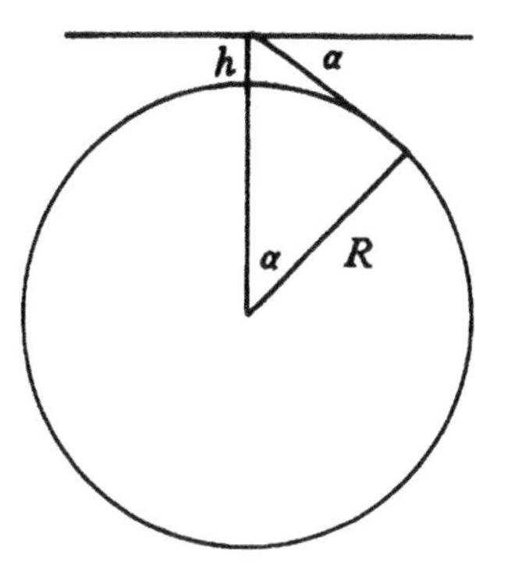

图 4.10.33

评论

埃拉托斯芬所测地球半径$R=250\ 000\times157.5\div2\pi=6\ 266.7$（千米）。今测地球平均半径是6 371千米，因此可知所测精度很高，相对误差是0.016，真是奇迹。

---

① T. L. heath. History of Greek Mathemadics. vol. 2. 108

② к. А. маΛикин. 9～15世纪中亚细亚数学的发展. Математеки В шкоΛе，1955（3）. 沈康身译文载数学通报，1995（8）.

第四节　勾股比例
（地面测量）

测高

1. 金字塔的陡度①：每肘，5 手又 1 指②。问：具有边长为 140 肘的底，它的高是多少？答数：$\frac{35^2}{13}$肘$=94\frac{3}{13}$肘。原答：$93\frac{1}{2}$（肘）。（《莱因得纸草》第 57 题，公元前 1650 年）

本题是说金字塔陡度是：纵 1 肘，横 5 手 1 指，即 $\tan\theta=\frac{35}{26}$，因此所求高$=$半边$\times\frac{35}{26}=\frac{35^2}{13}$

评论

《莱因得纸草》第 56～60 共五题，都是金字塔有关的算题。从上引第 1 例看，此题所说金字塔边长 140 肘③ 约 73 米，当是小型金字塔，而其侧面倾角 $\arctan\frac{35}{26}=53°23'$。今存大金字塔群在开罗附近吉萨（Gisah）村。最大的一座边长 240 米，此处三塔鼎立，

---

① 我们称横 1，纵 a 时，θ 的坡度是 a，古埃及称纵 1，横 b，θ 的陡度是 b.（如下图）：

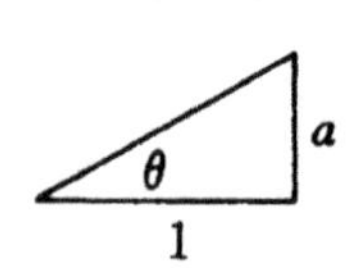

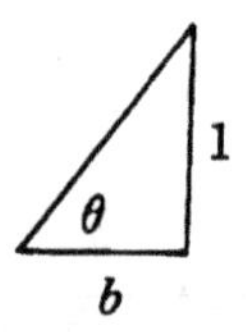

② 1 肘有 7 手，1 手有 5 指.

③ 1 肘即 1 肘尺，见本章第一节脚注.

各自侧面倾角实测为

Cheops	51°52′
Chephren	52°20′
Mycerinus	50°47′

可见《莱因得纸草》第57题所说，与他们建筑传统是一脉相承的。

2. 现有山在树的西边，不知高度。已知山离树53里，树高9丈5尺。有人站在树东3里，见树梢与山峰相重。如人的眼睛距地面高7尺（如图4.10.34）。问：山的高度是多少？

答：164（丈）9（尺）6 $\frac{2}{3}$（寸）。

解法：取树高减去人的眼睛高7尺，余数乘以53里，作为被除数。以人、树距离3里作为除数，做除法运算，所得商加树高就是山的高度。（《九章算术》山居木西题）

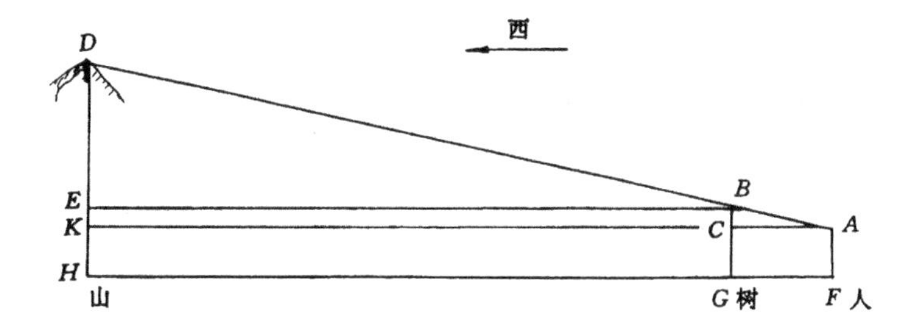

图 4.10.34

这是说，我们如设 ED 为 x 尺，从

$\Delta EDB \backsim \Delta CBA$（图4.10.34）可立式

$x:53\times300\times6=(95-7):3\times300\times6$，所求：

$x=53\times(95-7)\div3$，所求山高

$DH=x+95=164$（丈）9（尺）6 $\frac{4}{3}$（寸）

3. 城中有小山 CE，高 10 育亚那[①]，东行 8 育亚那又有一小山 DF，也高 10 育亚那。自东山西行 80 育亚那有山 AB（图 4.10.35）。山顶的灯光全城市民都可看到。灯光照在城中小山的影子刚及东山之麓 D。问：西山高多少？答数：100。（摩诃毗罗《文集》第 9 章第 50～51 $\frac{1}{2}$ 节，850）

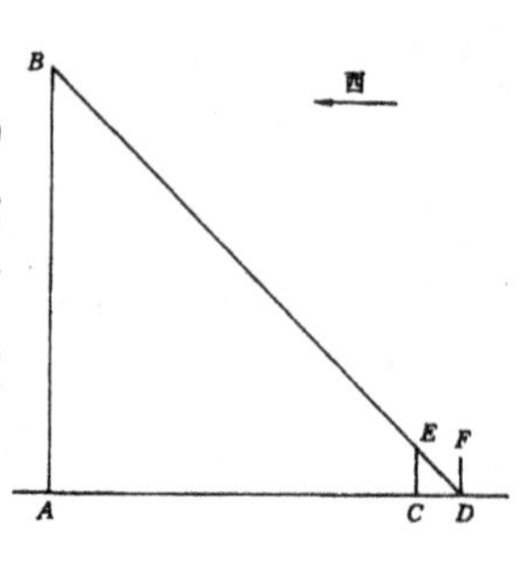

图 4.10.35

评论

上引 3 例都用勾股比例求高。印度自阿耶波多（5 世纪）以来各大家数学专著都列“测影”专章，从影长推求线段长，但题材情节单调，远逊于《九章算术》。详见本《大系》第四卷中印数学比较有关章节。

测远

4. 某人望见墙后有一棵树（图 4.10.36），墙高 10 艾仑，厚 1 艾仑[②]，问：人距墙有多远？

答数：11（艾仑）（巴比伦泥版文书 A06484，公元前 4 世纪）。

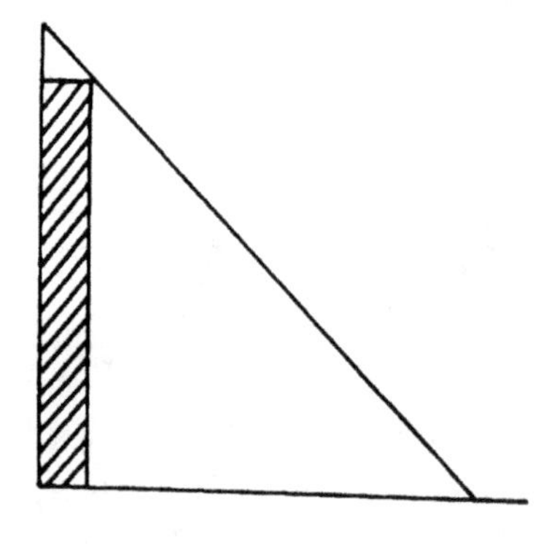
图 4.10.36

5. 当人们的影长与自身高度相等时，金字塔影与它的高相等[③]。（希腊泰勒斯 Thales，

① 育亚那（yoyana）：长度单位.

② 艾仑（ellen）：巴比仑长度单位.

③ T・L・Heath. The History of Greek Mathematics. vol. 1. 129

公元前 6、7 世纪之交)

6. 在海岸高处前视远方船只 C。量出 $DE=m$，$AD=l$，$BD=h$，则所求 $BC=(h+l)m\div l$。[1]（图 4.10.37）（泰勒斯）

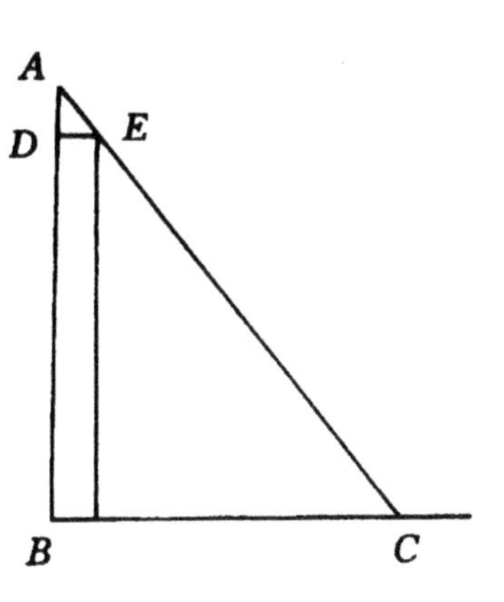

图 4.10.37

7. 长方形城，东西长 7 里，南北长 9 里。每边正中开门。出东门 15 里有一棵树(图 4.10.38)。问：出南门走多少步能看见树？答数：315 (步)。(《九章算术》邑东有木题)

解法：相当于说，如设从南门向南走 x 步，从 $\Delta ACB\backsim\Delta BDE$，$\dfrac{CA}{CB}=\dfrac{DB}{DE}$，

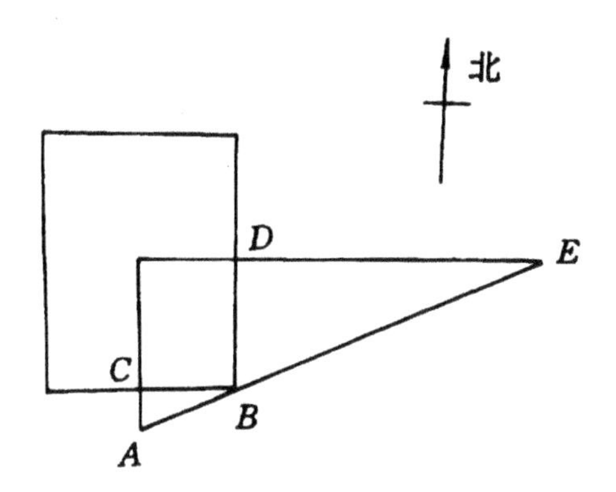

图 4.10.38

得 $x=\dfrac{4\dfrac{1}{2}\times300\times3\dfrac{1}{2}\times300}{15\times300}=315$（步）

① ibid，132

8. 现有一棵树，不知道远近。立 4 根标杆，各相距 1 丈，使左边二杆与树三者在同一视线上，从右、后标杆向前视树，(视线) 截右前标杆之左 3 寸。问：树与人距离是多少？

答数：33（丈）3（尺）$3\frac{1}{3}$（寸）。

解法：以 1 丈自乘作为被除数，以 3 寸作为除数，做除法运算。这是说，在图 4.10.39 中，$\Delta FBC \backsim \Delta CDE$，从题设数据，知所求

$$DE=\frac{DC\times BC}{BF}=\frac{1\times 1}{0.03}=33\text{（丈）}3\text{（尺）}3\frac{1}{3}\text{（寸）}$$

其中 A、B、C、D 是四根标杆。（《九章算术》四表测木题）

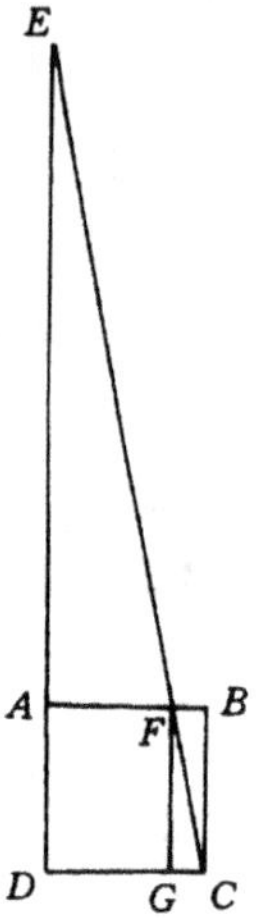

图 4.10.39

8a、正方形桌每边 8 尺长，前视远方一树，如

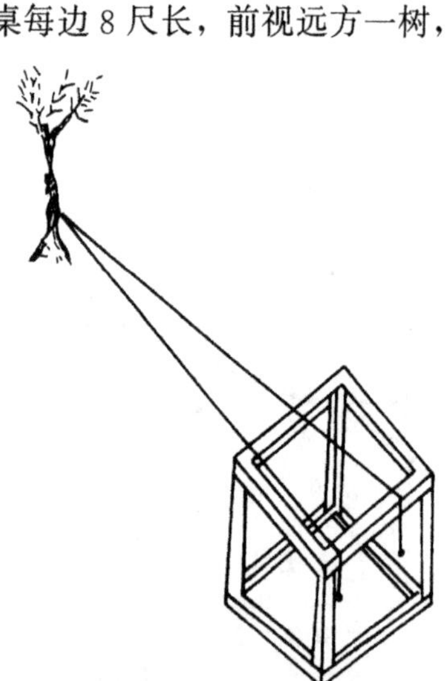

图 4.10.40

已给二视线分别截二边含线段为 4 尺 1 寸，5 尺 2 寸。问：树有多远？（图 4・10・40）（礒村吉德。算法缺疑抄。1661）

测深

9. 有一口井，直径 5 尺，不知深度。在井边竖立木杆，高 5 尺，从杆顶望水岸，视线截直径 4 寸。问：井深多少？

答数：5（丈）7（尺）5（寸）。

解法：取井直径 5 尺，减去截直径 4 寸，以余数乘木杆高 5 尺作为被除数，以截直径 4 寸作为除数，做除法运算，得井深。这是说如图 4.10.41 中 AB 为木杆，DE 为井深，从$\triangle ABC \backsim \triangle EDC$，可列式$\frac{DE}{AB}=\frac{CD}{BC}$，于是所求

$$DE=\frac{5\times\ (5-0.4)}{0.4}=5\text{（丈）}7\text{（尺）}5\text{（寸）}。$$

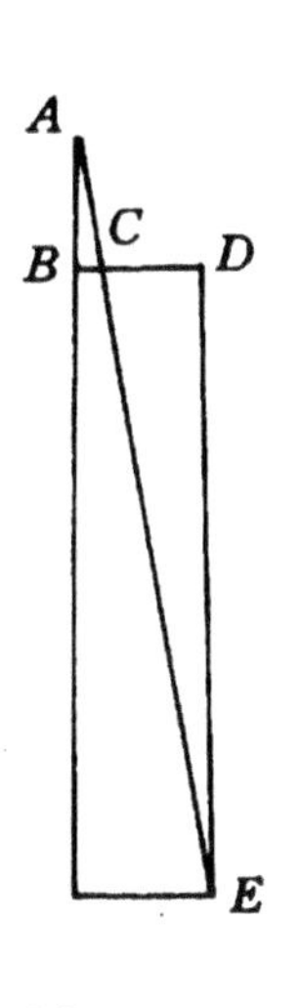

图 4.10.41

评论

上引 6 例（例 4～例 9）都是测远、测深问题。勾股比例题中测远、测深是永恒的课题，在现存历史算题中很多都雷同。第 8、8a 例就是例证。与第 9 例也有许多相同的题材。（图 3.2.3）

测线段长

10. 现有正方形城，不知大小，每边正中开门，出北门 30 步有树，出西门 750 步见树，问：此城每边长多少？

答：1（里）。

解法：以两次出门步数乘积 4 倍为实，开方，即得每边长。这是说，如果我们设此城每边长 x 步（如图 4.10.42），从$\triangle AEF \backsim \triangle GAH$，$\frac{EF}{AF}=\frac{AH}{GH}$，$\frac{x^2}{4}=30\times 750$。所求边长 $x=\sqrt{4\times 30\times 750}=300$（步）$=1$ 里（《九章算术》邑北有木题）

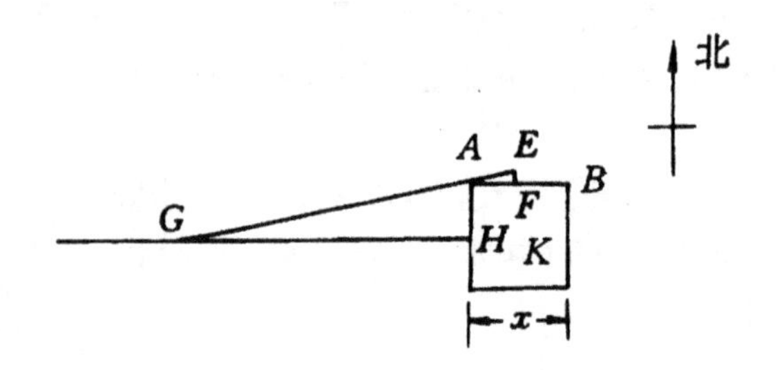

图 4.10.42

11. 现有正方形城，不知大小，每边正中开门，出北门 20 步有树，出南门走 14 步后，折向西走 1 775 步见树。问：城的边长是多少？

答：250（步）。

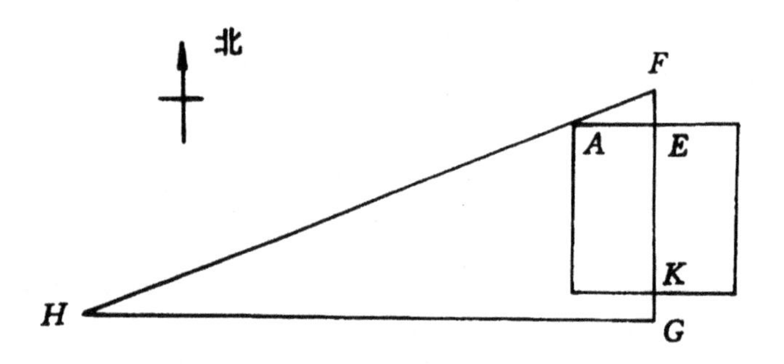

图 4.10.43

解法：以出北门步数乘西行步数乘积二倍作为实。以出北门步数、出南门步数的和作为从法。开方，得城每边长。这是说，如设所求边长为 x，图 4.10.43 中 $FE=20$ 步，$GK=14$ 步，从 $\triangle AEF \backsim \triangle HGF$，$20:\frac{x}{2}=(20+x+14):1\ 775$，所求 x 是二次方程

$$x^2+(20+14)x=20\times 1\ 775\times 2$$

的正根，解法中所说“实”，正是方程的常数项，“从法”即指一

次项系数。这是我国最早的二次三项式算题。

评论

上引《九章算术》测线段长 2 例为以后中算发展奠定了基础。宋代秦九韶《数书九章》遥度圆城题，多次运用勾股比例合成了高达 10 次的高次方程，元代李冶《测圆海镜》数以百计的测算城径题，都是上引测城边长的质的飞跃，前者构成正负开方的几何模型，后者是立天元一立式的肇始。

二次以上测望

12. 现有人测望海岛，立两标杆各高 3 丈，前后距离 1 000 步，并使两标杆与海岛顶峰在同一平面内。从前标杆向后退 123 步，人目着地，前视岛峰，刚好与标杆顶点在一直线内。从后标杆向后退 127 步，人目着地，前视岛峰，也刚好与标杆顶点在一直线内。问：岛高、岛与前标杆距离各是多少？

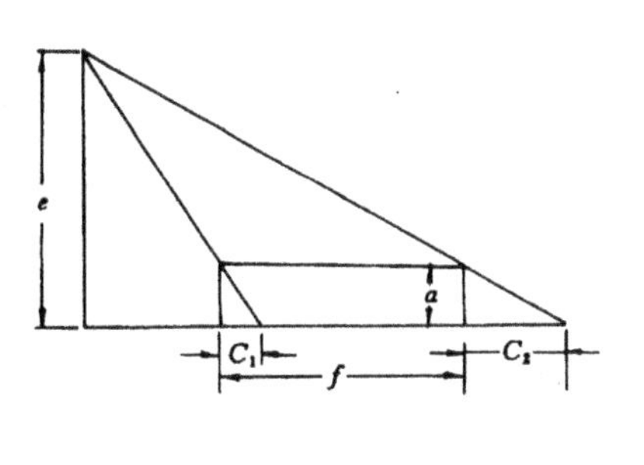

图 4.10.44

答数：岛高 4（里）55（步），距前杆 102（里）150（步）。

解法：标杆高乘标杆间距离作为被除数，两次后退步数的差作为除数，做除法运算。所得商，加标杆高，就是岛高。为求前标杆与岛的平距，以后标杆后退步数乘标杆间距离为被除数，两次后退步数之差作为除数，做除法运算，得岛峰距前标杆的里数。(刘徽《海岛算经》第 1 题，公元 263 年)

解法是说：如图 4.10.44 中已知标杆高 a，两次后退数分别为 c_1，c_2，两标杆间距离 f。则所求

岛高 $e=\dfrac{af}{c_2-c_1}+a$

岛峰与前标杆距离 $b=\frac{c_1 f}{c_2-c_1}$

13. 已知十字杖 AB 长 4 英尺，与杖垂直的滑尺 CD 可前后移动，先测地面上 $GF=IH=12$ 英尺。测量者立在 H 处，移动 CD，使 ACF，ADG 成一直线，量出在 H 处的 AE 长，再在 I 处测出 AE 长。经过两次观察以算出所求 H 点与 FG 的平距（如图 4.10.45)。[①]（巴黎 1590 年出版物）

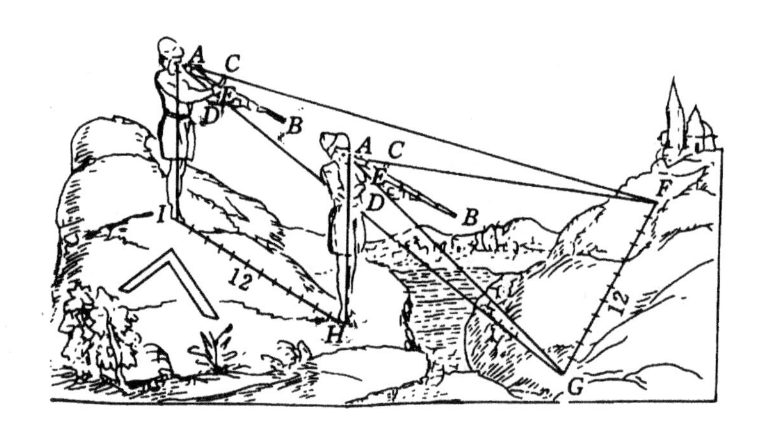

图 4.10.45

评论

上引《海岛算经》第 1 题显系《九章算术》山居木西题的推广。题中求岛高、求岛距的解法公式与《周髀算经》求日高、求日距公式有密切联系（参见本章第三节)。就宏观说此公式用来测天体，导致大谬误。用在一定范围内的地面测量则是正确的。原公式刘徽有术无证，其同龄人三国赵爽在《周髀算经》日高图说注中有所论述，一千年后南宋杨辉作出完整推导。（参见本《大

① D. E. Smith. History of Mathematics. Vol. 2. 347

图 4.10.46

系）第三卷、第五卷有关章节。）《海岛算经》在测法上有缺点，以三丈之表，退行数分别为 123、127 步，退行差仅为 4 步，其结果误差极大，可行性不强。[①] 明代程大位《算法统宗》第 8 卷另换数据，在乾隆编《古今图书集成·历法典》附有精美插图（图 4.10.46）。

在欧洲文艺复兴时代的印刷物中也出现类似问题。图 4.10.47 采自 1569 年威尼斯出版书藉中插图，用二次测望求塔高，[②] 与本题同义。

第 13 例实际与《海岛算经》第 1 题同义。但 I，H 两测量点过近，远方 GF 距离也过短，相对误差极大，结果是否有用，值得商榷。

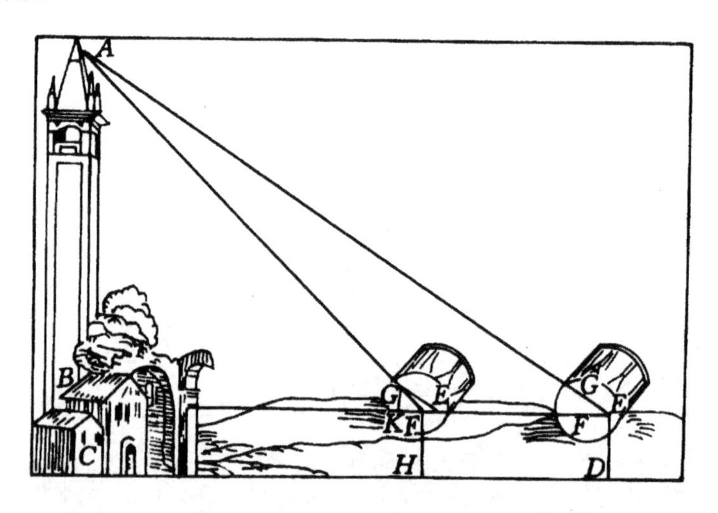

图 4.10.47

14. 现有人测望山上松树。先在平地上立两标杆各高 2 丈，前后距离 50 步，并使两者与松树在同一平面内。从前标杆后退 7 步

① 沈康身. 刘徽与赵爽.《九章算术与刘徽》，北京：北京师范大学出版社，1982. 76～94

② D. E. Smith. History of mathematics. Vol. 2. 15

4 尺，人目着地，前视树顶与标杆在同一直线上。又前视树根，视线截标杆顶以下 2 尺 8 寸。又从后标杆退行 8 步 5 尺，人目着地，前视树顶，也与标杆顶在同一直线内。问：松树高是多少？山与前标杆距离是多少？

答数：松树高 12（丈）2（尺）8（寸），山与前标杆距离 1（里）$28\frac{4}{7}$（步）。

解法：以视线截标杆顶以下之数〔2 尺 8 寸〕与两标杆距离乘积作为被除数，两次后退步数之差作为除数，做除法运算。所得商加视线截标杆顶以下数，就得松树高度。为求标杆与山上松树的平距，以标杆间距离与前标杆后退步数的乘积作为被除数，两次退行步数之差作为除数，做除法运算，得山与前标杆距离（《海岛算经》第 2 题，公元 263 年）

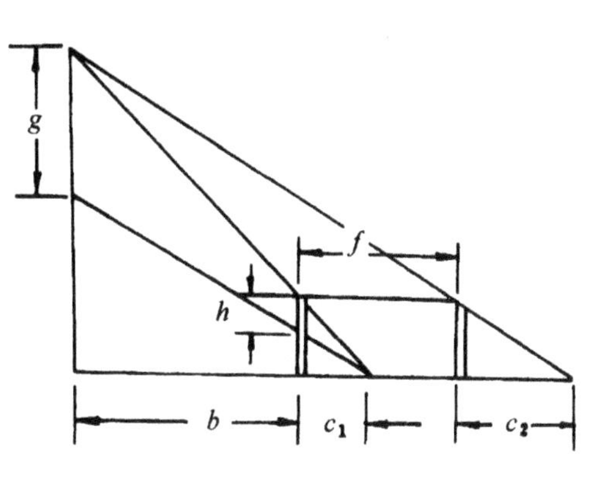

图 4.10.48

解法是说，如设 h 为视线标杆顶以下数；c_1，c_2 分别是两次退行步数；f 为两标杆平距；而 g 是所求松树高；b 为树顶与前标杆平距（图 4. 10. 48），则

$$b=\frac{c_1 f}{c_2-c_1},\quad g=\frac{hf}{c_2-c_1}+h$$

评论

本题前视三次，是《海岛算经》第1题的推广。①

15. 现有人向南测望正方形城。设立两标杆。东西相距6丈，与人目同高。用水平绳索相连，使东标杆与城东南角、东北角成一直线。从东标杆向北走5步，前视城西北角，视线截绳索离东标杆2丈2尺$6\frac{1}{2}$寸。从东标杆再向北走13步2尺，前视城西北角，西标杆刚好在视线内。问：正方形城每边长多少？城与标杆距离是多少？②

答数：城每边长3（里）$43\frac{3}{4}$（步），城与标杆距离4（里）45（步）。

解法：视线截绳索离东标杆数乘第2次向北走步数，除以两标杆距离，得数称为影差。影差减去第一次前视处与东标杆距离，所得余数作为除数，前后两次前视处相距数乘视线截绳索离东标杆数，所得数作为被除数，做除法运算，得城每边长。为求城与标杆距离，以第二次前视处与东标杆距离减去影差，余数乘第一次前视处与东标杆距离，作为被除数，做除法运算，得城与标杆距离。（《海岛算经》第3题，公元263年）

解法是说，如果我们设a为第一次视线截绳索与东标杆距离；b为城北边与标杆距离；c_1为第一次北行距离；c_2为a在k上的影差；e为城每边长；f为第二次北行距离与影差之差；k为第二次北行距离；m为两标杆距离（图10. 4. 49）；则所求

$$\text{影差 } c_2=\frac{ak}{m}$$

当影差求出后，问题就与《海岛算经》第1题同型，得

① 吴文俊。《海岛算经》古证探源．九章算术与刘徽．162～180

② 吴文俊．《海岛算经》古证探源．

$$b=\frac{c_1 f}{c_2-c_1}=\frac{c_1\ (k-c_2)}{c_2-c_1}$$

$$e=\frac{af}{c_2-c_1}=\frac{a\ (k-c_2)}{c_2-c_1}$$

按照题设数据代入得所求城边长

$$c_2=\frac{22.65\times\ (13\times 6+2)}{60}$$

$=30.2$（尺），城边长

$$b=\frac{(80-30)\ \times 22.65}{30.2-30}$$

$$=5\ 662\frac{1}{2}\ (尺)$$

$$=3\ (里)\ 43\frac{3}{4}\ (步)$$

城与标杆距离

$$e=\frac{(80-30.2)\ \times 30}{30.2-30}$$

$$=\frac{1\ 494}{0.2}=7\ 470\ (尺)$$

$=4$（里）45（步）

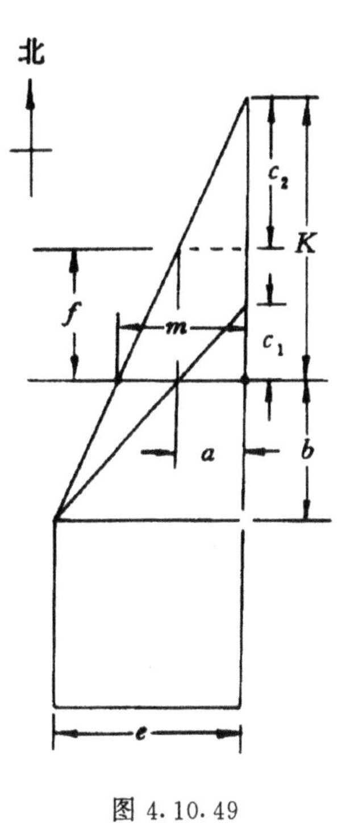

图 4.10.49

16. 现有人测望清渊。渊底有白石。设立矩尺① 在岸上，勾高 3 尺。斜向前视水岸，视线截下股长 4 尺 5 寸。前视白石，视线截股长 2 尺 4 寸。另设一矩尺在上方，两矩尺距离 4 尺。斜向前视水岸，截上股长 4 尺，前视白石截股长 2 尺 2 寸。问：水深是多少？

答数：1（丈）2（尺）。

解法：以前视水岸上、下矩尺股长之差乘前视白石上矩尺股长乘积作为上率。又以前视白石上、下矩尺 3 股长之差乘前视水岸上矩尺的股长乘积，作为下率。上、下两率之差乘两矩尺距离，

① 矩尺是有刻度的直角曲尺，竖直尺称为勾，水平尺为股.

作为被除数。前视水岸以及白石上下矩尺各自股长差的乘积作为除数。做除法运算，得水深。(《海岛算经》第 7 题) 解法是说，如果设 a_1，a_2 为测望白石上下矩尺股长；a'_1，a'_2 为测望水岸上、下矩尺股长，b，b' 为下矩尺离白石水岸坚直距离。而 c 为勾高；f 为上、下矩尺距离；g 为所求渊水深（如图 4.10.50），那么

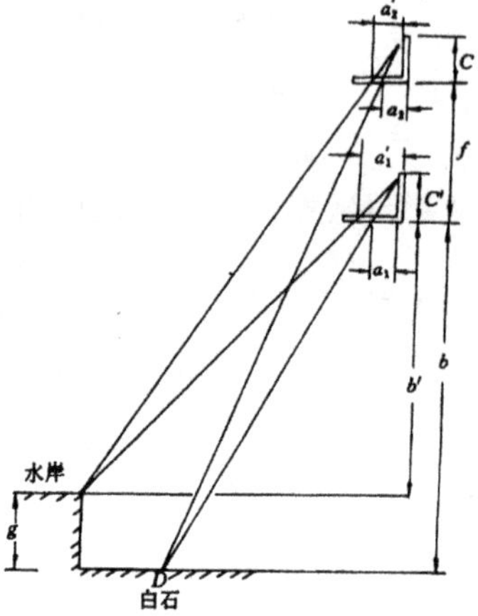

图 4.10.50

$$b=\frac{fa_2}{a_1-a_2}-c,\quad b'=\frac{fa'_2}{a'_1-a'_2}-c$$

$$g=b-b'=\frac{[a_2(a'_1-a'_2)-a'_2(a_1-a_2)]f}{(a_1-a_2)(a'_1-a'_2)},$$ ① 于是

$$g=\frac{[(45-40)\times22-(24-22)\times40]\times40}{(45-40)(24-22)}=120(\text{寸})=$$

1（丈）2（尺）

本例在测望时前视达 4 次。本例是《九章算术》井径五尺题测深问题的进一步发展。

第五节　立体体积及其反算

长方体

1. 长宽高都是 10 肘尺的方仓。问：它储多少粮食？答数：30 000（海卡）。

解法：10 乘以 10，得 100。100 乘以 10，得 1 000。加上它的

① 吴文俊.《海岛算经》古证探源.

$\frac{1}{2}$得 1 500。这说明它储粮食 1 500 哈尔，[①] 也就是 30 000 海卡。（《莱因得纸草》第 44 题，公元前 1650 年）

2. 现有方形城堡。已知正方形底边长 1 丈 6 尺，高 1 丈 5 尺。问：它有体积多少？

答数：3 840（立方尺）。

解法：方堡墙术。（《九章算术》商功章）

3. 今有木方（每边）三尺。欲方五寸作枕一枚。问：得几何？答数：216（枚）。

解法：相当于说，每立方尺木块可以作 $5\times5\times5$ 立方寸的木枕 8 个，因此所给每边长 3 尺的方块可作方枕　$3\times3\times3\times8=216$ 个。（《孙子算经》卷中第 15 题）

4. 砖幅：长 18 指，宽 12 指，高 3 指。现砌墙 8 尺长、5 尺宽、3 尺高。问：此墙体积多少？要用多少块砖：答数：砖体积$\frac{3}{64}$（立方尺）[②]，墙体积 120（立方尺），用砖 2 560（块）。

解法：底面积乘高得砖墙体积，砖墙体积除以一块砖的体积，得用砖数。（印度婆什迦罗《丽罗娃祇》第 8 章第 224～227 节，1150）

5. 墙长三丈，高九尺，宽四尺。砖每块长一尺、宽五寸、厚二寸。问：该若干？

答数：10 800（块）。

解法：相当于说$\frac{300}{2}=150$，$\frac{90}{5}=18$，$150\times18\times4=10\ 800$

---

① 1 哈尔 (khar) ＝20 海卡. 1 海卡＝$\frac{1}{20}$哈尔＝$\frac{1}{20}\cdot\frac{2}{3}$立方肘尺. 1 海卡＝$\frac{1}{30}$立方肘尺＝$\frac{1}{30}$ $(20.62)^3$ 立方英寸＝292.24 立方英寸.

② 长度单位 1 尺＝24 指.

（程大位《算法纂要》第2卷，1598）

评论：

上引5例是古世界处理体积最根本问题的实录：长方体体积（单位长立方数）等于长、宽、高单位长度数的乘积。这与本章第一节图形面积第1～3例处理面积最根本问题相应。我们从孙子经、婆什迦罗、到程大位计算长方体内含较小方块（木枕，砖）个数中可见数学家对这一根本问题的进一步深邃认识。原苏联数学史家别列兹金娜在她的《中国古代数学》中就列专节讨论中国古代的面积和体积论①，把《孙子算经》卷中第9，第15题与刘徽、李淳风关于方田术的注释相提并论。②

方台

6. 如果告诉你方台的高是6，下底边是4，上底边是2。问：体积是多少？答数：56。

图 4.10.51

解法：4的平方是16，4的二倍是8，2的平方是4。把16，8，4加起来，得28。取6的三分之一，得2。取28的二倍是56。看，

---

① Э. И. Березкина，Математика в древнего Китая，Москва：1980. 250

② 见第一节第1～3例及其评论.

它是 56，你算对了。(图 4. 10. 51)(埃及《莫斯科纸草》第 14 题，公元前 1850 年)

解法正是上、下底边分别是 a，b，高是 h 的方台体积公式。

7. 现有方台，下底边长 5 丈，上底边长 4 丈，高 6 丈。问：有体积多少？

答数：101 666 $\frac{2}{3}$ 立方尺。

解法：方亭术（《九章算术》商功章第 10 题）。

8. 今有方锥，下方（边长）二丈，高三丈。欲斩末为方亭（方台），令上方六尺。问：斩高几何？答数：9 尺。

解法：相当于相似三角形性质定理。(《张丘建算经》卷中第 9 题，公元 5 世纪)

评论

上引 3 例都是方台问题。莫斯科纸草只对特例作了正确计算，借此可以揣测古埃及人已有方台体积公式的认识，而《九章算术》方亭术则有完整的纪录，史无前例。《张丘建算经》又有从勾股比例、从方锥变换为方台的科学论述。

堤

9. 现有堤，下宽 2 丈，上宽 8 尺，高 4 尺，长 12 丈 7 尺。问：有土方多少？答数：7 112 立方尺。

解法：城垣堤术。

10. 已知甲、乙、丙、丁四县群众合作造堤（图 4. 10. 52)，其长、宽、高关系，东头截面 $ABCD$，西头截面 $A'B'C'D'$，其中

$h'-h=310$

$b-a=62$

$b'-a=682$，$a-h=49$

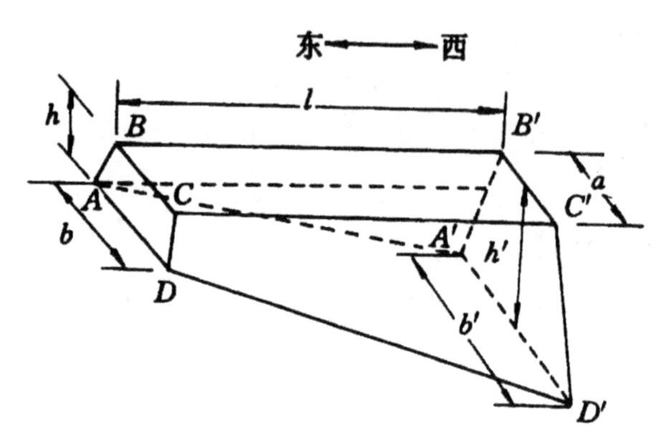

图 4.10.52

$l-h=4\ 760$①

各县劳动力每人每日工作量是 4.96 立方尺。四县劳动力人数：甲县 6 724，乙县 16 677，丙县 19 448，丁县 12 781。问：四县劳动力在一日内能造堤东头高（h）多少？又四县依次甲、乙、丙、丁自西而东分段造堤，各县分段各长多少？

答数：东头高 3（尺）1（寸）。甲、乙、丙、丁四县分段长分别是 19（丈）2（尺），14（丈）4（尺），9（丈）6（尺），4（丈）8（尺）。

解法：相当于说，如设四县群众一日内能造堤高 h（尺），则 h 是三次方程

$$h^3+\left(\frac{\alpha}{2}+\frac{\beta}{2}+\delta+\varepsilon\right)h^2+\left(\frac{1}{3}\alpha\beta+\frac{1}{2}\alpha\delta+\frac{1}{6}\alpha\gamma+\frac{1}{2}\alpha\varepsilon+\frac{1}{2}\beta\varepsilon+\delta\varepsilon\right)h=V-\left(\frac{1}{3}\alpha\beta\varepsilon+\frac{1}{2}\alpha\delta\varepsilon+\frac{1}{6}\alpha\gamma\varepsilon\right)$$

，其中 V 是四县群众在一日内能做总土方立方尺数。

① 为便于总结成公式，我们记 $h'-h=\alpha$，$b-a=\beta$，$b'-a'=\gamma$，$a-h=\delta$，$l-h=\varepsilon$.

如设 y 是甲县所做分段长，则 y 是三次方程 $y^3+\frac{3bl}{b'-b}y^2+\frac{3(a+b)hl^2}{(b'-b)(h'-h)}y=\frac{6l^2V_1}{(b'-b)(h'-h)}$，其中 V_1 是甲县群众在一日内完成的土方数。类似地立三次方程求其余三县分段长。[①]

11．一不均匀截面斜坡堤，尺寸如图 4．10．53，问：砌成此堤，需用砖多少块？答数：19 968 块。

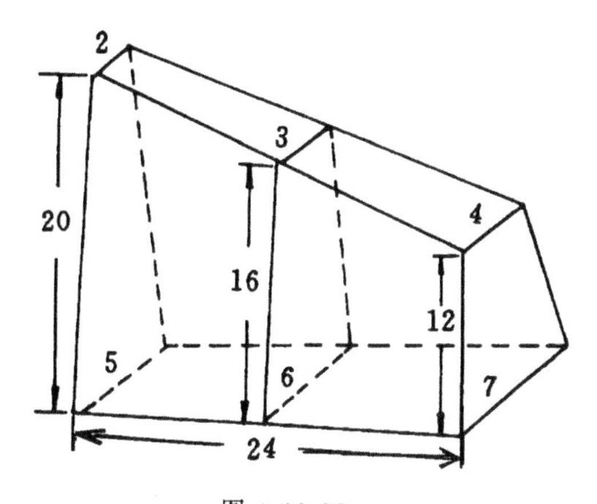

图 4.10.53

解法：$\frac{1}{3}(\frac{2+5}{2}\times20+\frac{3+6}{2}\times16+\frac{4+7}{2}\times12)\times24\div(\frac{1}{2}\times\frac{1}{6})$
$=(70+72+66)\times8\times12=19\ 968$（块）[②]

（已知砖块尺寸 $1\times\frac{1}{2}\times\frac{1}{6}$）。（摩诃毗罗《文集》第 8 章第 $50\frac{1}{2}$ 节，850）

评论

王孝通《缉古算经》第 3 题是《九章算术》城垣积术的大踏

---

① 沈康身．王孝通开河筑堤题分析．《杭州大学学报》，1964，43～56

② 原书答案为 20 736，误．

步发展[①]：他既把堤形从均匀截面发展为变截面，还借此提供几何模型在世界数学发展史上提出第一个不缺项三次方程。摩诃毗罗算法显然是近似公式。

拟柱体

12. 现有冥谷。上宽 2 丈，长 7 丈；下宽 8 尺，长 4 丈。深 6 丈 5 尺。问：有体积多少？答：52 000（立方尺）。

解法：刍童术。（《九章算术》商功章第 22 题）

13. 今有窖上广五尺，上袤（长）八尺；下广七尺，深九尺，受粟三百一斛八斗八十一分斗之四十二。问：下袤几何？答数：1 丈。

解法：相当于说粟的容量折合为 489 立方尺，然后以刍童公式反算下袤是 1 丈。（《张丘建算经》卷下第 11 题，公元 5 世纪）

14. 朋友，请告诉我，井的挖方是多少？已知井口尺寸是 12 尺乘 10 尺，井底尺寸是 6 尺乘 5 尺，井深是 7 尺。答数：490（立方尺）。

解法：相当于说[②] 井挖方是

$$V=\frac{1}{6}[a_1b_1+a_2b_2+(a_1+a_2)(b_1+b_2)]h$$

（婆什迦罗《丽罗娃祇》第 7 章第 221～222 节 1150）

评论

《九章算术》刍童为最常见的填方或挖方的土方。上引 3 例，第 12 例中冥谷为形状，如填方刍童的挖方，第 13 例张丘建运用刍童公式反算下袤（边长）。印度计算挖井土方，形状也是刍童，其计算公式与《九章算术》公式

---

① 参见第二编第三节.

② 《九章算术》刍童公式见第二编第三章第三节.

$$V=\frac{1}{6}((2a_1+a_2)b_1+(2a_2+a_1)b_2)h$$

形式不同，可以验证二者等价。

圆柱

15. 求直径 9 肘尺，高 10 肘尺的圆柱粮仓容积。答数：4 800 海卡。

解法：减去 9 的$\frac{1}{9}$，即 1，得到余数 8。8 平方，得 64。64 的 10 倍是 640，得 640 立方肘尺。加上它的一半得到 960，得到 960 哈尔。这是说，粮仓有粮食 4 800（海卡）。（《莱因得纸草》第 41 题，公元前 1650 年）

16. 现有粮仓为圆柱形，已给高 1 丈 3 尺 3 $\frac{1}{3}$ 寸，容积米 2 000 斛。问：粮仓周长是多少？答数：5（丈）4（尺）。

解法：1 斛米有容积 1 620 立方寸，《九章算术》取 $\pi\approx3$，运用圆堡壔术反算周长：

$$C=\sqrt{\frac{2\ 000\times1\ 620\times4\times3}{133\frac{1}{3}}}=540\ (寸)$$

（《九章算术》圆囷问高题）

圆锥

17. 现有粟堆放在平地上，下周 12 丈，高 2 丈。问：有体积多少？答数：8 000（立方尺）。

18. 现有大豆靠墙壁堆放，下周 3 丈，高 7 尺。问：有体积多少？答数：350（立方尺）。

19. 现有米靠墙壁内角堆放，下周 8 尺，高 5 尺。问：有体积多少？答数：35 $\frac{5}{9}$（立方尺）。

解法：委粟术，即圆锥术。（《九章算术》商功章第 23～24 题）

20. 数学家，请快告诉我。平地上堆放着粗粮粮堆。其周长是60尺，它的体积是多少？如果是细粮，或是米堆，体积又各是多少？

答数：如果是粗粮，粮堆高6（尺），体积是6 000（立方尺）；如为细粮，高度是$\frac{60}{11}$（尺），因此体积是$\frac{6\ 000}{11}$（立方尺）；如为米堆，高度是$\frac{60}{9}$（尺），其体积是$\frac{6\ 000}{9}$（立方尺）。

解法：粗粮粮堆的高是底周长的$\frac{1}{10}$，细粮则是底周长的$\frac{1}{11}$，米堆则是底周长的$\frac{1}{9}$。$\frac{1}{6}$底周长的平方乘以高是粮堆体积的立方尺数。

21. 快告诉我，下面米堆体积是多少？它们依壁、依内角、依外角。已给依壁底周长30尺，依内角、依外角底周长分别为15尺，45尺。答数：300，150，450（立方尺）。

（20，21两例都引自婆什迦罗《丽罗娃祇》第10章第233～237节，1150）

22. 今有倚壁堆米，下周60尺，高12尺。问：积米若干？今有倚壁内角堆米，下周30尺，高12尺。问：积米若干？今有倚壁外角堆米，下周90尺，高12尺。问：积米若干？”

答数：2 400，1 200，3 000（立方尺）。（程大位《算法纂要》卷2，1598）

评论

婆什迦罗所命题与《九章算术》堆粮题题材一致，所用公式相同。《丽罗娃祇》有插图（图4. 10. 54），与程大位所命题尤其相近。

婆什迦罗认为粮堆周长与高度因粮的粗细有殊，其中：粗粮、细粮和米分别是$\frac{1}{10}$，$\frac{1}{11}$，$\frac{1}{9}$，《九章算术》分别是$\frac{1}{6}$，$\frac{7}{60}$，$\frac{5}{32}$，较

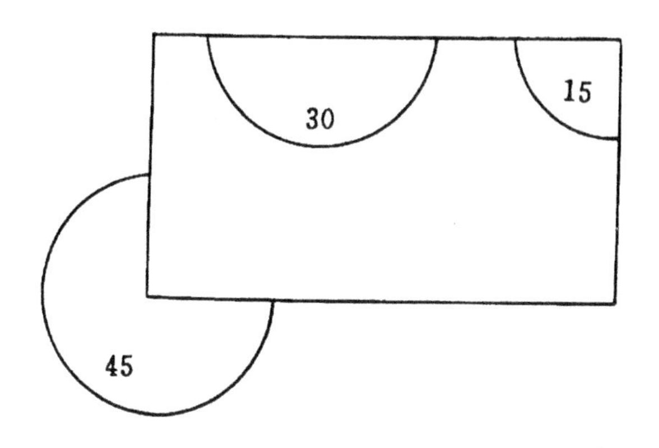

图 4.10.54

印度数据为大。程大位在题后有自注："今立法，不用其高。假如平地尖锥，只以下周，十而取一为高。"对米堆而言与婆什迦罗数据很接近，而且与现代实验结果相同①。

圆台

23. 现有圆台，下周长 3 丈，上周长 2 丈，高 1 丈。问：有体积多少？答数：527 $\frac{7}{9}$立方尺。

解法：圆亭术，取 $\pi\approx3$。（《九章算术》商功章第 11 题）

24. 今有圆窖。上周一丈五尺，高一丈二尺。受粟一百六十八斛五斗二十七分斗之五。问：下周几何？答数 1 丈 8 尺。

解法：运用《九章算术》圆亭术，取 $\pi\approx3$，反算下周长、粟 1 685 $\frac{2}{27}$斗粟折合容积 273 立方尺。我们设下周长是 x，则

$$\frac{1}{36}(15^2+15x+x^2)12=273$$

即

$$x^2+15x=594$$

① 李培业．算法统宗校释．合肥：安徽教育出版社，1986．3

的正根就是所求的下周长尺数。这正是本题的术文所说："置粟积尺，以三十六乘之，如高而一。所得（819），以上周自相乘（225）减之，余，以上周尺数（15）从，而开方除之，所得，即下周。（《张丘建算经》卷下第9题，公元5世纪）

评论

据记载[①]，古埃及有纸草给出圆台状计时用滴漏水钟容量公式为

$$\frac{1}{12}(\frac{3}{2}(D+d))^2h$$

其中 D、d 为上、下底直径，h 为圆台的高。如果理解 $\pi\approx3$，$\frac{1}{2}$ $(D+d)$ 是平均直径长，那么古埃及人理解圆台体积等于上下底面积平均数与其高的乘积，这是近似公式。

在希腊亚历山大时期，学者海伦《度量》一书中卷2命题10有圆台体积公式

$$\frac{\pi}{12}\ (D_1{}^2+D_1D_2+D_2{}^2)\ h$$

D_1，D_2 分别是圆台上下底直径，h 为高。如果取 $\pi\approx3$，则海伦公式与《九章算术》圆亭术等价。

张丘建继刍童已知体积反算底长之后，又出题从圆台已知体积反算下周长，前者为算术运算，后者则需解二次方程。与弓形已知面积弦长求矢高[②]题同样是《九章算术》方邑见木题开带从平方问题。

球

25. 已给球的体积是1 644 866 437 000立方尺，问：它的直

① M. kline. 古今数学思想. 张理京中译本. 上海：上海科学技术出版社，1979(1). 22

② 本章第一节第21例.

径是多少？答数：14 300 尺。

解法，开立圆术。（《九章算术》少广章第 24 题）

26. 聪明的朋友，如果你熟稔洁白无瑕的丽罗娃祇。你说，直径是 7 的球，它的体积是多少？答数：$179\frac{1487}{2500}$。

解法：直径的四分之一，乘以圆周是圆面积。再乘以 4 是球表面积。再乘以直径，除以 6，是准确的球体积。（π 取$\frac{22}{7}$）。（婆什迦罗《丽罗娃祇》第 6 章第 203～204 节，1150）

27. 现有沉香圆球一个，直径 10 寸，从顶截去球冠。已给其小圆周长 8 寸 4 分，问：球冠高是多少？答数：2 分 （图 4.10.55）。

解法：用天元术解，相当于说球冠的投影如为 $V-ABC$，设其高 $VB=x$，已给直径是 10，从勾股比例知 $AC^2=(10-x)x$，这就是

$$(\pi AC)^2=\pi^2(10-x)x$$

取 $\pi\approx 3$，就得到二次方程，$x^2-10x+1.96=0$，所求球冠高是它的正根。（朱世杰《四元玉鉴》卷下之 4 第 1 题，1303）。

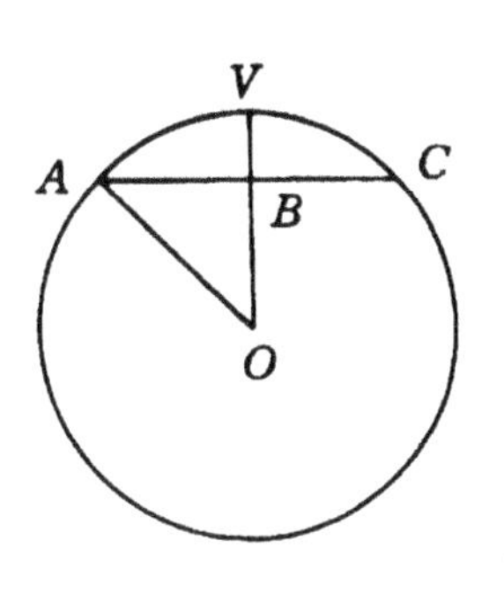

图 4.10.55

28. 有个金球里面空，球高尺二，厚三分。一寸立方十六两，请问金球多少重？

答数：138 斤 10 两 2 钱 4 厘。

解法：《九章算术》开立圆术，所求重量

$$W=V_{球}\cdot 密度=\frac{9}{16}(D^3_{外径}-D^3_{内径})\cdot 16$$

取外径=12（寸），内径=11.4（寸）（程大位《算法统宗》第 10 卷，1592）

评论

《九章算术》开立圆术是近似公式，而婆什迦罗的球面积、球体积公式都是正确的。朱世杰计算球冠矢的方法，也是正确的，而且又借以提供立天元式的几何模型，在教学上是一佳例。程大位例以《九章算术》开立圆术反算球体积，他的计算工作也很细致。我们检验，准确答案应是138斤10两1钱零4厘。

我们从以上所引10章34节共313例归结为下表，以作出比较：从另一个侧面看到《九章算术》在数学发展历史长河中所起的重要作用。它在每一章、每一节、每一不同分段中几乎都有过精湛的算题，而且对同类算题常常在时间上领先，在题材多样化上领先，在数学进展和解法完美程度上也领先。

章	节	分段	共例数	含《九章》算题数
四则运算			13	2
定和问题	一元问题		5	
	二元问题		14	5
	三元问题		7	2
	四元(及以上)问题		7	2
余数问题	一关问题		1	
	二关问题		4	
	三关问题		8	2
	四关(及以上)问题		7	1
盈亏问题			6	2
互给问题	二人问题		12	2
	三人问题		8	1
	四人问题		3	2

合作问题	几人合作一事 二人问题		5	3
	三人问题		7	
	四人以上问题		7	1
	一人经营几事 二事问题		1	1
	三事问题		2	2
	一般问题		8	1
行程问题	等速运动	相向运动	4	1
		同向运动	7	4
		先同向后异向	1	1
	变速运动	同向运动	2	1
		相向运动	1	1
		先同向后异向	2	1
	圆周运动		2	
比例问题	简单比例		9	2
	反比例		16	
	复比例		12	3
	连比例		5	2
	分配比例	按比例分配	10	1
		按反比分配	3	2
		加权分配	4	3
数列问题	分配比例（续）	按等差数列分配	7	1
		按等比数列分配	6	2
	等差数列		9	2
	等比数列		9	

<table>
<tr><td rowspan="21">几何计算问题</td><td rowspan="7">图形面积及其反算</td><td>长方形</td><td>3</td><td>2</td></tr>
<tr><td>四边形</td><td>3</td><td>1</td></tr>
<tr><td>三角形</td><td>5</td><td>1</td></tr>
<tr><td>梯形</td><td>6</td><td>1</td></tr>
<tr><td>圆</td><td>2</td><td>1</td></tr>
<tr><td>弓形</td><td>4</td><td>1</td></tr>
<tr><td>宛田</td><td>2</td><td>1</td></tr>
<tr><td rowspan="5">勾股定理</td><td>已知勾股或弦</td><td>6</td><td>2</td></tr>
<tr><td>已知勾股弦差</td><td>6</td><td>5</td></tr>
<tr><td>已知勾股弦和</td><td>2</td><td>1</td></tr>
<tr><td>已知弦勾股差</td><td>1</td><td>1</td></tr>
<tr><td>已知勾弦差股弦差</td><td>1</td><td>1</td></tr>
<tr><td>勾股比例（天体测量）</td><td></td><td>5</td><td></td></tr>
<tr><td rowspan="5">勾股比例（地面测量）</td><td></td><td>3</td><td>1</td></tr>
<tr><td></td><td>5</td><td>2</td></tr>
<tr><td></td><td>1</td><td>1</td></tr>
<tr><td></td><td>2</td><td>2</td></tr>
<tr><td></td><td>5</td><td>4</td></tr>
</table>

<table>
<tr><td rowspan="8">几何计算
问题</td><td rowspan="8">体积及
其反算</td><td>长方体</td><td>5</td><td>1</td></tr>
<tr><td>方台</td><td>3</td><td>1</td></tr>
<tr><td>堤</td><td>3</td><td>1</td></tr>
<tr><td>拟柱体</td><td>4</td><td>1</td></tr>
<tr><td>圆柱</td><td>2</td><td>1</td></tr>
<tr><td>圆锥</td><td>6</td><td>3</td></tr>
<tr><td>圆台</td><td>2</td><td>1</td></tr>
<tr><td>球</td><td>3</td><td>1</td></tr>
<tr><td colspan="3">总例数</td><td>313</td><td>94</td></tr>
</table>

《九章算术》及其刘李注研究论著分类文献目录

（按写作、发表年代先后为序）

专 著

Берёзкина，Э. И. Математика в Девяти Книгах. историко～математические Исследования. вып. Ⅹ，1957. Москва

钱宝琮校点. 算经十书. 中华书局，1963

Vogel，K，Neun Bücher Arithmetigcher Technik. Friedr. Vieweg & sohn. Braunschweig，1968

川原秀城. 九章算术. 中国天文学、数学集日文译注本. 朝日出版社，1980

吴文俊主编. 九章算术与刘徽. 北京：北京师范大学出版社，1982

白尚恕. 九章算术注释. 北京：科学出版社，1983

白尚恕. 九章算术今译. 济南：山东教育出版社，1990

郭书春汇校. 九章算术. 沈阳：辽宁教育出版社，1990

李继闵. 九章算术及其刘徽注研究. 西安：陕西人民教育出版社，1990

郭书春. 古代世界数学泰斗刘徽. 济南：山东科学技术出版社，1992

李继闵. 九章算术校证. 西安：陕西科学技术出版社，1993

吴文俊主编. 刘徽研究. 西安：陕西人民教育出版社，1993

周瀚光，孔国平. 刘徽评传. 南京：南京大学出版社，1994

专　　刊

科学史集刊. 科学出版社，1958～1984.

科技史文集（8）. 上海科学技术出版社，1982

自然科学史研究. 科学出版社，1982～

中国数学史论文集. 山东教育出版社，1984～

数学史研究文集. 内蒙古大学出版社，1990～

专题论文

1. 综合研究

1. 1　研究方法

吴文俊. 我国古代测望之学重差理论评介，兼评数学史研究中的某些方法问题. 科技史文集（8）. 1982. 10～30

郭书春. 关于刘徽研究中的几个问题. 自然科学史研究，1983（4）：289～291

白尚恕. 浅谈古算书《九章算术》的校勘工作. 中国数学史论文集（三）. 1987. 44～55

白尚恕. 试论《九章算术》研究的方法. 北京师范大学学报，1991（增3）：50～54

白尚恕.《九章算术》的新研究. 刘徽研究，1993. 328～347

莫绍揆. 对《九章算术》的一些研究. 刘徽研究，1993. 121～137

1. 2　中算名词

段育华等. 算学辞典. 上海：商务印书馆，1939

白尚恕.《九章算术》与刘徽注所用名词今译.《九章算术》与刘徽，1982. 306～325

1.3 算具与算法

宝鸡市博物馆等. 千阳县西汉墓中出土算筹. 考古，1976（3）：85～88

李胜白等. 石家庄东汉墓及其出土的算筹. 考古，1982（5）：255～256

Lam Lay Yong. A Chinese Genesis：Rewriting the History of Our Numerical System. Archive for History of Exact Sciences，1988（2）：101～108

李文林. 论古代与中世纪的中国算法. 数学史研究论文集（二）. 1991. 1～5

郭世荣. 刘徽的奇零小数观. 刘徽研究，1993. 159～168

1.4 刘徽

何章陆.《九章算术》今读——纪念刘徽注《九章算术》1700周年. 浙江师范学院学报，1963（1）：1～10

Ho Peng-yoke. Liu Hui，third-century Chinese Mathematician，Dictionary of Scientific Biography. American Council of Learned Societies，1973. 418～424

白尚恕. 我国古代数学名著《九章算术》及其注释者刘徽. 数学通报，1979（6）：28～33

沈康身. 刘徽与赵爽.《九章算术》与刘徽，1982. 76～94

张继民. 刘徽是我国古代数学理论的奠基者. 人民日报. 1982. 4. 23

严敦杰. 刘徽简传. 科学史集刊（11），1984. 14～30

梅荣照. 三世纪最杰出的数学家——刘徽. 北京师范大学学报，1991（增3）：56～71

沈康身. 刘徽——我国第一代知名数学家. 自然，1989（6）：15～21

李迪. 刘徽传琐考. 刘徽研究，1993. 42～62

沈康身．刘徽生平数学思想渊源及其对后世之影响试析．刘徽研究，79～86

1．5　社会经济

杜石然．传统数学与中国社会．自然辩证法研究通讯，1984(5)

宋杰.《九章算术》在社会经济方面的史料价值．自然辩证法研究通讯，1984（5）：43～45

郭书春．中国古代数学与封建社会刍议．科学技术与辩证法，1985（2）：1～7.

李孝林等.《九章算术》经济问题再探索．北京师范大学学报，1991（增3）：39～43

许康等．试论作为管理数学的《九章算术》．北京师范大学学报，1991（增3）：44～49

沈康身．在《九章算术》及其刘徽注所见秦汉社会．刘徽研究，1993．87～102

1．6　文化典籍

王宪昌．《九章算术》研究中的文化观．北京师范大学学报，1991（增3）：23～28

柏森．中国科学美学思想对《九章算术》的影响初考．北京师范大学学报，1991（增3）：29～34

沈康身.先秦两汉典籍与《九章算术》刘徽注.刘徽研究，1993.103～120

1．7　哲学

钱宝琮．《九章算术》及其刘徽注与哲学思想的关系．钱宝琮科学史论文选集．1983．597～607

周瀚光．刘徽的思想与墨学的关系．自然辩证法研究通讯，1984（5）：36～40

1．8　教育

郭书春. 谈谈刘徽的数学教育思想. 人民教育，1981（2）

朱家生.《九章算术》中的数学教学原则. 1984. 未刊稿

夏恒.《九章算术》与中国古代数学教育. 北京师范大学学报，1991（增3）：34～37

1. 9 数学

1. 9. 1 数学思想

李继闵. 略论《九章算术》理论体系之特色.《九章算术》与刘徽》，1982. 52～57

董英哲. 刘徽数学思想. 曲阜师范大学学报，1987（4）：99

周瀚光.《九章算术》和刘徽注在科学方法论上的意义和价值. 北京师范大学学报，1991（增3）：18～22

倪炳华.《九章算术注》的数学思想方法. 北京师范大学学报，1991（增3）：84～88

李伯春. 论刘徽的数学思想. 北京师范大学学报，1991（增3）：89～93

白尚恕. 刘徽数学思想. 刘徽研究，1993. 63～78

1. 9. 2 逻辑推理

钱宝琮等. 试论中国古代数学的逻辑思想. 光明日报，1961. 5. 29

李迪. 刘徽的数学推理方法.《九章算术》与刘徽，1982. 91～104

郭书春. 刘徽《九章算术注》中的定义及演绎逻辑试析. 自然科学史研究，1983（3）：193～203

巫寿康. 刘徽《九章算术注》逻辑初探. 自然科学史研究，1987（1）：20～27

李迪. 刘徽的几何成就与几何逻辑系统. 刘徽研究，1991. 251～265

1. 9. 3 齐同术

何文炯．刘徽齐同术刍议．刘徽研究，1993．345～357

1．9．4 极限

杜石然．古代数学家刘徽的极限思想．数学通报，1954（2）：1～2

白尚恕．刘徽对极限理论的应用．《九章算术》与刘徽，1982．295～305

郭书春．刘徽的极限理论．科学史集刊，1984．37～46

1．9．5 算术

钱宝琮．算术教材中祖国数学家的成就．数学教学，1955（2）：13～17

1．9．6 代数

1．9．7 几何

洪万生．中国古代的几何学．科学月刊，1981（8）：22～30

胡明杰．位置在《九章算术》及刘徽注中的意义．刘徽研究，1993．149～158

李迪．刘徽的几何作图．刘徽研究，1993．204～217

1．10 物理

徐义保．《九章算术》与刘徽注中的度量衡及力学知识．刘徽研究，1993．389～395

沈康身．《九章算术》及其刘徽注对运动学的深邃认识．刘徽研究，1993．379～388

1．11 数学史学史

陈直．《九章算术》著作年代．西北大学学报，1957（1）：95～98

严敦杰．《九章算术》俄译本已在苏联出版．数学通报，1958（1）：41

李继闵．关于《九章算术》的形成．数学通报，1975（12）：223～230

李迪等.《九章算术》在国外.《九章算术》与刘徽，1982. 120～136

李学勤. 中国数学史的重大发现. 文物天地，1985 (1).

郭书春. 关于《九章算术》的版本. 数理化信息，1986 (2).

郭书春. 关于武英殿聚珍版《九章算术》. 自然科学史研究，1987 (2)：97～104

郭书春. 李籍《九章算术音义》初探. 自然科学史研究，1989 (3)：197～204

吴文俊. Recent studies of the history of Chinese mathematics, Proceedings of the International Congress of Mathematicians. Berkeley，1986. 1657～1667. 中译本，近年来中国数学史的研究. 中国数学史论文集. 1987. 1～9

白尚恕.《九章算术》研究. 刘徽研究，1993. 1～22

李迪.《九章算术》研究史纲. 刘徽研究，1993. 23～42

纪志刚. 刘徽《九章算术注》附图的失传问题. 刘徽研究，1993. 370～378

劳汉生.《九章算术》原造术与刘徽注造术的几点比较. 刘徽研究，1993. 138～148

郭世荣. 略论李淳风等对《九章算术》及其刘徽注的注. 刘徽研究，1993. 361～372

1. 12 比较数学史

1. 12. 1 通论

沈康身. 中国古算题的世界意义. 数学通报，1957 (6)：1～4

沈康身.《九章算术》及其刘徽注有关方程论述的世界意义. 刘徽研究，1993. 399～401

沈康身. 东西方积分概念的发展及其比较. 刘徽研究，1993. 438～456

刘洁民等. 论东西方数概念的演进. 北京师范大学学报，1991（增3）：162

1. 12. 2 中国—希腊

李迪.《九章算术》与《几何原本》.《九章算术》与刘徽，1982. 105～119

刘洁民. 中国与希腊的比例理论. 北京师范大学学报，1991（增3）：161

刘洁民等. 中国与希腊的计算. 北京师范大学学报，1991（增3）：153

Crossley，J. N. 与伦华祥. 刘徽与欧几里得的逻辑. 刘徽研究，1993. 266～278

沈康身. 中国与希腊数学发展中的平行性. 刘徽研究，1993. 411～438

1. 12. 3 中国—印度

沈康身. Parallellism between Chinese and Indian Mathematics. 香港大学中文系集刊，1988（2）：171～211，中译本，中国与印度数学发展中的平行性. 中国数学史论文集. 1984. 67～97

1. 12. 4 中国—阿拉伯

杜石然. 试述宋元时期中国和伊斯兰国家间的数学交流. 宋元数学史论文集. 1966. 241～265

杜石然. 再论中国和阿拉伯国家间的数学交流. 自然科学史研究，1984. 299～303

1. 12. 5 中国—日本

三上义夫. 关孝和の业绩と京坂の算家并に支那の算法上の关系及ひ比较. 东洋学报，1932～1935

李俨. 从中算家的割圆术看和算家的圆理和角术. 科学史集刊 1959（2）：126～143

李俨．日本数学家的平圆研究．自然科学史研究，1982（3）：208～214

那日苏．中国传统数学对日本和算的影响．数学史研究文集（三）．1992．16～23

沈康身．关孝和求积术——《九章·刘注》对和算发展的潜移默化一例．刘徽研究，1993．457～472

1．12．6　中国—朝鲜

金虎俊．《九章算术》及刘徽的学术成就在朝鲜半岛．北京师范大学学报，1991（增3）：155～156

2．《九章算术》刘徽注原序

孙文青．《九章算术》篇目考．金陵学报，1932，2（1）：321～363

刘操南．《周礼》九数解．益世报，1942．12．10

刘操南．重差术及测定日距方法考．杭州大学学报，1984（增1）：135

3．方田章

3．1　更相减损术

程廷熙．更相减损的优越性．数学通报，1953（12）：45

沈康身．更相减损术源流．自然科学史研究，1982（3）：193～207．英文本．Mutual－subtraction algorithm and its applications in ancient China．Historia Mathematica，1988（2）：135～147

城地茂．更相减损法对关孝和的影响．北京师范大学学报，1991（增3）：155

3．2　率

李继闵．《九章算术》中的比率理论．《九章算术》与刘徽，1982．228～245

郭书春．《九章算术》和刘注中的率概念及其应用试析．科学

史集刊，1984. 21～36

3. 3 分数论

李俨. 中算家之分数论. 科学，1943 (2)：183～203

钱宝琮. 中国古代分数算法的发展. 数学通报，1954 (9)：14～16

李迪. 刘徽对分数理论的研究. 中学数学，1959 (5)：1～2

李继闵. 中国古代的分数理论.《九章算术》与刘徽，1982. 190～209

白尚恕. 平分术剖析. 北京师范大学学报，1990 (1)：91～95

朱家生.《九章算术》与刘徽注中的分数理论. 北京师范大学学报，1991 (增3)：76～78

3. 4 面积论

李迪. 中国古代数学家对面积的研究. 数学通报，1956 (7)：23～25

吴文俊. 出入相补原理. 中国古代科技成就，1978. 80～100

3. 5 圭田

梁宗巨. 用三角形三边表示面积公式的历史. 辽宁师范大学学报，1986 (增)：13～15

沈康身. 东洋诸国の「三角形の面积公式」についての探索. 数学史研究，1988 (4)：20～27

3. 6 圆田

3. 6. 1 割圆

励乃骥.《九章算术》圆田题和刘注的今释. 数学教学，1957 (6)：1～11

何绍庚. 割圆术和π. 中国古代科技成就，1978. 101～110

俞文魁等. 割圆术新探. 自然，1985 (2)：146～148

Lam Lay-yong and Ang Tian Se. Circle measurement in

ancient China. Historia Mathemetica，1986（1）：325～340

曲安京. 刘徽割圆术的数学原理. 刘徽研究，1993. 169～191

3. 6. 2 π

孙炽甫. 中国古代数学家关于圆周率研究的成就. 数学通报，1955（5）：5～12

钱宝琮. 圆周率$\frac{3927}{1250}$的作者究竟是谁？它怎样得来的. 数学通报，1955（5）：4～5

李迪. $\pi\approx\frac{3927}{1250}$的作者和祖冲之的圆周率算法. 数学通报，1955（11）：20～22

钱宝琮. 张衡《灵宪》中的圆周率问题. 科学史集刊，1958（1）：86～87

王守义. 祖冲之的缀术求π的我见. 甘肃师范大学学报，1962（1）：46～61

刘钝. 阿基米德和刘徽对圆周率的研究. 数学通讯（理科），1982（4）：24

3. 6. 3 王莽铜斛

白尚恕. 从王莽量器到刘歆圆率. 自然辩证法通讯，1981（1）：65～66

郭书春. 刘徽与王莽铜斛. 自然科学史研究，1988（1）：8～15

3. 6. 4 刘徽消息

李俨. 和算家增约术应用的说明. 科学史集刊1960（3）：65～69

胡炳生. 十二觚之幂为率消息试析. 北京师范大学学报，1991（增3）：97～100

沈康身、韩祥临. 刘徽消息衍义. 刘徽研究，1993. 293～302

3. 7 弧田

程廷熙. 刘徽弧田术及其进展. 数学通报，1963（7）：40～41

清水达雄. 《九章算术》の弓形算式. 数学史研究，1989（1）：4～10

王荣彬. 对中算家弧田公式的研究. 刘徽研究，1993. 192～203

3. 8 宛田

肖作枚. 宛田非球冠形. 自然科学史研究，1988（2）：109～111

骆祖英. 宛田是球冠形. 北京师范大学学报，1991（增3）：101～104

冯立升. 清代对球及其部分体积和表面积的研究. 数学史研究文集. 1992. 113～120

3. 9 环田

王荣彬. 《九章算术》方田章第38问初探. 北京师范大学学报，1991（增3）：105～108

4. 粟米章

4. 1 今有术

白尚恕. 《九章算术》与刘徽的今有术. 《九章算术》与刘徽，1982. 246～255

4. 2 其率术

白尚恕. 其率术与鸡兔同笼术. 中国科技史第二届年会论文. 1983. 未刊稿.

李继闵. 其率术辩. 中国数学史论文集（一）. 1984. 11～23

5. 衰分章

杨齐. 《九章算术》与刘徽注的数列与级数问题的研究. 北京师范大学学报，1991（增3）：117～121

6. 少广章

6. 1 少广术

梅荣照.《九章算术》少广章中求最小公倍数问题. 自然科学史研究，1984（3）：203～208

6. 2 开方术、开立方术

Wang Ling and Needham. J. Horner's methad in Chinese mathematics, Its origins in the root extraction proceedures of the Han Dynasty. T'oung Bao，1955. 345～401

Lam Lay Yong. The geometrical basis of the ancient Chinese square-root method. Isis，1969. 92～102

李兆华.《九章算术》开立方术的代数意义.《九章算术》与刘徽，1982. 256～262

许鑫铜.《九章算术》开方术及其刘徽注探讨. 自然科学史研究，1986（3）：193～201

李继闵. 刘徽关于无理数的论述. 西北大学学报，1989（1）：1～4

6. 3 开立圆术

钱宝琮. 关于祖暅和他的缀术. 数学通报，1954（3）：12

杜石然. 祖暅之公理. 数学通报，1954（3）：9～11

沈康身. 我国古代球体几何知识的演进. 科技史文集（8）. 1982. 128～143

Wagner, D. B. Liu Hui and Tsu Keng-chih on the volume of a sphere. Chinese Science，1978. 59～79

Lam Lay Yong and Shen Kangshen. The Chinese concept of Cavalieri's principle and Its applications. Historia mathematica，1985（3）：219～228

商世平. 试论刘徽对祖暅原理的认识. 河南师范大学学报，1987（2）：204

刘洁民. 势的定义与刘、祖原理. 北京师范大学学报，1988

(1)：81～88

Fu Daiwte. Why did Liu Hui fail to derive the volume of a sphere. Historia Mathematica，1991 (3)：212～238

罗见今. 关于刘、祖原理的对话. 刘徽研究，1993. 218～241

7. 商功

7. 1 体积论

李迪. 中国古代的体积计算. 数学教学，1957 (8)：3～8

杜石然. 我国古代的体积计算. 数学通报，1959 (5)：4～9

郭书春. 刘徽的体积理论. 科学史集刊，1984. 47～62

7. 2 棋

郭世荣. 关于刘徽用棋的问题. 数学史研究文集. 1991. 91～95

甘向阳. 论刘徽《九章算术》注中的棋. 北京师范大学学报，1991 (增3)：111～115

7. 3 堤

沈康身. 拟柱体积与中国堤积公式. 数学通报，1964 (9)：25～27

7. 4 鳖臑与阳马

Wagner，D. B. An early Chinese Derivation of the volume of a pyramid：Liu Hui，3rd century A. D. Historia Mathematica，1979 (6). 164～188. 中译本. 公元三世纪刘徽关于锥体体积的推导. 科学史译丛 1980 (2)：1～15

郭熙汉. 阳马与鳖臑. 1984 (未刊稿).

沈康身. 鳖臑与合盖. 自然，1989. 612～622

刘洁民. 关于阳马术注的注记. 刘徽研究，1993. 242～250

7. 5 羡除

刘洁民. 浅论刘徽对羡除公式的证明. 中国数学史论文集. 1984. 121～131

7. 6 刍童

Datta, B. On the Supposed Indebtedness of Brahmagupta to Chiu－chang Shuan Shm. BCMS，1930（1）：39～51

许莼舫. 从刍童公式求积谈到隙积和四角垛级数. 数学通报，1965(2)：45～49

8. 均输章

钱宝琮. 汉均输法考. 浙江大学文理，1931（4）：45～46

李培业.《九章算术・均输》第四题释译. 陕西师大中学数学参考，1975. 39～43

宋杰.《九章算术》记载的汉代徭役制度. 北京师范学院学报，1985（2）：53～57

9. 盈不足章

钱宝琮.《九章算术》盈不足术流传欧洲考. 科学，1927（6）：701～714

钱宝琮. 盈不足术的发展史. 数学教学，1955（1）：1～3

Lam Lay Yong. Yang Hui's commentary on the Ying Nu chapter of the Chiu Chang Suan Shu. Historia Mathematica, 1974（1）：47～64

李继闵. 盈不足术探源.《九章算术》与刘徽，1982. 263～273

胡明杰. 从盈不足术到方程术. 未刊稿.

10. 方程章

10. 1 方程术

钱宝琮. 方程算法源流考. 学艺，1921（6）：1～8

杜石然.《九章算术》中关于"方程"解法的成就. 数学通报，1956（11）：11～14

李继闵.《九章算术》与刘徽注中的"方程"理论.《九章算术与刘徽，1982. 274～294

梅荣照. 刘徽的方程理论. 科学史集刊(11),1984. 63~76

郭书春.《九章算术》方程章刘徽注新探. 自然科学史研究,1985(1):1~5

Lam Lay Yong and Shen Kangshen. Methods of solving linear equations in traditional China. Historia Mathematica, 1989(2):107~122

张素亮.《九章算术》与刘徽注的矩阵理论. 北京师范大学学报,1991(增3):128~132

孔国平. 刘徽的方程理论. 北京师范大学学报,1991(增3):122~127

10.2 正负术

李迪. 中算家的正负术. 厦门数学通讯,1958(3):26~32

严敦杰. 我国正负术历史. 数学通报,1960(1):4~5

Lam Lay Yong. The earlienst negative numbers, How they emerged from a solution of simultaneous linean equations. Archives lnternationales a'Histoire des Sciences, 1987. 222~262

胡炳生.《九章算术》正负术再研究. 数学史研究文集(二). 1991. 31~34

吴裕宾、朱家生.《九章算术》与刘徽注中正负数乘除法初探. 自然科学史研究,1990(1):22~27

11. 勾股章

11.1 勾股术

Lam Lay Yong and Shen Kangshen. Right-angle triangles in ancient China. Archive for the History of Exact Sciences, 1984(2):87~112

梅荣照. 刘徽的勾股理论. 科学史集刊,1984(11):77~95

郭书春.《九章算术》勾股章的校勘和刘徽勾股理论系统初探. 自然科学史研究,1985(4):295~304

Wagner，D. B. A proof of the Pythagoras theorem by Liu Hui. Historia Mathematica，1985（1）：71～73

沈康身. 勾股术新议. 中国数学史论文集（二）. 1986. 19～28

11. 2 勾股比例

翟志仁. 勾股容圆问题的解法. 数学通报，1958（9）：26

冯立升.《九章算术》与刘徽的相似勾股形理论. 数学史研究文集（一）. 1990. 37～45

11. 3 勾股数

钱宝琮. 中国数学史的整数勾股形研究. 数学杂志，1937（3）：94～112

李继闵. 刘徽对整勾股数的研究. 科技史文集（8）. 1982. 51～53

郭书春.《九章算术》的整数勾股形研究. 科技史文集（8）. 1982. 67～78

刘洁民. 刘徽与欧几里得对整勾股数公式的证明. 刘徽研究，1993. 279～292

12. 海岛算经

12. 1 重差术

李俨. 重差术及其新注. 学艺，1926（4）：1～15

梁绍鸿. 海岛算经第七题所设数字订正. 数学通讯，1957（5）：12～13

梁绍鸿. 对海岛算经第七题的另一种看法. 数学通讯，1957（10）：19

许莼舫. 重差术与三角测量. 数学通报，1961（7）：23～28

吴文俊.《海岛算经》古证探源.《九章算术》与刘徽，1982. 162～180

白尚恕. 刘徽《海岛算经》造术的探讨. 科技史文集（8）. 1982.

79～87

李继闵. 从勾股比率论到重差术. 科技史集刊，1984（11）：96～104

Lam Lay Yong and Shen Kangshen. Mathematical Problems on Surveying in Ancient China. Archive for the History of Exact Sciences，1986（1）：1～20

程贞一、勾股、重差和积矩法. 北京师范大学学报 1991（增3）：133

洪天赐. 刘徽与《海岛算经》. 刘徽研究，1993. 303～313

冯立升. 刘徽重差术探源. 刘徽研究，1993. 314～330

刘钝. 关于李淳风斜面重差的几个问题. 自然科学史研究，1993（2）：101～111

12. 2 测量方法

李俨. 中国古代中算家的测绘术. 测绘通报，1956（4）：145～147

沈康身. 我国古代测量技术的成就. 科学史集刊，1965（8）：28～41

沈康身.《九章算术》与刘徽的测量术.《九章算术》与刘徽，1982. 181～189

冯立升. 刘徽《海岛算经》的测量方法研究. 数学史研究文集（二）. 1991. 43～50

检 字 表

（供第二编第一章第二至四节检字用）

1笔 一

2笔 人 几 二

3笔 大 子 广 丸 三 女 山 与

4笔 少 太 反 分 从 方 开 中 不 仓 今 勾 井 五 户 六 牛

5笔 术 平 正 立 议 刍 矢 母 四 瓜 出 石 丝 生

6笔 全 阳 圭 并 列 合 异 同 由 再 自 负 凫 舌 竹 约 地 买 有 米 均

7笔 更 均 纵 两 亩 邑 牡 良 沟

8笔 命 定 其 径 经 弦 环 实 法 表 股 直 委 弧 宛 兔 金 取

9笔 贷 重 盈 面 垣 城 除 客 持 穿 客 恶

10笔 衰 通 乘 课 积 借 损 益 冥 圆 畔 倚

11笔 率 减 商 盘 堑 堤 袤 斜 黄 假

12笔 等 超 辈 羡 箕 遍 粟 善 葭 程

13笔（及以上） 锥 墟 算 鳖 踵 缠 蒲 漆 醇